21世纪高等院校教材

常微分方程及其应用

（第二版）

周义仓　靳　祯　秦军林　编

科学出版社

北　京

内 容 简 介

本书是常微分方程理论、方法与应用有机结合的一本教材，保持了我国现行教材理论性强、方法多样、技巧和实例丰富等特点，并结合国外教材强调建模、应用和计算机等特点，形成理论、方法、建模、应用、计算机互相渗透与补充的新体系.不仅能够训练学生严密的数学思维方式，而且可以引导学生通过建立数学模型解决实际问题.既讲述求解各类微分方程解析解、数值解的方法，又介绍用计算机进行理论分析、求解方程和给出图形显示的过程.本书的主要内容包括求解各类微分方程的方法，常微分方程的基本理论、近似方法及其实现，以及建立微分方程模型解决实际问题.

本书可作为数学与应用数学、信息与计算科学专业的常微分方程课程教材，也可作为理工科学生数学建模、数学实验等课程的参考书.

图书在版编目(CIP)数据

常微分方程及其应用/周义仓，靳祯，秦军林编. —2版. —北京：科学出版社，2010

(21世纪高等院校教材)

ISBN 978-7-03-026511-1

Ⅰ.常… Ⅱ.①周…②靳…③秦… Ⅲ.常微分方程-高等学校-教材 Ⅳ.O175.1

中国版本图书馆CIP数据核字(2010)第015157号

责任编辑：赵 靖 房 阳 张中兴 / 责任校对：陈玉凤

责任印制：吴兆东 / 封面设计：陈 敬

科学出版社出版

北京东黄城根北街16号

邮政编码：100717

http://www.sciencep.com

北京中石油彩色印刷有限责任公司印刷

科学出版社发行 各地新华书店经销

*

2003年7月第 一 版 开本：720×1000 1/16

2010年2月第 二 版 印张：20 1/4

2025年8月第十七次印刷 字数：408 000

定价：49.00元

(如有印装质量问题，我社负责调换)

第二版前言

本书第一版于 2003 年出版后，陆续收到读者的反馈意见和建议. 根据读者建议和我们自己在教材使用过程中的体会，在保持原有教材重视理论分析、突出求解方法、强调建模应用、利用计算机软件等特点的基础上，对教材进行了修订，主要有下面几个方面的改动：

(1) 增加了一个附录作为第 6 章，对 Maple 软件的基本使用方法进行了简单介绍，也将原来分布在各章节中用 Maple 求解微分方程的一些内容集中到了一起，以便有兴趣的读者可以更好地熟悉 Maple 的使用方法，利用 Maple 来探讨常微分方程中的一些问题.

(2) 增加了一些应用实例，帮助有兴趣的读者体会用常微分方程解决实际问题的思想，并掌握具体的应用方法. 同时也增加了一些开拓性和探索性问题，以培养读者的创新思维.

(3) 在许多章节中增加了例题，以帮助读者掌握理论分析技巧或求解方法. 并对习题进行了整理，删去了一些比较难的问题，增加了一些新的问题.

(4) 编辑完成了教材中所有习题的解答，并将其整理成 pdf 文件. 同时，也完成了所有章节内容的电子课件. 这些习题解答和 pdf 文件形式的课件都可以发给使用本教材的教师，请通过电子邮件(周义仓，zhouyc@mail. xjtu. edu. cn)索取.

习题中带“ * ”号的题目比较困难，带“p”的题目可以作为小课题让学生探讨，带“c”的题目建议用 Maple 软件求解.

我们希望修订后的教材更加适合于讲授和自学.

作　者

2009 年 7 月

第一版前言

常微分方程是数学类专业的一门应用性较强的基础课，一般在二年级开设，64学时左右. 常微分方程课程对训练学生的数学思维、应用意识和分析与解决实际问题的能力有着极为重要的作用.

目前国内常微分方程的教材基本上与60、70年代的体系和内容相比没有太大的变化，主要是通过解的存在唯一性、线性方程解的基本理论、渐近性态分析等内容训练学生数学的抽象思维能力，通过叙述求解各种类型方程的解析解让学生学会求解一些微分方程的基本方法. 相比而言，国外近年来出版的常微分方程教材与60、70年代的相比有很大的变化，主要体现在两个方面：①通过大量的实际问题突出数学的应用，引导学生建立常微分方程模型解决各种实际问题；②大量的使用计算机，用 Maple、Matlab、Mathematica 等数学软件进行图示、求解析解、进行数值计算、进行推理以提高课堂教学的效果.

在多年从事常微分方程课程教学的过程中，我们对我国的教育体制、教学方式、教材的优缺点、学生的特点有了较深入的了解，也收集到了一批国外的优秀教材，在教学中积累了丰富的素材，其中大部分已经整理成讲稿，包括一些十分精彩的应用实例和计算机程序. 这些讲稿通过复印或磁盘文件拷贝给学生后收到了很好的效果. 在这些经验和素材的基础上，我们编写了这本教材.

《常微分方程及其应用》是常微分方程理论、方法与应用有机结合的一本教材. 它保持我国现行教材中理论性强、方法多样、技巧和实例丰富等特点，再结合国外教材中强调建模、应用和计算机等特点，理论、方法、建模、应用、计算机互相渗透与补充. 不仅使学生受到严格的数学思维方式的训练，而且使学生体会到数学在解决实际问题中的巨大作用，了解通过数学模型去解决实际问题的全过程. 既使学生学会求解各类微分方程解析解、数值解的方法，又让他们掌握用计算机分析求解的思想与过程. 本教材的目标是让学生学会①求解各类微分方程的方法；②常微分方程的基本理论；③常微分方程定性稳定性方法初步，从微分方程提取尽可能多的信息；④近似方法、数值方法及其计算机实现；⑤建立微分方程模型解决实际问题；⑥在应用问题中使用各种数学软件包. 本教材的主要特点为①加强数学基础理论的训练，如解的存在唯一性定理、线性方程的理论、线性方程组的基本解矩阵、定性稳定性基本知识；②广泛介绍各种求解常微分方程的方法和思想，如一阶方程的解法：分离变量、线性方程、全微分方程、齐次方程、积分因子、Bernoulli 方程、Riccati 方程、Clairaut 方程、参数求解法、变量替换法；二阶及高阶方程的降阶法、待定系数法；方程组的特征根法、重根情形的处理、指数矩阵的定义、基本解矩阵的计算；向量场的方法；近似解法：迭代法、级数解、待定系数法、Euler 折线法；定性理论：奇点分析、线性化、Liapunov 函数；③将微分方程课程的理论、方法和它们在解决实际问题中的应用紧密结合，根据目前教学改革的特点加强数学应用意识的培养，注意建模过程的训练. 介绍了一些生动典型的例子，如中国人口增长、放射性废物的处理、Bob Beamon 世界跳远纪录的分析、流行病的传播等；④计算机及软件包的使用. 在课程中尽量使用计算机和数学软件包，如向量场的图示、积分曲线的绘制、数值解的计算；在迭代序列的计算和近似解中的大量使用，不仅使学生能理解方法，而且要掌握实现的手段；介绍符号系统求解析解的方法.

使用本教材需要的基础是数学分析和线性代数，需要的学时在 64～72 之间. 学时少的学校可以删除 §1.3、§2.5、§2.6、§5.4、§5.6 等内容. 本书各章节的编写风格如下：微分方程的理论、方法，例题、应用举例，练习题、进一步探讨的小课题. 本书第 1，2 章由周义仓编写，第 3，4 章由靳祯编写，第 5 章由秦军林编写，最后由周义仓统稿修改.

为了便于阅读和使用，我们将本书中的 Maple 程序收集、整理为磁盘文件，我们也设计、开发了一些应用常微分方程解决实际问题的小课题和软件. 本书中所有习题的答案或主要解答过程都编辑成了磁盘文件. 这些文件都可以免费发送给读者，请通过 Email 与作者联系（周义仓，zhouyc@mail. xjtu. edu. cn）. 我们还需要指出，在不同的计算机系统或不同的 Maple 版本中，输出结果可能会与书中给出的有所不同，请读者注意这些差异.

我们力图使本书反映数学理论的严密性、方法的多样性、应用的广泛性，也体现出国内外教学改革的发展趋势. 但由于作者水平的限制，在思想、内容和文字方面难免有不妥之处，恳请读者批评指正.

作　者
2003 年 1 月

目　　录

第二版前言

第一版前言

第 1 章　引论 …… 1

1.1　微分方程的概念和实例 …… 1

1.1.1　导出微分方程的一些实际例子 …… 1

1.1.2　微分方程的概念 …… 3

1.1.3　微分方程的发展 …… 6

习题 1.1 …… 8

1.2　解的存在唯一性 …… 9

1.2.1　例子和思路 …… 10

1.2.2　存在唯一性定理及其证明 …… 12

1.2.3　存在唯一性定理的说明及例子 …… 16

习题 1.2 …… 20

1.3　一阶微分方程的向量场 …… 22

1.3.1　向量场 …… 22

1.3.2　积分曲线的图解法 …… 26

习题 1.3 …… 28

复习题 1 …… 28

第 2 章　一阶微分方程 …… 32

2.1　线性方程 …… 32

2.1.1　线性齐次方程 …… 32

2.1.2　线性非齐次方程 …… 33

2.1.3　Bernoulli 方程 …… 36

2.1.4　线性微分方程的应用举例 …… 37

习题 2.1 …… 40

2.2　变量可分离的方程 …… 42

2.2.1　变量可分离方程的求解 …… 42

2.2.2　齐次方程 …… 44

2.2.3 变量可分离方程的应用 …… 46
习题 2.2 …… 49
2.3 全微分方程 …… 51
2.3.1 全微分方程的定义与充要条件 …… 51
2.3.2 全微分方程的积分 …… 54
2.3.3 积分因子 …… 56
习题 2.3 …… 61
2.4 变量替换法 …… 63
2.4.1 形如$\frac{dy}{dx}=f(ax+by+c)$的方程 …… 63
2.4.2 形如 $yf(xy)dx+xg(xy)dy=0$ 的方程 …… 64
2.4.3 其他变换举例 …… 65
2.4.4 Riccati 方程 …… 67
习题 2.4 …… 70
2.5 一阶隐式微分方程 …… 71
2.5.1 可解出 y 或 x 的方程与微分法 …… 71
2.5.2 不显含 x 或 y 的方程与参数法 …… 75
2.5.3 奇解与包络 …… 78
习题 2.5 …… 80
2.6 近似解法 …… 81
2.6.1 逐次迭代法 …… 81
2.6.2 Taylor 级数法 …… 83
2.6.3 Euler 折线法 …… 85
习题 2.6 …… 88
2.7 一阶微分方程的应用 …… 88
2.7.1 曲线族的等角轨线 …… 89
2.7.2 放射性废物的处理问题 …… 91
2.7.3 我国人口的发展预测 …… 92
习题 2.7 …… 94
复习题 2 …… 95
第 3 章 二阶及高阶微分方程 …… 99
3.1 可降阶的高阶方程 …… 99
3.1.1 不显含未知函数 x 的方程 …… 99

3.1.2　不显含自变量 t 的方程 …… 100
3.1.3　全微分方程和积分因子 …… 101
3.1.4　可降阶的高阶方程的应用举例 …… 102
习题 3.1 …… 108
3.2　线性微分方程的基本理论 …… 109
3.2.1　线性微分方程的有关概念 …… 109
3.2.2　齐次线性方程解的性质和结构 …… 111
3.2.3　非齐次线性方程解的结构 …… 117
习题 3.2 …… 120
3.3　线性齐次常系数方程 …… 121
3.3.1　复值函数 …… 121
3.3.2　常系数齐次线性方程 …… 123
3.3.3　某些变系数线性齐次微分方程的解法 …… 128
习题 3.3 …… 130
3.4　线性非齐次常系数方程的待定系数法 …… 132
3.4.1　非齐次项为多项式的情形 …… 132
3.4.2　非齐次项为多项式与指数函数之积的情形 …… 134
3.4.3　非齐次项为多项式与指数函数、正余弦函数之积的情形 …… 135
习题 3.4 …… 138
3.5　高阶微分方程的应用 …… 138
3.5.1　机械振动 …… 138
3.5.2　*RLC* 电路 …… 142
习题 3.5 …… 145
复习题 3 …… 146
第 4 章　微分方程组 …… 148
4.1　微分方程组的概念 …… 148
4.1.1　微分方程组的实例及有关概念 …… 148
4.1.2　函数向量和函数矩阵 …… 152
4.1.3　微分方程组解的存在唯一性定理 …… 156
习题 4.1 …… 158
4.2　微分方程组的消元法和首次积分法 …… 160
4.2.1　微分方程组的消元法 …… 160
4.2.2　微分算子与线性微分方程组 …… 162

4.2.3　微分方程组的首次积分法 ………… 164
习题 4.2 ………… 167
4.3　线性微分方程组的基本理论 ………… 168
4.3.1　线性齐次方程组解的结构 ………… 168
4.3.2　非齐次线性微分方程组解的结构 ………… 176
习题 4.3 ………… 179
4.4　常系数齐次线性微分方程组 ………… 180
4.4.1　系数矩阵 **A** 有单特征根时的解 ………… 180
4.4.2　系数矩阵 **A** 具有重特征根时的解 ………… 185
4.4.3　矩阵指数函数的定义和性质 ………… 192
习题 4.4 ………… 198
4.5　常系数非齐次线性微分方程组 ………… 199
4.5.1　常数变易法 ………… 199
4.5.2　线性变换法 ………… 201
4.5.3　待定系数法 ………… 203
习题 4.5 ………… 207
4.6　微分方程组应用举例 ………… 208
4.6.1　两个弹簧和物体的竖直运动 ………… 209
4.6.2　复杂电路的计算 ………… 210
4.6.3　人造卫星的轨道方程 ………… 211
习题 4.6 ………… 216
复习题 4 ………… 217
第 5 章　非线性微分方程组 ………… 221
5.1　非线性方程研究的例子与概念 ………… 221
5.1.1　例子 ………… 221
5.1.2　自治微分方程与非自治微分方程、动力系统 ………… 223
5.1.3　基本定义 ………… 225
习题 5.1 ………… 231
5.2　自治微分方程组解的性质 ………… 231
5.2.1　自治系统轨线的特点 ………… 232
5.2.2　自治系统解的基本性质 ………… 234
习题 5.2 ………… 237
5.3　平面线性系统的奇点及相图 ………… 238

5.3.1 几个线性系统的计算机相图 …… 239
5.3.2 平面线性系统的初等奇点 …… 242
习题 5.3 …… 248
5.4 几乎线性系统解的稳定性 …… 250
5.4.1 平面几乎线性系统的稳定性 …… 250
5.4.2 高维几乎线性微分方程组的稳定性 …… 257
习题 5.4 …… 260
5.5 Lyapunov 第二方法 …… 262
5.5.1 定号函数 …… 262
5.5.2 稳定性基本定理 …… 263
5.5.3 稳定性定理的几何意义 …… 267
5.5.4 二次型形式的 V 函数 …… 267
习题 5.5 …… 268
5.6 二维自治微分方程组的周期解和极限环 …… 270
5.6.1 周期解与极限环 …… 270
5.6.2 极限环的存在性 …… 273
5.6.3 极限环的不存在性 …… 274
5.6.4 极限环的稳定性 …… 275
习题 5.6 …… 276
复习题 5 …… 276
第 6 章 Maple 简介与应用 …… 279
6.1 Maple 的基本功能 …… 279
6.1.1 Maple 的工作环境 …… 279
6.1.2 Maple 的基本运算 …… 280
6.1.3 多项式 …… 282
6.1.4 转换为其他语言 …… 282
6.2 微积分运算 …… 283
6.2.1 极限和连续 …… 284
6.2.2 导数和极值 …… 284
6.2.3 积分 …… 285
6.2.4 级数和积分变换 …… 286
6.3 线性代数 …… 287
6.3.1 矩阵的建立和基本运算 …… 287

6.3.2 矩阵的初等变换和线性方程组求解 …… 288
6.3.3 矩阵的特征值、特征向量和相似 …… 290
6.4 图形 …… 291
6.4.1 二维图形 …… 291
6.4.2 三维绘图 …… 293
6.4.3 动画 …… 295
6.5 方程求解 …… 297
6.5.1 代数方程 …… 297
6.5.2 常微分方程求解 …… 298
6.5.3 微分方程的向量场 …… 301
6.6 Maple 编程 …… 302
6.6.1 子程序 …… 302
6.6.2 几种常用的程序结构 …… 303
6.6.3 Maple 在微分方程中的应用举例 …… 304
参考文献 …… 308

第 1 章　引　　论

常微分方程是现代数学的一个重要分支，是人们解决各种实际问题的有效工具，它在几何、力学、物理、电子技术、自动控制、航天、生命科学、经济等领域都有着广泛的应用. 本章介绍常微分方程的一般概念、导出微分方程的一些典型例子、常微分方程解的存在唯一性、向量场等内容，为求解微分方程和进行理论分析做准备.

1.1　微分方程的概念和实例

弄清一个问题中变量之间的函数关系或其变化趋势对问题的解决往往有着至关重要的作用，但在一些较复杂的变化过程中，变量之间的函数关系无法直接得到. 这时就需要在一些理论或经验的基础上找到问题中的一些变量及其导数之间的关系，也就是先找出一个含有未知函数及其导数所满足的方程(称为微分方程)，然后通过求解这个方程得到变量间的函数关系，或者在微分方程的基础上进行数值计算和渐近性态研究，从而了解一个系统的发展变化规律. 本节先给出一些导出微分方程的例子，再给出微分方程中所涉及的一些定义.

1.1.1　导出微分方程的一些实际例子

为了定量地研究一些实际问题的变化规律，往往是要对所研究的问题进行适当的简化和假设，建立起数学模型，当问题中涉及变量的变化率时，该模型就是一个微分方程. 下面通过几个典型的例子来说明建立微分方程模型的过程.

例 1.1.1　镭的衰变规律　设镭的衰变速率与该时刻现有的量成正比，并且已知 $t=0$ 时，镭元素的量为 R_0 g，试确定在任意时刻 t 镭元素的量.

解　记 t 时刻镭元素的量为 $R(t)$，要直接得出 $R(t)$ 的函数表达式是比较困难的，因此，通过建立 $R(t)$ 所满足的微分方程来得到 $R(t)$. 由于镭元素的衰变率就是 $R(t)$ 对时间的变化率 $\frac{\mathrm{d}R(t)}{\mathrm{d}t}$. 根据题目中给出的衰变规律，可以得到下面的一阶微分方程及初始条件：

$$\frac{\mathrm{d}R}{\mathrm{d}t}=-kR,\quad R(0)=R_0,\tag{1.1.1}$$

其中，$k>0$ 是比例系数. 式(1.1.1)中右端的负号是由于函数 $R(t)$ 是随时间的增加而单调减少的,故它的导数应该是负的.

寻找 t 时刻镭含量的函数表达式 $R(t)$ 就转化为求满足式(1.1.1)中微分方程和初始条件的解 $R(t)$. 由数学分析中求导的经验知道函数

$$R(t)=c\mathrm{e}^{-kt} \tag{1.1.2}$$

满足式(1.1.1)中的微分方程,其中,c 为任意常数. 为了使式(1.1.2)中的函数再满足 $R(0)=R_0$,只需选取 $c=R_0$ 即可. 于是得到了镭元素的存量随时间变化的函数表达式为

$$R(t)=R_0\mathrm{e}^{-kt}. \tag{1.1.3}$$

式(1.1.3)表明,镭元素的量 $R(t)$ 是按指数规律衰减的.

从例 1.1.1 可以看到为了求得描述镭元素存量随着时间变化的关系,先建立起这个未知函数所满足的微分方程,然后通过求解得到了所需的函数关系.

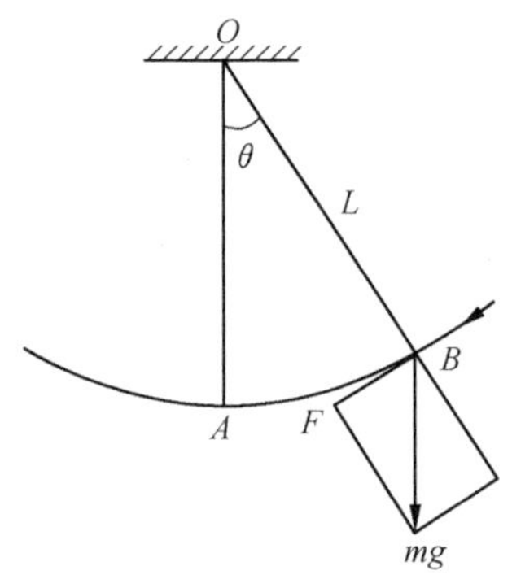

图 1.1

例 1.1.2　在一根长为 L 的轻杆下端,悬挂一质量为 m 的质点,略微移动后,该质点在重力作用下来回摆动(图 1.1),这种装置叫做单摆(或数学摆). 假设轻杆不会伸长又无质量,在悬点没有摩擦力,试建立单摆的运动方程.

解　取轻杆的铅直位置为摆的平衡位置. 设在时刻 t 时,质点对平衡位置的位移为 $s=\overset{\frown}{AB}$. 于是有

$$s=L\theta,$$

其中,θ 为杆的瞬时位置与平衡位置所成的角,逆时针方向为正,因 s 与 θ 同方向,所以 s 以 AB 为正方向.

使质点运动的力 F 为质点的重力 mg 在切线方向的分力

$$F=mg\sin\theta,$$

而质点的加速度为

$$a=\frac{\mathrm{d}^2 s}{\mathrm{d}t^2}=L\frac{\mathrm{d}^2\theta}{\mathrm{d}t^2},$$

根据牛顿第二定律得到

$$mL\frac{\mathrm{d}^2\theta}{\mathrm{d}t^2}=-mg\sin\theta.$$

上式右端的负号是由于力 F 与位移 s 的正方向 AB 相反的缘故. 上式可化简为

$$\frac{\mathrm{d}^2\theta}{\mathrm{d}t^2}=-\frac{g}{L}\sin\theta, \tag{1.1.4}$$

此即为单摆的运动方程，它是一个二阶非线性微分方程(因为方程中含有 $\sin\theta$，它关于未知函数 θ 不是线性的). 为了确定单摆的运动方程，还需要知道初始时刻单摆的角位移 θ 和角速度$\frac{\mathrm{d}\theta}{\mathrm{d}t}$，故还需要加上初始条件

$$\theta(0)=\theta_0,\quad \frac{\mathrm{d}\theta(0)}{\mathrm{d}t}=\theta_0'. \tag{1.1.5}$$

在例 1.1.2 中所建立的微分方程的解析解无法得到，将在第 5 章中对其解的性态进行分析.

用微分方程解决实际问题的基本步骤为①建立起实际问题的模型，也就是建立反映这个实际问题的微分方程，提出相应的定解条件；②求出这个微分方程的解析解或数值解，或者对方程解的性态进行分析；③用所得的结果来解释实际现象，或对问题的发展变化趋势进行预测.

要建立适合实际问题的数学模型一般是比较困难的，这需要对问题的机理有一个清楚的了解，同时需要一定的数学知识和建立数学模型的经验. 常微分方程是应用背景比较强的一门课程，在学习过程中最好有意识地培养建模能力，使得数学知识和解决实际问题的能力都有大的提高.

1.1.2 微分方程的概念

含有未知量的等式称为方程，它表达了未知量所必须满足的某些条件. 方程是根据对未知量所进行的运算来分类的，如代数方程、超越方程等. 微分方程与代数方程和超越方程不同，它的未知量是函数，对其所施加的运算涉及求导或微分. 凡含有自变量、未知函数以及未知函数的导数(或微分)的方程称为**微分方程**.

下面是一些微分方程的例子：

$$\frac{\mathrm{d}y}{\mathrm{d}x}+ky=0, \tag{1.1.6}$$

$$\frac{\mathrm{d}^2y}{\mathrm{d}x^2}+xy\left(\frac{\mathrm{d}y}{\mathrm{d}x}\right)^2=0, \tag{1.1.7}$$

$$\frac{\mathrm{d}^4y}{\mathrm{d}x^4}+5\frac{\mathrm{d}^2y}{\mathrm{d}x^2}+3y=\sin x, \tag{1.1.8}$$

$$m\frac{\mathrm{d}^2u}{\mathrm{d}t^2}=F\left(t,u,\frac{\mathrm{d}u}{\mathrm{d}t}\right), \tag{1.1.9}$$

$$\frac{\partial v}{\partial s}+\frac{\partial v}{\partial t}=v, \tag{1.1.10}$$

$$\frac{\partial^2u}{\partial x^2}+\frac{\partial^2u}{\partial y^2}+\frac{\partial^2u}{\partial z^2}=0. \tag{1.1.11}$$

如果微分方程中的未知函数只依赖于一个自变量，就称为**常微分方程**；如果未知函数依赖于两个或更多的自变量，就称为**偏微分方程**.（1.1.6）～（1.1.9）中的4个方程都是常微分方程，（1.1.10）和（1.1.11）是偏微分方程. 本书主要是讨论常微分方程，今后所讲到的“微分方程”一词，没有特别声明时均理解为常微分方程.

一个微分方程中，未知函数最高阶导数的阶数，称为方程的**阶数**. 如果一个微分方程关于未知函数及其各阶导数都是线性的，则称它为**线性微分方程**，否则称为**非线性微分方程**. 例如，（1.1.6）是一阶微分方程，也是线性方程，称这类方程为一阶线性方程. 同理，（1.1.7）是二阶非线性方程，（1.1.8）是四阶线性方程. 一般的 n 阶微分方程的形式为

$$F\left(x,y,\frac{\mathrm{d}y}{\mathrm{d}x},\cdots,\frac{\mathrm{d}^n y}{\mathrm{d}y^n}\right)=0, \tag{1.1.12}$$

其中，$F\left(x,y,\frac{\mathrm{d}y}{\mathrm{d}x},\cdots,\frac{\mathrm{d}^n y}{\mathrm{d}y^n}\right)$为其变量 $x,y,\frac{\mathrm{d}y}{\mathrm{d}x},\cdots,\frac{\mathrm{d}^n y}{\mathrm{d}x^n}$的已知函数，而且一定含有 $\frac{\mathrm{d}^n y}{\mathrm{d}x^n}$，$y$ 是未知函数，x 是自变量.

设 $y=\varphi(x)$是定义在区间(a,b)上的 n 阶可微函数，若分别将 $y=\varphi(x)$，$\frac{\mathrm{d}y}{\mathrm{d}x}=\varphi'(x)$，$\cdots$，$\frac{\mathrm{d}^n y}{\mathrm{d}x^n}=\varphi^{(n)}(x)$代入（1.1.12）后能使其成为恒等式，即

$$F(x,\varphi(x),\varphi'(x),\cdots,\varphi^{(n)}(x))\equiv 0,\quad x\in(a,b),$$

则称 $y=\varphi(x)$是微分方程（1.1.12）在区间(a,b)上的一个**解**. 例如，$y=\mathrm{e}^{-kx}$是微分方程（1.1.6）在$(-\infty,+\infty)$的一个解，$y=\tan x$ 是微分方程 $y'=1+y^2$ 在区间$\left(-\frac{\pi}{2},\frac{\pi}{2}\right)$的一个解.

如果关系式 $F(x,y)=0$ 决定的隐函数 $y=\varphi(x)$是方程（1.1.12）的解，则称 $F(x,y)=0$ 是方程（1.1.12）的一个**隐式解**. 例如，一阶微分方程

$$x\mathrm{d}x+y\mathrm{d}y=0$$

有隐式解

$$x^2+y^2-c=0.$$

把含有 n 个相互独立的任意常数 $c_1,c_2,\cdots,c_n$ 的解

$$y=\varphi(x,c_1,c_2,\cdots,c_n)$$

称为 n 阶微分方程（1.1.12）的**通解**. 此处 $y=\varphi(x,c_1,c_2,\cdots,c_n)$含有 n 个相互独立的常数的含义是指存在$(x,c_1,c_2,\cdots,c_n)$的某一个邻域，使得

$$\begin{vmatrix} \frac{\partial\varphi}{\partial c_1} & \frac{\partial\varphi}{\partial c_2} & \cdots & \frac{\partial\varphi}{\partial c_n} \\ \frac{\partial\varphi'}{\partial c_1} & \frac{\partial\varphi'}{\partial c_2} & \cdots & \frac{\partial\varphi'}{\partial c_n} \\ \vdots & \vdots & & \vdots \\ \frac{\partial\varphi^{(n-1)}}{\partial c_1} & \frac{\partial\varphi^{(n-1)}}{\partial c_2} & \cdots & \frac{\partial\varphi^{(n-1)}}{\partial c_n} \end{vmatrix} \neq 0.$$

例如，$y=c_1\cos x+c_2\sin x$ 就是二阶线性方程

$$y''+y=0 \tag{1.1.13}$$

的通解，而 $y=c_1\cos x+c_2\cos x$ 不是该方程的通解.

在通解之中，当一组任意常数确定时所得到的解称为**特解**. $y_1=\cos x$，$y_2=\sin x$，$y_3=\cos x+\sin x$ 都是微分方程(1.1.13)的特解. 为了确定微分方程的一个特解，可以给出这个微分方程所满足的定解条件，常见的定解条件是初始条件，即指定 n 阶微分方程(1.1.12)在某一点 x_0 所满足的条件

$$y(x_0)=y_0,\quad \frac{\mathrm{d}y(x_0)}{\mathrm{d}x}=y_0',\quad \cdots,\quad \frac{\mathrm{d}y^{(n-1)}(x_0)}{\mathrm{d}x^{n-1}}=y_0^{(n-1)}. \tag{1.1.14}$$

微分方程(1.1.12)连同初始条件(1.1.14)一起称为初始值问题. 例如，式(1.1.1)就是一阶微分方程的初始值问题.

近几十年来，计算机技术发展很快，在各个领域都有广泛的应用，在数学的各个分支中也发挥了很大的作用. 在学习常微分方程课程的同时，不但要掌握基本的理论和方法，而且对一些思路明确、方法简单、计算量大的问题，也应该会用计算机处理，以提高学习、工作效率，更重要的是培养尽量利用当代最新科技成果的意识，以便今后能自觉地将最新的成果应用到解决实际问题的过程之中. 在常微分方程课程中，将利用 Maple 软件包来处理一些问题，Mathematica 等其他软件包也可以进行类似的工作.

例 1.1.3 用 Maple 验证 $y=2\sqrt{4+x}-1$ 是微分方程

$$\frac{\mathrm{d}y}{\mathrm{d}x}=\frac{y-1}{2x-y+7} \tag{1.1.15}$$

的一个解.

解 要用计算机验证一个函数是方程的解，首先需要定义这个函数，然后再求它的导数，计算方程右端的值，进行化简，比较左右两端是否相等. 此问题思路清楚，但计算过程有点繁琐，可以用下面的 Maple 命令实现.

```
y:=x->2*(4+x)^(1/2)-1:
y_prime:=diff(y(x),x):
y_right:=(y(x)-1)/(2*x-y(x)+7):
```

```
difference_left_right:=simplify(y_prime-y_right);
```

回车运行后 Maple 的输出为

```
difference_left_right:=0
```

由输出结果看出将 $y=2\sqrt{4+x}-1$ 代入后，方程(1.1.15)的左右端相等，故它是方程(1.1.15)的一个解. 有兴趣的读者可以把前三行命令中的":"改为";"以观察中部结果.

例 1.1.4　用 Maple 验证由方程

$$tx-\ln x-t^2=0 \tag{1.1.16}$$

所确定的隐函数 $x=x(t)$ 是微分方程

$$\frac{\mathrm{d}x}{\mathrm{d}t}=\frac{2tx-x^2}{tx-1} \tag{1.1.17}$$

的一个解.

解　根据验证方程隐式解的方法，利用下面的 Maple 指令：

```
equ:=t*x-ln(x)-t^2=0:
equ1:=subs(x=x(t),equ):
equ2:=map(diff,equ1,t):
x_dot:=diff(x(t),t):
x_dot1:=solve(equ2,x_dot);
```

回车后 Maple 的输出为

$$\text{x\_dot1:=}\frac{x(t)(-x(t)+2t)}{tx(t)-1}$$

由输出结果看出由方程(1.1.16)所确定的隐函数是微分方程(1.1.17)的一个解.

1.1.3　微分方程的发展

常微分方程是数学的一个重要分支，也是偏微分方程、变分法、控制论等数学分支的基础. 微分方程的理论和方法从 17 世纪末开始发展起来，很快成了研究自然现象的强有力的工具. 在 17～18 世纪，在力学、天文、物理和技术科学中，就已借助微分方程取得了巨大的成就. 质点动力学和刚体动力学的问题很容易化为微分方程的求解问题. 1864 年，Leverrer 根据微分方程预见到了海王星的存在，并确定出了海王星在天空中的位置. 现在，常微分方程在许多方面获得了广泛的应用. 这些应用也为微分方程的进一步发展提出了新的问题，促使人们对微分方程进行更深入的研究，以便适应科学技术飞速发展的需要.

微分方程的首要问题是如何求一个给定方程的通解或特解. 到目前为止，人们已经对许多微分方程得出了求解的一般方法. 例如，一阶微分方程中的变量可分离的方程、线性方程、恰当方程以及常系数二阶线性方程和线性常系数方程组等. 这些都是要在后面的章节中仔细讲述的内容. 求一个方程的解，最自然的想法是用初等函数来表达方程的解，这在很多情况下是不容易做到的. 例如，对非常简单的方程 $y'=\frac{\sin x}{x}$ 就无法用初等函数来表示它的解，但可以用初等函数的积分形式来表达该微分方程的解，即将该方程的通解表达为

$$y=\int\frac{\sin x}{x}\mathrm{d}x+c.$$

今后所说的微分方程的解，一般是指可以用初等函数或初等函数的积分形式表达的解. 微分方程的解也称为积分，求解过程称为对这个微分方程进行积分，习惯上也称为初等积分法.

应该看到能用初等积分法求解的微分方程为数很少，绝大部分的微分方程都无法求出通解. 例如，Bessel 方程

$$x^2y''+xy'+(x^2-n^2)y=0$$

的解一般就无法用初等积分法得出. Riccati 方程

$$y'=P(x)y^2+Q(x)y+R(x)$$

一般也无法用初等积分法求出通解.

由于求通解存在很多困难，人们就开始研究带某种定解条件的特解. 首先是 Cauchy 对微分方程初始值问题解的存在唯一性进行了研究. 目前解的存在唯一性、延拓性、大范围的存在性以及解对初始值和参数的连续性和可微性等理论问题都已发展成熟. 1.2 节将详细介绍一阶微分方程初始值问题解的存在唯一性定理.

由于绝大多数微分方程不能通过“求积”得到，而理论上又证明了初始值问题解的存在唯一性，从而推动人们从其他方面来研究微分方程. 例如，采用将未知函数表示成一致收敛的级数形式，从而扩大了微分方程的可解领域. 在这种意义下，Bessel 方程对任何 n 都是可解的. 以后，人们引进新的特殊函数(非初等函数)，如椭圆函数、Abel 函数、Bessel 函数、Legendre 函数等来表达微分方程的解，使微分方程和函数论，特别是和复变函数论紧密地联系起来，产生了微分方程的解析理论.

与此同时，人们开始采用各种近似方法来求微分方程的特解，如用函数近似的逐次逼近法、Taylor 级数法、待定系数法都可以在一个区间上求得近似解. 又如，求微分方程数值解的 Euler 折线法、Runge-Kutta 法等，可以求得若干个点上微分方程解的近似值. 近年来，随着电子计算机的飞速发展，开发出了许多功能

强大、使用方便的软件包，在微分方程的求解和应用之中发挥了巨大的作用，真正使微分方程在科学技术和经济发展中得到了充分的应用，解决了许多重大问题.

在微分方程理论中，另一个重要的问题是对解的各种属性的研究. 一般是在不求出精确解或者近似解的情况下，把方程的解视为某空间的曲线(轨线)，根据方程右端函数本身所具有的性质来研究积分曲线(轨线)的各种属性，如奇点、周期解、有界性、稳定性以及解曲线族的定性分布图形等，于是就发展为微分方程的定性和稳定性理论. 这些内容将在第 5 章作简单介绍.

最后，还需要指出的一点是当代高科技的发展为数学的广泛应用和深入研究提供了更好的手段，数学机械化的思想也渗透和应用到了常微分方程这一分支. 用计算机求方程的精确解、近似解，对解的性态进行图示和定性、稳定性研究都十分方便和有效，在本书中也将结合具体内容利用 Maple 软件来显示计算机技术在数学研究和应用中的作用.

习　题　1.1

1. 试建立分别具有下列性质的曲线所满足的微分方程：

(1) 曲线上任一点的切线与该点的向径夹角为 α；

(2) 曲线上任一点的切线介于两坐标轴之间的部分等于定长 l；

(3) 曲线上任一点的切线介于两坐标轴之间的部分被切点平分；

(4) 曲线上任一点的切线与两坐标轴所围成的面积都等于常数 a^2；

(5) 曲线上任一点的切线的纵截距等于切点横坐标的平方.

2. 有一质量为 m 的质点挂在一个弹簧上，设空气阻力可以忽略，弹簧的弹性力服从 Hooke 定律，试建立此质点运动的微分方程.

3. 一质量为 m 的物体在空气中铅直下落，它除受重力作用外还受空气阻力的影响，假设空气阻力与运动速度成正比，试建立此质点运动的微分方程.

4. 由牛顿冷却定律知物体在流动的空气中冷却的速度与物体的温度与空气温度之差成正比. 设开始时物体的温度为 T_0℃，将其放在温度为 A℃的空气中冷却，求在任意时刻 t 时物体的温度所满足的微分方程.

5. 一个质量为 m 的物体，在倾角为 30°的斜面上由静止开始下滑，若不计摩擦力，试建立其运动的微分方程.

6. 一凹镜由平面曲线 $y=y(x)$绕 Ox 轴旋转而成，假设由轴上一点 P 发出的一切光线经此凹镜反射后都与旋转轴平行，求曲线 $y=y(x)$所满足的微分方程.

7. 求由下列曲线族消去其中任意常数(A,B,C)所满足的微分方程：

(1) $y=Ax^2$；　　(2) $y=Ce^{2x}$；

(3) $y=A+Be^x$；　　(4) $C(y+C)^2=x^3$；

(5) $\dfrac{x^2}{1+C}+\dfrac{y^2}{4+C}=1$；　　(6) $\rho=A(1-\cos\theta)$，(ρ,θ)为极坐标.

8. 指出下面微分方程的阶数,并判断它们是否是线性方程:

(1) $x^2y''+xy'+2y=\sin x$; (2) $(1+y^2)y''+xy'+y=e^x$;

(3) $y''+\sin(x+y)=\sin x$; (4) $y^{(m)}+y''+y=0$;

(5) $y'=f(x,y)$; (6) $F(x,y,y',y'',y''')=0$;

(7) $y''+p(x)y'+q(x)y=g(x)$; (8) $y'+xy^2=0$.

9. 验证下列各函数是相应微分方程的解:

(1) $y''-y=0, y=\operatorname{sh}x$;

(2) $y'=y^2-(x^2+1)y+2x, y=x^2+1$;

(3) $(1-x^2)y'+xy=2x, y=2+c\sqrt{1-x^2}$,$c$ 是任意常数;

(4) $y''+y=\sec x, y=\cos x\ln\cos x+x\sin x, 0<x<\dfrac{\pi}{2}$;

(5) $y'-2xy=1, y=e^{x^2}\int_0^x e^{-t^2}\,dt+e^{x^2}$;

(6) $y'=\dfrac{f'(x)}{g(x)}y^2-\dfrac{g'(x)}{f(x)}, y=-\dfrac{g(x)}{f(x)}$;

(7) $y^{(4)}+y=0, y=\exp\left(\dfrac{\sqrt{2}}{2}x\right)\cos\dfrac{\sqrt{2}}{2}x$.

10. 给定一阶微分方程 $\dfrac{dy}{dx}=2x$,

(1) 求出它的通解;

(2) 求通过点(1,4)的特解;

(3) 求出与直线 $y=2x+3$ 相切的解;

(4) 求出满足条件 $\int_0^1 y(x)\,dx=2$ 的解;

(5) 画出(2)~(4)中解的图形.

11. 对下面的每一个方程分别求 r 的值,使得 $y=e^{rx}$ 是它的解:

(1) $y'+2y=0$; (2) $y''-y=0$;

(3) $y''+y'-6y=0$; (4) $y'''-3y''+2y'=0$.

12. 对下面的每一个方程分别求 r 的值,使得 $y=x^r$ 是它的解:

(1) $x^2y''+4xy'+2y=0$; (2) $x^2y''-4xy'+4y=0$.

*13. 设 $y=\phi(x)$是微分方程$\dfrac{dy}{dx}=y(a-by)$的解,其中,a 和 b 是正常数.

(1) 求出该方程的两个常数解;

(2) 从微分方程确定 y 的区间,使得解 $y=\phi(x)$单调增或单调减;

(3) 从微分方程求出解 $y=\phi(x)$的拐点的 y 坐标;

(4) 在同一个坐标系下画出该方程的常数解和一些非常数解 $y=\phi(x)$的图形.

1.2 解的存在唯一性

微分方程来源于实际问题,求解微分方程的目的就是为了得到某一变化过程中变量的变化规律. 当一个实际问题所满足的微分方程建立后,所关心的是该微分方程有没有解和有多少解？例如,微分方程 $y'=2x$ 有无限多个解 $y=x^2+c$,对这个方程再加上初始条件 $y(x_0)=y_0$ 后就有唯一的解 $y=x^2+y_0-x_0^2$. 本节讨论初始值问题

$$\frac{\mathrm{d}y}{\mathrm{d}x}=f(x,y),\quad y(x_0)=y_0 \tag{1.2.1}$$

解的存在唯一性.

1.2.1　例子和思路

微分方程初始值问题的解是在某一个区间上存在的,如初始值问题

$$y'=y^2,\quad y(0)=1$$

的解是 $y=\frac{1}{1-x}$,它在$(-\infty,1)$上存在. 而同一方程满足初始值

$$y(1)=-2$$

的解为 $y=\frac{2}{1-2x}$,它的存在区间为$\left(\frac{1}{2},+\infty\right)$. 初始值问题

$$y'=-\frac{x}{y},\quad y(0)=a,\quad a>0$$

的解为 $y=\sqrt{a^2-x^2}$,存在区间为$(-a,a)$. 而初始值问题

$$\frac{\mathrm{d}y}{\mathrm{d}x}=\begin{cases}\frac{2y}{x^3}, & x\neq 0,\\ 0, & x=0,\end{cases}\quad y(0)=0$$

的解有无穷多个,均在$(-\infty,+\infty)$存在,它们是

$$y(x)=\begin{cases}c_1\exp\left(-\frac{1}{x^2}\right), & x>0,\\ 0, & x=0,\\ c_2\exp\left(-\frac{1}{x^2}\right), & x<0.\end{cases}$$

对一般方程的初始值问题,不可能通过求出其解析解的方法来说明它有唯一解或多个解,因为有可能由于方法限制或者技巧不高等原因,没有求出解的表达式. 因此,需要一个从微分方程右端的函数 $f(x,y)$来判断初始值问题的解存在唯一的方法,我们的思路不是直接求出解,而是采用构造性的方法从理论上论证解存在且唯一. 为了便于理解定理证明的思路,先看下面的例子.

例 1.2.1　证明代数方程

$$x=1+\frac{1}{10}\sin x \tag{1.2.2}$$

有唯一的解.

证明 由于无法求出方程(1.2.2)解的具体表达式,使用构造性的方法来证明它有唯一的解. 取实数 $x_0=1$,令

$$x_n = 1+\frac{1}{10}\sin x_{n-1}, \quad n=1,2,\cdots,\infty, \tag{1.2.3}$$

这样就得到了一个迭代序列$\{x_n\}$. 如果$\lim\limits_{n\to\infty}x_n=x^*$存在,它就是方程(1.2.2)的解,可以用 Cauchy 收敛准则来证明序列的收敛性. 事实上,对于任意 $\varepsilon>0$ 和正整数 n,p,因为

$$|x_{m+1}-x_m| = \frac{1}{10}|\sin x_m - \sin x_{m-1}| \leqslant \cdots \leqslant \frac{1}{10^m}|x_1-x_0| \leqslant \frac{2}{10^m},$$

$$\begin{aligned}|x_{n+p}-x_n| &\leqslant |x_{n+1}-x_n|+|x_{n+2}-x_{n+1}|+\cdots+|x_{n+p}-x_{n+p-1}| \\ &\leqslant \frac{2}{10^n}\left(1+\frac{1}{10}+\cdots+\frac{1}{10^{p-1}}\right)\leqslant \frac{2}{10^n}\frac{10}{9},\end{aligned}$$

故取 $N=2+\left[\frac{\ln 2/9\varepsilon}{\ln 10}\right]$,对一切 $n>N$ 有$|x_{n+p}-x_n|<\varepsilon$. 由 Cauchy 收敛准则得$\lim\limits_{n\to\infty}x_n=x^*$存在,对式(1.2.3)两边取极限就得到 x^* 是式(1.2.2)的解.

若 x^* 和 y^* 都是式(1.2.2)的解,它们都必须满足方程(1.2.2),故

$$|x^*-y^*| = \frac{1}{10}|\sin x^* - \sin y^*| \leqslant \frac{1}{10}|x^*-y^*|.$$

上面的不等式仅当 $x^*=y^*$ 时成立,这就得到了方程(1.2.2)解的存在唯一性.

在证明方程(1.2.2)解的存在唯一性时,并没有求出这个解是什么,而是通过构造迭代序列的方法经过理论分析来实现的. 利用下面的 Maple 命令:

```
x[0]:=1.;
for j from 1 to 8 do
x[j]:=1+sin(x[j-1])/10;
end do;
```

可以得出

$$\begin{array}{lll} x_0=1, & x_1=1.084147098, & x_2=1.088390486, \\ x_3=1.088588139, & x_4=1.088597307, & x_5=1.088597732, \\ x_6=1.088597751, & x_7=1.088597752, & x_8=1.088597752. \end{array}$$

由此可见,式(1.2.3)中给出的迭代序列 x_n 很快就收敛到方程(1.2.2)的解. 这种用迭代序列构造性证明方程(1.2.2)的解存在唯一性的过程也给出了求解该方程近似解的一种有效方法.

对微分方程初始值问题(1.2.1)解的存在唯一性的讨论,完全是用同样的思路

进行的. 接下来看一个具体的例子.

例 1.2.2　证明初始值问题

$$\frac{\mathrm{d}y}{\mathrm{d}x}=y,\quad y(0)=1 \tag{1.2.4}$$

的解存在且唯一.

证明　若 $y=y(x)$ 是初始值问题的解,则对式(1.2.4)中的方程两边积分得 $y(x)$ 满足下列积分方程:

$$y(x)=1+\int_0^x y(s)\mathrm{d}s. \tag{1.2.5}$$

反之,若一个连续函数 $y=y(x)$ 满足式(1.2.5),则它必是初始值问题(1.2.4)的解,即初始值问题(1.2.4)与积分方程(1.2.5)解的存在唯一性是等价的. 用构造迭代序列的办法来逼近式(1.2.5)的解,令

$$\begin{aligned}
&y_0(x)=1,\\
&y_1(x)=1+\int_0^x y_0(s)\mathrm{d}s=1+x,\\
&y_2(x)=1+\int_0^x y_1(s)\mathrm{d}s=1+x+\frac{x^2}{2!},\\
&\cdots\cdots\\
&y_n(x)=1+\int_0^x y_{n-1}(s)\mathrm{d}s=1+x+\frac{x^2}{2!}+\cdots+\frac{x^n}{n!}.
\end{aligned}$$

由数学分析的知识知函数列 $y_n(x)$ 收敛且 $\lim\limits_{n\to\infty}y_n(x)=\mathrm{e}^x$. 直接代入验证此极限函数 $y=\mathrm{e}^x$ 是初始值问题(1.2.4)的解,这就得到了解的存在性. 为证明解的唯一性,设初始值问题有两个解 $y=\varphi(x)$ 和 $y=\psi(x)$,令 $g(x)=\varphi(x)-\psi(x)$,则 $g(x)$ 是可微函数且满足

$$g'(x)=\varphi'(x)-\psi'(x)=g(x),\quad g(0)=0.$$

由此得 $(g'(x)-g(x))\mathrm{e}^{-x}=0$,即 $(g(x)\mathrm{e}^{-x})'=0$,故 $g(x)\mathrm{e}^{-x}$ 为常数,又因为 $g(0)=0$,故 $g(x)\mathrm{e}^{-x}\equiv 0$. 这表明 $g(x)\equiv 0$,即 $\varphi(x)\equiv\psi(x)$,所以初始值问题(1.2.4)的解是存在唯一的.

对一般微分方程初始值问题解的存在唯一性的讨论过程比较复杂,但分析论证过程的思路与这一具体例子完全一致. 接下来就介绍初始值问题解的存在唯一性定理,并给出详细的证明过程.

1.2.2　存在唯一性定理及其证明

设 $f(x,y)$ 在矩形区域

$$R=\{(x,y)\mid |x-x_0|\leqslant a,\ |y-y_0|\leqslant b\}$$

连续.如果有常数 $L>0$,使得对所有 $(x,y_1),(x,y_2)\in R$ 都有

$$|f(x,y_1)-f(x,y_2)|\leqslant L|y_1-y_2|,$$

则称 $f(x,y)$ 在 R 上关于 y 满足 **Lipschitz 条件**,L 称为 **Lipschitz 常数**.

定理 1.1 若 $f(x,y)$ 在 R 上连续且关于 y 满足 Lipschitz 条件,则初始值问题(1.2.1)在区间 $|x-x_0|\leqslant h$ 上存在唯一的解,其中,$h=\min\left\{a,\dfrac{b}{M}\right\}$,$M=\max\limits_{(x,y)\in R}|f(x,y)|$.

证明 定理 1.1 可以用 Picard 逐步逼近法来证明,思路与例 1.2.2 相同,但过程相当长.主要步骤有将初始值问题(1.2.1)解的存在唯一性问题转化为一个等价的积分方程解的存在唯一性问题;构造积分方程的迭代函数序列;证明此函数序列的收敛性;证明此序列的极限函数就是方程的解;证明解的唯一性.仅证明解在 $x_0\leqslant x\leqslant x_0+h$ 上存在且唯一,在 $x_0-h\leqslant x\leqslant x_0$ 的情况类似.

(1) 等价的积分方程.若 $y=y(x)$ 是初始值问题(1.2.1)的解,对式(1.2.1)的两端积分得 $y(x)$ 满足下列积分方程:

$$y(x)=y_0+\int_{x_0}^{x}f(s,y(s))\mathrm{d}s. \tag{1.2.6}$$

反之,若 $y=y(x)$ 是积分方程(1.2.6)的连续解,则 $y(x_0)=y_0$,由 $f(x,y)$ 的连续性知式(1.2.6)右端是可微函数,故 $y(x)$ 可微.对式(1.2.6)两边求导得 $y'(x)=f(x,y(x))$,即 $y=y(x)$ 是初始值问题(1.2.1)的解.这表明初始值问题(1.2.1)与积分方程(1.2.6)解的存在唯一性是等价的,这样就可以通过证明积分方程(1.2.6)连续解的存在唯一性而得到原初始值问题(1.2.1)解的存在唯一性.由于积分方程对函数的要求低,故用等价的积分方程来讨论就比较方便.

(2) 构造 Picard 迭代函数列.取 $\varphi_0(x)=y_0$,代入式(1.2.6)右端后得到函数

$$\varphi_1(x)=y_0+\int_{x_0}^{x}f(s,\varphi_0(s))\mathrm{d}s.$$

显然 $\varphi_1(x)$ 也是连续函数,如果 $\varphi_1(x)=\varphi_0(x)$,则 $\varphi_0(x)$ 就是积分方程(1.2.6)的解.否则又把 $\varphi_1(x)$ 代入式(1.2.6)的右端得到连续函数

$$\varphi_2(x)=y_0+\int_{x_0}^{x}f(s,\varphi_1(s))\mathrm{d}s.$$

如果 $\varphi_2(x)=\varphi_1(x)$,则 $\varphi_1(x)$ 就是式(1.2.6)的解.否则重复这个过程,作函数

$$\varphi_n(x)=y_0+\int_{x_0}^{x}f(s,\varphi_{n-1}(s))\mathrm{d}s. \tag{1.2.7}$$

这样就得到了一个连续函数列$\{\varphi_n(x)\}$，它称为 Picard 迭代序列.

(3) 迭代序列的收敛性. 对于 Picard 迭代序列$\{\varphi_n(x)\}$有下面两个引理.

引理 1.1 对一切 n 和 $x\in[x_0,x_0+h]$，$\varphi_n(x)$连续且满足

$$|\varphi_n(x)-y_0|\leqslant b. \tag{1.2.8}$$

证明 显然 $\varphi_0(x)$在$[x_0,x_0+h]$上有定义、连续且满足式(1.2.8). 设 $\varphi_n(x)$在$[x_0,x_0+h]$上有定义、连续且满足式(1.2.8)，由式(1.2.7)中给出的递推定义方法知 $\varphi_{n+1}(x)$在$[x_0,x_0+h]$中有定义且

$$\begin{aligned}|\varphi_{n+1}(x)-y_0|&\leqslant\int_{x_0}^x|f(s,\varphi_n(s))|\mathrm{d}s\\&\leqslant M(x-x_0)\leqslant Mh\leqslant b.\end{aligned}$$

故式(1.2.8)成立. 引理 1.1 证毕.

引理 1.2 函数序列$\{\varphi_n(x)\}$在$[x_0,x_0+h]$上一致收敛.

证明 考虑函数项级数

$$\varphi_0(x)+\sum_{k=1}^{\infty}(\varphi_k(x)-\varphi_{k-1}(x)),\quad x_0\leqslant x\leqslant x_0+h, \tag{1.2.9}$$

它前 $n+1$ 项的部分和为

$$S_n(x)=\varphi_0(x)+\sum_{k=1}^{n}(\varphi_k(x)-\varphi_{k-1}(x))=\varphi_n(x).$$

于是，$\{\varphi_n(x)\}$的一致收敛性与级数(1.2.9)的一致收敛性等价. 对级数(1.2.9)的通项进行估计.

$$|\varphi_1(x)-\varphi_0(x)|\leqslant\int_{x_0}^x|f(s,y_0)|\mathrm{d}s\leqslant M(x-x_0),$$

$$\begin{aligned}|\varphi_2(x)-\varphi_1(x)|&\leqslant\int_{x_0}^x|f(s,\varphi_1(s))-f(s,\varphi_0(s))|\mathrm{d}s\\&\leqslant L\int_{x_0}^x|\varphi_1(s)-\varphi_0(s)|\mathrm{d}s\\&\leqslant L\int_{x_0}^x M(s-x_0)\mathrm{d}s\leqslant\frac{ML}{2!}(x-x_0)^2,\end{aligned}$$

其中，第二个不等式是由 Lipschitz 条件得到的. 设对于正整数 n 有不等式

$$|\varphi_n(x)-\varphi_{n-1}(x)|\leqslant\frac{ML^{n-1}}{n!}(x-x_0)^n,$$

则当 $x_0\leqslant x\leqslant x_0+h$ 时有

$$
\begin{aligned}
|\varphi_{n+1}(x)-\varphi_n(x)| &\leqslant \int_{x_0}^{x} |f(s,\varphi_n(s))-f(s,\varphi_{n-1}(s))|\,\mathrm{d}s \\
&\leqslant L\int_{x_0}^{x} |\varphi_n(s)-\varphi_{n-1}(s)|\,\mathrm{d}s \\
&\leqslant \frac{ML^n}{n!}\int_{x_0}^{x}(s-x_0)^n\mathrm{d}s=\frac{ML^n}{(n+1)!}(x-x_0)^{n+1}.
\end{aligned}
$$

于是,由数学归纳法得对所有的自然数 k 有

$$
|\varphi_k(x)-\varphi_{k-1}(x)|\leqslant\frac{ML^{k-1}h^k}{k!},\quad x_0\leqslant x\leqslant x_0+h. \tag{1.2.10}
$$

由于正项级数 $\sum\limits_{k=1}^{\infty}ML^{k-1}\dfrac{h^k}{k!}$ 收敛,由 Weierstrass 判别法知级数(1.2.9)在 $x_0\leqslant x\leqslant x_0+h$ 上一致收敛.引理 1.2 证毕.

(4) Picard 序列的极限函数就是积分方程(1.2.6)的连续解.由引理 1.2 知 $\{\varphi_n(x)\}$在$[x_0,x_0+h]$上一致收敛,令

$$
\lim_{n\to\infty}\varphi_n(x)=\varphi(x),\quad x_0\leqslant x\leqslant x_0+h,
$$

则 $\varphi_n(x)$的连续性和一致收敛性得 $\varphi(x)$也是$[x_0,x_0+h]$上的连续函数.

引理 1.3 $\varphi(x)$是积分方程(1.2.6)定义于 $x_0\leqslant x\leqslant x_0+h$ 上的连续解.

证明 由 Lipschitz 条件

$$
|f(x,\varphi_n(x))-f(x,\varphi(x))|\leqslant L|\varphi_n(x)-\varphi(x)|
$$

以及$\{\varphi_n(x)\}$在 $x_0\leqslant x\leqslant x_0+h$ 上的一致收敛性得出函数序列$\{f_n(x)\}$($f_n(x)=f(x,\varphi_n(x))$)在 $x_0\leqslant x\leqslant x_0+h$ 上一致收敛于函数 $f(x,\varphi(x))$.因而,对式(1.2.7)取极限得

$$
\begin{aligned}
\lim_{n\to\infty}\varphi_n(x)&=y_0+\lim_{n\to\infty}\int_{x_0}^{x}f(s,\varphi_n(s))\mathrm{d}s \\
&=y_0+\int_{x_0}^{x}\lim_{n\to\infty}f(s,\varphi_n(s))\mathrm{d}s,
\end{aligned}
$$

即

$$
\varphi(x)=y_0+\int_{x_0}^{x}f(s,\varphi(s))\mathrm{d}s.
$$

这表明 $\varphi(x)$是积分方程(1.2.6)的连续解.引理 1.3 证毕.

(5) 解的唯一性.由前面的构造性证明过程已经得到了积分方程(1.2.6)的一个连续解 $\varphi(x)$,若式(1.2.6)在$[x_0,x_0+h]$上还有一个连续解 $\psi(x)$,则必须说明 $\psi(x)\equiv\varphi(x)$.

引理 1.4 设 $\psi(x)$ 是积分方程(1.2.6)定义于 $[x_0, x_0+h]$ 上的一个连续解，则必须有 $\psi(x)\equiv\varphi(x)(x\in[x_0, x_0+h])$.

证明 令 $g(x)=|\psi(x)-\varphi(x)|$，则 $g(x)$ 是定义在 $[x_0, x_0+h]$ 的非负连续函数. 由 $\psi(x)$ 和 $\varphi(x)$ 所满足的积分方程和 $f(x,y)$ 的 Lipschitz 条件得

$$g(x)\leqslant\int_{x_0}^{x}|f(s,\psi(s))-f(s,\varphi(s))|\,\mathrm{d}s$$
$$\leqslant L\int_{x_0}^{x}|\psi(s)-\varphi(s)|\,\mathrm{d}s=L\int_{x_0}^{x}g(s)\mathrm{d}s.$$

令 $u(x)=L\int_{x_0}^{x}g(s)\mathrm{d}s$，则 $u(x)$ 是定义于 $[x_0, x_0+h]$ 上的连续可微函数且 $u(x_0)=0$，$0\leqslant g(x)\leqslant u(x)$，$u'(x)=Lg(x)$. 于是

$$u'(x)\leqslant Lu(x),\quad (u'(x)-Lu(x))\mathrm{e}^{-Lx}\leqslant 0.$$

对最后一个不等式从 x_0 到 x 积分得

$$u(x)\mathrm{e}^{-Lx}\leqslant u(x_0)\mathrm{e}^{-Lx_0}=0,$$

故 $g(x)\leqslant u(x)\leqslant 0$，即 $g(x)\equiv 0(x\in[x_0, x_0+h])$. 引理 1.4 证毕.

至此完成了定理 1.1 的证明.

1.2.3 存在唯一性定理的说明及例子

对定理 1.1 给出以下几点说明：

(1) 定理中的 Lipschitz 条件验证比较困难，经常用 $f(x,y)$ 在 R 上有连续的偏导数这一较强但容易验证的条件来代替. 事实上，如果 $f(x,y)$，$f_y(x,y)$ 在 R 上连续，则 $f_y(x,y)$ 在 R 上有界. 令 $|f_y(x,y)|\leqslant L$ 在 R 上成立，则由微分中值定理可以得出

$$|f(x,y_1)-f(x,y_2)|=|f_y(x,y_2+\theta(y_1-y_2))||y_1-y_2|$$
$$\leqslant L|y_1-y_2|.$$

(2) 定理中 $h=\min\left\{a,\dfrac{b}{M}\right\}$ 的几何意义. 在矩形 R 中有 $|f(x,y)|\leqslant M$，故初始值问题(1.2.1)的解曲线上的斜率必定介于 $-M$ 和 M 之间. 过点 (x_0, y_0) 分别作斜率为 $-M$ 和 M 的直线，当 $M\leqslant\dfrac{b}{a}$ 时如图 1.2(a)所示，解 $y=\varphi(x)$ 在 $x_0-a\leqslant x\leqslant x_0+a$ 中有定义；而当 $M>\dfrac{b}{a}$ 时如图 1.2(b)所示，不能保证解 $y=\varphi(x)$ 在 $x_0-a\leqslant x\leqslant x_0+a$ 中有定义，它有可能在此区间内跑到矩形 R 外去，使得 $f(x,y)$ 无定义，

只有 $x_0-\frac{b}{M}\leqslant x\leqslant x_0+\frac{b}{M}$时，才能保证解 $y=\varphi(x)$在 R 内，故要求解的存在范围为 $|x-x_0|\leqslant h$. 图 1.2 中所取的点(x_0,y_0)是坐标原点(0,0).

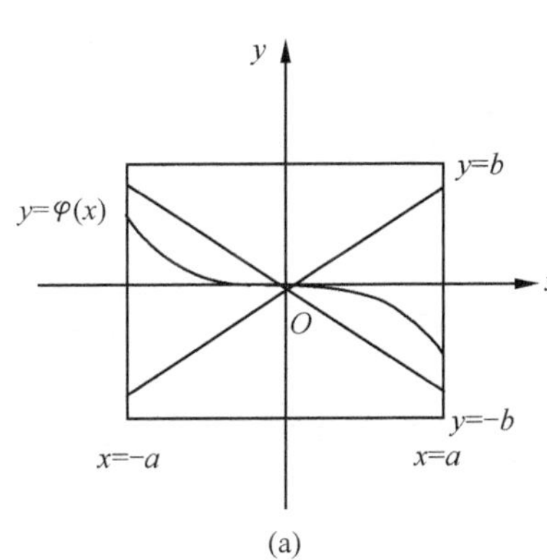

(a)

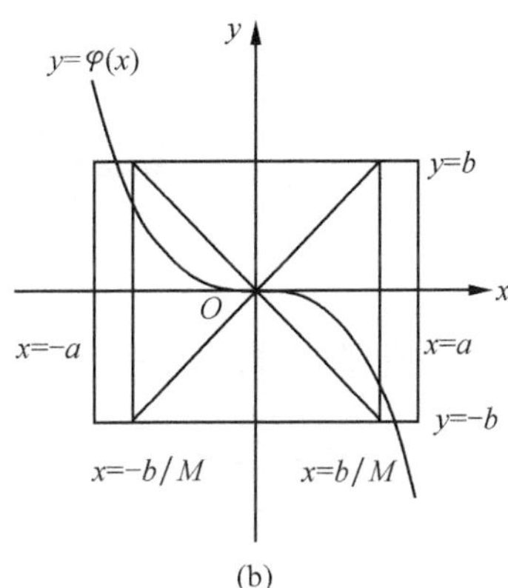

(b)

图 1.2

(3) 定理 1.1 中的结论只是在局部范围内给出了解的存在唯一性，但在许多情况下可以反复使用定理 1.1，将解的存在范围延拓到较大的区间. 例如，下面的定理就给出了解在$(-\infty,+\infty)$存在的条件(马知恩等，2001).

定理 1.2 设 $f(x,y)$在 xOy 平面上每一点连续，对 y 满足局部的 Lipschitz 条件①且有正常数 N，使得

$$|f(x,y)|\leqslant N|y|,$$

则初始值问题(1.2.1)的解在$(-\infty,+\infty)$存在.

(4) 定理 1.1 中 $f(x,y)$的连续性即可保证初始值问题解的存在性，$f(x,y)$关于 y 满足 Lipschitz 条件是用来保证解的唯一性.

最后举几个例子来说明定理 1.1 的应用过程.

例 1.2.3 证明初始值问题

$$\frac{\mathrm{d}y}{\mathrm{d}x}=x^2+\mathrm{e}^{-y^2},\quad y(0)=0 \tag{1.2.11}$$

的解 $y=y(x)$在$\left[0,\frac{1}{2}\right]$存在，并且当 $x\in\left[0,\frac{1}{2}\right]$时，$|y(x)|\leqslant 1$.

① 局部 Lipschitz 条件为对点 $P_0(x_0,y_0)$有矩形区域 $R_0=\{(x,y)\,|\,|x-x_0|\leqslant a_0,|y-y_0|\leqslant b_0\}$和依赖于 P_0 的常数 L_{P_0}，使得$\forall(x,y_1),(x,y_2)\in R_0$ 有$|f(x,y_1)-f(x,y_2)|\leqslant L_{P_0}|y_1-y_2|$，则称 $f(x,y)$满足局部 Lipschitz 条件.

证明 取 $a=\dfrac{1}{2}$,$b=1$,在矩形区域

$$R=\left\{(x,y)\,\middle|\;|x|\leqslant\frac{1}{2},\;|y|\leqslant 1\right\}$$

上,$f(x,y)=x^2+\mathrm{e}^{-y^2}$ 连续且它关于 y 有连续的偏导数. 计算

$$M=\max_{(x,y)\in R}\{x^2+\mathrm{e}^{-y^2}\}=1+\left(\frac{1}{2}\right)^2=\frac{5}{4},$$

$$h=\min\left\{\frac{1}{2},\frac{1}{5/4}\right\}=\frac{1}{2},$$

故由解的存在唯一性定理知初始值问题(1.2.11)的解 $y=y(x)$ 在 $-\dfrac{1}{2}\leqslant x\leqslant\dfrac{1}{2}$ 内存在唯一,当然也在 $0\leqslant x\leqslant\dfrac{1}{2}$ 内存在唯一. 对 $0\leqslant x\leqslant\dfrac{1}{2}$,由式(1.2.11)等价的积分方程得 $y(x)\geqslant 0$ 且

$$\begin{aligned}y(x)&=\int_0^x(s^2+\exp(-y^2(s)))\mathrm{d}s\\&\leqslant\int_0^x\left(\left(\frac{1}{2}\right)^2+1\right)\mathrm{d}s=\frac{5}{4}x\leqslant\frac{5}{8}\leqslant 1.\end{aligned}$$

证毕.

例 1.2.4 讨论初始值问题

$$\frac{\mathrm{d}y}{\mathrm{d}x}=1+y^2,\quad y(0)=0 \tag{1.2.12}$$

解存在唯一的区间.

解 对任意给定的正数 a,b,函数 $f(x,y)=1+y^2$ 均在矩形区域

$$R=\{(x,y)\mid |x|\leqslant a,\;|y|\leqslant b\}$$

内连续,并且对 y 有连续的偏导数. 计算

$$M=\max_{(x,y)\in R}f(x,y)=1+b^2,$$

$$h=\min\left\{a,\frac{b}{1+b^2}\right\}.$$

由于 a 和 b 都可以任意取,先取 b,使得 $\dfrac{b}{1+b^2}$ 最大,显然当 $b=1$ 时,$\dfrac{b}{1+b^2}=\dfrac{1}{2}$ 为 $\dfrac{b}{1+b^2}$ 的最大值,故可取 $a=1,b=1$,此时由定理 1.1 得到的初始值问题(1.2.12)解的存在唯一的区间是 $-\dfrac{1}{2}\leqslant x\leqslant\dfrac{1}{2}$.

用解的存在唯一性定理一次时最多能得到式(1.2.12)的解在 $|x|\leqslant\dfrac{1}{2}$ 内存在,但为了使问题的结果更好,可以再一次使用解的存在唯一性定理. 令 $y_1=$

$y\left(\frac{1}{2}\right)$，以点 $P_1\left(\frac{1}{2}, y_1\right)$ 为矩形区域的中心，讨论新的初始值问题

$$\frac{\mathrm{d}y}{\mathrm{d}x} = 1 + y^2, \quad y\left(\frac{1}{2}\right) = y_1. \tag{1.2.13}$$

这样就可以使初始值问题(1.2.13)解的存在区间向右扩展. 在矩形区域

$$R_1 = \left\{(x,y) \middle| \left|x - \frac{1}{2}\right| \leqslant a, \ |y - y_1| \leqslant b\right\}$$

中有

$$M = \max_{(x,y)\in R_1} f(x,y) = 1 + (y_1 + b)^2,$$

$$h = \min\left\{a, \frac{b}{1 + (y_1 + b)^2}\right\}.$$

当 $b = \sqrt{1+y_1^2}$ 时，$\frac{b}{1+(y_1+b)^2}$ 取得最大值 $h_1 = \frac{\sqrt{1+y_1^2}}{1+(y_1+\sqrt{1+y_1^2})^2}$，故取 $b = \sqrt{1+y_1^2}$，$a=h_1$，可以得到式(1.2.13)的解在 $\frac{1}{2} \leqslant x \leqslant \frac{1}{2} + h_1$ 上存在. 这样，将式(1.2.12)和式(1.2.13)的解结合起来就得到了初始值问题(1.2.12)的解存在区间为 $-\frac{1}{2} \leqslant x \leqslant \frac{1}{2} + h_1$，已经将解的存在区间向右扩展了一步. 这一过程当然还可以重复下去. 事实上，初始值问题(1.2.12)的解是 $y=\tan x$，它的存在区间是 $|x| < \frac{\pi}{2}$.

例 1.2.5 计算初始值问题

$$\frac{\mathrm{d}y}{\mathrm{d}x} = 1 + y^3, \quad y(1) = 1 \tag{1.2.14}$$

的 Picard 迭代序列中的前三个.

解 初始值问题(1.2.14)等价的积分方程为

$$y(x) = 1 + \int_1^x (1 + y^3(s))\mathrm{d}s.$$

根据 Picard 序列的构造方法分别得

$$\begin{aligned}
y_0(x) &= 1, \\
y_1(x) &= 1 + \int_1^x (1 + 1^3)\mathrm{d}s = 1 + 2(x-1), \\
y_2(x) &= 1 + \int_1^x (1 + (1 + 2(s-1))^3)\mathrm{d}s \\
&= 1 + 2(x-1) + 3(x-1)^2 + 4(x-1)^3 + 2(x-1)^4.
\end{aligned}$$

当需要计算的 Picard 迭代序列中的函数比较多时，可以用 Maple 软件包来计算. 对初始值问题(1.2.14)，利用 Maple 指令

```
y0:=1;
y1:=1+int(1+ y0^3,x=1..x);
y2:=1+int(1+y1^3,x=1..x);
y3:=1+int(1+y2^3,x=1..x);
```

即可求出 Picard 迭代序列中的前 4 个函数,回车后 Maple 的输出为

$$y0:=1$$

$$y1:=-1+2x$$

$$y2:=2x^4-4x^3+3x^2$$

$$y3:=-\frac{157}{910}+\frac{8}{13}x^{13}-4x^{12}+12x^{11}-\frac{104}{5}x^{10}+22x^9-\frac{27}{2}x^8+\frac{27}{7}x^7+x$$

例 1.2.6　利用 Picard 迭代法求初始值问题

$$\frac{\mathrm{d}y}{\mathrm{d}x}=2x(1+y),\quad y(0)=0 \tag{1.2.15}$$

的解.

解　初始值问题(1.2.15)等价的积分方程为

$$y(x)=\int_0^x 2s(1+y(s))\mathrm{d}s,$$

其迭代序列分别为

$$y_0(x)=0,$$

$$y_1(x)=\int_0^x 2s\mathrm{d}s=x^2,$$

$$y_2(x)=\int_0^x 2s(1+s^2)\mathrm{d}s=x^2+\frac{x^4}{2!},$$

$$y_3(x)=\int_0^x 2s\left(1+s^2+\frac{s^4}{2!}\right)\mathrm{d}s=x^2+\frac{x^4}{2!}+\frac{x^6}{3!},$$

……

$$y_n(x)=x^2+\frac{x^4}{2!}+\frac{x^6}{3!}+\cdots+\frac{x^{2n}}{n!}.$$

取极限得

$$\lim_{n\to\infty}y_n(x)=\mathrm{e}^{x^2}-1,$$

即初始值问题(1.2.15)的解为 $y=\mathrm{e}^{x^2}-1$.

习　题　1.2

1. 下列方程的解在什么区域存在唯一:

(1) $y'=x+\sin y$;　　(2) $y'=\sqrt[3]{y}$;

(3) $y'=xy-\mathrm{e}^{-y}$;　　(4) $y'=\dfrac{x+y}{x-y}$.

2. 求下列初始值问题解的 Picard 迭代序列中的前三个函数：

(1) $y'=x^2+y^2, y(0)=1$；　　(2) $y'=e^x+y^2, y(0)=0$.

3. 证明下列初始值问题的解在指定的区间上存在且唯一：

(1) $y'=y^2+\cos x^2, y(0)=0, 0\leqslant x\leqslant \frac{1}{2}$；

(2) $y'=x+y^2, y(0)=0, 0\leqslant x\leqslant \left(\frac{1}{2}\right)^{2/3}$；

(3) $y'=e^{-x}+\ln(1+y^2), y(0)=0, 0\leqslant x<\infty$；

(4) $y'=x^2+y^2, y(0)=0, 0\leqslant x\leqslant \frac{1}{\sqrt{2}}$.

4. 证明 $\varphi(x)=\begin{cases}(x^2-1)^{5/3}, & |x|<1,\\ 0, & |x|\geqslant 1\end{cases}$ 是初始值问题

$$y'=\frac{10}{3}xy^{2/5},\quad y(0)=-1$$

定义在$(-\infty,+\infty)$的解. 对所有正数 $a>1, b>1$，

$$\psi(x)=\begin{cases}(x^2-a^2)^{5/3}, & -\infty<x<-a,\\ 0, & -a\leqslant x\leqslant -1,\\ (x^2-1)^{5/3}, & -1<x<1,\\ 0, & 1\leqslant x\leqslant b,\\ (x^2-b^2)^{5/3}, & b<x<+\infty\end{cases}$$

也是该初始值问题的解.

5. 设 C 为非负常数，$f(t)$和 $g(t)$是定义在区间 $a\leqslant t\leqslant b$ 上的非负连续函数且满足不等式

$$f(t)\leqslant C+\int_a^t f(s)g(s)\mathrm{d}s,\quad a\leqslant t\leqslant b.$$

证明：

$$f(t)\leqslant C\exp\left(\int_a^t g(s)\mathrm{d}s\right),\quad a\leqslant t\leqslant b.$$

6. 证明初始值问题

$$y'=3+\sin(1+y^2),\quad y(0)=5$$

的解在$(-\infty,+\infty)$存在.

7. 设 $p(x)$和 $q(x)$在 $a<x<b$ 上连续，x_0 是(a,b)内的一点，则对任意给定的常数 y_0，初始值问题

$$y'+p(x)y=q(x),\quad y(x_0)=y_0$$

的解在(a,b)内存在且唯一.

8. 设函数 $f(x,y)$在(x_0,y_0)的邻域内是 y 的非增函数，试证初始值问题

$$y'=f(x,y),\quad y(x_0)=y_0$$

的解在此邻域内 $x\geqslant x_0$ 一侧最多只有一个.

9. 给定积分方程

$$\varphi(x)=f(x)+\lambda\int_a^b K(x,s)\varphi(s)\mathrm{d}s,$$

其中，$f(x)$是$[a,b]$上的已知连续函数，$K(x,s)$是 $a\leqslant x\leqslant b, a\leqslant s\leqslant b$ 上的已知连续函数. 证明当$|\lambda|$充分小时，该积分方程在$[a,b]$上存在唯一的连续解.

*10. 利用 Picard 迭代法求初始值问题

$$y'=x^2+y^2,\quad y(0)=0$$

的近似解，并且使近似解在区间$\left[0,\frac{1}{2}\right]$内与精确解的误差不超过 0.05.

1.3 一阶微分方程的向量场

微分方程最初是从物理和几何中的问题引出的，从物理与几何直观的角度来理解微分方程的解可以使我们对所讨论的问题有一个简单而鲜明的形象. 例如，由条形磁铁产生的磁力线场对理解电磁场的概念有着重要的作用. 又如，将$\frac{\mathrm{d}x}{\mathrm{d}t}=f(t,x)$看成质点的运动方程时，$tx$ 平面上任意一点(t,x)的函数值 $f(t,x)$就反映了质点在(t,x)点处运动速度的方向和大小，于是可以根据 tx 平面上各点的速度向量来确定质点的运动过程. 本节就是类似于磁力线场和速度场来定义一阶微分方程的向量场，再通过向量场来研究积分曲线的性态.

1.3.1 向量场

设一阶微分方程

$$\frac{\mathrm{d}y}{\mathrm{d}x}=f(x,y)\tag{1.3.1}$$

的右端函数在 xy 平面的一个区域 D 中有定义，并且满足解的存在唯一性定理的条件. 那么，过 D 中任一点(x_0,y_0)有且仅有式(1.3.1)的一个解 $y=\varphi(x)$，满足$\varphi(x_0)=y_0$，$\varphi'(x)=f(x,\varphi(x))$. 从几何方面看，解 $y=\varphi(x)$就是通过点(x_0,y_0)的一条曲线(称为**积分曲线**)，并且 $f(x,\varphi(x))$就是该曲线上的点$(x,\varphi(x))$处的切线斜率，特别在(x_0,y_0)点，切线斜率就是 $f(x_0,y_0)$. 尽管不一定能求出方程(1.3.1)的解，但知道它的解曲线在区域 D 中任意点(x,y)的切线斜率是 $f(x,y)$.

如果在区域 D 内每一点(x,y)处，都画上一个以 $f(x,y)$的值为斜率中心在(x,y)点的线段，则得到一个方向场，将这个方向场称为由微分方程(1.3.1)所确定的**向量场**.

从几何上看，方程(1.3.1)的一个解 $y=\varphi(x)$就是位于它所确定的向量场中的一条曲线，该曲线所经过的每一点都与向量场在这一点的方向相切. 形象地说，解 $y=\varphi(x)$ 就是始终沿着向量场中的方向行进的曲线，因此，求方程(1.3.1)满足初始值条件 $y(x_0)=y_0$ 的解，就是求通过点 (x_0,y_0) 的这样的一条曲线. 这一事实对于求解方程(1.3.1)是极重要的. 因为当方程(1.3.1)不可解时，就可以根据向量场的走向来求近似的积分曲线，同时还可以根据向量场本身的性质来研究解的性质，而不必事先求出方程的解. 这正是近似解法和定性理论的基本思想. 将这一直观的认识表述为下面的定理，并给出证明：

定理 1.3 曲线 L 为式(1.3.1)的积分曲线的充要条件是在 L 上任一点，L 的切线与式(1.3.1)所确定的向量场在该点的向量相重合. L 在每点均与向量场的向量相切.

证明 必要性. 设 L 为式(1.3.1)的积分曲线且其方程为 $y=\varphi(x)$，则函数 $y=\varphi(x)$ 为式(1.3.1)的一个解. 于是，在其有定义的区间上有

$$\varphi'(x)\equiv f(x,\varphi(x)).$$

上式左端为 L 在点 $(x,\varphi(x))$ 的切线的斜率，右端则恰为方程(1.3.1)的方向场在同一点 $(x,\varphi(x))$ 的向量的斜率，从而 L 在点 $(x,\varphi(x))$ 的切线与方向场在该点的方向重合. 又因上式为恒等式，这就说明沿着整个 L 都是这样.

充分性. 设方程为 $y=\varphi(x)$ 的曲线 L，在其上的任一点 $(x,\varphi(x))$，它的切线方向都与式(1.3.1)方向场的方向重合，则切线与向量的斜率应当相等. 于是，在 $y=\varphi(x)$ 有定义的区间上有恒等式

$$\varphi'(x)\equiv f(x,\varphi(x)).$$

这个等式恰巧说明 $y=\varphi(x)$ 为方程(1.3.1)的解，从而 L 是积分曲线.

例 1.3.1 在区域 $D=\{(x,y)\mid |x|\leqslant 2,|y|\leqslant 2\}$ 内画出方程 $\frac{\mathrm{d}y}{\mathrm{d}x}=-y$ 的向量场和几条积分曲线.

解 先用计算各点的斜率的方法手工在 1×1 网格点上画出向量场的方向. 逐点计算各点的斜率，所得数据如表 1.1 所示.

表 1.1 方程 $y'=-y$ 在 1×1 网格点上的斜率

点	斜率	点	斜率	点	斜率	点	斜率	点	斜率
(−2,−2)	2	(−2,−1)	1	(−2,0)	0	(−2,1)	−1	(−2,2)	−2
(−1,−2)	2	(−1,−1)	1	(−1,0)	0	(−1,1)	−1	(−1,2)	−2
(0,−2)	2	(0,−1)	1	(0,0)	0	(0,1)	−1	(0,2)	−2
(1,−2)	2	(1,−1)	1	(1,0)	0	(1,1)	−1	(1,2)	−2
(2,−2)	2	(2,−1)	1	(2,0)	0	(2,1)	−1	(2,2)	−2

根据表 1.1 中的数据，逐点描出方向场在网格点上的方向，得到的向量场如图 1.3 所示. 从图 1.3 可以看出当 $y<0$ 时，积分曲线的斜率为正，而当 $y>0$ 时，积分

曲线的斜率为负. 当 $y=0$ 时,积分曲线的斜率为零,即 $y=0$ 本身就是一条积分曲线. 但由于网格点太少,要画出其他积分曲线就比较困难. 可以采取加细网格点的方法来进行. 但加细时计算量很大且手工画图误差较大,可以利用 Maple 软件包来克服这一困难. 利用下列 Maple 指令(# 后为说明,不用输入):

```
DEtools[phaseportrait]                    #画向量场及积分曲线
([diff(y(x),x)=-y(x)],y(x),               #定义微分方程 y'=-y
x=-2..2,                                  #指出 x 的范围
[[y(-2)=2],[y(-2)=1],[y(-2)=-2]],         #给出三个初始值
dirgrid=[17,17],                          #定义网格点密度
arrows=LINE,                              #定义线段类型
axes=NORMAL);                             #定义坐标系类型
```

回车后,Maple 就在 $\frac{1}{4}\times\frac{1}{4}$ 的网格点上画出了向量场的图形,并给出了过点(−2,2)(−2,1),(−2,−2)的三条积分曲线,如图 1.4 所示.

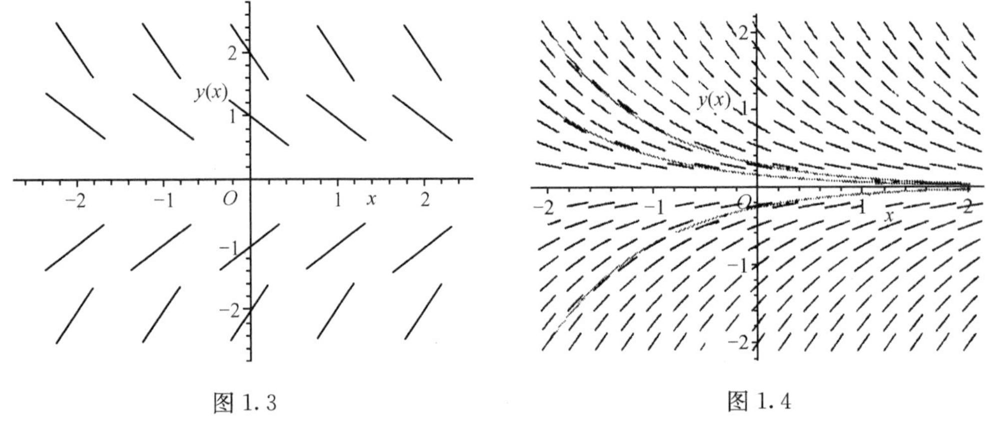

图 1.3　　　　图 1.4

例 1.3.2　画出微分方程 $\frac{dy}{dx}=x^2-y$ 向量场的图形和几条积分曲线的图形.

解　还是在以原点为中心的矩形

$$R=\{(x,y)\mid |x|\leqslant 2,|y|\leqslant 2\}$$

内画方程的向量场和积分曲线. 利用下面的 Maple 语句:

```
DEtools[dfieldplot]
([diff(y(x),x)=x^2-y(x)],y(x),
x=-2..2,y=-2..2,
dirgrid=[9,9],
arrows=LINE,
```

```
axes=NORMAL);
```

就可以在$\frac{1}{4}\times\frac{1}{4}$网格点画出方程向量场的示意图(图 1.5(a)). 利用下列的 Maple 语句:

```
DEtools[phaseportrait]
([diff(y(x),x)=x^2-y(x)],y(x),
x=-2..2,
[[y(-2)=1.3],[y(-2)=1],[y(-2)=-2]],
dirgrid=[33,33],
arrows=LINE,
axes=NORMAL);
```

就可以在$\frac{1}{8}\times\frac{1}{8}$网格点画出方程向量场的示意图及几条积分曲线(图 1.5(b)).

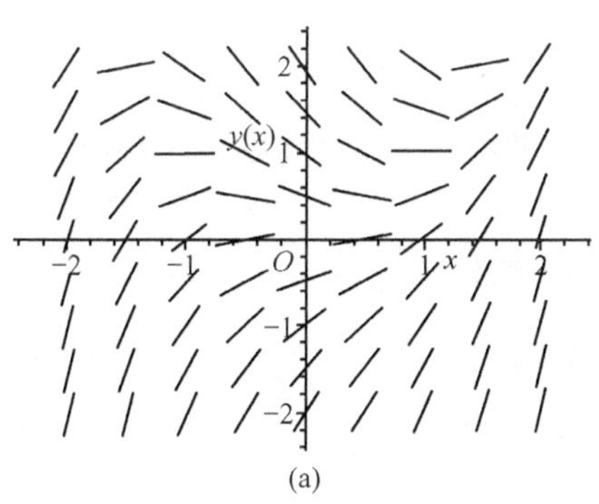

(a)

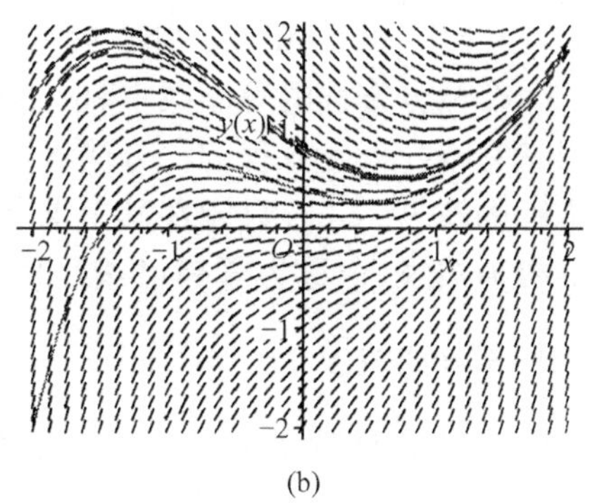

(b)

图 1.5

在绘制微分方程的向量场时,注意利用 $f(x,y)$在某些直线或曲线上的点都相等这一特点时,就比较方便. 例如,方程 $y'=y$ 在纵坐标 y 相同的点切线斜率都相同,这就可以大大减少计算的工作量.

例 1.3.3　画出微分方程$\frac{\mathrm{d}y}{\mathrm{d}x}=y-x$ 的向量场.

解　注意到此微分方程的积分曲线在 $y-x=c$ 上有相同的斜率这一事实,可以看出在直线 $y=x+c$ 上向量场的斜率为 c. 故可以在直线 $y=x-3$, $y=x-2$, $y=x-1$, $y=x$, $y=x+1$, $y=x+2$, $y=x+3$ 分别画出斜率为 $-3,-2,-1,0,1,2,3$ 的线段,这就较方便地得出了该方程的向量场(图 1.6). 必要时可以在更多的直线上画出方程向量场的方向,使得能大致看出此微分方程的积分曲线的走向.

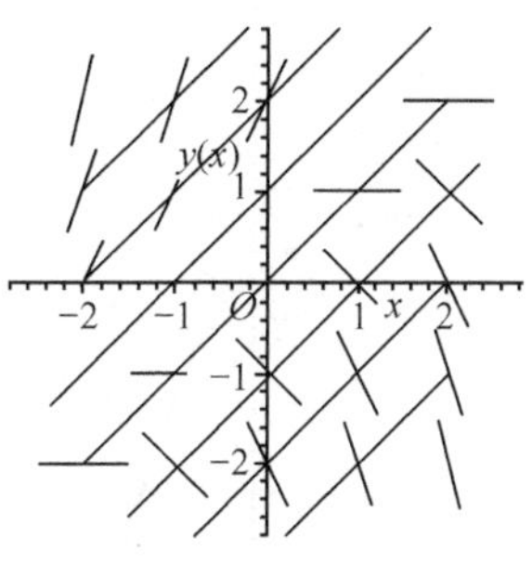

图 1.6

1.3.2 积分曲线的图解法

所谓图解法,就是不用微分方程解的具体表达式,而是直接根据右端函数的结构和向量场作出积分曲线的大致图形. 图解法只是定性的,仅有一定的准确性,或者说,只是反映积分曲线的一些主要特征,但该方法的思想却十分重要. 因为能够用初等方法求解的方程极少,用图解法来分析积分曲线的性态对于了解该方程所反映的实际现象的变化规律就有重要的指导意义.

对任意一个实数 c,由方程

$$f(x,y)=c \tag{1.3.2}$$

所决定的曲线上任意一点 $P(x,y)$ 处方程(1.3.1)的向量场的方向都相同,即式(1.3.1)的积分曲线在 $f(x,y)=c$ 上各点处切线的斜率都为 c,把式(1.3.2)所确定的曲线称为微分方程(1.3.1)的**等倾线**. 例如,微分方程 $y'=-y$, $y'=x+y$, $y'=x^2+y^2$ 的等倾线分别是 $y=c$, $y=-x+c$, $x^2+y^2=c^2$.

在微分方程的等倾线中有一条比较特殊的等倾线, $f(x,y)=0$,即零等倾线. 或者它本身就是方程的积分曲线,或者方程的积分曲线在其上的切线斜率为零,即方程的解 $y=\varphi(x)$ 只能在其上取得极值,故把 $f(x,y)=0$ 称为微分方程(1.3.1)的**极值曲线**(也称为**零等倾线**). 例如,方程 $y'=2x$ 的极值曲线是 $x=0$,该方程的一切积分曲线 $y=x^2+c$ 在其上取得极小值. 又如,方程 $y'=\dfrac{x+y-1}{x+y}$ 有极值曲线 $x+y=1$. 容易验证 $x+y=1$ 不是该方程的积分曲线. 当积分曲线 $y=\varphi(x)$ 上的点位于 $x+y=1$ 左下方时, $\varphi'(x)=\dfrac{x+\varphi(x)-1}{x+\varphi(x)}<0$,而当点位于 $x+y=1$ 右上方时, $\varphi'(x)>0$,故在 $x+y=1$ 上,该方程的积分曲线取极小值.

积分曲线 $y=\varphi(x)$ 的拐点也可以从 $f(x,y)$ 得到. 设 $f(x,y)$ 有连续的偏导数,则一个点成为 $y=\varphi(x)$ 的拐点的必要条件是 $\varphi''(x)=0$,代入方程(1.3.1)得

$$y''=f_x(x,y)+f_y(x,y)f(x,y)=0. \tag{1.3.3}$$

若由式(1.3.3)所确定的曲线本身不是式(1.3.1)的积分曲线,但方程(1.3.1)的积分曲线在它上面存在拐点时,则称其为**拐点曲线**.

例 1.3.4 讨论方程 $y'=y+\mathrm{e}^x$ 的拐点曲线.

解 由方程得 $y''=y'+\mathrm{e}^x=y+2\mathrm{e}^x$. 令 $y''=0$ 得 $y=-2\mathrm{e}^x$. 容易验证 $y=-2\mathrm{e}^x$ 不是方程的积分曲线,它将 xy 平面分为 D_1 和 D_2 两部分,而且在区域 D_1 上, $y>-2\mathrm{e}^x$, $y''>0$,在区域 D_2 上, $y<-2\mathrm{e}^x$, $y''<0$. 故 $y=-2\mathrm{e}^x$ 是方程的拐点曲线(图 1.7).

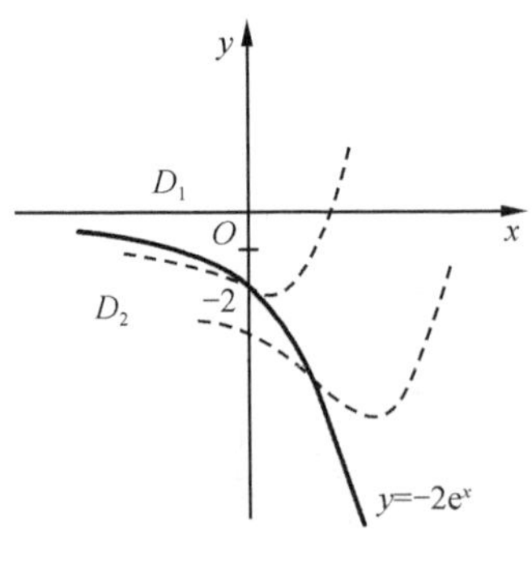

图 1.7

例 1.3.5 画出微分方程$\frac{\mathrm{d}y}{\mathrm{d}x}=-2xy$向量场的图形和几条积分曲线的图形，并分析该方程解曲线的极值点、拐点和渐近线.

解 利用下面的 Maple 语句画出该方程的向量场积分曲线如图 1.8 所示：

```
>restart:with(DEtools):a:=3;
DEtools[phaseportrait]
([diff(y(x),x)=-2*x*y(x)],
y(x),x=-a..a,
[[y(0)=0.95],[y(0)=0.5],
[y(0)=-0.5],[y(0)=-0.95]],
dirgrid=[25,25],
arrows=LINE,
linecolor=blue,
axes=NORMAL);
```

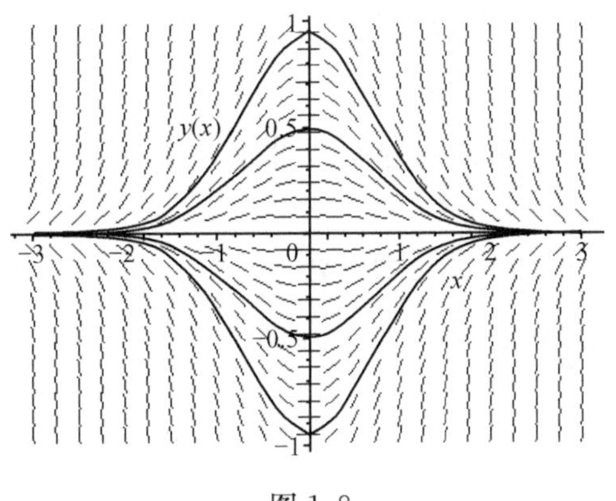

图 1.8

由于$f(x,y)=-2xy$及$\frac{\partial f(x,y)}{\partial y}=-2x$在任意有界区域内连续，故$\frac{\mathrm{d}y}{\mathrm{d}x}=-2xy$过任意一个初始值的解存在且唯一. 显然，$y=0$是方程的一个解. 由解的唯一性知初始值为正的解$y=y(x)$在其存在区间内必定为正. 设方程$\frac{\mathrm{d}y}{\mathrm{d}x}=-2xy$满足$y(0)=y_0>0$的解为$y=y(x)$，则$y'(x)=-2xy(x)$. 由于$y(x)>0$，当$x<0$时，$y'(x)>0$，当$x>0$时，$y'(x)<0$，故$y(x)$在$x=0$取得最大值. 由此知道$y(x)$在其存在区间内必定满足$0<y(x)\leqslant y_0$. 在$|x|\leqslant a,0\leqslant y\leqslant b=2y_0$内应用初始值问题$\frac{\mathrm{d}y}{\mathrm{d}x}=-2xy,y(0)=y_0$解的存在唯一定理得到解$y(x)$在$|x|\leqslant h$内存在唯一，其中，$h=\min\left\{a,\frac{b}{2ab}\right\}$，当取$a=\frac{1}{\sqrt{2}}$时，该初始值问题的解就在$|x|\leqslant\frac{1}{\sqrt{2}}$存在唯

一.由于这个解总是满足 $0<y<b$,故不断重复这个过程就得到这个初始值问题的解在 $(-\infty,+\infty)$ 存在且唯一.

为了得到 $y=y(x)$ 的拐点,求二阶导数得 $y''=-2y(1-2x^2)$. 当 $x<\frac{1}{\sqrt{2}}$ 时,$y''<0$,当 $x>\frac{1}{\sqrt{2}}$ 时,$y''>0$,故 $x=\frac{1}{\sqrt{2}}$,$y=y\left(\frac{1}{\sqrt{2}}\right)$ 是 $y=y(x)$ 的拐点. 当 $x>0$,$y>0$ 时,$y'=-2xy<0$,所以 $y=y(x)$ 是严格单调减函数,故 $\lim\limits_{x\to+\infty}y(x)=A$ 存在. A 是零或一个正数. 若 $A>0$,则由 $y(x)$ 的单调性得 $y(x)\geqslant A$. 由 $y(x)$ 所满足的等价积分方程得 $y(x)=y_0+\int_0^x -2sy(s)\mathrm{d}s\leqslant y_0-\int_0^x 2As\,\mathrm{d}s=y_0-Ax^2$. 当 x 很大时,$y(x)<0$,这与解的存在唯一性矛盾. 所以 $\lim\limits_{x\to+\infty}y(x)=0$,即该初始值问题当 $x\to\infty$ 时有渐近线 $y=0$. 同理,可以得到该微分方程初始值问题的解曲线当 $x\to\infty$ 时的渐近线是 $y=0$. 有兴趣的读者可以验证 $y=c\mathrm{e}^{-x^2}$ 是该方程的解,可以用数学分析中函数曲线的分析方法得到 $y=c\mathrm{e}^{-x^2}$ 在 $x=0$ 取最大(小)值,在 $x=\frac{1}{\sqrt{2}}$ 是拐点且当 $x\to\infty$ 时以 $y=0$ 为渐近线.

用类似的思想方法,还可以用方程(1.3.1)右端函数来研究积分曲线的渐近线等问题.

习 题 1.3

1. 画出下列微分方程的向量场和一些积分曲线:

(1) $y'=\frac{x}{y}$; (2) $y'=(x-y^2)(x^2-y)$;

(3) $y'=\sin(x-2y)$; (4) $y'=y(y-1)$.

2. 对微分方程 $y'=2x-y$,

(1) 证明该方程满足 $y(x_0)=y_0$ 的初始值问题的解在 $(-\infty,+\infty)$ 存在唯一;

(2) 画出该方程的一些等倾线;

(3) 求该方程的极值曲线;

(4) 证明 $y=2x-2$ 是该方程的一条积分曲线且是其他积分曲线的渐近线.

3. 求 $y'=32-1.6y$ 解曲线的渐近线.

复习题 1

1. 验证所给的函数是否是微分方程的解.

(1) $y'+2xy=2+x^2+y^2$, $y=x+\tan x$, $-\frac{\pi}{2}<x<\frac{\pi}{2}$;

(2) $x^2y''+xy'+y=0$, $y=c_1\cos\ln x+c_2\sin\ln x$, $x>0$;

(3) $y'''-2y''-y'+2y=6$, $y=c_1\mathrm{e}^x+c_2\mathrm{e}^{-x}+c_3\mathrm{e}^{2x}+3$;

(4) $y^{(4)}-16y=0$, $y=\sin 2x+\cos 2x$.

2. 对任意常数 c，验证

$$y=c^2+cx+2c+1$$

是方程

$$y'=\frac{-(x+2)+\sqrt{x^2+4x+4y}}{2}$$

在某一区间上的解，求出这个区间，再验证 $y=\frac{-x(x+4)}{4}$ 也是这个方程的解.

3. 至少找出下列方程的一个解：

(1) $y'=2x$;　(2) $y'=5y$;

(3) $y''=1$;　(4) $y''=y^3-8$;

(5) $y''=y'$;　(6) $2yy'=1$;

(7) $y''=-y$;　(8) $y''=y$.

4. 形如 $y=xy'+f(y')$ 的微分方程称为 **Clairaut 方程**. 通过对方程两端求导验证 $y=cx+f(c)$ 是该方程的解. 求方程 $y=xy'+(y')^2$ 的解.

5. 验证函数 $y=0$ 和 $y=\frac{x^4}{16}$ 都是初始值问题

$$\frac{\mathrm{d}y}{\mathrm{d}x}=xy^{1/2},\quad y(0)=0$$

的解. 这一结果与解的存在唯一性定理矛盾吗?

6. 设 $y=\varphi(x)(a<x<b)$ 是方程 $y'=f(y)$ 的一个解，试证明对任何常数 c，$y=\varphi(x+c)$ 也是这个方程的解，并确定该解的定义区间.

7. 一质量为 m 的物体从 1m 的高度以初速度 20m/s 铅直向上抛出. 设空气阻力可以忽略，试建立该物体运动的方程，并计算它到达最高点时的时间和高度.

P8. 一底半径为 Rcm，高为 Hcm 的正圆柱形水池，盛满了水，从池底一直径为 $a$cm 的圆形小孔放水.

(1) 请观察水面随时间变化的关系；

(2) 用能量守恒定律推导水从小孔流出的速度与液面高度的关系；

(3) 建立液面高度随时间变化的微分方程.

P9. 设想过地球中心钻一个光滑的隧道，将一个质量为 m 的小球放在隧道口放手让其下落，讨论此球下落的运动情况. 能否建立起一个微分方程来描述或求出小球下落的运动方程，能否估计出一小球到达隧道另一端的时间? 如果此隧道不是通过地球中心，而是地球表面上任意两点的光滑直通隧道时，小球从一端下落到另一端出口的时间有无变化.

10. 由定理 1.1 知对任意点(x_0, y_0)，初始值问题

$$\frac{\mathrm{d}y}{\mathrm{d}x}=3y^{4/3}\cos x,\quad y(x_0)=y_0$$

的解在某一区间存在唯一. 但解存在唯一的区间与初始值有关. 利用解的表达式

$$y=\frac{1}{(c-\sin x)^3}$$

去分别求出满足 $y(\pi)=\frac{1}{8}$ 和 $y(\pi)=8$ 的解，并讨论这两个解的存在区间. 给出满足 $y(\pi)=y_0$ 的解在有限区间或无限区间存在时 y_0 应该满足的条件.

11. 设 $y=\varphi(x)$ 是微分方程 $\frac{dy}{dx}=y(1-y)$ 满足初始条件 $\varphi(0)=y_0>0$ 的解. 讨论 $\lim\limits_{x\to+\infty}\varphi(x)$ 是否存在.

12. 设 $f(x,y)$ 满足定理 1.1 的条件，$y=\varphi(x)$ 是初始值问题

$$\frac{dy}{dx}=f(x,y),\quad y(x_0)=y_0$$

的解，$\{\varphi_n(x)\}$ 是其等价积分方程的迭代序列

$$\varphi_0(x)=y_0,$$
$$\varphi_{n+1}(x)=y_0+\int_{x_0}^{x}f(s,\varphi_n(s))ds,\quad n=0,1,2,\cdots.$$

试估计 $|\varphi_n(x)-\varphi(x)|$ 的大小.

13. 设方程 $y'=f(x,y)$ 在区域

$$R=\{(x,y)\mid\alpha\leqslant x\leqslant\beta,-\infty<y<+\infty\}$$

上的初始值问题的解存在唯一且存在区间为 $[\alpha,\beta]$. 如果 $y=\varphi(x)$，$y=\psi(x)$ 是方程的两个解且存在 $x_0\in[\alpha,\beta]$，使得 $\varphi(x_0)<\psi(x_0)$. 试证明在 $[\alpha,\beta]$ 上有 $\varphi(x)<\psi(x)$.

14. 求初始值问题

$$\frac{dy}{dx}=x+y+1,\quad y(0)=0$$

上的 Picard 迭代序列，并由此取极限求解.

*15. 设函数 $f(x,y)$ 和 $F(x,y)$ 及它们的偏导数都在平面区域 G 内连续且处处有

$$f(x,y)<F(x,y),$$

$y=\varphi(x)$ 和 $y=\psi(x)$ 分别是方程

$$y'=f(x,y)\quad 与\quad y'=F(x,y)$$

满足同一初始值条件 $y(x_0)=y_0$ 的解，此处 $(x_0,y_0)\in G$，则在 $\varphi(x)$ 与 $\psi(x)$ 都存在的共同区间上有

(1) 当 $x>x_0$ 时，$\varphi(x)<\psi(x)$；

(2) 当 $x<x_0$ 时，$\varphi(x)>\psi(x)$.

16. 设 $f(x,y)$ 在整个 xy 平面上连续可微且 $f(x,y_0)\equiv0$. 求证若方程 $y'=f(x,y)$ 的非常数解 $y=\varphi(x)$ 当 $x\to x_0$ 时趋于 y_0，则 $x_0=-\infty$ 或 $x_0=+\infty$.

c17. 用 Maple 画出下列微分方程的向量场和一些积分曲线：

(1) $\frac{dy}{dx}=ye^{-x^2}$；

(2) $\frac{dy}{dx}=x(1-y)$；

(3) $\frac{dy}{dx}=\cos(x+y)$；

(4) $\frac{dy}{dx}=\frac{2xy}{x^2-y^2}$；

(5) $\frac{dy}{dx}=\frac{x^2}{1-x^2-y^2}$.

18. 在平行 Oy 轴的任一直线 $x=x_0$ 上,线性方程

$$y'+p(x)y=q(x),\quad p(x_0)\neq 0$$

的向量场的方向全部指向一点,求出这点的坐标.

19. 证明方程 $y'+y\tan x=x\tan x+1$ 的所有积分曲线在和 Oy 轴的交点处的切线是互相平行的,求出积分曲线和 Oy 轴的交角.

20. 如果 $f(x,y)$连续可微且方程 $y'=f(x,y)$的积分曲线 $y=\varphi(x)$有拐点,则在拐点处积分曲线与等倾线相切.

21. 试证明若方程 $F(x,y,y')=0$ 的等倾线就是积分线,则此方程必为 Clairaut 方程.

第 2 章　一阶微分方程

微分方程的一个主要问题是“求解”，即把微分方程的解通过初等函数或它们的积分表达出来.但一般的微分方程无法求解，只能是对某些类型通过相应的方法求解.本章主要介绍一阶微分方程 $y'=f(x,y)$ 或 $F(x,y,y')=0$ 的一些可解类型和相应的求解方法，这些方法是在微分方程发展的早期由 Newton，Leibniz，Euler，Bernoulli 等发现的.本章也介绍求解一阶微分方程近似解的方法和应用一阶微分方程解决实际问题的例子.

2.1　线性方程

对一般的二元函数 $f(x,y)$，无法求出一阶微分方程

$$y' = f(x,y) \tag{2.1.1}$$

的解.在处理任何问题时，总是从最简单的一些情况入手.对一个未知的问题，总是设法把它转化为一个已经解决过的形式.方程(2.1.1)的最简单的情形是 $f(x,y)$ 与未知函数 y 无关，即

$$y' = g(x). \tag{2.1.2}$$

方程(2.1.2)的求解问题实际上就是求 $g(x)$ 的原函数，这可以通过不定积分来实现，即

$$y = \int g(x)\mathrm{d}x + c. \tag{2.1.3}$$

表达式(2.1.3)就是方程(2.1.2)的通解.

一阶微分方程(2.1.1)的另一种简单形式为

$$y' + p(x)y = g(x). \tag{2.1.4}$$

方程(2.1.4)关于未知函数 y 和其导数 y' 是线性的，故称为**线性方程**.本节讨论线性方程(2.1.4)的求解方法，也遵循从简单到复杂的这一原则.

2.1.1　线性齐次方程

当方程(2.1.4)中右端函数 $g(x)=0$ 时，称

$$y' + p(x)y = 0 \tag{2.1.5}$$

为线性齐次方程.求解方程(2.1.5)的基本思路是对它进行恒等变形，将其左端整理成某一个函数的导函数，再进行积分得出它的解.先看一个具体例子.

例 2.1.1 求线性齐次方程

$$y' + y = 0 \tag{2.1.6}$$

的通解.

解 求解方程(2.1.6)的主要困难是其左端是未知函数 y 和它的导数之和,无法直接积分. 对方程(2.1.6)两边同乘以 e^x 得

$$y'\mathrm{e}^x + y\mathrm{e}^x = 0.$$

由于$(y\mathrm{e}^x)' = y'\mathrm{e}^x + y\mathrm{e}^x$ 且 $\mathrm{e}^x \neq 0$,故(2.1.6)等价于方程

$$(y\mathrm{e}^x)' = 0.$$

由于 $y\mathrm{e}^x$ 的导数恒为零,故 $y\mathrm{e}^x = C$,其中,C 为任意常数,即方程(2.1.6)的通解为

$$y = C\mathrm{e}^{-x}.$$

由方程(2.1.6)的求解过程可以看出只要对方程(2.1.5)两边乘以适当的函数,就可以将其左端合并为某一个函数的导数. 根据求导的经验,对方程(2.1.5)两边同时乘以函数 $\exp\left(\int p(x)\mathrm{d}x\right)$ 后得

$$y'\exp\left(\int p(x)\mathrm{d}x\right) + p(x)y\exp\left(\int p(x)\mathrm{d}x\right) = 0,$$

即

$$\left(y\exp\left(\int p(x)\mathrm{d}x\right)\right)' = 0.$$

对上式两边积分,再整理后得方程(2.1.5)的通解为

$$y = C\exp\left(-\int p(x)\mathrm{d}x\right). \tag{2.1.7}$$

方程(2.1.7)就是线性齐次方程(2.1.5)的通解表达式. 以后对任一个齐次方程(2.1.5),可以直接由式(2.1.7)给出它的解.

2.1.2 线性非齐次方程

对非齐次方程(2.1.4),有两种途径求解. 第一种就是根据求解齐次方程的经验,给方程两边乘以函数 $\exp\left(\int p(x)\mathrm{d}x\right)$,

$$(y' + p(x)y)\exp\left(\int p(x)\mathrm{d}x\right) = g(x)\exp\left(\int p(x)\mathrm{d}x\right),$$

整理得

$$\left(y\exp\left(\int p(x)\mathrm{d}x\right)\right)' = g(x)\exp\left(\int p(x)\mathrm{d}x\right).$$

对上式两边积分,再整理即可得(2.1.4)的通解为

$$y = \exp\left(-\int p(x)\mathrm{d}x\right)\left(C + \int g(x)\exp\left(\int p(x)\mathrm{d}x\right)\mathrm{d}x\right), \tag{2.1.8}$$

其中,C 是任意常数.

第二种方法就是先求出(2.1.4)对应的齐次方程(2.1.5)的通解,再把通解表达式中的任意常数 C 换为一个待定函数 $u(x)$,即令

$$y=u(x)\exp\left(-\int p(x)\mathrm{d}x\right). \tag{2.1.9}$$

计算 y 的导数得

$$y'=u'(x)\exp\left(-\int p(x)\mathrm{d}x\right)-p(x)u(x)\exp\left(-\int p(x)\mathrm{d}x\right).$$

将 y 和 y' 代入(2.1.4)整理得待定函数 $u(x)$ 所满足的方程为

$$u'(x)=g(x)\exp\left(\int p(x)\mathrm{d}x\right),$$

再积分得

$$u(x)=C+\int g(x)\exp\left(\int p(x)\mathrm{d}x\right)\mathrm{d}x,$$

最后再将 $u(x)$ 的表达式代入(2.1.9)中即可得到(2.1.5)通解的计算公式(2.1.8).

在第一种方法中,由于通过给(2.1.5)两边同乘以函数 $\mu(x)=\exp\left(\int p(x)\mathrm{d}x\right)$ 使其左端变成了一个函数的导数,故称这种方法为**积分因子法**,$\mu(x)$ 称为(2.1.5)的**积分因子**. 第二种方法中是将一个常数变为函数,代入方程后确定出了此函数,从而得到了非齐次方程的解. 这一种方法称为**常数变易法**.

例 2.1.2　求初始值问题

$$y'=\frac{3}{x}y+4x^2+1,\quad y(1)=1$$

的解.

解　先求这个齐次方程的通解,再确定积分常数. 该方程的积分因子为

$$\mu(x)=\exp\left(-\int\frac{3}{x}\mathrm{d}x\right)=x^{-3}.$$

原方程两边同乘以 x^{-3} 得

$$x^{-3}y'-3x^{-4}y=\frac{4}{x}+x^{-3}.$$

注意到 $x^{-3}y'-3x^{-4}y=(x^{-3}y)'$,对上式两边积分得

$$x^{-3}y=\ln x^4-\frac{1}{2x^2}+C.$$

整理后得原方程的通解为

$$y = x^3 \ln x^4 - \frac{x}{2} + Cx^3.$$

将初始条件代入上式后得 $C=\frac{3}{2}$,故所给初始值问题的解为

$$y = x^3 \ln x^4 + \frac{3}{2}x^3 - \frac{x}{2}.$$

注意,由于方程中的函数 $p(x)=-\frac{3}{x}$ 在 $x=0$ 无定义,此方程的解只能在 $x>0$ 或 $x<0$ 之一中存在. 又由于初始条件为 $y(1)=1$,故仅考虑 $x>0$ 的区间,所以在求 $\int \frac{1}{x}\mathrm{d}x$ 的积分时不用绝对值. 由解的表达式可以看出此初始值问题解的存在区间为 $x>0$.

线性微分方程的解有一些很好的性质. 例如,齐次方程(2.1.5)的解或者恒等于零,或者恒不等于零;齐次方程(2.1.5)任何解的线性组合仍是它的解;齐次方程(2.1.5)的任一解与非齐次方程(2.1.4)任一解之和仍是非齐次方程(2.1.4)的解;非齐次方程(2.1.4)任意两解之差必是对应齐次方程(2.1.5)的解;非齐次方程(2.1.4)的任一解与对应齐次方程(2.1.5)的通解之和是非齐次方程(2.1.4)的通解. 这些性质都可以通过解的表达式(2.1.7)和(2.1.8)直接推出,将它留给读者去证明. 这些性质在求解方程时是十分有用的. 例如,求方程 $y'+y=2$ 的通解时,很容易用观察法得到 $y=2$ 是非齐次方程的一个解,而对应齐次方程 $y'+y=0$ 的通解是 $y=Ce^{-x}$,故该方程的通解是 $y=Ce^{-x}+2$.

例 2.1.3 设 $f(x)$是以 2π 为周期的周期函数,a 是正常数,求微分方程

$$\frac{\mathrm{d}y}{\mathrm{d}x} + ay = f(x) \tag{2.1.10}$$

的 2π 周期解.

解 利用式(2.1.7)得到齐次方程$\frac{\mathrm{d}y}{\mathrm{d}x}+ay=0$ 的通解为 $y=Ce^{-ax}$,容易验证 $y=\int_0^x e^{-a(x-s)}f(s)\mathrm{d}s$ 是(2.1.10)的一个解,故由线性方程的性质得出微分方程(2.1.10)的通解为

$$y = Ce^{-ax} + \int_0^x e^{-a(x-s)} f(s)\mathrm{d}s. \tag{2.1.11}$$

为了使 y 成为以 2π 为周期的周期解,必须满足

$$\begin{aligned} &Ce^{-a(x+2\pi)} + \int_0^{x+2\pi} e^{-a(x+2\pi-s)} f(s)\mathrm{d}s \\ =\ &Ce^{-ax} + \int_0^x e^{-a(x-s)} f(s)\mathrm{d}s. \end{aligned}$$

整理后得

$$C(1-\mathrm{e}^{-2\pi a})=\int_0^{x+2\pi}\mathrm{e}^{-a(2\pi-s)}f(s)\mathrm{d}s-\int_0^x\mathrm{e}^{as}f(s)\mathrm{d}s.$$

利用 $f(x)$的 2π 周期性和定积分的变量替换得

$$\int_0^{x+2\pi}\mathrm{e}^{-a(2\pi-s)}f(s)\mathrm{d}s=\int_{-2\pi}^x\mathrm{e}^{as}f(s)\mathrm{d}s,$$

所以

$$C=\frac{1}{1-\mathrm{e}^{-2\pi a}}\int_{-2\pi}^0\mathrm{e}^{as}f(s)\mathrm{d}s.$$

将 C 的表达式代入通解(2.1.11)中,再一次利用 $f(x)$的周期性得到(2.1.10)的 2π 周期解为

$$y=\frac{1}{\mathrm{e}^{2a\pi}-1}\int_x^{x+2\pi}\mathrm{e}^{-a(x-s)}f(s)\mathrm{d}s.$$

2.1.3 Bernoulli 方程

形如

$$y'+p(x)y=g(x)y^\alpha \tag{2.1.12}$$

的方程称为 **Bernoulli 方程**. 它可以化为线性方程来求解. 当 $\alpha=0$ 时,(2.1.12)本身就是线性方程,当 $\alpha=1$ 时,(2.1.12)就是线性齐次方程,这两种情况可以直接用前面线性方程的方法求解.

当 $\alpha\neq0,1$ 时,对方程(2.1.12)两边同乘以 $y^{-\alpha}$得

$$y^{-\alpha}y'+p(x)y^{1-\alpha}=g(x).$$

注意到 $y^{-\alpha}y'=\frac{1}{1-\alpha}(y^{1-\alpha})'$,引入新变量 $z=y^{1-\alpha}$,将方程(2.1.12)化为

$$z'+(1-\alpha)p(x)z=(1-\alpha)g(x). \tag{2.1.13}$$

(2.1.13)关于新变量 z 是一个线性方程,可以利用解线性方程的方法求解得 z,最后得未知函数 $y=z^{1/(1-\alpha)}$.

例 2.1.4 求初始值问题

$$\frac{\mathrm{d}y}{\mathrm{d}x}=\frac{y}{2x}+\frac{x^2}{2y},\quad y(1)=1 \tag{2.1.14}$$

的解.

解 这是一个 Bernoulli 方程,$\alpha=-1$. 两边同乘以 $2y$ 后得

$$2y\frac{\mathrm{d}y}{\mathrm{d}x}=\frac{y^2}{x}+x^2.$$

令 $z=y^2$ 代入后得

$$\frac{\mathrm{d}z}{\mathrm{d}x}-\frac{z}{x}=x^2.$$

这已经是线性方程. 利用公式(2.1.8)得它的通解为

$$z=Cx+\frac{1}{2}x^3.$$

将 $z=y^2$ 代入得所给方程的通解为

$$y^2=Cx+\frac{1}{2}x^3.$$

利用初始条件定出积分常数，再解出 y 即可得到初始值问题(2.1.14)的解为

$$y=\sqrt{\frac{1}{2}(x+x^3)}.$$

2.1.4 线性微分方程的应用举例

这里给出三个例子. 第一个是串联电路中电流的计算，第二个是化学物品对湖泊的污染问题，第三个是利用放射性元素的衰变来测定考古物品的年代. 这三个例子从不同的方面反映了微分方程的应用.

例 2.1.5(RL 串联电路) 由电阻、电感和电源所组成的串联电路如图 2.1 所示，其中，电阻 R、电感 L 和电源的电动势 E 均为常数. 求开关闭合后电路中的电流强度 $i(t)$.

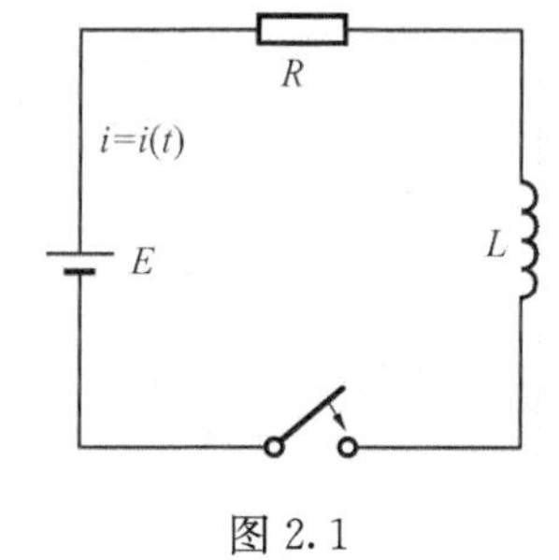

图 2.1

解 这是一个与物理学中电流的计算有关的问题，必须熟悉物理学中有关的电学定律. 当电路中的电流为 $i(t)$ 时，在电阻 R 上的电压降为 $Ri(t)$，在电感 L 上的电压降为 $L\frac{\mathrm{d}i(t)}{\mathrm{d}t}$，由 Kirchhoff 回路电压定律知沿着任一闭合回路的电压降的代数和为零，得到电流 $i(t)$ 所满足的微分方程为

$$L\frac{\mathrm{d}i(t)}{\mathrm{d}t}+Ri(t)=E.$$

取开关闭合时的时刻为 0，则 $i(0)=0$. 这是一个有初始条件的线性微分方程，它显然有一个解 $i_p(t)=\frac{E}{R}$. 又容易得到所对应的齐次方程有通解 $i_c(t)=C\exp\left(-\frac{R}{L}t\right)$，其中，$C$ 为任意常数. 因此，利用线性方程的性质得该方程的通解为

$$i(t)=C\exp\left(-\frac{R}{L}t\right)+\frac{E}{R}.$$

将初始条件 $i(0)=0$ 代入得

$$C=-\frac{E}{R}.$$

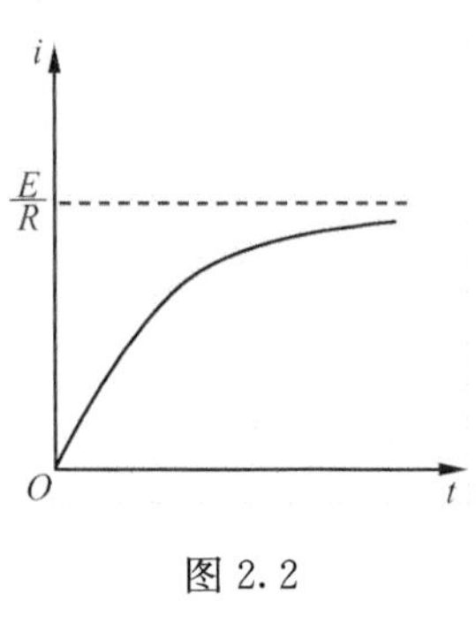

图 2.2

故当开关闭合后，电路中的电流强度为

$$i(t)=\frac{E}{R}\left(1-\exp\left(-\frac{R}{L}t\right)\right).$$

电流强度 $i(t)$是随着时间单调增加的，趋于极限$\frac{E}{R}$. $i(t)$的图形如图 2.2 所示. 另外，由 $i(t)$的表达式或图形可以看出 $i(t)$趋于其极限$\frac{E}{R}$的速度很快，故在很多情况下就认为此回路的电流强度为$\frac{E}{R}$.

例 2.1.6(湖泊的污染)　设一个化工厂每立方米的废水中含有 3.08kg 盐酸，这些废水经过一条河流流入一个湖泊中，废水流入湖泊的速率是 $20\text{m}^3/\text{h}$. 开始时湖中有水 4000000m^3，河流中流入湖泊的不含盐酸的水是 $1000\text{m}^3/\text{h}$，湖泊中的混合均匀的水流出的速率是 $1000\text{m}^3/\text{h}$. 求该厂排污开始 1 年时，湖泊水中盐酸的含量.

解　令 $x(t)$表示湖泊中所含盐酸的数量. 考虑在区间$[t,t+\Delta t]$内湖泊中盐酸的变化，这一变化是由流入和流出所引起的. 根据题意有等式

$$x(t+\Delta t)-x(t)=20\times 3.08\Delta t-1000\times\Delta t\times\frac{x(t)}{4000000+20t}.$$

两边同除以 Δt，再令 $\Delta t\to 0$ 得微分方程

$$\frac{\mathrm{d}x}{\mathrm{d}t}+\frac{100x}{400000+2t}=61.6, \tag{2.1.15}$$

其初始条件为 $x(0)=0$. 这就是湖泊中盐酸量 $x(t)$所满足的微分方程及定解条件.

(2.1.15)是一个线性微分方程，它的积分因子为

$$\mu(t)=\exp\left(\int\frac{100}{400000+2t}\mathrm{d}t\right)=(4000+0.02t)^{50}.$$

(2.1.15)两边同乘以 $\mu(t)$，整理后得

$$\frac{\mathrm{d}}{\mathrm{d}t}\left(x(4000+0.02t)^{50}\right)=61.6(4000+0.02t)^{50}.$$

对上式积分得

$$(4000+0.02t)^{50}x=\frac{3080}{51}(4000+0.02t)^{51}+C.$$

利用初始条件 $x(0)=0$ 得

$$C=-\frac{3080}{51}4000^{51}.$$

故(2.1.15)满足 $x(0)=0$ 的解为

$$x(t)=\frac{3080}{51}\left(4000+0.02t-4000\left(\frac{4000}{4000+0.02t}\right)^{50}\right).$$

利用解的表达式可得排污开始 1 年时,湖泊水中的盐酸含量为

$$x(8760)\approx 223824\text{kg}.$$

例 2.1.7(年代的测定) 从 20 世纪 70 年代中期我国南方某处发掘的古墓中,测得古墓木制品中 ^{14}C 的含量是现在木制品含量的 78%,试估计该古墓的年代.

解 利用放射性碳 ^{14}C 来测定考古发掘物的年龄是较精确的方法之一,其原理如下:在自然界中存在着稳定的碳元素 ^{12}C 和它的同位素 ^{14}C. ^{14}C 是在大气的上层由于宇宙射线对氮元素的轰击而形成的,^{14}C 是不稳定的,它具有放射性,其半衰期为 5570 年. 假设空气中 ^{14}C 的含量为常数,由于活着的植物不断地进行光合作用,按同样的比例从空气中吸收 ^{12}C 和 ^{14}C,故活着的树木中 ^{14}C 的含量可以维持为常数,而当树木一旦被砍伐,它就无法从大气中继续补充 ^{14}C. 而本身所具有的 ^{14}C 因其放射性而不断减少. 实验表明,放射性物质的衰变速率与现有的量成比例,由此建立起微分方程,假设初始时刻木制品标本中 ^{14}C 的含量与现在刚刚砍伐的木材中 ^{14}C 的含量相等,再测得木制品标本中 ^{14}C 的含量后,就可以估计出该古墓的年代. 这一方法由 W. F. Libby 在 1949 年前后提出,他也因此于 1990 年获得了 Nobel 化学奖.

记 t 时刻木制品标本中 ^{14}C 的含量为 $x(t)$,由放射性元素的衰变规律得 $x(t)$ 满足

$$\frac{\mathrm{d}x}{\mathrm{d}t}=-kx,\quad x(0)=x_0,$$

求解得

$$x(t)=x_0\mathrm{e}^{-kt}.$$

由于 ^{14}C 的半衰期为 5570 年,故有

$$x(5570)=x_0\mathrm{e}^{-5570k}=\frac{x_0}{2}.$$

由此解出 $k=\frac{\ln 2}{5570}$,即

$$x(t) = x_0 \exp\left(-\frac{\ln 2}{5570}t\right).$$

由题目的条件知

$$\frac{78}{100}x_0 = x_0 \exp\left(-\frac{\ln 2}{5570}t\right),$$

求解得

$$t = \frac{5570}{\ln 2}\ln\frac{100}{78} \approx 1996.6(\text{年}),$$

即该古墓距今约 2000 年.

在求解一个线性微分方程遇到计算量大的情况时,可以用计算机来处理. 本节最后给出用 Maple 来求解微分方程$\frac{dy}{dx}+2y=x^3e^{-2x}$的通解,并画出几条积分曲线的例子.

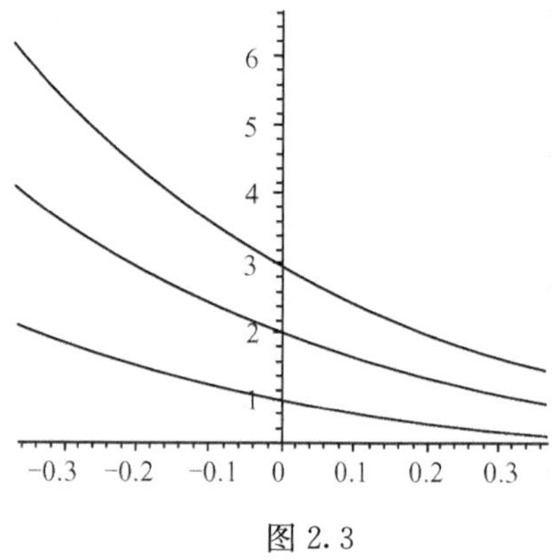

图 2.3

用下列指令就可以求出通解和画出 _C1=1,2,3 时的解曲线(_C1 为 Maple 中的常数):

```
dsolve(diff(y(x),x)+2*y(x)-x^3*exp(-2*x));
assign(%):
tp:={seq(subs(_C1=i,y(x)),i=1..3)}:
plot(tp,x=-0.4..0.4,color=black);
```

用回车运行后,Maple 给出的通解为

$$y(x) = \left(\frac{1}{4}x^4 + \_C1\right)e^{(-2x)},$$

画出的积分曲线如图 2.3 所示.

习　题　2.1

1. 求下列方程的通解:

(1) $x\frac{dy}{dx}+y\ln x=0$;　　(2) $x^2\frac{dy}{dx}+y=0$;

(3) $\frac{dy}{dx}=y+\sin x$;　　(4) $\frac{dy}{dx}+y\cos x=\frac{1}{2}\sin 2x$;

(5) $\frac{dy}{dx}-\frac{2}{x}y=e^x y^2$;　　(6) $\frac{dy}{dx}=\frac{x^4+y^3}{xy^2}$;

(7) $\frac{dy}{dx}-\frac{2y}{x+1}=(x+1)^3$;　　(8) $\frac{dy}{dx}=\frac{y}{x+y^3}$;

(9) $\frac{dy}{dx}=\frac{ay}{x}+\frac{x+1}{x}$, a 为常数;　　(10) $\frac{dy}{dx}+xy=x^3y^3$;

(11) $(y\ln x-2)y\,dx=x\,dy$;　　(12) $2xy\,dy=(2y^2-x)dx$;

(13) $\frac{dy}{dx}=\frac{e^y+3x}{x^2}$；　　(14) $\frac{dy}{dx}=\frac{1}{xy+x^3y^3}$；

(15) $y=e^x+\int_0^x y(s)ds$.

2. 求下列方程的特解：

(1) $y'+y\tan(kx)=0, y(0)=2$；　　(2) $xy'+\left(1+\frac{1}{\ln x}\right)y=0, y(e)=1$；

(3) $xy'+2y=8x^2, y(1)=3$；　　(4) $(x-1)y'+3y=\frac{1}{(x-1)^3}+\frac{\sin x}{(x-1)^2}, y(2)=1$.

[c]3. 利用 Maple 求下列方程的解，并画出几条积分曲线：

(1) $y'+2xy=xe^{-x^2}$；　　(2) $xy'+3y=\frac{2}{x(1+x^2)}$.

4. 实验表明人体吸收葡萄糖的速率与血中葡萄糖的含量成比例. 设葡萄糖以常数速率通过静脉注射输入一个病人体内. 建立微分方程来分析该病人血液中葡萄糖含量的变化. 假设开始时葡萄糖的含量为 G_0 且此病人无法通过其他途径补充葡萄糖.

5. 一车间容积为 30m×10m×30m，空气中含有 CO_2 为 0.2%，室外新鲜空气中含有 CO_2 为 0.05%，现以 $10m^3/min$ 的速度通风. 设进入的新鲜空气与室内空气混合均匀后以同样的速率排出，问 20min 后，车间内含 CO_2 的百分比是多少？

6. 设 $f(x)$是在$(a,+\infty)$上的连续函数且$\lim_{x\to\infty}f(x)=L$. $x_0>a$ 是一常数，k 是一正常数. 求初始值问题

$$y'+ky=f(x),\quad y(x_0)=y_0$$

的解，并计算该解当 $x\to+\infty$时的极限.

7. 设 $y_1(x)$和 $y_2(x)$分别是微分方程

$$y'+p(x)y=g_1(x),\quad y'+p(x)y=g_2(x)$$

的解，求证 $y=y_1(x)+y_2(x)$是方程

$$y'+p(x)y=g_1(x)+g_2(x)$$

的解.

8. 设 $p(x)$和 $g(x)$都是以 ω 为周期的连续周期函数. 求证：

(1) 若方程 $y'+p(x)y=0$ 的任一非零解也是以 ω 为周期的函数，则必有

$$\int_0^\omega p(x)dx=0;$$

(2) 若 $g(x)$不恒等于零，则当且仅当$\int_0^\omega p(x)dx\neq 0$ 时，方程

$$y'+p(x)y=g(x)$$

有唯一的周期解.

*9. 设 $f(x)$在$(-\infty,+\infty)$连续且有界. 证明方程

$$y'+y=f(x)$$

在区间$(-\infty,+\infty)$上有且仅有一个有界解. 当 $f(x)$是以 ω 为周期的周期函数时，这个有界解也

是以 ω 为周期的周期函数.

10. 对非线性方程

$$f'(y)y' + p(x)f(y) = g(x)$$

可引入新变量 $z=f(y)$，将其变为关于 z 的线性方程

$$z' + p(x)z = g(x).$$

利用此方法求解方程

(1) $(\sec^2 y)y' - 3\tan y = 1$；　　(2) $e^{y^2}\left(2yy' + \frac{2}{x}\right) = \frac{1}{x^2}$；

(3) $\frac{xy'}{y} + 2\ln y = 4x^2$；　　(4) $\frac{y'}{(1+y)^2} + \frac{1}{x(1+y)} = -\frac{3}{x^2}$.

2.2 变量可分离的方程

本节介绍另一类可以通过初等积分法求解的方程——变量可分离的方程.

形如

$$y' = f(x)g(y) \tag{2.2.1}$$

的方程称为**变量可分离的方程**，其中，$f(x)$ 和 $g(y)$ 分别是 x 和 y 的连续函数. (2.2.1)的特点是方程右端是两个独立的一元函数之积.

2.2.1 变量可分离方程的求解

当 $g(y)\neq 0$ 时，对方程(2.2.1)两边同除以 $g(y)$，利用微分形式的不变性将(2.2.1)改写为

$$\frac{\mathrm{d}y}{g(y)} = f(x)\mathrm{d}x.$$

这样，(2.2.1)的变量就“分离”开来了，对上式两边积分得到

$$\int \frac{\mathrm{d}y}{g(y)} = \int f(x)\mathrm{d}x + c. \tag{2.2.2}$$

这里把不定积分的任意常数明确地写出来了，而把 $\int \frac{\mathrm{d}y}{g(y)}$ 和 $\int f(x)\mathrm{d}x$ 分别理解为 $\frac{1}{g(y)}$ 和 $f(x)$ 的某一个原函数. 由(2.2.2)所确定的函数 $y=\varphi(x,c)$ 就是(2.2.1)的通解. 注意，在许多情况下，不一定能从(2.2.2)明确解出 $y=\varphi(x,c)$，这时(2.2.2)可以理解为(2.2.1)的隐式解.

例 2.2.1　求微分方程

$$x\frac{\mathrm{d}y}{\mathrm{d}x} = y^{3/2} \tag{2.2.3}$$

的通解.

解　(2.2.3)是一个变量可分离的方程，分离变量后得

$$y^{-3/2}\mathrm{d}y=\frac{\mathrm{d}x}{x}.$$

上式两边积分得

$$-2y^{-1/2}=\ln|x|+c_1.$$

整理后得(2.2.3)的通解为

$$y=\frac{4}{(\ln|x|+c_1)^2}=\frac{4}{(\ln|cx|)^2},$$

其中，$c=\mathrm{e}^{c_1}$. 由于函数 $y^{3/2}x^{-1}$ 在 $x=0$ 无定义，故此通解只是在 $x>0$ 或 $x<0$ 之一中有定义.

注意，在求方程(2.2.1)通解的表达式时，假设 $g(y)\neq 0$. 在许多方程中，$g(y)$ 在某些点等于零，如方程(2.2.3)中，当 $y=0$ 时，$g(y)=y^{3/2}=0$. 此时对方程两边同时除以 $g(y)$ 时，就会引起"丢根"现象. 例如，$y=0$ 显然是(2.2.3)的一个解，但这个解无论如何无法从上面得出的通解中选取常数 c 而得到，所以还必须考虑 $g(y)=0$ 的情况.

若 $g(y^*)=0$，则容易验证，$y\equiv y^*$ 是方程(2.2.1)的解，称这种解为(2.2.1)的**常数解**. 在求解方程(2.2.1)时还必须考察它是否有常数解.

例 2.2.2　求微分方程

$$\frac{\mathrm{d}x}{\mathrm{d}t}=x\left(1-\frac{x}{10}\right) \tag{2.2.4}$$

的所有解.

解　方程两边同时除以 $x\left(1-\frac{x}{10}\right)$，再积分得

$$\int\frac{\mathrm{d}x}{x(1-x/10)}=\int\mathrm{d}t+c_1.$$

利用

$$\frac{1}{x(1-x/10)}=\frac{1}{x}+\frac{1/10}{1-x/10},$$

求出上面的积分得

$$\ln\left|\frac{x}{10-x}\right|=t+c_1.$$

从上式中解出 x，再将常数记为 c_2 得

$$x=\frac{10}{1+c_2\mathrm{e}^{-t}},\quad c_2\neq 0.$$

由 $x\left(1-\frac{x}{10}\right)=0$ 求出(2.2.4)的常数解为 $x=0$ 和 $x=10$,故(2.2.4)的所有解为

$$x=\frac{10}{1+c_2\mathrm{e}^{-t}} \quad \text{和} \quad x=0, x=10.$$

这里所定义的变量可分离方程(2.2.1)的通解可以从(2.2.2)给出,但这并不意味着所有的形如(2.2.1)的方程能够积分. 例如,方程 $y'=-\mathrm{e}^{-x^2}\mathrm{e}^{y^2}$ 就无法找到用初等函数表达的积分.

2.2.2　齐次方程

形如

$$\frac{\mathrm{d}y}{\mathrm{d}x}=F\left(\frac{y}{x}\right) \tag{2.2.5}$$

的方程称为**齐次方程**. 它可以通过引入新变量的方法化为变量可分离的方程求解.

注意到方程(2.2.5)右端仅是 $\frac{y}{x}$ 的一元函数,所以,很自然地引入新变量 $z=\frac{y}{x}$. 这首先使(2.2.5)变得简单,其次由于 $y=xz$, $\frac{\mathrm{d}y}{\mathrm{d}x}=z+x\frac{\mathrm{d}z}{\mathrm{d}x}$,故方程(2.2.5)就化为关于 z 的方程

$$z+x\frac{\mathrm{d}z}{\mathrm{d}x}=F(z),$$

整理后得

$$\frac{\mathrm{d}z}{\mathrm{d}x}=\frac{F(z)-z}{x}. \tag{2.2.6}$$

(2.2.6)就是一个变量可分离的方程. 这样就解决了齐次方程(2.2.5)的求解问题.

例 2.2.3　求下面初始值问题的解:

$$(y+\sqrt{x^2+y^2})\mathrm{d}x=x\mathrm{d}y, \quad y(1)=0. \tag{2.2.7}$$

解　(2.2.7)中方程是一个齐次方程:

$$\frac{\mathrm{d}y}{\mathrm{d}x}=\frac{y+\sqrt{x^2+y^2}}{x}.$$

令 $y=xz$,求导后代入方程得

$$x\frac{\mathrm{d}z}{\mathrm{d}x}=\sqrt{1+z^2},$$

分离变量得

$$\frac{\mathrm{d}z}{\sqrt{1+z^2}}=\frac{1}{x}\mathrm{d}x.$$

积分上式得

$$\ln|z+\sqrt{1+z^2}|=\ln|x|+\ln|C|.$$

整理后，再用 $z=\frac{y}{x}$ 代入得

$$z+\sqrt{1+z^2}=Cx,\quad \frac{y}{x}+\sqrt{1+\frac{y^2}{x^2}}=Cx.$$

最后利用初始条件 $y(1)=0$ 可定出 $C=1$. 代入上式后再解出 y，即可得到初始值问题(2.2.7)的解为

$$y=\frac{1}{2}(x^2-1).$$

当方程的右端是一些线性分式函数时，也可以把它设法化为齐次方程来求解.

例 2.2.4 求方程

$$\frac{\mathrm{d}y}{\mathrm{d}x}=\frac{x+y-1}{x-y+3} \tag{2.2.8}$$

的通解.

解 此问题的困难是方程右端函数不是齐次的，其分子与分母中各多了一个常数. 这就使得想到坐标平移可以消去这两个常数，令

$$x=u-1,\quad y=v+2.$$

代入式(2.2.8)后，即可得到关于新变量的齐次方程

$$\frac{\mathrm{d}v}{\mathrm{d}u}=\frac{u+v}{u-v}.$$

这就是一个齐次方程，令 $v=uz$，将齐次方程再化为变量可分离的方程

$$u\frac{\mathrm{d}z}{\mathrm{d}u}=\frac{1+z^2}{1-z},$$

分离变量后积分

$$\frac{(1-z)\mathrm{d}z}{1+z^2}=\frac{\mathrm{d}u}{u},$$

$$\arctan z-\frac{1}{2}\ln(1+z^2)=\ln|u|+C.$$

再将这些变量逐个还原，整理后得原方程的通解为

$$\arctan\frac{y-2}{x+1}=\ln\sqrt{(x+1)^2+(y-2)^2}+C.$$

2.2.3　变量可分离方程的应用

例 2.2.5　化学反应问题　设有两种化学物质 A 和 B，它们反应后生成另一物质 C. 设反应速度与物质 A 和 B 当时剩余量之积成正比，而且在反应过程中，每克的物质 B 需要 2g 的物质 A 与之反应而生成 3g 的物质 C. 已知原有的 A，B 物质分别是 10g 和 20g，而且在 20min 内反应生成的物质 C 为 6g，求在任意时刻物质 C 的质量.

解　设 $x(t)$ 表示 t 时刻所生成物质 C 的总量，则 $\frac{\mathrm{d}x}{\mathrm{d}t}$ 为反应速度. 由题意知生成 xg 的物质 C 需要 $\frac{2}{3}x$g 的物质 A 和 $\frac{1}{3}x$g 的物质 B. 此时物质 A 和 B 分别剩余 $10-\frac{2}{3}x$ 和 $20-\frac{1}{3}x$，于是由题意得

$$\frac{\mathrm{d}x}{\mathrm{d}t}=k\left(10-\frac{2}{3}x\right)\left(20-\frac{1}{3}x\right),$$
$$x(0)=0,\quad x(20)=6.$$

为了方便，令 $r=\frac{2}{9}k$，将此微分方程改写为

$$\frac{\mathrm{d}x}{\mathrm{d}t}=r(15-x)(60-x). \tag{2.2.9}$$

分离式(2.2.9)的变量，积分得

$$\int\frac{\mathrm{d}x}{(15-x)(60-x)}=\int r\mathrm{d}t+c,$$
$$\frac{1}{45}\ln\frac{60-x}{15-x}=rt+c,$$
$$\frac{60-x}{15-x}=c_1\mathrm{e}^{45rt},\quad c_1=\mathrm{e}^{45c}.$$

利用初始条件 $x(0)=0$ 得 $c_1=4$，再利用 $x(20)=6$ 得 $r=\frac{1}{900}\ln\frac{3}{2}$. 将 c_1 和 r 的值代入上式，解出 x 得

$$x(t)=\frac{60\left(1-\exp\left(\frac{t}{20}\ln\frac{3}{2}\right)\right)}{1-4\exp\left(\frac{t}{20}\ln\frac{3}{2}\right)}.$$

这就是在此化学反应过程中生成物 C 的质量随时间变化的规律. 由此表达式可以看出 $\lim\limits_{t\to+\infty}x(t)=15$.

例 2.2.6(雪球的融化)　设雪球在融化时体积的变化率与表面积成比例，并

且在融化过程中它始终为球体. 该雪球在开始时的半径为 6cm,经过 2h 后,其半径缩小为 3cm. 求雪球的体积随时间变化的关系.

解 设 t 时刻雪球的体积为 $V(t)$,表面积为 $S(t)$,由题中假设得

$$\frac{\mathrm{d}V(t)}{\mathrm{d}t}=-kS(t),$$

根据球体的体积和表面积的关系得 $S(t)=(4\pi)^{1/3}3^{2/3}V^{2/3}$. 引入新常数 $r=(4\pi)^{1/3}3^{2/3}k$,再利用题中的条件得

$$\frac{\mathrm{d}V}{\mathrm{d}t}=-rV^{2/3},\quad V(0)=288\pi,\quad V(2)=36\pi.$$

分离变量积分得方程的通解为

$$V(t)=\frac{1}{27}(C-rt)^3.$$

利用条件 $V(0)=288\pi$ 和 $V(2)=36\pi$ 确定出常数 C 和 r,代入后得雪球体积随时间变化的关系为

$$V(t)=\frac{\pi}{6}(12-3t)^3.$$

注意,尽管解的表达式中 t 的取值可以是任意实数,但由于实际问题的要求,t 的取值是在[0,4]内.

例 2.2.7(跳伞的速度) 设物体在空气中下落时受到的空气阻力与速度平方成比例. 一运动员从高空跳下 Ts 后才将降落伞打开,试建立微分方程,求出该运动员在下降过程中速度与时间的关系.

解 设该跳伞运动员在离开飞机后竖直下降,将跳伞的起点作为坐标原点,x 轴正向向下,记 t 时刻运动员的位置为 $x(t)$,则 $v(t)=\frac{\mathrm{d}x(t)}{\mathrm{d}t}$ 就是该运动员在 t 时刻的速度. 在下降过程中,运动员受两个力,一个是地球的引力,另一个是空气阻力,并且空气阻力的比例系数在降落伞打开前后的大小不同. 根据第二运动定律可得到 $v(t)$ 所满足的方程及条件为

$$\frac{\mathrm{d}v}{\mathrm{d}t}=g-\frac{k_1}{m}v^2,\quad v(0)=0,\quad 0\leqslant t\leqslant T,$$

$$\frac{\mathrm{d}v}{\mathrm{d}t}=g-\frac{k_2}{m}v^2,\quad \lim_{t\to T}v(t)=v(T),\quad t\geqslant T.$$

$v(t)$ 在 $t\leqslant T$ 和 $t>T$ 满足的都是变量可分离的方程,可以按分离变量的方法求解. 对 $i=1,2$,方程两边同除以 $g-\frac{k_i}{m}v^2$ 得

$$\frac{dv}{g - k_i v^2/m} = dt.$$

方程两边积分，再解出 $v(t)$ 得

$$v(t) = \sqrt{\frac{mg}{k_i}} \frac{C_i \exp(2\sqrt{k_i g/m}t) - 1}{C_i \exp(2\sqrt{k_i g/m}t) + 1}. \tag{2.2.10}$$

代入初始条件 $v(0)=0$，在 $0 \leqslant t \leqslant T$ 内得

$$v(t) = \sqrt{\frac{mg}{k_1}} \frac{\exp(2\sqrt{k_1 g/m}t) - 1}{\exp(2\sqrt{k_1 g/m}t) + 1}.$$

而当 $t > T$ 时，利用条件 $\lim\limits_{t \to T^+} v(t) = V(T)$ 可以定出 c_2，代入式(2.2.10)后得 $t > T$ 时解的表达式为

$$v(t) = \sqrt{\frac{mg}{k_2}} \frac{C_2 \exp(2\sqrt{k_2 g/m}t) - 1}{C_2 \exp(2\sqrt{k_2 g/m}t) + 1}.$$

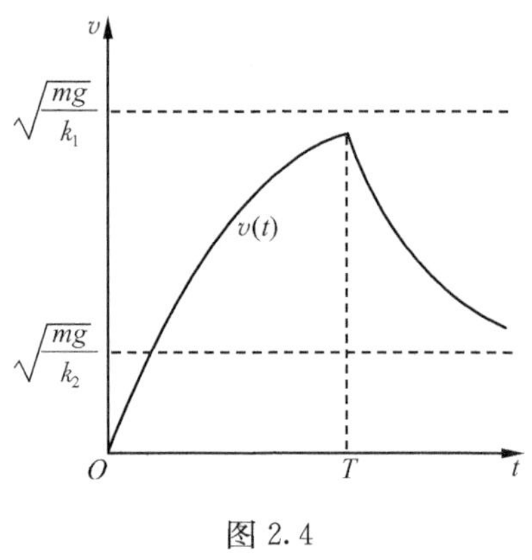

图 2.4

跳伞运动员的速度随时间变化的关系如图 2.4 所示. 从图中看出运动员的速度先上升，再下降，其极限为$\sqrt{\frac{mg}{k_2}}$且该极限值的大小是由伞的大小和形状所确定的. 可以根据飞机的高度、伞的大小等来确定打开伞的时间 T，以达到较好的表演效果，而且运动员着地时的速度不会太大，以避免损伤.

最后给出一个用 Maple 求解变量可分离方程和画解曲线的例子.

例 2.2.8 利用 Maple 判断方程

$$x\sqrt{1+y^2}dx + y\sqrt{1+x^2}dy = 0 \tag{2.2.11}$$

是否是变量可分离的方程，并求出其通解，画出一些积分曲线的图形.

解 用下列语句判断，求方程的通解和画出积分曲线的图形：

```
restart;
ode2:=x * sqrt(1+y(x)^2)+y(x) * sqrt(1+x^2) * D(y)(x);
with(DEtools):
odeadvisor(ode2);
dsolve(ode2,y(x),implicit);
tp:=subs([y(x)=y,_C1=0],lhs(%[1]));
with(plots):
contourplot(tp,x=-10..10,y=-10..10);
```

其中,第 1 条指令是让 Maple 清除以前所有的变量,第 2 条指令是定义微分方程,第 3 条指令是调入 Maple 处理微分方程问题的程序包,第 4 条指令是判断方程(2.2.11)是否为变量可分离的方程,第 5 条指令是求出(2.2.11)的隐式解,第 6 条指令是将 $y(x)$ 用 y 代替,并将积分常数 _$C1$ 取为 0,第 7 条指令是调入 Maple 的绘图程序包,最后一条指令是用画等高线的方法画出方程(2.2.11)的一些积分曲线. 回车后 Maple 的输出为

```
ode2:=x √(1+y(x)^2)+y(x) √(1+x^2) D(y)(x)
[_Separable]
√(1+x^2)+√(1+y(x)^2)+_C1=0
tp:=√(1+x^2)+√(1+y^2)
```

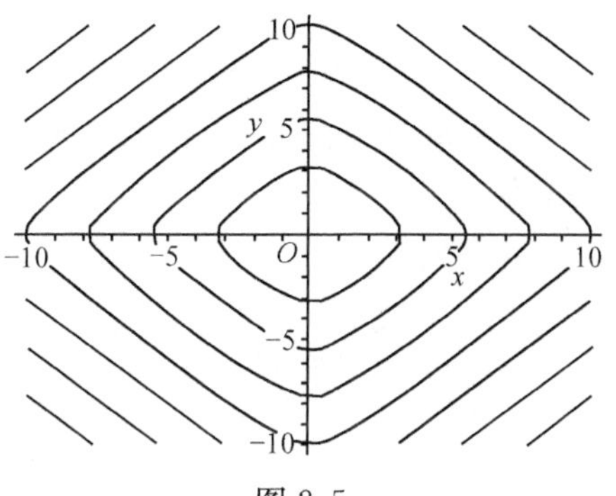

图 2.5

图 2.5 就是方程(2.2.11)一些积分曲线的示意图.

习 题 2.2

1. 求下列方程的通解:

(1) $\dfrac{dy}{dx}=\dfrac{1+y^2}{xy+x^3y}$;

(2) $(1+x)y\mathrm{d}x+(1-y)x\mathrm{d}y=0$;

(3) $\tan y\mathrm{d}x-\cot x\mathrm{d}y=0$;

(4) $\dfrac{dy}{dx}+\dfrac{\exp(y^2+3x)}{y}=0$;

(5) $x(\ln x-\ln y)\mathrm{d}y-y\mathrm{d}x=0$;

(6) $\left(\dfrac{y+1}{x}\right)^2\dfrac{dy}{dx}=y\ln x$;

(7) $\sec^2 x\mathrm{d}y+\csc y\mathrm{d}x=0$;

(8) $e^y\sin 2x\mathrm{d}x+\cos x(e^{2y}-y)\mathrm{d}y=0$;

(9) $2\dfrac{dy}{dx}-\dfrac{1}{y}=\dfrac{2x}{y}$;

(10) $\dfrac{dy}{dx}=\dfrac{xy+3x-y-3}{xy-2x+4y-8}$;

(11) $\dfrac{dy}{dx}=\sin x(\cos 2y-\cos^2 y)$;

(12) $\csc y\dfrac{dy}{dx}+\sin(x-y)=\sin(x+y)$;

(13) $(e^x+e^{-x})\dfrac{dy}{dx}=y^2$;

(14) $\dfrac{dy}{dx}=\dfrac{x^2+xy+y^2}{x^2}$;

(15) $\dfrac{dy}{dx}=\dfrac{y+xe^{-y/x}}{x}$;

(16) $\dfrac{dy}{dx}=\dfrac{2y-x+5}{2x-y-4}$;

(17) $\dfrac{dy}{dx}=\dfrac{2x+y+1}{x+2y-4}$;

(18) $\dfrac{dy}{dx}=\dfrac{x+3y-5}{x-y-1}$;

(19) $\dfrac{dy}{dx}=\dfrac{-6x+y-3}{2x-y-1}$.

2. 求下列初始值问题的解:

(1) $\dfrac{dy}{dx}=\dfrac{x^2+3x+2}{y-2}$, $y(1)=4$;

(2) $\frac{\mathrm{d}y}{\mathrm{d}x}+x(y^2+y)=0, y(2)=1$；

(3) $(3y^2+4y)\frac{\mathrm{d}y}{\mathrm{d}x}+2x+\cos x=0, y(0)=1$；

(4) $(1+x^4)\mathrm{d}y+x(1+4y^2)\mathrm{d}x=0, y(1)=0$；

(5) $x^2\frac{\mathrm{d}y}{\mathrm{d}x}=y-xy, y(-1)=-1$.

c3. 利用 Maple 判断下列方程是否是变量可分离的方程，并求出其通解，画出一条积分曲线的图形：

(1) $\frac{\mathrm{d}y}{\mathrm{d}x}=2xy(1+y^2)$；

(2) $(1+x^2)\frac{\mathrm{d}y}{\mathrm{d}x}+xy=0$；

(3) $(y-1)^2\frac{\mathrm{d}y}{\mathrm{d}x}=2x+3$；

(4) $t^2\frac{\mathrm{d}x}{\mathrm{d}t}=x^2-t^2+1-t^2x^2$；

(5) $\frac{\mathrm{d}x}{\mathrm{d}t}=2t\sqrt{1+x^2}$.

4. 证明方程 $\frac{x}{y}\frac{\mathrm{d}y}{\mathrm{d}x}=f(xy)$ 经过变换 $xy=u$ 可化为变量可分离的方程，并由此求解下列方程：

(1) $y(1+x^2y^2)\mathrm{d}x=x\mathrm{d}y$；

(2) $\frac{x}{y}\frac{\mathrm{d}y}{\mathrm{d}x}=\frac{2+x^2y^2}{1-x^2y^2}$.

5. 设函数 $f(x)$ 可导且满足 $f(x)\int_0^x f(s)\mathrm{d}s=1\ (x\neq 0)$，试求出 $f(x)$ 的一般表达式.

6. 设 $f(x)$ 满足条件

$$f(x+y)=\frac{f(x)+f(y)}{1-f(x)f(y)}$$

且 $f'(0)$ 存在，试求出该函数.

7. 求初始值问题

$$\frac{\mathrm{d}y}{\mathrm{d}x}=\frac{y\cos x}{1+2y^2},\quad y(0)=y_0$$

的解，并证明此解的存在区间是 $(-\infty,+\infty)$.

8. 求初始值问题

$$\frac{\mathrm{d}y}{\mathrm{d}x}=\varepsilon y-\sigma y^2,\quad y(0)=y_0$$

的解 $y=\varphi(x)$，其中，ε 和 σ 是正常数，并证明

(1) 若 $y_0>0$，则 $\lim\limits_{x\to+\infty}\varphi(x)=\frac{\varepsilon}{\sigma}$；

(2) 若 $y_0=0$，则 $\lim\limits_{x\to+\infty}\varphi(x)=0$；

(3) 当 $y_0<0$ 时，则必有与 y_0 有关的一个 x_0，使得 $\lim\limits_{x\to x_0}\varphi(x)=-\infty$.

9. 设 A 从 xOy 平面的原点出发沿 x 轴正向前进，同时 B 从点$(0,b)$开始跟踪 A(B 总是朝着 A 运动)，在此过程中，B 与 A 的距离总是保持为 b，试求 B 运动的轨迹.

10. 求具有如下性质的曲线方程：曲线上各点处的切线、切点到原点的向径及 x 轴可围成一个以 x 轴为底边的等腰三角形且此曲线通过点(1,2).

11. 人工繁殖细菌时其增长速度与当时的细菌数成正比.

(1) 如果过 4h 后的细菌数是原细菌数的 2 倍，那么经过 12h 后应有多少细菌?

(2) 如果在 3h 时有细菌 10^4 个，在 5h 有细菌 4×10^4 个，那么，在开始时有多少细菌?

12. 某天在一住宅内发生了一起凶杀案，接到报告后，法医于 23:00 赶到现场，测量到死者的体温是 30.8℃，再过 1h 后测得其体温为 29.1℃，当时室温是 28℃，假使死者温度的变化与其体温和室温的温差成正比例，试建立微分方程估计受害者的死亡时间.

*13. 医生给病人开处方时必须注明两点：服药的剂量和服药的时间间隔. 超剂量的药品会对身体产生不良后果，甚至死亡，而剂量不足，则不能达到治病的目的. 已知患者服药后，随时间推移，药品在体内逐渐被吸收，发生生化反应，也就是体内药品的浓度逐渐降低. 药品浓度降低的速度与体内当时药品的浓度成正比. 当服药量为 A，服药间隔为 T 时，试分析体内药的浓度随时间的变化规律.

2.3 全微分方程

开始只能通过直接积分求最简单的微分方程$\frac{\mathrm{d}y}{\mathrm{d}x}=f(x)$的解，在前两节中将可求解方程的范围扩大到了线性方程和变量可分离的方程，当然还包括能转化到这两种形式的一些方程. 前面所用的方法都是一元函数的积分法，本节从二元函数全微分的角度来考察微分方程的求解问题，再增加可求解方程的类型.

2.3.1 全微分方程的定义与充要条件

设 $u=F(x,y)$是一个连续可微的二元函数，则它的全微分为

$$\mathrm{d}u=\mathrm{d}F(x,y)=\frac{\partial F(x,y)}{\partial x}\mathrm{d}x+\frac{\partial F(x,y)}{\partial y}\mathrm{d}y.$$

如果恰好碰见了方程

$$\frac{\partial F(x,y)}{\partial x}\mathrm{d}x+\frac{\partial F(x,y)}{\partial y}\mathrm{d}y=0,$$

就可以马上写出它的隐式解

$$F(x,y)=C.$$

这也是一大类可求解的微分方程，下面就对这类情形进行详细的讨论.

若有函数 $F(x,y)$，使得

$$\mathrm{d}F(x,y)=M(x,y)\mathrm{d}x+N(x,y)\mathrm{d}y, \tag{2.3.1}$$

则称

$$M(x,y)\mathrm{d}x+N(x,y)\mathrm{d}y=0 \tag{2.3.2}$$

为**全微分方程**. 此时，微分方程(2.3.2)的解就是 $F(x,y)=C$. 例如，下列方程都是全微分方程：

$$x\mathrm{d}x+y\mathrm{d}y=0,$$
$$(3x^2y+y^2)\mathrm{d}x+(x^3+2xy)\mathrm{d}y=0,$$
$$f(x)\mathrm{d}x+g(y)\mathrm{d}y=0,$$

因为函数

$$F_1(x,y)=x^2+y^2,$$
$$F_2(x,y)=x^3y+xy^2,$$
$$F_3(x,y)=\int f(x)\mathrm{d}x+\int g(y)\mathrm{d}y$$

的全微分就分别是这三个方程的左端，它们的解就分别是 $F_i(x,y)=C(i=1,2,3)$.

然而，并不是所有的方程都能很方便地找到对应的函数 $F(x,y)$，或者这样的 $F(x,y)$就不存在. 所以，有三个问题需要考虑：①方程(2.3.2)是否就是全微分方程；②若(2.3.2)是全微分方程，怎样求它的解；③若(2.3.2)不是全微分方程，有无可能将它转化为一个全微分方程来求解.

问题①和②已经有了完满的结论，而问题③仅有一些充分条件，需要在求解微分方程的过程中不断探索和发展.

定理 2.1　设函数 $M(x,y)$和 $N(x,y)$在一个矩形区域 R 中连续且有连续的一阶偏导数，则(2.3.2)是全微分方程的充要条件是

$$\frac{\partial M(x,y)}{\partial y}=\frac{\partial N(x,y)}{\partial x}. \tag{2.3.3}$$

证明　先证必要性. 设(2.3.2)是一个全微分方程，则有函数 $F(x,y)$，使得

$$\mathrm{d}F(x,y)=\frac{\partial F(x,y)}{\partial x}\mathrm{d}x+\frac{\partial F(x,y)}{\partial y}\mathrm{d}y=M(x,y)\mathrm{d}x+N(x,y)\mathrm{d}y.$$

故有

$$M(x,y)=\frac{\partial F(x,y)}{\partial x},\quad N(x,y)=\frac{\partial F(x,y)}{\partial y}. \tag{2.3.4}$$

计算 $F(x,y)$的二阶混合偏导数得

$$\frac{\partial^2 F(x,y)}{\partial y\partial x}=\frac{\partial M(x,y)}{\partial y},\quad \frac{\partial^2 F(x,y)}{\partial x\partial y}=\frac{\partial N(x,y)}{\partial x}.$$

由于$\frac{\partial^2 F(x,y)}{\partial y\partial x}$和$\frac{\partial^2 F(x,y)}{\partial x\partial y}$都是连续的,从而有

$$\frac{\partial^2 F(x,y)}{\partial y\partial x}=\frac{\partial^2 F(x,y)}{\partial x\partial y}.$$

故式(2.3.3)成立.

再证充分性.设 $M(x,y)$和 $N(x,y)$满足式(2.3.3),需构造出满足式(2.3.2)的 $F(x,y)$,即满足(2.3.4)的函数 $F(x,y)$.在矩形 R 中取定一点 $P(x_0,y_0)$,令 $P(x,y)$是 R 中的一个动点.为了使 $F(x,y)$满足(2.3.4)的前一等式,选取

$$F(x,y)=\int_{x_0}^{x}M(s,y)\,\mathrm{d}s+\varphi(y),$$

其中,$\varphi(y)$是一个待定的函数,适当选取后可以使 $F(x,y)$满足(2.3.4)的后一等式.对上式关于 y 求偏导得

$$\frac{\partial F(x,y)}{\partial y}=\int_{x_0}^{x}\frac{\partial M(s,y)}{\partial y}\mathrm{d}s+\varphi'(y),$$

再利用条件(2.3.3)得到

$$\begin{aligned}\frac{\partial F(x,y)}{\partial y}&=\int_{x_0}^{x}\frac{\partial N(s,y)}{\partial s}\mathrm{d}s+\varphi'(y)\\&=N(x,y)-N(x_0,y)+\varphi'(y).\end{aligned}$$

为了使(2.3.4)的后一式成立,只需使函数 $\varphi(y)$满足

$$\varphi'(y)=N(x_0,y),$$

即只要选取

$$\varphi(y)=\int_{y_0}^{y}N(x_0,s)\,\mathrm{d}s$$

即可.这样就找到了一个满足(2.3.1)的函数

$$F(x,y)=\int_{x_0}^{x}M(s,y)\,\mathrm{d}s+\int_{y_0}^{y}N(x_0,s)\,\mathrm{d}s. \tag{2.3.5}$$

所有与 $F(x,y)$相差一个常数的函数都满足(2.3.1).定理证毕.

定理 2.1 中给出的判别方法简单方便,用它很容易判定一个方程是否为全微分方程.

2.3.2　全微分方程的积分

当(2.3.2)是全微分方程时，可以用三种方法来求解. 第一种就是在定理 2.1 证明过程中给出的公式(2.3.5)，$F(x,y)$ 是由积分表示出来的，实际上 $F(x,y)=\int_{(x_0,y_0)}^{(x,y)} M(x,y)\mathrm{d}x+N(x,y)\mathrm{d}y$，把它称为线积分法，另外两种为偏积分法和凑微分法，将在下面的例子中介绍.

例 2.3.1　验证方程

$$(y\cos x+2xe^y)\mathrm{d}x+(\sin x+x^2e^y+2)\mathrm{d}y=0 \tag{2.3.6}$$

是全微分方程，并求它的通解.

解　由于

$$M(x,y)=y\cos x+2xe^y,\quad N(x,y)=\sin x+x^2e^y+2,$$

$$\frac{\partial M(x,y)}{\partial y}=\cos x+2xe^y=\frac{\partial N(x,y)}{\partial x},$$

所以方程(2.3.6)是全微分方程. 下面用线积分法来求它的通解.

由于 $M(x,y)$ 和 $N(x,y)$ 在全平面上连续，故取 $P_0(x_0,y_0)$ 为坐标原点，由公式(2.3.5)得

$$\begin{aligned}F(x,y)&=\int_0^x M(s,y)\mathrm{d}s+\int_0^y N(0,s)\mathrm{d}s\\&=\int_0^x(y\cos s+2se^y)\mathrm{d}s+\int_0^y 2\mathrm{d}s\\&=y\sin x+x^2e^y+2y,\end{aligned}$$

故(2.3.6)的通解为

$$y\sin x+x^2e^y+2y=C,$$

其中，C 为任意常数.

例 2.3.2　验证方程

$$(e^x+y)\mathrm{d}x+(x-2\sin y)\mathrm{d}y=0 \tag{2.3.7}$$

是全微分方程，并求它的通解.

解　由于

$$M(x,y)=e^x+y,\quad N(x,y)=x-2\sin y,$$

$$\frac{\partial M(x,y)}{\partial y}=1=\frac{\partial N(x,y)}{\partial x},$$

故(2.3.7)是全微分方程. 用偏积分法来求(2.3.7)的通解.

由于所求的函数 $F(x,y)$ 满足

$$\frac{\partial F(x,y)}{\partial x}=e^x+y,\quad \frac{\partial F(x,y)}{\partial y}=x-2\sin y,$$

由偏导数的含意知只要将 y 看成常数,将 e^x+y 对 x 积分得

$$F(x,y)=\int(e^x+y)dx=e^x+yx+\varphi(y).$$

对 $F(x,y)$关于 y 求偏导得 $\varphi(y)$满足的方程为

$$x+\varphi'(y)=x-2\sin y,$$

即 $\varphi'(y)=-2\sin y$,只需取 $\varphi(y)=2\cos y$ 即可,所以方程(2.3.7)的通解为

$$e^x+xy+2\cos y=C.$$

例 2.3.3 验证方程

$$(\cos x\sin x-xy^2)dx+y(1-x^2)dy=0 \tag{2.3.8}$$

是全微分方程,并求它满足初始条件 $y(0)=2$ 的解.

解 对于方程(2.3.8),

$$M(x,y)=\cos x\sin x-xy^2,\quad N(x,y)=y(1-x^2),$$

$$\frac{\partial M(x,y)}{\partial y}=-2xy=\frac{\partial N(x,y)}{\partial x},$$

故方程(2.3.8)是全微分方程,用凑微分法求它的解.

根据求二元函数微分的经验,将方程(2.3.8)重新分组整理得

$$\cos x\sin x dx-(xy^2dx+yx^2dy)+ydy=0.$$

注意到

$$\cos x\sin x dx=d\left(\frac{1}{2}\sin^2 x\right),\quad xy^2dx+yx^2dy=d\left(\frac{1}{2}x^2y^2\right),\quad ydy=d\left(\frac{1}{2}y^2\right),$$

所以,方程(2.3.8)的通解为

$$\sin^2 x-x^2y^2+y^2=C.$$

利用初始条件 $y(0)=2$ 得 $C=4$,最后得所求初始值问题的解为

$$\sin^2 x+y^2(1-x^2)=4.$$

从这几个例子可以看出,线积分法是直接代公式,偏积分法是利用定理 2.1 证明过程中的思想,积分两次得到 $F(x,y)$,凑微分法是二元函数微分法的逆运算,十分简练,但需要一定的经验.读者可根据自己的情况灵活选用.

求解全微分方程就是寻找满足方程(2.3.1)的原函数 $F(x,y)$,当定理 2.1 的条件成立时,就保证了在矩形域 R 中,线积分

$$\int_{(x_0,y_0)}^{(x,y)}M(x,y)dx+N(x,y)dy$$

与路径无关.于是它就决定了一个单值函数 $F(x,y)$,沿着平行于坐标轴的直线从(x_0,y_0)积分到(x_0,y),再从(x_0,y)积分(x,y),就得到了由公式(2.3.5)所表示的原函数.如果函数 $M(x,y)$,$N(x,y)$以及它们的偏导数在 R 内有些点不连续或无定义时,函数 $F(x,y)$就可能是多值的.例如,对于方程

$$\frac{x\mathrm{d}y-y\mathrm{d}x}{x^2+y^2}=0,$$

容易验证条件(2.3.3)成立,但$\frac{-y}{x^2+y^2}$和$\frac{x}{x^2+y^2}$以及它们的偏导数在坐标原点不存在. 通过凑微分的方法得

$$\frac{x\mathrm{d}y-y\mathrm{d}x}{x^2+y^2}=\mathrm{d}\left(\arctan\frac{y}{x}\right),$$

因此得到 $F(x,y)=\arctan\frac{y}{x}$,它不是一个单值函数.

还需要指出,全微分方程有很具体的物理背景. 设在 xOy 平面上有一力场

$$\boldsymbol{F}=M(x,y)\boldsymbol{i}+N(x,y)\boldsymbol{j}.$$

现在求这样的曲线 l,它与力场处处垂直,即处处有

$$\frac{\mathrm{d}y}{\mathrm{d}x}=-\frac{M(x,y)}{N(x,y)},$$

即 x 和 y 满足方程(2.3.2),于是问题化为求解方程(2.3.2).

设力场存在位势函数 $F(x,y)$,从而有

$$\frac{\partial F}{\partial x}=M(x,y),\quad \frac{\partial F}{\partial y}=N(x,y).$$

因此,方程(2.3.2)是全微分方程,它的通积分为

$$F(x,y)=C.$$

由这一等式所确定的曲线是力场的**等位线**. 沿等位线,力场不做功,当然必须处处与力场垂直.

2.3.3　积分因子

对一个全微分方程,有多种求解方法,而当(2.3.3)不满足时,(2.3.2)不是全微分方程. 此时,能否进行一些恒等变形,将(2.3.2)化为一个全微分方程来求解呢?

先回头从另一角度来看看解线性方程和解变量可分离方程的过程. 对于线性方程

$$\mathrm{d}y+(p(x)y-g(x))\mathrm{d}x=0,$$

对它两边乘以 $\exp\left(\int p(x)\mathrm{d}x\right)$ 后得

$$\exp\left(\int p(x)\mathrm{d}x\right)(\mathrm{d}y+(p(x)y-g(x))\mathrm{d}x)=0.$$

此时它就变成了全微分方程. 对于变量可分离的方程

$$\mathrm{d}y-(f(x)g(y))\mathrm{d}x=0,$$

对它两边同乘以$\dfrac{1}{g(y)}$后得

$$\frac{1}{g(y)}\mathrm{d}y-f(x)\mathrm{d}x=0,$$

它也变成了一个全微分方程.可见,求解线性方程和变量可分离方程的过程,实际上就是将它们转化为全微分方程来进行的.对许多方程也可以进行类似的处理.

例 2.3.4 求解方程

$$(2y-4x^2)\mathrm{d}x+x\mathrm{d}y=0. \tag{2.3.9}$$

解 对方程(2.3.9),

$$M(x,y)=2y-4x^2,\quad N(x,y)=x,\quad \frac{\partial M(x,y)}{\partial y}=2,\quad \frac{\partial N(x,y)}{\partial x}=1,$$

故(2.3.9)不是全微分方程.对方程(2.3.9)两边同时乘以 x 后得

$$(2xy-4x^3)\mathrm{d}x+x^2\mathrm{d}y=0. \tag{2.3.10}$$

由于$\dfrac{\partial(2xy-4x^3)}{\partial y}=2x=\dfrac{\partial x^2}{\partial x}$,故(2.3.10)是全微分方程,利用凑微分的方法容易得到(2.3.10)的通解为

$$x^2y-x^4=C.$$

这也就是方程(2.3.9)的通解.

如果有函数 $\mu(x,y)$,使得方程

$$\mu(x,y)M(x,y)\mathrm{d}x+\mu(x,y)N(x,y)\mathrm{d}y=0$$

是全微分方程,则 $\mu(x,y)$ 称为方程(2.3.2)的一个**积分因子**.在例 2.3.4 中,$\mu(x,y)=x$ 就是方程(2.3.9)的一个积分因子.

例 2.3.5 验证 $\mu(x,y)=x$ 是方程

$$(y^2+x)\mathrm{d}x+xy\mathrm{d}y=0 \tag{2.3.11}$$

的一个积分因子,并求它的通解.

解 对方程(2.3.11)两边同时乘以 x 后得

$$(xy^2+x^2)\mathrm{d}x+x^2y\mathrm{d}y=0. \tag{2.3.12}$$

由于

$$\frac{\partial(xy^2+x^2)}{\partial y}=2xy=\frac{\partial x^2y}{\partial x},$$

故(2.3.12)是一个全微分方程,所以 $\mu(x,y)=x$ 是(2.3.11)的一个积分因子.利用凑微分法容易求得方程(2.3.12),即方程(2.3.11)的通解为

$$\frac{1}{2}x^2y^2+\frac{1}{3}x^3=C.$$

例 2.3.6　验证 $\mu(x,y)=x^2y$ 是方程

$$(3y+4xy^2)\mathrm{d}x+(2x+3x^2y)\mathrm{d}y=0 \tag{2.3.13}$$

的一个积分因子,并求其通解.

解　对方程(2.3.13)有

$$\mu(x,y)M(x,y)=3x^2y^2+4x^3y^3,$$

$$\mu(x,y)N(x,y)=2x^3y+3x^4y^2,$$

$$\frac{\partial(\mu(x,y)M(x,y))}{\partial y}=6x^2y+12x^3y^2=\frac{\partial(\mu(x,y)N(x,y))}{\partial x}.$$

对方程(2.3.13)两边同乘以 x^2y 后,再利用凑微分法容易求得它的通解为

$$x^3y^2+x^4y^3=C.$$

从这两个例子可以看出当给定了函数 $\mu(x,y)$ 后,很容易验证它是否是方程(2.3.2)的积分因子.但问题是方程(2.3.2)的积分是否一定存在.或者有无切实可行的方法求得(2.3.2)的积分因子.这是一个十分困难的问题,一般来说无法给出解答,只能对某些特殊形式的函数或方程给出一些充分条件.

若 $\mu(x,y)$ 是(2.3.2)的积分因子,则由定理 2.1 知 $\mu(x,y)$ 必须满足

$$\begin{aligned}&M(x,y)\frac{\partial\mu(x,y)}{\partial y}+\mu(x,y)\frac{\partial M(x,y)}{\partial y}\\=&N(x,y)\frac{\partial\mu(x,y)}{\partial x}+\mu(x,y)\frac{\partial N(x,y)}{\partial x}.\end{aligned} \tag{2.3.14}$$

这意味着 $\mu(x,y)$ 必须满足一个偏微分方程,求解偏微分方程(2.3.14)比求解常微分方程更困难,求出它的解再去解方程(2.3.2)一般是行不通的.但在某些特殊情况下可以实现.

假设方程(2.3.2)有一个仅与 x 有关的积分因子,即 $\mu(x,y)=\mu(x)$,由定理 2.1 得 $\mu(x)$ 必须满足

$$\mu(x)\frac{\partial M(x,y)}{\partial y}=N(x,y)\frac{\mathrm{d}\mu(x)}{\mathrm{d}x}+\mu(x)\frac{\partial N(x,y)}{\partial x},$$

即

$$\frac{\mathrm{d}\ln\mu(x)}{\mathrm{d}x}=\frac{\dfrac{\partial M(x,y)}{\partial y}-\dfrac{\partial N(x,y)}{\partial x}}{N(x,y)}. \tag{2.3.15}$$

由于(2.3.15)左端只与 x 有关,所以右端也只能是 x 的函数.因此,微分方程(2.3.2)有一个仅依赖于 x 的积分因子的必要条件是(2.3.15)右端的函数仅与 x 有关,而与 y 无关.反之,若(2.3.15)的右端表达式仅与 x 有关,取

$$\mu(x)=\exp\left(\int\frac{\dfrac{\partial M(x,y)}{\partial y}-\dfrac{\partial N(x,y)}{\partial x}}{N(x,y)}\mathrm{d}x\right). \tag{2.3.16}$$

容易验证,(2.3.16)给出的 $\mu(x)$ 就是方程(2.3.2)的一个积分因子. 将上述论证过程表达为下面的定理.

定理 2.2　微分方程(2.3.2)有一个仅依赖于 x 的积分因子的充要条件是

$$\frac{\dfrac{\partial M(x,y)}{\partial y}-\dfrac{\partial N(x,y)}{\partial x}}{N(x,y)}$$

仅与 x 有关. 同理,微分方程(2.3.2)有一个仅依赖于 y 的积分因子的充要条件是

$$\frac{\dfrac{\partial N(x,y)}{\partial x}-\dfrac{\partial M(x,y)}{\partial y}}{M(x,y)}$$

仅与 y 有关.

当微分方程(2.3.2)不是全微分方程时,可以利用定理 2.2 判断它是否有仅与 x 或 y 有关的积分因子,线性方程和可分离变量方程的积分因子都可以由这些方法得到. 按照类似的思想方法,可以讨论(2.3.2)有其他形式积分因子的充要条件.

例 2.3.7　求微分方程

$$\left(\frac{y^2}{2}+2y\mathrm{e}^x\right)\mathrm{d}x+(y+\mathrm{e}^x)\mathrm{d}y=0 \tag{2.3.17}$$

的通解.

解　对方程(2.3.17),

$$\frac{\partial M(x,y)}{\partial y}=y+2\mathrm{e}^x,\quad \frac{\partial N(x,y)}{\partial x}=\mathrm{e}^x,$$

故它不是全微分方程. 又因为

$$\frac{\dfrac{\partial M(x,y)}{\partial y}-\dfrac{\partial N(x,y)}{\partial x}}{N(x,y)}=\frac{y+\mathrm{e}^x}{y+\mathrm{e}^x}=1,$$

它与 y 无关,由定理 2.2 知(2.3.17)有一个仅与 x 有关的积分因子. 利用积分因子的表达式(2.3.16)得

$$\mu(x)=\exp\left(\int\mathrm{d}x\right)=\mathrm{e}^x.$$

对方程(2.3.17)两边同乘以积分因子 $\mu(x)=\mathrm{e}^x$ 得

$$\left(\frac{y^2}{2}\mathrm{e}^x+2y\mathrm{e}^{2x}\right)\mathrm{d}x+(y\mathrm{e}^x+\mathrm{e}^{2x})\mathrm{d}y=0,$$

这是一个全微分方程. 利用全微分方程求积的方法得(2.3.17)的通解为

$$\frac{y^2}{2}\mathrm{e}^x+y\mathrm{e}^{2x}=C.$$

积分因子是求解微分方程的一个极为重要的方法,绝大多数方程的求解都可

以通过寻找到一个合适的积分因子来解决. 但求一个微分方程的积分因子十分困难,需要灵活运用各种微分法的技巧和经验. 例如,当一个微分方程中出现 $x\mathrm{d}y-y\mathrm{d}x$ 的项时,函数$\frac{1}{xy}$,$\frac{1}{x^2}$,$\frac{1}{y^2}$和$\frac{1}{x^2+y^2}$都有可能成为其积分因子,可以根据方程中其他项进行适当的选择. 下面的几个方程和对应的积分因子分别为

$$x\mathrm{d}y-y\mathrm{d}x+xy\mathrm{d}x=0,\quad \frac{1}{xy},$$

$$x\mathrm{d}y-y\mathrm{d}x+x^2\mathrm{d}y=0,\quad \frac{1}{x^2},$$

$$x\mathrm{d}y-y\mathrm{d}x+y^2\mathrm{d}y=0,\quad \frac{1}{y^2},$$

$$x\mathrm{d}y-y\mathrm{d}x+(x^2+y^2)\mathrm{d}y=0,\quad \frac{1}{x^2+y^2}.$$

例 2.3.8　求微分方程

$$(3x^3+y)\mathrm{d}x+(2x^2y-x)\mathrm{d}y=0 \tag{2.3.18}$$

的通解.

解　对于微分方程(2.3.18),由于

$$\frac{\partial M(x,y)}{\partial y}-\frac{\partial N(x,y)}{\partial x}=2(1-2xy),$$

所以方程(2.3.18)不是全微分方程. 将方程(2.3.18)的左端重新分组得

$$(3x^3\mathrm{d}x+2x^2y\mathrm{d}y)+(y\mathrm{d}x-x\mathrm{d}y)=0.$$

根据求积分因子的经验,$y\mathrm{d}x-x\mathrm{d}y$ 有前面提到的 4 个函数可以选择. 再考虑到前面的这一组,可以看出$\frac{1}{x^2}$是 $3x^3\mathrm{d}x+2x^2y\mathrm{d}y$ 的积分因子. 所以选择 $\mu(x,y)=\frac{1}{x^2}$作为方程(2.3.18)的积分因子,方程(2.3.18)两边同乘以$\frac{1}{x^2}$后得

$$3x\mathrm{d}x+2y\mathrm{d}y+\frac{y\mathrm{d}x-x\mathrm{d}y}{x^2}=0.$$

由此可求得(2.3.18)的通解为

$$\frac{3}{2}x^2+y^2-\frac{y}{x}=C.$$

这种分组法求积分因子的方法可以推广. 设微分方程(2.3.2)的左端可以分为两组,即

$$(M_1(x,y)\mathrm{d}x+N_1(x,y)\mathrm{d}y)+(M_2(x,y)\mathrm{d}x+N_2(x,y)\mathrm{d}y)=0, \tag{2.3.19}$$

其中,第一组和第二组各有积分因子 $\mu_1(x,y)$和 $\mu_2(x,y)$,使得

$$\mu_1(x,y)(M_1(x,y)\mathrm{d}x+N_1(x,y)\mathrm{d}y)=\mathrm{d}F_1(x,y),$$
$$\mu_2(x,y)(M_2(x,y)\mathrm{d}x+N_2(x,y)\mathrm{d}y)=\mathrm{d}F_2(x,y).$$

由于对任意可微函数 $G_1(u)$和 $G_2(u)$,$\mu_1(x,y)G_1(F_1(x,y))$是第一组的积分因子,$\mu_2(x,y)G_2(F_2(x,y))$是第二组的积分因子(见习题 2.3.7). 如果能选取 $G_1(u)$和 $G_2(u)$,使得

$$\mu_1(x,y)G_1(F_1(x,y))=\mu_2(x,y)G_2(F_2(x,y)),$$

则 $\mu(x,y)=\mu_1(x,y)G_1(F_1(x,y))$就是方程(2.3.19)的一个积分因子.

例 2.3.9 求微分方程

$$(x^3y-2y^2)\mathrm{d}x+x^4\mathrm{d}y=0 \tag{2.3.20}$$

的通解.

解 将方程左端分组

$$(x^3y\mathrm{d}x+x^4\mathrm{d}y)-2y^2\mathrm{d}x=0.$$

前一组有积分因子$\frac{1}{x^3}$和通积分 $xy=C$,后一组有积分因子$\frac{1}{y^2}$和通积分 $x=C$. 要寻找可微函数 G_1 和 G_2,使

$$\frac{1}{x^3}G_1(xy)=\frac{1}{y^2}G_2(x).$$

只要取

$$G_1(xy)=\frac{1}{(xy)^2},\quad G_2(x)=\frac{1}{x^5},$$

从而得到原方程的积分因子

$$\mu=\frac{1}{x^5y^2}.$$

然后用它乘方程(2.3.20)得到

$$\frac{1}{(xy)^2}\mathrm{d}(xy)-\frac{2}{x^5}\mathrm{d}x=0.$$

积分此式,不难求得方程的通解为

$$y=\frac{2x^3}{2Cx^4+1},$$

其中,C 为任意常数. 外加特解 $x=0$ 和 $y=0$,它们是在用积分因子乘方程时丢失的解.

习　题　2.3

1. 验证下列方程是否为全微分方程,并且对全微分方程求解:

(1) $(3x^2-1)\mathrm{d}x+(2x-1)\mathrm{d}y=0$；

(2) $(x+2y)\mathrm{d}x+(2x-y)\mathrm{d}y=0$；

(3) $(ax+by)\mathrm{d}x+(bx+cy)\mathrm{d}y=0$，$a$，$b$ 和 c 为常数；

(4) $(t^2+1)\cos u\mathrm{d}u+2t\sin u\mathrm{d}t=0$；

(5) $(y\mathrm{e}^x+2\mathrm{e}^x+y^2)\mathrm{d}x+(\mathrm{e}^x-2xy)\mathrm{d}y=0$；

(6) $\left(\dfrac{y}{x}+x^2\right)\mathrm{d}x+(\ln x-2y)\mathrm{d}y=0$；

(7) $(ax^2+by^2)\mathrm{d}x+cxy\mathrm{d}y=0$，$a$，$b$ 和 c 为常数；

(8) $\dfrac{2s-1}{t}\mathrm{d}s+\dfrac{s-s^2}{t^2}\mathrm{d}t=0$；

(9) $xf(x^2+y^2)\mathrm{d}x+yf(x^2+y^2)\mathrm{d}y=0$，其中，$f(u)$是连续的可微函数.

2. 求下列方程的积分因子：

(1) $(x^2+y^2+x)\mathrm{d}x+xy\mathrm{d}y=0$；

(2) $(2xy^4\mathrm{e}^y+2xy^3+y)\mathrm{d}x+(x^2y^4\mathrm{e}^y-x^2y^2-3x)\mathrm{d}y=0$；

(3) $(x^4+y^4)\mathrm{d}x+xy^3\mathrm{d}y=0$；

(4) $\mathrm{d}y=(p(x)y+g(x)y^n)\mathrm{d}x$，$n\neq 0,1$.

3. 求下列方程的通解：

(1) $2x(y\mathrm{e}^{x^2}-1)\mathrm{d}x+\mathrm{e}^{x^2}\mathrm{d}y=0$；

(2) $(x+2y)\mathrm{d}x+x\mathrm{d}y=0$；

(3) $[x\cos(x+y)+\sin(x+y)]\mathrm{d}x+x\cos(x+y)\mathrm{d}y=0$；

(4) $x(4y\mathrm{d}x+2x\mathrm{d}y)+y^3(3y\mathrm{d}x+5x\mathrm{d}y)=0$；

(5) $(y\cos x-x\sin x)\mathrm{d}x+(y\sin x+x\cos x)\mathrm{d}y=0$.

4. 设微分方程 $f(x)\dfrac{\mathrm{d}y}{\mathrm{d}x}+x^2+y=0$ 有积分因子 $\mu(x)=x$，求函数 $f(x)$.

5. 设微分方程 $\mathrm{e}^x\sec y-\tan y+\dfrac{\mathrm{d}y}{\mathrm{d}x}=0$ 有积分因子 $\mathrm{e}^{-ax}\cos y$，求 a 的值，并解此方程.

6. 求下列微分方程的一个积分因子，并求出其通解：

(1) $(5xy^2+8y)\mathrm{d}x+(4x^2y+6x)\mathrm{d}y=0$；

(2) $(3tx^3+x^2)\mathrm{d}t+(1-tx)\mathrm{d}x=0$；

(3) $(3xy+2y^2+y)\mathrm{d}x+(x^2+2xy+x+2y)\mathrm{d}y=0$；

(4) $(x^4y^3+y)\mathrm{d}x+(x^5y^2-x)\mathrm{d}y=0$.

7. 设 $f(z)$和 $g(z)$连续可微，$\varphi(x,y)=(f(xy)-g(xy))xy\neq 0$，求证$\dfrac{1}{\varphi(x,y)}$是方程

$$f(xy)y\mathrm{d}x+g(xy)x\mathrm{d}y=0$$

的一个积分因子.

8. 试导出方程

$$M(x,y)\mathrm{d}x+N(x,y)\mathrm{d}y=0$$

分别具有形如 $\mu(x+y)$和 $\mu(xy)$的积分因子的充要条件.

9. 证明齐次方程

$$M(x,y)\mathrm{d}x+N(x,y)\mathrm{d}y=0$$

有积分因子 $\mu(x,y)=\frac{1}{xM(x,y)+yN(x,y)}$.

10. 证明若 $\mu(x,y)$ 是方程(2.3.2)的一个积分因子,使得

$$\mu(x,y)(M(x,y)\mathrm{d}x+N(x,y)\mathrm{d}y)=\mathrm{d}F(x,y),$$

则对任意可微非零函数 $G(z)$,$\mu(x,y)G(F(x,y))$也是方程(2.3.2)的一个积分因子.

*11. 设 $\mu_1(x,y)$ 和 $\mu_2(x,y)$ 是方程(2.3.2)的两个积分因子且 $\frac{\mu_1(x,y)}{\mu_2(x,y)}\neq$ 常数,求证 $\frac{\mu_1(x,y)}{\mu_2(x,y)}=C$ 是方程(2.3.2)的通解,其中,C 为任意常数.

2.4 变量替换法

到目前为止,已经介绍了线性方程、变量可分离的方程和全微分方程的求解方法,同时还介绍了一些能通过适当的变换化为这三种类型方程的解法. 可以看出这些解法都是通过适当的变换和积分法,把微分方程的解用已知函数的积分表达出来. 除过这几类方程以外,还有许多方程可以通过变量替换法化到已知的类型来求解. 例如,对微分方程

$$\frac{\mathrm{d}y}{\mathrm{d}x}=\frac{xy^2+\sin x}{2y}$$

引入新的变量 $z=y^2$,就将其变换为线性方程

$$\frac{\mathrm{d}z}{\mathrm{d}x}=xz+\sin x.$$

本节就介绍几个常见类型方程的替换法.

2.4.1 形如$\frac{\mathrm{d}y}{\mathrm{d}x}=f(ax+by+c)$的方程

对于这种类型的方程,引入新变量

$$z=ax+by+c,$$

则$\frac{\mathrm{d}z}{\mathrm{d}x}=a+b\frac{\mathrm{d}y}{\mathrm{d}x}$,于是原方程就化为

$$\frac{\mathrm{d}z}{\mathrm{d}x}=a+bf(z).$$

这就是一个变量可分离的方程,它的通解为

$$\int\frac{\mathrm{d}z}{a+bf(z)}=x+C.$$

例 2.4.1 求初始值问题

$$\frac{\mathrm{d}y}{\mathrm{d}x}=1+(y-x)^2, \quad y(0)=\frac{1}{2} \tag{2.4.1}$$

的解.

解 引入新变量 $z=y-x$,将初始值问题(2.4.1)转化为

$$\frac{\mathrm{d}z}{\mathrm{d}x}=z^2, \quad z(0)=\frac{1}{2}.$$

这是一个变量可分离的微分方程的初始值问题. 该方程的通解为

$$z=\frac{-1}{x+C}.$$

代入初始条件后得 $C=-2$,故原初始值问题(2.4.1)的解是

$$y=x+\frac{1}{2-x}.$$

例 2.4.2 求微分方程

$$\frac{\mathrm{d}y}{\mathrm{d}x}=\frac{x-y+5}{x-y-2} \tag{2.4.2}$$

的通解.

解 令 $z=x-y-2$,将方程(2.4.2)化为

$$\frac{\mathrm{d}z}{\mathrm{d}x}=-\frac{7}{z}.$$

这是一个变量可分离的方程,其通解为

$$\frac{1}{2}z^2+7x=C.$$

将原变量代入整理后得方程(2.4.2)的通解为

$$(x-y)^2+10x+4y=C_1.$$

2.4.2 形如 $yf(xy)\mathrm{d}x+xg(xy)\mathrm{d}y=0$ 的方程

引入变量 $z=xy$,则 $y=\frac{z}{x}$,$\mathrm{d}y=\frac{x\mathrm{d}z-z\mathrm{d}x}{x^2}$,原方程可以化为

$$\frac{z}{x}(f(z)-g(z))\mathrm{d}x+g(z)\mathrm{d}z=0,$$

这是一个变量可分离的方程.

例 2.4.3 求方程

$$(y+xy^2)\mathrm{d}x+(x-x^2y)\mathrm{d}y=0 \tag{2.4.3}$$

的通解.

解 令 $z=xy$,则 $\mathrm{d}z=x\mathrm{d}y+y\mathrm{d}x$,代入(2.4.3)整理后得

$$z(1+z)\mathrm{d}x+(1-z)(x\mathrm{d}z-z\mathrm{d}x)=0,$$

对上式分离变量得

$$\frac{2\mathrm{d}x}{x}+\frac{1-z}{z^2}\mathrm{d}z=0,$$

积分后得

$$\ln x^2-\frac{1}{z}-\ln|z|=C.$$

代入原变量得方程(2.4.3)的通解为

$$\ln\left|\frac{x}{y}\right|-\frac{1}{xy}=C.$$

例 2.4.4 求微分方程

$$(1-xy+x^2y^2)\mathrm{d}x+(x^3y-x^2)\mathrm{d}y=0 \tag{2.4.4}$$

的通解.

解 方程(2.4.4)两边同时乘以 xy 得

$$xy(1-xy+x^2y^2)\mathrm{d}x+x^2(x^2y^2-xy)\mathrm{d}y=0,$$

令 $z=xy$,代入上式化简整理后得

$$z\mathrm{d}x+x(z^2-z)\mathrm{d}z=0,$$

$$\frac{\mathrm{d}x}{x}+(z-1)\mathrm{d}z=0,$$

积分得其通解为

$$\ln|x|+\frac{1}{2}(z-1)^2=C_1.$$

原微分方程(2.4.4)的解为

$$\ln|x|+\frac{1}{2}x^2y^2-xy=C.$$

2.4.3 其他变换举例

用变量替换法求解微分方程是十分灵活的,依赖于方程的形式和求导的经验,在学习的过程中要多积累.下面再给出几个例子,以启发大家的思路.

例 2.4.5 求解方程

$$\left(\sqrt{\frac{y}{x}}-y\right)\mathrm{d}x+(x-1)\mathrm{d}y=0. \tag{2.4.5}$$

解 将此方程改写为

$$\sqrt{\frac{y}{x}}\mathrm{d}x-y\mathrm{d}x+x\mathrm{d}y-\mathrm{d}y=0.$$

该方程中困难的一项是 $\sqrt{\frac{y}{x}}$,就尝试用 $y=xz$ 去变换.由于 $\mathrm{d}y=x\mathrm{d}z+z\mathrm{d}x$,代入

方程后得

$$(\sqrt{z}-z)\mathrm{d}x+(x^2-x)\mathrm{d}z=0.$$

这是一个变量可分离的方程,求解后得其通解为

$$\frac{1}{x}=1+C(1-\sqrt{z})^2,$$

故原方程的通解为

$$\frac{1}{x}=1+C\left(1-\sqrt{\frac{y}{x}}\right)^2,\quad y=0.$$

例 2.4.6　求解方程

$$\frac{\mathrm{d}y}{\mathrm{d}x}+x=\sqrt{x^2+y}. \tag{2.4.6}$$

解　该方程求解的困难就在于右端的根号,就希望用变换 $z^2=x^2+y$. 由于 $2z\mathrm{d}z=2x\mathrm{d}x+\mathrm{d}y$,代入(2.4.6)后得

$$2z\frac{\mathrm{d}z}{\mathrm{d}x}-x=z.$$

这是一个齐次方程

$$\frac{\mathrm{d}z}{\mathrm{d}x}=\frac{x+z}{2z}.$$

利用前面介绍过的方法求此齐次方程的通解,再代回原变量得(2.4.6)的通解为

$$(x-\sqrt{x^2+y})^2(x+2\sqrt{x^2+y})=C.$$

例 2.4.7　求微分方程

$$(x+y)(x\mathrm{d}y+y\mathrm{d}x)=xy(\mathrm{d}x+\mathrm{d}y) \tag{2.4.7}$$

的通解.

解　根据求微分的经验知

$$\mathrm{d}(xy)=x\mathrm{d}y+y\mathrm{d}x,\quad \mathrm{d}(x+y)=\mathrm{d}x+\mathrm{d}y.$$

方程的两边恰好与这些函数和微分有关,自然就想到用变量替换

$$u=x+y,\quad v=xy.$$

代入方程(2.4.7)得到

$$u\mathrm{d}v=v\mathrm{d}u.$$

此方程十分容易求解. 最后得(2.4.7)的通解为

$$xy=C(x+y).$$

接下来给出几个用三角函数的性质及其微分法求解微分方程的例子.

例 2.4.8　求微分方程

$$\frac{\mathrm{d}y}{\mathrm{d}x}+x(\sin 2y-x^2\cos^2 y)=0 \tag{2.4.8}$$

的通解.

解 微分方程(2.4.8)中涉及三角函数,它不属于以前求解过的任何一种类型.但注意到三角函数的性质与求导法则

$$\sin 2y = 2\sin y\cos y, \quad \frac{\mathrm{d}\tan y}{\mathrm{d}y} = \frac{1}{\cos^2 y}.$$

给方程(2.4.8)两边同除以 $\cos^2 y$ 后得

$$\frac{1}{\cos^2 y}\frac{\mathrm{d}y}{\mathrm{d}x} + x\left(\frac{2\sin y}{\cos y} - x^2\right) = 0.$$

于是自然引入变量 $z=\tan y$,将原方程化为

$$\frac{\mathrm{d}z}{\mathrm{d}x} + 2xz = x^3.$$

这是关于新变量 z 的线性方程.解此线性方程后可得式(2.4.8)的解为

$$\tan y = \frac{1}{2}(x^2 - 1) + Ce^{-x^2}.$$

例 2.4.9 求微分方程

$$\frac{\mathrm{d}y}{\mathrm{d}x} = \tan x(\tan y + \sec x\sec y) \tag{2.4.9}$$

的通解.

解 微分方程的右端函数是三角函数,先对其进行变形.

$$\frac{\mathrm{d}y}{\mathrm{d}x} = \frac{\sin x}{\cos x}\left(\frac{\sin y}{\cos y} + \frac{1}{\cos x\cos y}\right),$$

$$\cos x\cos y\frac{\mathrm{d}y}{\mathrm{d}x} = \sin x\sin y + \frac{\sin x}{\cos x}.$$

注意到$\dfrac{\mathrm{d}\sin y}{\mathrm{d}x}=\cos y\dfrac{\mathrm{d}y}{\mathrm{d}x}$,将上式化为

$$\cos x\frac{\mathrm{d}\sin y}{\mathrm{d}x} - \sin x\sin y = \frac{\sin x}{\cos x}.$$

此时就可以看出上面方程的左端就是 $\cos x\sin y$ 的导数,故引入新变量 $z=\cos x\sin y$,将方程化为

$$\frac{\mathrm{d}z}{\mathrm{d}x} = \frac{\sin x}{\cos x}.$$

这就很容易求得微分方程(2.4.9)的通解为

$$\cos x\sin y + \ln|\cos x| = C.$$

2.4.4 Riccati 方程

形如

$$\frac{\mathrm{d}y}{\mathrm{d}x}=p(x)y^2+q(x)y+f(x) \tag{2.4.10}$$

的微分方程称为 **Riccati 方程**. 在一般情况下,Riccati 方程无法用初等积分法求出其解. 只是对一些特殊情况,或者事先知道了它的一个特解时,才可以求出其通解.

Riccati 方程可求解的一些特殊类型如下:

(1) 当 $p(x),q(x),f(x)$都是常数时,(2.4.10)是变量可分离的方程,可以用分离变量法求解;

(2) 当 $p(x)\equiv 0$ 时,(2.4.10)是线性方程,可以用公式(2.1.8)求解;

(3) 当 $f(x)\equiv 0$ 时,(2.4.10)是 Bernoulli 方程,可以用 2.1.3 小节中的方法求解;

(4) 当 Riccati 方程的形式为

$$\frac{\mathrm{d}y}{\mathrm{d}x}+ay^2=\frac{l}{x}y+\frac{b}{x^2} \tag{2.4.11}$$

时,可利用变量替换 $z=xy$,将方程(2.4.11)化为变量可分离的方程

$$x\frac{\mathrm{d}z}{\mathrm{d}x}=-az^2+(l+1)z+b.$$

当 Riccati 方程(2.4.10)的一个特解 $y=\varphi(x)$已知时,利用变换 $y=z+\varphi(x)$. 代入方程(2.4.10)后得

$$\frac{\mathrm{d}z}{\mathrm{d}x}+\frac{\mathrm{d}\varphi(x)}{\mathrm{d}x}=p(x)(z^2+2z\varphi(x)+\varphi^2(x))+q(x)(z+\varphi(x))+f(x).$$

由于 $y=\varphi(x)$是(2.4.10)的解,从上式消去相关的项后得

$$\frac{\mathrm{d}z}{\mathrm{d}x}=(2p(x)\varphi(x)+q(x))z+p(x)z^2.$$

这是一个 Bernoulli 方程,可以用 2.1.3 小节中介绍的方法求出其解.

最后,对一个特殊类型的 Riccati 方程,介绍一个可以用变量替换法化为变量可分离方程的定理.

定理 2.3　设 Riccati 方程为

$$\frac{\mathrm{d}y}{\mathrm{d}x}+ay^2=bx^m, \tag{2.4.12}$$

其中,a,b,m 都是常数且设 $a\neq 0$. 又设 $x\neq 0$ 和 $y\neq 0$,则当

$$m=0,-2,\frac{-4k}{2k+1},\frac{-4k}{2k-1},\quad k=1,2,\cdots \tag{2.4.13}$$

时,方程(2.4.12)可通过适当的变换化为变量可分离的方程.

证明　不妨设 $a=1$(否则作自变量变换 $\bar{x}=ax$ 即可),因此,代替方程

(2.4.12),考虑方程

$$\frac{\mathrm{d}y}{\mathrm{d}x}+y^2=bx^m. \tag{2.4.14}$$

当 $m=0$ 时,(2.4.14)是一个变量可分离的方程

$$\frac{\mathrm{d}y}{\mathrm{d}x}=b-y^2.$$

当 $m=-2$ 时,作变换 $z=xy$,其中,z 是新未知函数. 然后代入方程(2.4.14)得到

$$\frac{\mathrm{d}z}{\mathrm{d}x}=\frac{1}{x}(b+z-z^2).$$

这也是一个变量可分离的方程.

当 $m=\frac{-4k}{2k+1}$时,作变换

$$x=\zeta^{\frac{1}{m+1}},\quad y=\frac{b}{m+1}\eta^{-1},$$

其中,ζ 和 η 分别为新的自变量和未知函数,则(2.4.14)变为

$$\frac{\mathrm{d}\eta}{\mathrm{d}\zeta}+\eta^2=\frac{b}{(m+1)^2}\zeta^n, \tag{2.4.15}$$

其中,$n=\frac{-4k}{2k-1}$. 再作变换

$$\zeta=\frac{1}{t},\quad \eta=t-zt^2,$$

其中,t 和 z 分别是新的自变量和未知函数,则(2.4.15)变为

$$\frac{\mathrm{d}z}{\mathrm{d}t}+z^2=\frac{b}{(m+1)^2}t^l, \tag{2.4.16}$$

其中,$l=\frac{-4(k-1)}{2(k-1)+1}$.

方程(2.4.16)与方程(2.4.14)在形式上一样,只是右端自变量的指数从 m 变为 l. 比较 m 与 l 对 k 的依赖关系不难看出只要将上述变换的过程重复 k 次,就能把方程(2.4.14)化为 $m=0$ 的情形.

当 $m=\frac{-4k}{2k-1}$时,微分方程(2.4.12)就是(2.4.15)的类型. 因此,可以把它化为微分方程(2.4.16)的形式,从而化归到 $m=0$ 的情形. 至此定理证毕.

例 2.4.10 求 Riccati 方程

$$\frac{\mathrm{d}y}{\mathrm{d}x}=y^2+\frac{1}{2x^2} \tag{2.4.17}$$

的通解.

解　与方程(2.4.12)对比得 $a=-1,b=\frac{1}{2},m=-2$,故此 Riccati 方程满足定理 2.3 的条件,能化为变量可分离的方程. 令 $z=\frac{1}{y}$,代入方程(2.4.17)整理后得

$$\frac{dz}{dx}=-1-\frac{1}{2}\left(\frac{z}{x}\right)^2.$$

这是一个齐次方程,利用齐次方程的求解法求出它的解,再用原变量代入得方程(2.4.17)的通解为

$$y=\frac{1}{x\left(-1+\tan\left(C-\frac{1}{2}\ln|x|\right)\right)}.$$

习　题　2.4

1. 求下列微分方程的通解:

(1) $\frac{dy}{dx}=\frac{2y-x}{2x-y}$;　(2) $\frac{dy}{dx}=\frac{x+2y+1}{2x+4y-1}$;

(3) $y(1+xy)dx+x(xy-1)dy=0$;　(4) $y^2dx+(xy-1)dy=0$;

(5) $\frac{dy}{dx}+x\tan(y-x)=1$;　(6) $(x+y)^2\frac{dy}{dx}=1$;

(7) $\frac{dy}{dx}=\sin(x-y)$;　(8) $\frac{dy}{dx}=-2(2x+3y)^2$.

2. 用适当的变换求下列方程的通解:

(1) $(3uv+v^2)du+(u^2+uv)dv=0$;　(2) $(x^2+y^2+3)\frac{dy}{dx}=2x\left(2y-\frac{x^2}{y}\right)$;

(3) $\frac{dy}{dx}=\frac{2x^3+3xy^2-7x}{3x^2y+2y^3-8y}$;

(4) $y^2(x^2+2)dx+(x^3+y^3)(ydx-xdy)=0$(提示:令 $y=xz$);

(5) $xy^2\left(x\frac{dy}{dx}+y\right)=a$;

(6) $(x^2-y)\frac{dy}{dx}=4xy$(提示:令 $y=x^2z$);

(7) $x(1-2xy)\frac{dy}{dx}+(1+2xy)y=0$(提示:令 $y=xu,v=xy$).

3. 求下列方程的通解:

(1) $\cos y\frac{dy}{dx}-\frac{1}{1+x}\sin y=(1+x)e^x$;

(2) $\sin y\frac{dy}{dx}+\cos y\tan x=\cos y\cos^3x$;

(3) $(x-2\sin y+3)dx+(2x-4\sin y-3)\cos ydy=0$;

(4) $x\frac{dy}{dx}+x+\tan(x+y)=0$.

4. 求下列 Riccati 方程的通解：

(1) $y'=y^2-\frac{2}{x}y-\frac{2}{x^2}$；　　(2) $y'=-y^2-\frac{1}{4x^2}$；

(3) $y'=-\frac{1}{x}+\frac{y}{x}+\frac{y^2}{x^3}$（提示：$y=x$ 是它的一个解）；

(4) $x^2y'=x^2y^2+xy+1$ $\left(\text{已知此方程有一个形如 } y=\frac{a}{x} \text{ 的特解}\right)$.

5. 选取适当的变量替换，把下列方程化为变量可分离的方程：

(1) $\frac{\mathrm{d}y}{\mathrm{d}x}=\frac{1}{x^2}f(xy)$；　　(2) $\frac{\mathrm{d}y}{\mathrm{d}x}=xf\left(\frac{y}{x^2}\right)$.

2.5　一阶隐式微分方程

前面几节讲的都是 y' 已经解出的显式方程 $y'=f(x,y)$ 的求解方法. 本节来讨论一下 y' 未解出的一阶隐式微分方程

$$F(x,y,y')=0. \tag{2.5.1}$$

如果能从方程(2.5.1)中把 y' 解出，那么就得到一个或几个显式微分方程，求解这些方程就得到了微分方程(2.5.1)的解.

例 2.5.1　求解微分方程

$$\left(\frac{\mathrm{d}y}{\mathrm{d}x}\right)^2-(x+y)\frac{\mathrm{d}y}{\mathrm{d}x}+xy=0. \tag{2.5.2}$$

解　方程(2.5.2)的左端可以分解因式得

$$\left(\frac{\mathrm{d}y}{\mathrm{d}x}-x\right)\left(\frac{\mathrm{d}y}{\mathrm{d}x}-y\right)=0,$$

从而得到了两个微分方程

$$\frac{\mathrm{d}y}{\mathrm{d}x}=x,\quad \frac{\mathrm{d}y}{\mathrm{d}x}=y.$$

解这两个微分方程得

$$y=\frac{1}{2}x^2+C_1,\quad y=C_2\mathrm{e}^x.$$

故原方程(2.5.1)的通解可以表示为

$$\left(y-\frac{1}{2}x^2+C_1\right)(y-C_2\mathrm{e}^x)=0.$$

但一般说来，从方程(2.5.1)解出 y' 并不容易，或者即使能解出 y' 来，也不一定是可积分的微分方程. 因此，本节介绍几种不解出 y'，而直接求 y 的方程类型及其求解方法.

2.5.1　可解出 y 或 x 的方程与微分法

若能从方程(2.5.1)中解出 y 得到

$$y=f(x,y'),\tag{2.5.3}$$

这里设 $f(x,y')$ 关于变元 x,y' 有连续的偏导数.

引入参数 $p=y'$，则方程(2.5.3)变为

$$y=f(x,p).\tag{2.5.4}$$

将方程(2.5.4)两边对 x 求导，并以 p 代替 y' 得到

$$p=\frac{\partial f(x,p)}{\partial x}+\frac{\partial f(x,p)}{\partial p}\frac{\mathrm{d}p}{\mathrm{d}x},\tag{2.5.5}$$

这是关于变量 x,p 和 $\frac{\mathrm{d}p}{\mathrm{d}x}$ 的一阶显式方程.

若求得方程(2.5.5)的通解为

$$p=\varphi(x,C),$$

将它代入方程(2.5.4)，便得到原方程(2.5.3)的通解

$$y=f(x,\varphi(x,C)),\quad C\text{ 为任意常数}.$$

另外，若方程(2.5.5)还有解

$$p=u(x),$$

将上式代入方程(2.5.4)，便得到原方程(2.5.3)相应的解

$$y=f(x,u(x)).$$

若能求得方程(2.5.5)的通积分

$$F(x,p,C)=0,$$

将它与方程(2.5.4)联立，则得方程(2.5.3)的参数形式的通积分

$$\begin{cases}F(x,p,C)=0,\\y=f(x,p),\end{cases}$$

其中，p 为参数，C 为任意常数. 另外，若方程(2.5.5)还有解

$$G(x,p)=0,$$

将它与方程(2.5.4)联立，便得方程(2.5.3)的相应的参数形式的解

$$\begin{cases}G(x,p)=0,\\y=f(x,p),\end{cases}$$

其中，p 为参数.

若能从方程(2.5.1)中解出 x 得

$$x=f(y,y'),\tag{2.5.6}$$

这里设 $f(y,y')$ 关于变元 y,y' 有连续偏导数. 方程(2.5.6)的求解方法与方程(2.5.3)完全类似，请读者进行讨论.

由上述讨论知为了求解方程(2.5.3)或方程(2.5.6)，引入参数 $p=y'$，利用对 x(或 y)求导，从形式上消去 y(或 x)，从而把问题化成了求解关于 x(或 y)与 p 的一阶显式方程. 因此，把这种解法称为**微分法**.

例 2.5.2 求解方程

$$y=(y')^2-xy'+\frac{x^2}{2}. \tag{2.5.7}$$

解 令 $y'=p$,则原方程可写为

$$y=p^2-xp+\frac{x^2}{2}, \tag{2.5.8}$$

两边对 x 求导得到

$$p=2p\frac{\mathrm{d}p}{\mathrm{d}x}-\left(p+x\frac{\mathrm{d}p}{\mathrm{d}x}\right)+x,$$

整理化简后得方程

$$\left(\frac{\mathrm{d}p}{\mathrm{d}x}-1\right)(2p-x)=0. \tag{2.5.9}$$

对 $\frac{\mathrm{d}p}{\mathrm{d}x}-1=0$ 积分得方程(2.5.9)的通解为

$$p=x+C.$$

将它代入(2.5.8)便得原方程的通解

$$y=\frac{x^2}{2}+Cx+C^2. \tag{2.5.10}$$

又从 $2p-x=0$,便得原方程(2.5.9)的一个解

$$p=\frac{x}{2}.$$

将其代入(2.5.8)又得到原方程的一个解

$$y=\frac{x^2}{4}.$$

注意,这里通解(2.5.10)不包含解 $y=\frac{x^2}{4}$,其图形如图 2.6 所示. 由图可以看出在积分曲线 $y=\frac{x^2}{4}$ 上的每一点处都有积分曲线族(2.5.10)中的某一条积分曲线在该点与之相切. 在几何中称曲线 $y=\frac{x^2}{4}$ 为曲线族(2.5.10)的**包络**. 在微分方程中,称此积分曲线 $y=\frac{x^2}{4}$ 对应的解为原微分方程的**奇解**.

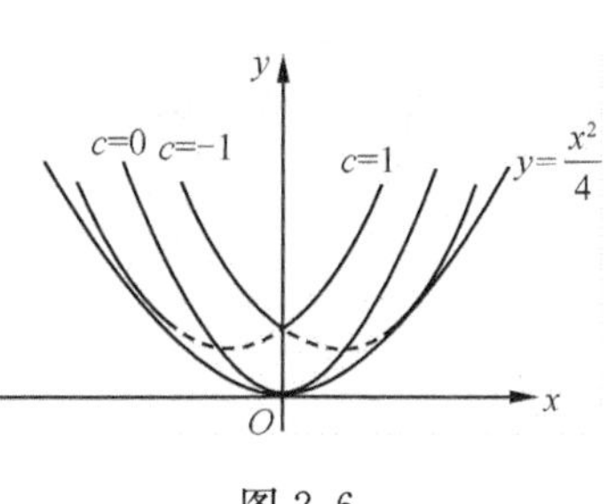

图 2.6

Clairaut 方程

$$y=xy'+\varphi(y') \tag{2.5.11}$$

就是能解出 y 的一阶隐式方程,其中,$\varphi(z)$ 二阶连续可微且 $\varphi''(z)\neq 0$.

令 $y'=p$，利用微分法求解此方程. 方程(2.5.11)两边同时对 x 求导得

$$p=p+x\frac{\mathrm{d}p}{\mathrm{d}x}+\varphi'(p)\frac{\mathrm{d}p}{\mathrm{d}x},$$

即

$$(x+\varphi'(p))\frac{\mathrm{d}p}{\mathrm{d}x}=0.$$

当 $\frac{\mathrm{d}p}{\mathrm{d}x}=0$ 时有 $p=C$，因此，Clairaut 方程(2.5.11)的通解为

$$y=Cx+\varphi(C),$$

其中，C 是一个任意常数. 当 $x+\varphi'(p)=0$ 时得到 Clairaut 方程的一个特解

$$\begin{cases} x=-\varphi'(p), \\ y=-\varphi'(p)p+\varphi(p). \end{cases}$$

Clairaut 方程是一类重要的方程. 在几何中，若要找一条曲线，使其上每一点的切线具有某种性质，并且此性质只与切线有关，而与切点无关，则将得到 Clairaut 方程.

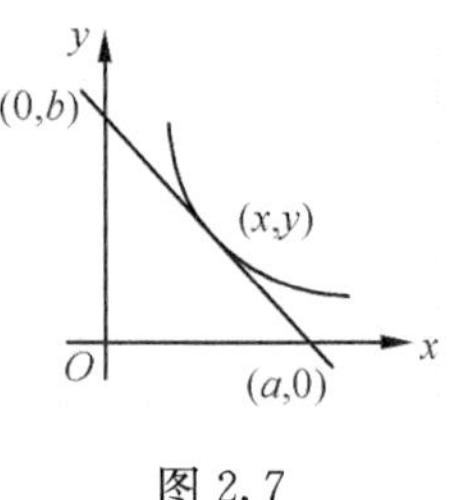

图 2.7

例 2.5.3 求在第一象限中的一条曲线，使其上每一点与两坐标轴所围成的三角形的面积均等于 2.

解 设所求的曲线为 $y=y(x)$，如图 2.7 所示，过所求曲线上任一点 (x,y) 的切线方程为

$$Y-y=y'(X-x),$$

其中，(X,Y) 为切线上的动点. 因此，切线在坐标轴上的截距 a 与 b 分别为

$$a=x-\frac{y}{y'} \quad 及 \quad b=y-xy'.$$

因所求曲线在第一象限，由题意得

$$\frac{1}{2}\left(x-\frac{y}{y'}\right)(y-xy')=2,$$

即

$$(y-xy')^2=-4y', \quad y'<0.$$

解出 y 得

$$y=xy'\pm 2\sqrt{-y'}.$$

这是 Clairaut 方程，故其通解为

$$y=Cx\pm 2\sqrt{-C}.$$

它是直线族，还有解

$$\begin{cases} y=Cx\pm 2\sqrt{-C}, \\ x\mp\dfrac{1}{\sqrt{-C}}=0. \end{cases}$$

消去 C 得双曲线

$$xy=1.$$

显然，这才是所要求的一条曲线. 如图 2.8 所示. 可以看出此曲线为通解对应的直线族的包络.

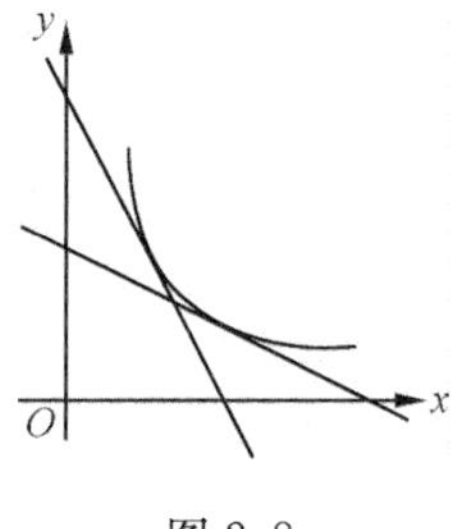

图 2.8

2.5.2　不显含 *x* 或 *y* 的方程与参数法

从几何的观点看，方程 $F(x,y,y')=0$ 的解是 xOy 平面的曲线，一条曲线可以用直角坐标表示，也可以用参数坐标表示，微分方程的解也可以用参数坐标表示出来.

如果方程(2.5.1)左端的函数中不显含 x，即

$$F(y,y')=0. \tag{2.5.12}$$

记 $y'=p$，则方程 $F(y,p)=0$ 在 yOp 平面表示一条曲线，或若干条曲线. 引入适当的参数 t，将 $F(y,p)=0$ 用参数方程表示出来.

$$y=\psi(t),\quad p=h(t).$$

在此基础上，需要求出 x 与参数 t 的关系 $x=\varphi(t)$. 由参数函数的微分法知

$$y'=p=\frac{\mathrm{d}y}{\mathrm{d}x}=\frac{\psi'(t)}{\varphi'(t)}=h(t),$$

故 $\varphi'(t)=\psi'(t)/h(t)$. 积分得

$$\varphi(t)=\int\frac{\psi'(t)}{h(t)}\mathrm{d}t+C.$$

于是方程(2.5.12)的解为

$$\begin{cases} x=\displaystyle\int\frac{\psi'(t)}{h(t)}\mathrm{d}t+C, \\ y=\psi(t). \end{cases}$$

当方程(2.5.1)左端函数中不显含 y 时，用类似的方法可以求得方程的通解.

例 2.5.4　求解微分方程

$$x\sqrt{1+(y')^2}=y'. \tag{2.5.13}$$

解　方程(2.5.13)是一个一阶隐式方程，不显含 y. 注意到方程的特点，令 $y'=\tan t\left(-\frac{\pi}{2}<t<\frac{\pi}{2}\right)$. 代入后容易从方程(2.5.13)解出 $x=\sin t$. 由于

$$\mathrm{d}y=y'\mathrm{d}x=\tan t\cos t\mathrm{d}t=\sin t\mathrm{d}t,$$

积分得

$$y=\int \sin t\mathrm{d}t=-\cos t+C.$$

故原方程(2.5.13)参数形式的通解为

$$\begin{cases}x=\sin t,\\ y=-\cos t+C.\end{cases}$$

可以消去此参数 t,得到方程(2.5.13)的通解为

$$x^2+(y-C)^2=1.$$

比较参数法和微分法就会发现,求导法实际上就是参数法在特殊情况下的应用. 例如,对于 y 可解出的隐式方程

$$y=f(x,p),\quad p=y'.$$

将其看成 xyp 空间的一个曲面,将 x 和 p 作为参数,可得该曲面的参数表达式

$$x=x,\quad y=f(x,p),\quad p=p.$$

由 $\mathrm{d}y=y'\mathrm{d}x=p\mathrm{d}x$ 和 $\mathrm{d}y=\frac{\partial f(x,p)}{\partial x}\mathrm{d}x+\frac{\partial f(x,p)}{\partial p}\mathrm{d}p$ 得

$$p\mathrm{d}x=\frac{\partial f(x,p)}{\partial x}\mathrm{d}x+\frac{\partial f(x,p)}{\partial p}\mathrm{d}p.$$

由此可以得到微分法中的公式(2.5.5).

接下来举一个一题多解的例子.

例 2.5.5　求解微分方程

$$y^2\left(1-\left(\frac{\mathrm{d}y}{\mathrm{d}x}\right)^2\right)=1. \tag{2.5.14}$$

解法 1　由方程(2.5.14)解出 y' 有 $\frac{\mathrm{d}y}{\mathrm{d}x}=\pm\frac{\sqrt{y^2-1}}{y}$,令 $y^2-1\neq0$. 分离变量得 $\mathrm{d}x=\frac{\pm y\mathrm{d}y}{\sqrt{y^2-1}}$,积分之得 $x=\pm\sqrt{y^2-1}+C$. 原方程的通积分为

$$y^2=(x-C)^2+1.$$

又由 $y^2-1=0$ 得知 $y=\pm1$ 也是方程(2.5.14)的解.

解法 2　方程(2.5.14)属于 $F(y,y')=0$ 类型,可用参数法. 令 $y'=\cos t$,代入原方程得 $y=\pm\frac{1}{\sin t}$. 于是由 $\mathrm{d}x=\frac{\mathrm{d}y}{y'}$(设 $y'\neq0$)得

$$\mathrm{d}x=\frac{1}{\cos t}\left(\mp\frac{\cos t}{\sin^2 t}\right)\mathrm{d}t=\mp\frac{1}{\sin^2 t}\mathrm{d}t.$$

积分之得

$$x=\pm\cot t+C,$$

故得原方程的参数形式的通积分为

$$\begin{cases}x=\pm\cot t+C,\\ y=\pm\dfrac{1}{\sin t}.\end{cases}$$

当 $y'=0$ 时,代入原方程得 $y^2=1$,故知 $y=\pm 1$ 也是方程(2.5.14)的解.

解法 3 仍用参数法.令 $y'=t$,代入原方程得 $y=\pm\dfrac{1}{\sqrt{1-t^2}}$.于是由 $\mathrm{d}x=\dfrac{\mathrm{d}y}{y'}$(设 $y'\neq 0$)得 $\mathrm{d}x=\pm\dfrac{1}{(1-t^2)^{3/2}}\mathrm{d}t$.积分之得 $x=\pm\dfrac{t}{\sqrt{1-t^2}}+C$,故得方程(2.3.14)的参数形式的通积分为

$$\begin{cases}x=\pm\dfrac{t}{\sqrt{1-t^2}}+C,\\ y=\pm\dfrac{1}{\sqrt{1-t^2}}.\end{cases}$$

当 $y'=0$ 时,同样得解 $y=\pm 1$.

解法 4 仍用参数法.令

$$1-y'^2=\frac{t}{y},$$

代入原方程得

$$y=\frac{1}{t}\quad 且\quad y'=\pm\sqrt{1-t^2}.$$

于是由 $\mathrm{d}x=\dfrac{\mathrm{d}y}{y'}$(设 $y'\neq 0$)得 $\mathrm{d}x=\mp\dfrac{\mathrm{d}t}{t^2\sqrt{1-t^2}}$,积分之得 $x=\pm\dfrac{\sqrt{1-t^2}}{t}-C$.故得方程(2.5.14)参数形式的通积分为

$$\begin{cases}x=\pm\dfrac{\sqrt{1-t^2}}{t}-C,\\ y=\dfrac{1}{t}.\end{cases}$$

当 $y'=0$ 时,同样得解 $y=\pm 1$.

解法 5 由方程(2.5.14)解出 y 得 $y=\pm\dfrac{1}{\sqrt{1-y'^2}}$.用求导法.令 $y'=p$,则此方程可写为 $y=\pm\dfrac{1}{\sqrt{1-p^2}}$,两边对 x 求导得 $p=\pm\dfrac{p}{(1-p^2)^{3/2}}\dfrac{\mathrm{d}p}{\mathrm{d}x}$,即 $\left[\pm\dfrac{1}{(1-p^2)^{3/2}}\dfrac{\mathrm{d}p}{\mathrm{d}x}-1\right]p=0$,从 $\pm\dfrac{1}{(1-p^2)^{3/2}}\dfrac{\mathrm{d}p}{\mathrm{d}x}-1=0$,即 $\mathrm{d}x=\pm\dfrac{\mathrm{d}p}{(1-p^2)^{3/2}}$,积

分得 $x=\pm\frac{p}{\sqrt{1-p^2}}+C$. 于是得原方程参数形式的通积分为

$$\begin{cases}x=\pm\dfrac{p}{\sqrt{1-p^2}}+C,\\ y=\pm\dfrac{1}{\sqrt{1-p^2}}.\end{cases}$$

又从 $p=0$,代入 y 的表达式得原方程的解 $y=\pm 1$.

上述 5 种解法所得到的方程的通积分具有不同的表示式,但它们所包含的解是完全相同的. 事实上,只要消去参数 t 或 p,就可化为方法 1 所得到的通积分形式.

2.5.3 奇解与包络

从前面的求解过程中看到,一些隐式微分方程的个别解有特殊重要的意义. 例如,方程(2.5.7)的解 $y=\frac{x^2}{4}$是该方程的奇解,也是其他解曲线的包络. 在这里给出奇点和包络的严密定义.

设一阶隐式方程(2.5.1)有一特解

$$\Gamma: y=\varphi(x), \quad x\in J.$$

如果对每一点 $P\in\Gamma$,在 P 点的任何一个邻域内方程(2.5.1)都有一个不同于 Γ 的解在 P 点与 Γ 相切,则称 Γ 是微分方程(2.5.1)的**奇解**.

下面的两个定理分别给出了奇解存在的必要条件和充分条件. 由于篇幅的限制,略去了两个定理的证明,有兴趣的读者可参见文献(丁同仁等,2004).

定理 2.4 设 $F(x,y,p)$ 对 $(x,y,p)\in G$ 连续且对 y 和 p 有连续的偏导数 F'_y和F'_p. 若函数 $y=\varphi(x)$($x\in J$)是微分方程(2.5.1)的一个奇解,并且

$$(x,\varphi(x),\varphi'(x))\in G, \quad x\in J,$$

则奇解 $y=\varphi(x)$满足一个称为 p 判别式的联立方程组

$$F(x,y,p)=0, \quad F'_p(x,y,p)=0, \tag{2.5.15}$$

其中,$p=y'$. 或从(2.5.15)中消去 p 所得到的方程

$$H(x,y)=0. \tag{2.5.16}$$

(2.5.16)在平面上确定的曲线称为 ***p* 判别曲线**.

定理 2.4 缩小了寻找微分方程(2.5.1)奇解的范围,仅需要在它的 p 判别式或判别曲线中寻找. 但由 p 判别式得到的函数不一定是相应微分方程的解,即使是方程(2.5.1)的解,也不一定是它的奇解. 而在不知道方程(2.5.1)通解的情况下要

验证由 p 判别式给出的函数是否为奇解就十分困难. 下面的定理给出了一个较方便的判别法.

定理 2.5 设 $F(x,y,p)$ 对 $(x,y,p)\in G$ 是二阶连续可微的，并且由微分方程(2.5.1)的 p 判别式(2.5.15)得到的函数 $y=\varphi(x)(x\in J)$ 是微分方程(2.5.1)的解，并且满足 $F'_p(x,\varphi(x),\varphi'(x))\equiv 0$. 若条件

$$F'_y(x,\varphi(x),\varphi'(x))\neq 0,\quad F''_{pp}(x,\varphi(x),\varphi'(x))\neq 0 \tag{2.5.17}$$

对 $x\in J$ 成立，则 $y=\varphi(x)$ 是微分方程(2.5.1)的奇解.

例 2.5.6 讨论微分方程

$$((y-1)y')^2 = ye^{xy} \tag{2.5.18}$$

的奇解.

解 对方程(2.5.18)有

$$F(x,y,p)=(y-1)^2p^2-ye^{xy},$$

$F(x,y,p)$ 对所有 (x,y,p) 二次连续可微. 它的 p 判别式为

$$(y-1)^2p^2-ye^{xy}=0,\quad 2p(y-1)^2=0.$$

从这两个方程消去 p 后得 $y=0$. 显然，$y=0$ 是方程(2.5.18)的解. 又由于

$$F'_y(x,0,0)=-1,\quad F''_{pp}(x,0,0)=2.$$

因此，由定理 2.5 知 $y=0$ 是微分方程(2.5.18)的奇解.

与奇解密切相关的一个概念是曲线族的包络，它给出了奇解的几何解释.

给定以 c 为参数的曲线族

$$\Phi(x,y,c)=0 \tag{2.5.19}$$

及曲线 L，如果在 L 上的每一点都有曲线族(2.5.19)的某一曲线与之相切，并且在 L 的每一段上都有曲线族(2.5.19)中的无穷多条曲线与之相切，就把这条曲线 L 称为曲线族(2.5.19)的**包络**.

例如，单参数曲线族

$$(x-a)^2+y^2=r^2$$

(其中，a 是参数，r 是常数)表示圆心为 $(a,0)$，半径为定长 r 的一族圆(图 2.9). 此曲线族显然有包络 $y=r$ 及 $y=-r$.

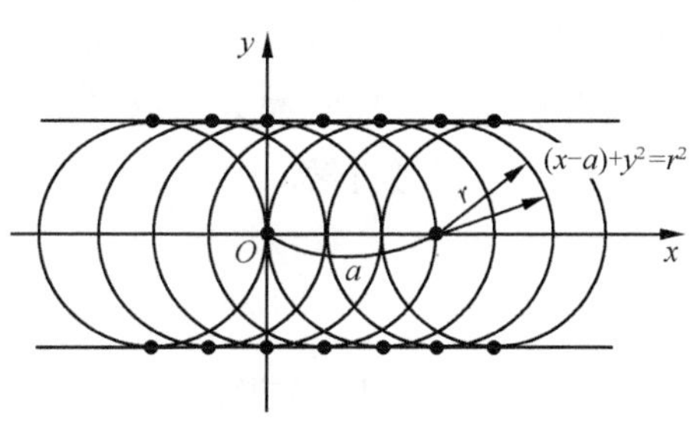

图 2.9

但是，一般的曲线族不一定有包络. 例如，同心圆族、平行直线族都没有包络. 那么对于给定的曲线族(2.5.19)，如何求它的包络(如果有包络)呢?

把由方程组

$$\Phi(x,y,c)=0,\quad \frac{\partial\Phi(x,y,c)}{\partial c}=0$$

消去 c 所得到的曲线(如果有曲线),记为

$$\varphi(x,y)=0,$$

并称之为曲线族(2.5.19)的 **c 判别曲线**,则有下述定理:

定理 2.6 设 $\Phi(x,y,c)$ 及其各一阶偏导数是 (x,y,c) 的连续函数. 若 $\Phi(x,y,c)=0$ 有包络,并且该包络是一条连续曲线且有连续转动的切线,则它必包含在 c 判别曲线 $\varphi(x,y)=0$ 之中.

必须指出,从 c 判别曲线 $\varphi(x,y)=0$ 中分解出来的一支或数支曲线是否是包络,尚需进一步按包络的定义验证.

例 2.5.7 求曲线 $(y-c)^2-(x-c)^3=0$ 的包络.

解 令 $\Phi(x,y,c)\equiv(y-c)^2-(x-c)^3=0$,则

$$\frac{\partial\Phi}{\partial c}=-2(y-c)+3(x-c)^2=0.$$

为了消去 c,将第二式代入第一式得

$$(x-c)^3\left(x-c-\frac{4}{9}\right)=0.$$

由 $x=c$ 得 $y=x$,再由 $x-c-\frac{4}{9}=0$ 得 $y=x-\frac{4}{27}$. 因此,c 判别曲线分解成两条直线 $y=x$ 和 $y=x-\frac{4}{27}$. 容易看出 $y=x$ 不是包络,$y=x-\frac{4}{27}$是包络(图 2.10).

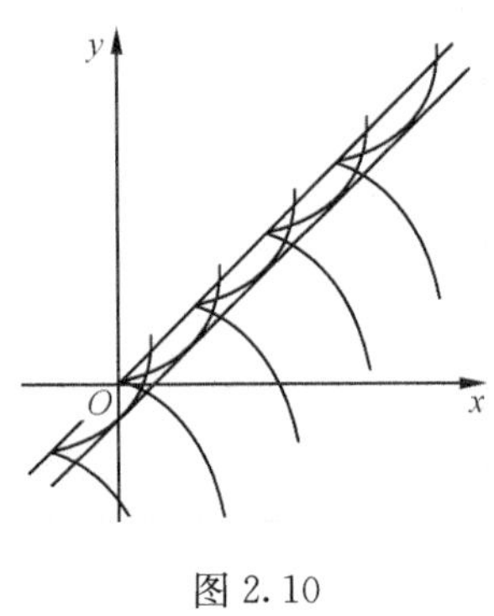

图 2.10

最后给出包络与奇解的关系. 由奇解与包络的定义显然可知若方程 $F(x,y,y')=0$ 的积分曲线族(即通解所对应的曲线族)的包络如果存在,则必定是方程 $F(x,y,y')=0$ 的奇解. 事实上,在积分曲线族包络上的点 (x,y) 处的 x,y 和 y'(斜率)的值和在该点与包络相切的积分曲线上的 x,y 和 y' 的值分别相等. 因此,包络的每一点所对应的 x,y 和 y' 满足方程 $F(x,y,y')=0$. 这就是说,**包络**是积分曲线. 其次,在包络的每一点,积分曲线族中都至少有一条曲线与包络相切. 因此,包络是奇解. 由此可知,如果知道了微分方程 $F(x,y,y')=0$ 的通积分,那么该通积分的包络也就是奇解.

习　题　2.5

1. 求下列微分方程的通解 $\left(p=\frac{\mathrm{d}y}{\mathrm{d}x}\right)$:

(1) $xp^3=1+p$;　　　　(2) $2y=p^2+4px+2x^2$;

(3) $y=px\ln x+x^2p^2$；　　(4) $xp^2-2yp+4x=0$；

(5) $y=xp+\sqrt{1+p^2}$.

2. 用参数法求解下列微分方程$\left(p=\frac{\mathrm{d}y}{\mathrm{d}x}\right)$：

(1) $y(1+p^2)=2a$，a 为常数；　　(2) $2y^2+5p^2=4$；

(3) $x^2-3p^2=1$；　　(4) $p^2+y-x^2=0$；

(5) $x^3+p^3=4xp$；　　(6) $p(x-\ln p)=1$.

3. 利用 p 判别式求下列微分方程的奇解$\left(p=\frac{\mathrm{d}y}{\mathrm{d}x}\right)$：

(1) $y=xp+p^2$；　　(2) $y=2xp+p^2$；

(3) $(y-1)^2p^2=\frac{4}{9}y$；　　(4) $y=xp+\frac{1}{p}$.

4. 求下列曲线族的包络，并画出图形：

(1) $y=cx+c^2$；　　(2) $c^2y+cx^2-1=0$；

(3) $(x-c)^2+(y-c)^2=4$；　　(4) $(x-c)^2+y^2=4c$.

2.6 近似解法

由前面几节的内容可以看出，能通过初等积分法求解的方程仅有很少的一些类型，绝大部分从实际问题中提出的微分方程往往求不出其解析解，故在本节给出几种求微分方程初始值问题

$$\frac{\mathrm{d}y}{\mathrm{d}x}=f(x,y),\quad y(x_0)=y_0 \tag{2.6.1}$$

解的近似方法.

2.6.1 逐次迭代法

逐次迭代法是利用证明初始值问题(2.6.1)解的存在唯一性时所构造的 Picard 迭代序列的前边若干项来近似初始值问题(2.6.1)的解，其近似序列为

$$\begin{aligned} y_0(x) &= y_0, \\ y_1(x) &= y_0+\int_{x_0}^{x} f(t,y_0(t))\mathrm{d}t, \\ &\cdots\cdots \\ y_n(x) &= y_0+\int_{x_0}^{x} f(t,y_{n-1}(t))\mathrm{d}t. \end{aligned} \tag{2.6.2}$$

当初始值问题(2.6.1)满足解的存在唯一性定理的条件时，上面的迭代序列在一个

区间一致收敛到它的解，故当 n 较大时，$y_n(x)$ 就是初始值问题(2.6.1)解的一个较好的近似.

例 2.6.1　用逐次迭代法求初始值问题

$$\frac{\mathrm{d}y}{\mathrm{d}x} = x^2 + y^2, \quad y(0) = 1 \tag{2.6.3}$$

的近似解.

解　利用式(2.6.2)中的迭代公式得

$$\begin{aligned} y_0(x) &= 1, \\ y_1(x) &= 1 + \int_0^x (t^2+1)\mathrm{d}t = 1 + x + \frac{x^3}{3}, \\ y_2(x) &= 1 + \int_0^x \left(t^2 + \left(1+t+\frac{t^3}{3}\right)^2\right)\mathrm{d}t \\ &= 1 + x + x^2 + \frac{2x^3}{3} + \frac{x^4}{6} + \frac{2x^5}{15} + \frac{x^7}{63}, \end{aligned}$$

这样就可以用 $y_2(x)$ 在 $x=0$ 的邻域内作为初始值问题(2.6.3)的一个近似解. 要提高近似的精度，可以计算 $y_3(x)$，$y_4(x)$，…. 但下面的计算过程较繁，手工计算容易出错. 很自然地想到利用计算机去进行这些重复性的工作. 例如，用下列的 Maple 指令：

```
y0:=1;
y1:=1+int(x^2+ y0^2,x=0..x);
y2:=1+int(x^2+y1^2,x=0..x);
y3:=1+int(x^2+y2^2,x=0..x);
```

回车后的输出为

$$\begin{aligned} &\mathrm{y0}:=1 \\ &\mathrm{y1}:=1+\frac{1}{3}x^3+x \\ &\mathrm{y2}:=1+\frac{2}{3}x^3+\frac{1}{63}x^7+\frac{2}{15}x^5+\frac{1}{6}x^4+x^2+x \\ &\mathrm{y3}:=1+\frac{1}{59535}x^{15}+\frac{4}{12285}x^{13}+\frac{1}{2268}x^{12}+\frac{184}{51975}x^{11}+\frac{4}{525}x^{10} \\ &+\frac{299}{11340}x^9+\frac{41}{630}x^8+\frac{47}{315}x^7+\frac{29}{90}x^6+\frac{8}{15}x^5+\frac{5}{6}x^4 \\ &+\frac{4}{3}x^3+x^2+x. \end{aligned}$$

用类似的命令可以得到 $y_4(x)$，$y_5(x)$等. 初始值问题(2.6.3)迭代序列 $y_0(x)$，$y_1(x)$，$y_2(x)$，$y_3(x)$，$y_4(x)$的图形如图 2.11 所示. 由图 2.11 看出，$y_n(x)$与 $y_{n-1}(x)$($n=1$，2，3，4)来越接近，$y_4(x)$是初始值问题(2.6.3)解的一个较好的近似.

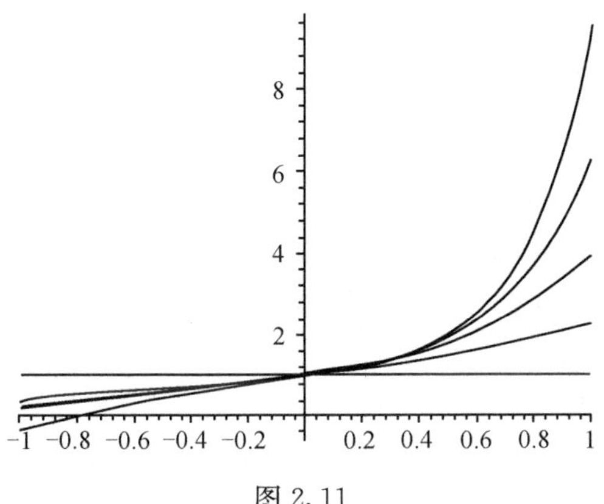

图 2.11

2.6.2 Taylor 级数法

设初始值问题(2.6.1)的解可以在 x_0 的邻域内展开为收敛幂级数.

$$y(x)=\sum_{n=0}^{\infty}a_n(x-x_0)^n. \tag{2.6.4}$$

由 Taylor 级数理论知 a_n 是由 $y(x)$的 n 阶导数确定的,即

$$y(x)=\sum_{n=0}^{\infty}\frac{y^{(n)}(x_0)}{n!}(x-x_0)^n.$$

于是求(2.6.1)级数形式的解(2.6.4),实际上就是要求出 $y(x)$在 x_0 点的各阶导数值. 如果能计算出 $y(x)$前面一些导数值 $y^{(n)}(x_0)$时,就可以用函数

$$y_N(x)=\sum_{n=0}^{N}\frac{y^{(n)}(x_0)}{n!}(x-x_0)^n \tag{2.6.5}$$

来近似初始值问题(2.6.1)的解 $y(x)$. 由复合链导法则和式(2.6.1)中的方程及初始值得

$$\begin{aligned}
y^{(0)}(x_0)&=y(x_0)=y_0,\\
y^{(1)}(x_0)&=\left.\frac{\mathrm{d}y}{\mathrm{d}x}\right|_{x=x_0}=f(x_0,y_0),\\
y^{(2)}(x_0)&=\left.\frac{\mathrm{d}^2y}{\mathrm{d}x^2}\right|_{x=x_0}=\left.\frac{\mathrm{d}}{\mathrm{d}x}f(x,y(x))\right|_{x=x_0}\\
&=f'_x(x_0,y_0)+f'_y(x_0,y_0)f(x_0,y_0),\\
y^{(3)}(x_0)&=\left.\frac{\mathrm{d}}{\mathrm{d}x}(f'_x(x,y)+f'_y(x,y)f(x,y))\right|_{x=x_0}\\
&=f''_{xx}(x_0,y_0)+2f''_{xy}(x_0,y_0)f(x_0,y_0)
\end{aligned}$$

$$+f''_{yy}(x_0,y_0)f^2(x_0,y_0)+f'_y(x_0,y_0)f'_x(x_0,y_0)$$
$$+(f'_y(x_0,y_0))^2f(x_0,y_0).$$

根据需要,当函数 $f(x,y)$已知时,可以计算出(2.6.1)的解 $y(x)$在 x_0 点直到 N 阶的导数值,从而得出 $y(x)$的近似表达式(2.6.5).

例 2.6.2 用 Taylor 级数法求初始值问题(2.6.3)的近似解.

解 由于 $f(x,y)=x^2+y^2,x_0=0,y_0=1$,故得

$$\begin{aligned}
&y^{(0)}(0)=1,\\
&y^{(1)}(0)=1,\\
&y^{(2)}(x)=2x+2y(x)y^{(1)}(x),\quad y^{(2)}(0)=2,\\
&y^{(3)}(x)=2+2(y^{(1)}(x))^2+2y(x)y^{(2)}(x),\quad y^{(3)}(0)=8,\\
&y^{(4)}(x)=6y^{(1)}(x)y^{(2)}(x)+2y(x)y^{(3)}(x),\quad y^{(4)}(0)=28.
\end{aligned}$$

代入(2.6.5)整理后得初始值问题(2.6.3)的近似解为

$$y_4(x)=1+x+x^2+\frac{4}{3}x^3+\frac{7}{6}x^4.$$

从另一个观点看,(2.6.1)的近似解(2.6.5)实质上就是要确定 $y(x)$的级数表达式(2.6.4)中前面若干个系数 a_n,可以将(2.6.4)代入(2.6.1),比较所得等式两边$(x-x_0)$的同次幂的系数即可.这种方法称为**待定系数法**.

例 2.6.3 用待定系数法求初始值问题(2.6.3)的近似解.

解 设(2.6.1)的级数解为(2.6.4),对其求导得

$$y'(x)=\sum_{n=1}^{\infty}na_nx^{n-1}.$$

将上式代入(2.6.3)的方程两端得

$$\sum_{n=1}^{\infty}na_nx^{n-1}=x^2+\left(\sum_{n=0}^{\infty}a_nx^n\right)^2. \tag{2.6.6}$$

比较(2.6.6)两边 x 的同次幂系数得

$$\begin{aligned}
a_1&=a_0^2,\\
2a_2&=2a_1a_0,\\
3a_3&=2a_0a_2+a_1^2+1,\\
4a_4&=2a_0a_3+2a_1a_2,\\
5a_5&=2a_0a_4+2a_1a_3+a_2^2.
\end{aligned}$$

将 $y(0)=1$ 代入(2.6.4)得 $a_0=1$,再逐个代入上式计算得 $a_1=1,a_2=1,a_3=\frac{4}{3}$,$a_4=\frac{7}{6},a_5=\frac{6}{5}$.故(2.6.3)的近似解为

$$y_5(x) = 1 + x + x^2 + \frac{4}{3}x^3 + \frac{7}{6}x^4 + \frac{6}{5}x^5.$$

利用 Taylor 级数法求初始值问题(2.6.1)解的过程完全是一个重复性的计算过程,用计算机实现十分方便. 例如,Maple 中就有专门的求级数解的指令. 对初始值问题(2.6.3),利用下列指令:

```
ode1:=diff(y(x),x)-x^2-y(x)^2=0;
sol1:=dsolve({ode1,y(0)=1},y(x),type=series);
```

回车后 Maple 的输出结果为

$$\text{ode1:=}\left(\frac{\partial}{\partial x}y(x)\right)-x^2-y(x)^2=0,$$

$$\text{sol1:=}1+x+x^2+\frac{4}{3}x^3+\frac{7}{6}x^4+\frac{6}{5}x^5+O(x^6).$$

Maple 中默认计算出 x^5 次方以前的项,需要计算更高次项时,可以用 Order 指令来设置计算的方次. 例如,要计算(2.6.3)近似解到 x 的 14 次方时,利用下面的指令:

```
Order:=15;
sol2:=dsolve({ode1,y(0)=1},y(x),type=series);
```

回车后 Maple 的输出结果为

Order:=15,

$$\begin{aligned}\text{sol2:=}&1+x+x^2+\frac{4}{3}x^3+\frac{7}{6}x^4+\frac{6}{5}x^5+\frac{37}{30}x^6+\frac{404}{315}x^7\\&+\frac{369}{280}x^8+\frac{428}{315}x^9+\frac{1961}{1400}x^{10}+\frac{75092}{51975}x^{11}\\&+\frac{1239759}{831600}x^{12}+\frac{9884}{6435}x^{13}+\frac{17121817}{10810800}x^{14}+O(x^{15}).\end{aligned}$$

幂级数解法是求解微分方程的一个重要方法之一,幂级数解所代表的函数在数学物理方程中有着重要的应用,有兴趣的读者可参见文献(丁同仁等,2004).

2.6.3 Euler 折线法

逐次迭代法和 Taylor 级数法是在某一个区间内用一些函数去近似初始值问题(2.6.1)的解函数. 另一类近似方法是求初始值问题(2.6.1)的数值解,即在某一区间的若干点上求(2.6.1)解的近似值. 随着计算机的发展,数值方法在实际应用中越来越广泛,有许多高效方便的软件来求微分方程的数值解,在这里主要介绍求微分方程数值解的方法.

为了计算出初始值问题(2.6.1)在$[x_0, x_0+b]$这一区间上若干个点上解的近似值,将此区间 n 等分,令 $h=\frac{b}{n}$,$x_k=x_0+kh(k=1,2,\cdots,n)$,$y_k$ 为(2.6.1)的解当 $x=x_k$ 时精确值 $y(x_k)$的近似值. 任务是要用尽可能简单的方法求出与 $y(x_k)$尽可

能接近的值 y_k. Euler 折线法是数值解法中最简单的一种.

Euler 折线法的基本思想是利用微分中值定理对(2.6.1)的解 $y=y(x)$进行近似. 由于 $y(x)$是可微函数,故

$$y(x_0+h)-y(x_0)=y'(\zeta)h,$$

其中,ζ是介于 x_0 和 x_0+h 之间的一个值. 当 h 比较小时,$y'(\zeta)$和 $y'(x_0)$相差不大,故用 x_0 去代替上式中的 ζ 就得到了 $y(x_0+h)$的近似值

$$y_1=y_0+f(x_0,y_0)h.$$

当 y_1 知道以后,再用类似的方法来求 $y(x)$在 x_k 点的近似值 y_k.

$$y_k=y_{k-1}+f(x_{k-1},y_{k-1})h,\quad k=1,2,\cdots,n. \tag{2.6.7}$$

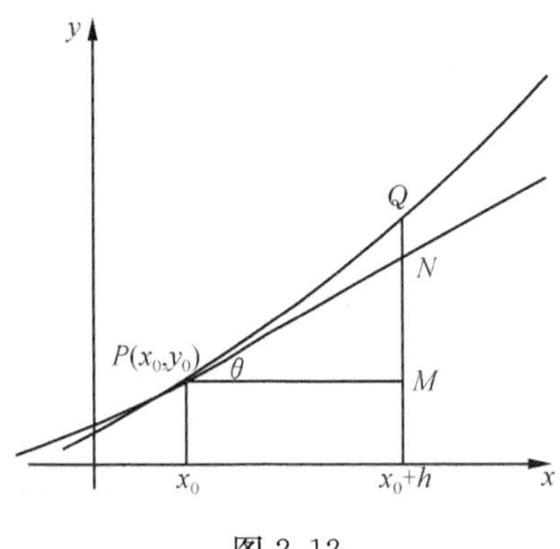

图 2.12

这样就得到了(2.6.1)的解在 $x_0,x_1,\cdots,x_n$ 点的近似值,从几何上看,Euler 折线法就是在局部范围内用切线上的值去代替解曲线上的值(图 2.12). 而当前一个点(x_{k-1},y_{k-1})得到后,将其作为计算下一个点(x_k,y_k)的起始值,重复这个过程,就得到了一系列离散点上解的近似值. 可以证明当 $f(x,y)$有一定的光滑性时,随着 n 的增大(或 h 的减小),y_k 与 $y(x_k)$的误差会逐渐变小.

Euler 折线法的计算量较小,但误差较大. 后来人们对 Euler 折线法进行了改进,其思想是当 $y(x)$二阶可导时,利用 Taylor 公式,将 $y(x_0+h)$表示为

$$y(x_0+h)=y(x_0)+y'(x_0)h+\frac{y''(\zeta)}{2}h^2,$$

ζ也是介于 x_0 与 x_0+h 之间的值. 利用 x_0 去代替上式中的 ζ,再利用复合链导法得

$$y''(x)=f'_x(x,y)+f'_y(x,y)f(x,y).$$

于是得到改进的 Euler 折线法的计算公式为

$$y_{k+1}=y_k+hf(x_k,y_k)+\frac{h^2}{2}(f'_x(x_k,y_k)+f'_y(x_k,y_k)f(x_k,y_k)),$$

$$k=0,1,\cdots,n-1. \tag{2.6.8}$$

公式(2.6.8)比公式(2.6.7)的计算量大,但精确度高.

例 2.6.4　利用 Euler 折线法和改进的 Euler 折线法分别计算初始值问题

$$\frac{\mathrm{d}y}{\mathrm{d}x}=1+(y-x)^2,\quad y(0)=0.5 \tag{2.6.9}$$

在 $x=0.1,0.2,0.3,\cdots,1$ 点的近似值.

解　将$[0,1]$区间 10 等分,则 $h=\frac{1}{10}$,利用公式(2.6.7)和(2.6.8)就可以求出初始值问题(2.6.9)在 $x=0.1,0.2,\cdots,1$ 处的近似值. 另一方面,(2.6.9)的精确解为 $y=x+\frac{1}{2-x}$,可以比较这两种方法的计算误差. 计算初始值问题(2.6.9)在这些点上近似值的 Maple 程序为

```
printlevl:=0:
h:=0.1:x0:=0:y0:=0.5:z0:=0.5:s0:=0.5:
f1:=(x,y)->1+(y-x)^2:
f2:=(x,y)-> 2*(x-y)+2*(y-x)*(1+(y-x)^2):
for n from 0 to 9 do
x||(n+1):=h*(n+1);
y||(n+1):=y||n+h*f1(x||n,y||n);
z||(n+1):=z||n+h*f1(x||n,z||n)+h^2*f2(x||n,z||n)/2;
s||(n+1)=x||(n+1)+1/(2-x||(n+1));
print(x||(n+1),y||(n+1),z||(n+1),s||(n+1));
od:
```

先设置打印水平,接下来赋初始值,再定义公式(2.6.7)和(2.6.8)中所用到的函数,最后利用循环语句计算近似值、精确值及打印它们. 回车后 Maple 的输出结果为

```
0.1,    0.625,          0.6262500000,   0.6263157895
0.2,    0.7525625,      0.7554012980,   0.7555555556
0.3,    0.8830950316,   0.8879616079,   0.8882352941
0.4,    1.017095013,    1.024564070,    1.025000000
0.5,    1.155175638,    1.166008399,    1.166666667
0.6,    1.298101150,    1.313319313,    1.314285714
0.7,    1.446835672,    1.467831300,    1.469230769
0.8,    1.602612024,    1.631314654,    1.633333333
0.9,    1.767030630,    1.806168142,    1.809090909
1.0,    1.942204841,    1.995723127,    2.000000000
```

最后这些数据中的第 1 列是自变量 x 的值,第 2 列是用 Euler 折线法公式(2.6.7)求得的近似值,第 3 列是用改进的 Euler 折线法公式(2.6.8)求得的近似值,最后一列是精确值. 从这几列数据看出,Euler 折线和改进的 Euler 折线法都是初始值问题(2.6.9)精确解很好的近似,但改进的 Euler 折线法更好一些.

要提高近似值的精确度，一般地可以通过减小步长 h 来实现，也可以通过设计好的算法来实现. Runge-Kutta 法是目前广泛使用的一种求微分方程数值解的方法，它比 Euler 折线法和改进的 Euler 折线法有更好的精度，有兴趣的读者请参见文献(Trench，2000；Ross，1984).

习　题　2.6

1. 用逐次迭代法求下列初始值问题的近似解：

(1) $\frac{dy}{dx}=xy, y(0)=1$；　(2) $\frac{dy}{dx}=x+y, y(0)=1$；

(3) $\frac{dy}{dx}=x+y^2, y(0)=0$；　(4) $\frac{dy}{dx}=1+xy^2, y(0)=0$；

(5) $\frac{dy}{dx}=e^x+y^2, y(0)=0$；　(6) $\frac{dy}{dx}=\sin x+y^2, y(0)=0$；

(7) $\frac{dy}{dx}=2x+y^3, y(0)=0$；　(8) $\frac{dy}{dx}=1+6xy^4, y(0)=0$.

2. 用 Taylor 级数法求下列初始值问题的近似解：

(1) $\frac{dy}{dx}=x+y, y(0)=1$；　(2) $\frac{dy}{dx}=x^2+2y^2, y(0)=4$；

(3) $\frac{dy}{dx}=x+\sin y, y(0)=0$；　(4) $\frac{dy}{dx}=1+x\sin y, y(0)=0$；

(5) $\frac{dy}{dx}=e^x+x\cos y, y(0)=0$.

3. 用待定系数法求下列初始值问题的近似解.

(1) $\frac{dy}{dx}=x^3+y^2, y(1)=1$；　(2) $\frac{dy}{dx}=x+y+y^2, y(1)=1$；

(3) $\frac{dy}{dx}=x+\cos y, y(1)=\pi$；　(4) $\frac{dy}{dx}=x^2+x\sin y, y(1)=\frac{\pi}{2}$.

^{c}4. 用 Euler 折线法求解下列初始值问题的解在 $x=0.1, 0.2, \cdots, 1$ 处的近似值，并与其精确解比较：

(1) $\frac{dy}{dx}+2y=x^3e^{-2x}, y(0)=1$；　(2) $\frac{dy}{dx}=4y-2y^2, y(0)=1$.

^{c}5. 用改进的 Euler 折线法求下列初始值问题的解在 $x=x_0+jh(j=1,2,\cdots,10, h=0.1)$ 处的近似值.

(1) $\frac{dy}{dx}+3y=7e^{4x}, y(0)=2$；　(2) $\frac{dy}{dx}+x^2y=\sin xy, y(1)=\pi$；

(3) $\frac{dy}{dx}=x^2+y^2-4, y(0)=2$.

2.7　一阶微分方程的应用

常微分方程在解决与变化率有关的各种实际问题中有着广泛的应用. 尽管所

涉及问题的差异很大，但用微分方程解决问题时总有三个主要过程：第一步是建模，即根据实际问题建立起适当的微分方程，给出其定解条件. 这需要对问题有深刻的理解，要进行必要的假设，忽略一些次要因素，选取变量，从这些变量之间的关系建立起所满足的微分方程，给出定解条件. 这就是将实际问题数学化；第二步是求解所建立的微分方程，这包括求出它的解析解或者数值解，或者从微分方程分析变量的变化规律；第三步是对所得的数学结果进行翻译，用来解释一些现象，或对问题的解决提出建议或方法.

在用微分方程解决实际问题的过程中一定要意识到实际问题是十分复杂的，微分方程只能是在一定程度上对问题的一种近似描述，只要结果的误差在一定范围内即可. 任何模型都不可能把影响问题的所有因素都反映在微分方程中，或者要求所得结果十分精确. 一个好的微分方程模型是在实际问题的精确性和数学处理的可能性之间的一个平衡. 下面给出几个应用微分方程的例子.

2.7.1 曲线族的等角轨线

常微分方程在几何学中有着许多应用，凡涉及与曲线切线有关的问题，都可以考虑用常微分方程来解决，一个曲线族的等角轨线就是其中之一.

设给定一个平面上以 C 为参数的曲线族

$$F(x,y,C)=0, \tag{2.7.1}$$

设法求出另一个以 k 为参数的曲线族

$$G(x,y,k)=0, \tag{2.7.2}$$

使得曲线族(2.7.2)中的任一条曲线与曲线族(2.7.1)中的每一条曲线相交时成定角 α，则称这样的曲线族(2.7.2)是已知曲线族(2.7.1)的**等角轨线**族. 特别地，当 $\alpha=\frac{\pi}{2}$ 时，称曲线族(2.7.2)为(2.7.1)的正交轨线族. 例如，曲线族 $y-kx=0$ 就是曲线族 $x^2+y^2-C^2=0$ 的正交轨线族. 电场中的电力线族和等势线族就互为正交轨线族.

已知曲线族(2.7.1)等角轨线族可以通过该曲线族中任一条曲线在点 (x,y) 的切线斜率来得到，下面推导等角轨线族所满足的方程. 设 $y=\varphi(x,C)$ 是由(2.7.1)确定的函数，利用复合链导法则对(2.7.1)两边求导得

$$F'_x(x,y,C)+F'_y(x,y,C)\frac{\mathrm{d}\varphi(x,C)}{\mathrm{d}x}=0. \tag{2.7.3}$$

将方程(2.7.1)与方程(2.7.3)联立，消去 C，即从(2.7.1)中解出 $C=C(x,y)$ 代入(2.7.3)得到在 (x,y) 点，曲线族(2.7.1)中曲线的斜率为

$$\frac{\mathrm{d}\varphi(x,C(x,y))}{\mathrm{d}x}=-\frac{F'_x(x,y,C(x,y))}{F'_y(x,y,C(x,y))}\equiv H(x,y).$$

设所求的曲线为 $y=y(x)$，则它在 $(x,y(x))$ 点的切线斜率为 $y'(x)$. 由于已知曲线族与等角轨线族中任一条相交时夹角为 α，故有

$$\tan\alpha=\frac{y'(x)-H(x,y)}{1+y'(x)H(x,y)}.$$

由此即得等角轨线族中的曲线所满足的方程为

$$\frac{\mathrm{d}y}{\mathrm{d}x}=\frac{H(x,y)+\tan\alpha}{1-H(x,y)\tan\alpha}. \tag{2.7.4}$$

而当 $\alpha=\frac{\pi}{2}$ 时，直接得正交轨线所满足的方程为

$$\frac{\mathrm{d}y}{\mathrm{d}x}=-\frac{1}{H(x,y)}. \tag{2.7.5}$$

求解微分方程(2.7.4)或方程(2.7.5)就得到已知曲线族(2.7.1)的等角轨线族或正交轨线族.

需要注意的是，在推导等角轨线族所满足的方程时，用了条件 $F'_y(x,y,C)\neq 0$，即在点 (x,y) 附近，$F(x,y,C)=0$ 决定了 y 作为 x 的单值函数. 若 $F'_y(x,y,C)=0$ 而 $F'_x(x,y,C)\neq 0$，则可以将 x 看成 y 的函数进行类似推导.

例 2.7.1　求抛物线族 $y=Cx^2$ 的正交轨线族.

解　对方程 $y=Cx^2$ 两边关于 x 求导得

$$\frac{\mathrm{d}y}{\mathrm{d}x}=2Cx.$$

由 $y=Cx^2$ 解出 C 代入上式后得曲线族 $y=Cx^2$ 在点 (x,y) 处的切线斜率为

$$\frac{\mathrm{d}y}{\mathrm{d}x}=\frac{2y}{x}.$$

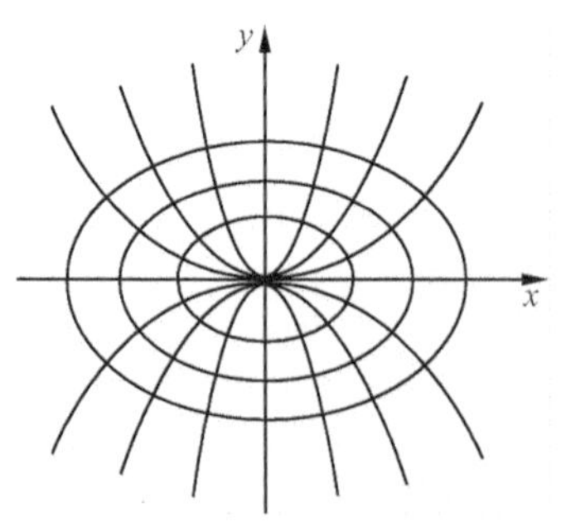

图 2.13

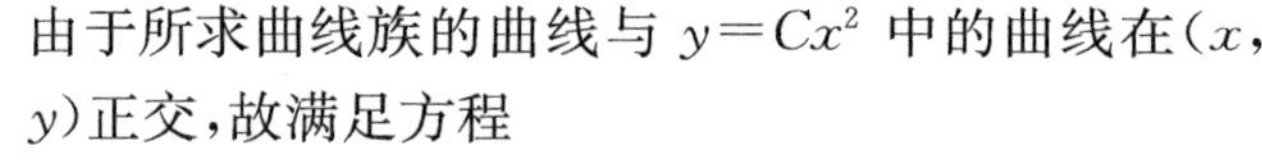

由于所求曲线族的曲线与 $y=Cx^2$ 中的曲线在 (x,y) 正交，故满足方程

$$\frac{\mathrm{d}y}{\mathrm{d}x}=-\frac{x}{2y}.$$

这是一个变量可分离的方程，求解得 $y=Cx^2$ 的正交曲线族为

$$x^2+2y^2=k^2.$$

这是一族椭圆(图 2.13).

2.7.2 放射性废物的处理问题

有一段时间，美国在处理浓缩放射性废物时是把这些废物装入密封性能很好的圆桶中，然后扔到水深 300ft(1ft=0.3038m)的海里.这种做法是否会造成放射性污染，很自然地引起了生态学家及社会各界的关注.尽管圆桶非常坚固，不容易破漏，但在和海底相撞时仍有可能发生破裂.问题的关键在于圆桶到底能承受多大速度的碰撞，圆桶和海底碰撞时的速度有多大？工程师们进行了大量破坏性实验，发现圆桶在速度为 40ft/s 的冲撞下会发生破裂，剩下的问题就是计算圆桶沉入 300ft 深的海底时，其末速度究竟有多大.

当时使用的是 55 加仑的圆桶，装满放射性废物时的圆桶重量为 $W=527.436$ 磅，而在海水中受到浮力 $B=470.327$ 磅.此外，下沉时圆桶还要受到海水的阻力，阻力的大小为

$$D = Cv,$$

其中，C 为常数.工程师们做了大量实验，测得 $C=0.08$.

现在，取一个垂直向下的坐标，并以海平面为坐标原点($y=0$).于是根据牛顿第二定律，圆桶下沉时应满足微分方程

$$m\frac{\mathrm{d}^2y}{\mathrm{d}t^2} = W - B - D.$$

注意到 $m=\frac{W}{g}$，$D=Cv$，$\frac{\mathrm{d}y}{\mathrm{d}t}=v$，上式可改写成

$$\frac{\mathrm{d}v}{\mathrm{d}t} + \frac{Cg}{W}v = \frac{g}{W}(W - B). \tag{2.7.6}$$

(2.7.6)是一阶线性方程且满足初值条件 $v(0)=0$，其解为

$$v(t) = \frac{W-B}{C}\left(1 - \mathrm{e}^{-\frac{Cg}{W}t}\right). \tag{2.7.7}$$

由已知数据和(2.7.7)容易计算出圆桶有极限速度

$$\lim_{t\to\infty}v(t) = \frac{W-B}{C} \approx 713.86(\mathrm{ft/s}).$$

该极限速度远远超过 40ft/s.为了求出圆桶与海底的碰撞速度 $v(t)$，首先必须求出圆桶的下沉时间 t，然而要做这一点却是比较困难的.为此改变讨论方法，将速度 v 表示成下沉深度 y 的函数，即改写成 $v(t)=v(y(t))$.根据复合函数求导的链导法则得 $\frac{\mathrm{d}v}{\mathrm{d}t}=\frac{\mathrm{d}v}{\mathrm{d}y}\frac{\mathrm{d}y}{\mathrm{d}t}$，这样，将 y 所满足的二阶常微分方程改写为

$$m\frac{\mathrm{d}y}{\mathrm{d}t}\frac{\mathrm{d}v}{\mathrm{d}y}=W-B-Cv \quad 或 \quad \frac{v}{W-B-Cv}\frac{\mathrm{d}v}{\mathrm{d}y}=\frac{g}{W}.$$

注意到 $v(0)=0, y(0)=0$，两边积分得到

$$-\frac{v}{C}-\frac{W-B}{C^2}\ln\frac{W-B-Cv}{W-B}=\frac{gy}{W}. \tag{2.7.8}$$

十分可惜的是无法从非线性方程(2.7.8)中求出 $v=v(y)$，并进而求出碰撞速度 $v(300)$. 因此，只得借助数值方法求出 $v(300)$的近似值. 计算结果表明，$v(300)\approx 45.1\text{ft/s}>40\text{ft/s}$，所以将放射性废料丢到海中的做法是不安全的. 现在已改变了处理放射性废物的方法，并明确规定禁止将放射性废物抛入海中. 这一例子利用微分方程模型成功地解决了放射性废物处理过程中的安全问题.

2.7.3　我国人口的发展预测

20 世纪以来，世界人口的快速增长给生态环境和经济的增长产生了巨大的压力，人口的数量是当今世界各国普遍关心的重大问题之一. 利用微分方程去描述一个国家或地区人口的变化规律，研究人口的变化趋势，提出相应的控制措施，这也是人口问题研究的一条有效途径. 我国是世界上第一人口大国，党和国家十分重视我国人口的变化动态，我国人口的控制工作取得了举世瞩目的成效. 下面就用微分方程对我国人口的发展进行预测.

要用微分方程来描述人口的变化情况就需要一定的人口资料统计. 我国从夏朝起就有了人口统计，到了汉代，人口统计制度逐渐完善. 但由于各种条件的变化和限制，直到 1949 年以前，这些人口统计资料不完全和不精确. 中华人民共和国成立以后，人口统计工作才真正走上了正规化的道路，人口统计资料的可靠性在不断提高.

我国目前人口统计资料的来源主要有 4 个途径：①户口管理和变动登记；②人口普查，我国已经分别在 1950，1964，1982，1990 和 2000 年进行了 5 次人口普查；③抽样调查；④跟踪调查和回顾性调查. 这些人口统计资料相互补充，为我国人口问题的研究提供了丰富的数据. 这些数据可以在系列丛书“中国人口统计年鉴”、“中国人口年鉴”及一些人口学期刊中找到.

人口问题是一个非常复杂的生物学和社会学问题. 一个国家的文化传统、政治制度、经济状况、自然环境、医疗水平等都对人口数量的变化有影响，不可能将这些因素都反映在微分方程之中. 反复推敲后看出，影响我国人口数量变化最直接的因素就是出生、死亡、出境和入境. 鉴于我国人口基数很大，出入境之差与人口总数相比很小，所以忽略出入境对我国人口数量的影响. 从人口生育死亡的实际情况看，假设在单位时间内出生或死亡的人口与现有的人口总数成比例. 记 $N(t)$是 t 时刻

我国人口的总数，并且设 $N(t)$ 是连续可微的函数. 在 $[t,t+\Delta t]$ 区间内人口的改变就是由于人口的出生和死亡引起的，故有

$$N(t+\Delta t)-N(t)=bN(t)\Delta t-dN(t)\Delta t.$$

上式两边同除于 Δt，再令 $\Delta t\to 0$ 得

$$\frac{dN}{dt}=rN,\quad N(t_0)=N_0, \tag{2.7.9}$$

其中，$r=b-d$，b 为生育率，d 为死亡率，r 为增长率，t_0 为一个初始时刻，N_0 为 t_0 时刻全国的人口数. (2.7.9)称为人口增长的 **Malthus 模型**.

求解初始值问题(2.7.9)得

$$N(t)=N_0 e^{r(t-t_0)}. \tag{2.7.10}$$

Malthus 模型(2.7.9)和其解都是十分简单的. 这一简单模型用来预测我国人口的变化情况可靠性如何呢？下面用 1982 年全国人口普查时得到的数据为初始值进行预测和对比. 1982 年时，我国总人口数为 1015.41 百万，人口的年生育率为 20‰，年死亡率为 6‰. 将这些值代入(2.7.10)后得

$$N(t)=1015.41e^{0.014(t-1982)}. \tag{2.7.11}$$

由(2.7.11)预测的我国人口数量及与实际统计值的比较如表 2.1 所示.

表 2.1 Malthus 模型预测的人口数量与实际统计数据的对比

年 份	预测值/百万	统计值/百万	绝对误差/百万	相对误差/%
1982	1015.41	1015.41	—	—
1983	1029.72	1024.95	4.770	0.465
1984	1044.24	1034.75	9.49	0.917
1985	1058.96	1045.32	13.64	1.305
1990	1135.75	1133.68	2.07	0.183
2000	1306.42	1295.33	11.09	0.856
2050	2630.81	—	—	—

由表 2.1 可以看出，用(2.7.11)来预测我国人口总数的绝对误差有几百万，甚至千万，比欧洲不少国家的总人数还多. 但考虑到我国人口基数大这一事实后，这些误差是可以接受的. 由最后一列看出，相对误差是比较小的，许多人口统计数据的相对误差都超过了它们. 另外，注意到人口普查或其他统计所投入的人力、物力和时间时，就会感到如此简单的微分方程无疑是人口预测中一条经济有效的途径. 进一步还要指出，所有人口统计资料是在人口事件发生以后得到的，要对我国人口未来的发展状况进行预测，提出相应的控制策略，用微分方程或其他数学模型进行研究也是唯一的选择.

最后,需要说明的是,Malthus 模型作为长期预测是不合理的,因为由其解的表达式(2.7.10)看出当 $r>0$ 时,人口数量 $N(t)$是指数级增长的,当 $t-t_0$ 充分大时,$N(t)$就大得令人难以置信,故需要对 Malthus 模型进行改进. 有兴趣的读者可参见文献(丁同仁等,2004). 这个例子也说明了用微分方程解决一些实际问题时的优点与限制,要根据实际问题适当地使用微分方程.

习　题　2.7

1. 求下列曲线族的正交轨线族:

(1) $x^2+y^2=Cx$;　　(2) $xy=C$;

(3) $x^2+C^2y^2=1$;　　(4) $y=e^{Cx}$.

2. 求与下列曲线族相交成 45°角的曲线族:

(1) $x-2y=C$;　　(2) $xy=C$;

(3) $y=x\ln ax$;　　(4) $y^2=4ax$.

3. 确定 K 的值,使得抛物线族

$$y = C_1x^2 + K$$

与椭圆族

$$x^2 + 2y^2 - y = C_2$$

互为正交曲线族.

4. 确定 n 的值,使下列两曲线族正交:

$$x^n + y^n = C_1, \quad y = \frac{x}{1-C_2x}.$$

5. 给定双曲线族 $x^2-y^2=C$. 设有一个动点 $P(x,y)$在平面上移动,它的轨迹与和它相交的每条双曲线均成 30°角,又设动点从 $P_0(0,1)$出发,试求此动点的轨迹.

6. 一质量为 m 的物体,在介质中由静止下落. 设介质阻力与运动速度成正比,并且介质的比重是物体比重的$\frac{1}{4}$,落体的极限速度是 24m/s. 试求该物体在 3s 末的速度和运动过的距离.

7. 一个 10N 的水平力推着质量为 20kg 的物体在介质中运动. 介质的阻力为 0.5N · m/s. 设该物体的初速度是 7m/s,方向与力的方向相反. 求该物体运动速度随时间变化的关系.

8. 设质量为 10kg 的物体从地球表面竖直上抛,其初速度为 v_0. 设在上升过程中该物体仅受地球引力和空气阻力,其中,空气阻力与速度的平方成比例,并且已知当速度为 2m/s 时所受到的阻力为 8N. 求该物体上升到最高点时所需要的时间 T.

9. 设一人在银行中存入了 20000 元,其年息为 5%,并且按连续复利计算,求 3 年后该存款为多少,并计算存款到 40000 元时所需要的时间.

10. 设一人在银行中存入了 5000 元,银行利息按连续复利计算. 开始 3 年内的存款年息为 5%,以后每年的存款利息为 3%. 求 7 年末该存款共有多少?

11. 某一地区共有 5000 只老鼠. 开始时发现有 5 只老鼠得了一种传染病. 该病传染的速率与得病老鼠和未得病老鼠数量之积成正比. 求得病老鼠的数量随时间变化的关系.

12. 一正圆锥容器，高为 H，底半径为 R，顶点在底面的下部. 将此容器盛满水，在顶点处开一个面积为 a 的小孔使水流出，设流速为 $v=C\sqrt{2gh}$，其中，C 是流量系数，h 是顶点到液面的高度. 试求出液面高度 h 随时间变化的关系和把水放完的时间.

复 习 题 2

1. 求下列微分方程的通解：

(1) $(y^2+1)\mathrm{d}y=y\sec^2 x\mathrm{d}x$；

(2) $y(\ln x-\ln y)\mathrm{d}x=(x\ln x-x\ln y-y)\mathrm{d}y$；

(3) $(6x+1)y^2\dfrac{\mathrm{d}y}{\mathrm{d}x}+3x^2+2y^3=0$；

(4) $\dfrac{\mathrm{d}x}{\mathrm{d}y}=-\dfrac{4y^2+6xy}{3y^2+2x}$；

(5) $t\dfrac{\mathrm{d}Q}{\mathrm{d}t}+Q=t^4\ln t$；

(6) $(2x+y+1)\dfrac{\mathrm{d}y}{\mathrm{d}x}=1$.

2. 求下列初始值问题的解：

(1) $\dfrac{y}{x}\dfrac{\mathrm{d}y}{\mathrm{d}x}=\dfrac{\mathrm{e}^t}{\ln y}, y(1)=1$；

(2) $tx\dfrac{\mathrm{d}x}{\mathrm{d}t}=3x^2+t^2, x(-1)=2$；

(3) $(x^2+4)\dfrac{\mathrm{d}y}{\mathrm{d}x}+8xy=2x, y(0)=-1$；

(4) $x\dfrac{\mathrm{d}y}{\mathrm{d}x}+4y=x^4y^2, y(1)=1$；

(5) $\dfrac{\mathrm{d}y}{\mathrm{d}x}=\mathrm{e}^{2y-x}, y(0)=0$；

(6) $(2r^2\cos\theta\sin\theta+r\cos\theta)\mathrm{d}\theta+(4r+\sin\theta-2r\cos^2\theta)\mathrm{d}r=0, r\left(\dfrac{\pi}{2}\right)=2$.

3. 利用适当的变换求下列问题的解：

(1) $t\dfrac{\mathrm{d}x}{\mathrm{d}t}=x+t^2\mathrm{e}^{-x/t}\left(v=\dfrac{x}{t}\right)$；

(2) $t^2\cos\theta\dfrac{\mathrm{d}\theta}{\mathrm{d}t}=2t\sin\theta-1(v=\sin\theta)$；

(3) $2tx\dfrac{\mathrm{d}x}{\mathrm{d}t}+2x^2=3t-6\ (v=x^2)$；

(4) $\dfrac{\mathrm{d}\theta}{\mathrm{d}t}=t(\sin2\theta-t^2\cos^2\theta)(v=\tan\theta)$；

(5) $\dfrac{\mathrm{d}x}{\mathrm{d}t}=(t+x)\ln(t+x)-1(v=t+x)$；

(6) $(t^2x+x^3)\dfrac{\mathrm{d}x}{\mathrm{d}t}=t(v=x^2, u=t^2)$；

(7) $\dfrac{\mathrm{d}x}{\mathrm{d}t}+1=\mathrm{e}^{-(t+x)}\sin t$；

(8) $t\dfrac{\mathrm{d}x}{\mathrm{d}t}=\sqrt{1-t^2x^2}-x\ (v=tx)$；

(9) $\dfrac{t}{x^2+1}\dfrac{\mathrm{d}x}{\mathrm{d}t}+2\arctan x=2$；

(10) $\dfrac{\mathrm{d}x}{\mathrm{d}t}=(t+x)^2-1$；

(11) $(t+1)\frac{dx}{dt}=x\ln x+(t+1)^2x$;

(12) $\frac{dx}{dt}=\frac{x(1-tx)}{t(1+tx)}$;

(13) $\frac{dx}{dt}+t(t+x)=t^3(t+x)^3-1$;

(14) $x+y\frac{dy}{dx}=x^2+y^2, y(0)=-1(v=x^2+y^2)$;

(15) $t\frac{dx}{dt}+x=e^{tx}, x(1)=0$;

(16) $\frac{dx}{dt}=tx+2x\ln x, x(0)=1$;

(17) $(\cos\theta)\frac{d\theta}{dt}=2t\sin\theta-2t, \theta(0)=0$;

(18) $\frac{dx}{dt}=\frac{2x}{t}+t\tan\frac{x}{t^2}, x(2)=\pi\left(v=\frac{x}{t^2}\right)$;

(19) $\frac{dy}{dx}=\frac{y-xy^2}{x+x^2y}, y(1)=1(v=xy)$;

(20) $2\frac{dx}{dt}+\frac{x}{t+1}+2(t^2-1)x^3=0$.

4. 求下列微分方程的通解或初始值问题的解:

(1) $\frac{dy}{dx}=\frac{2x+y}{3+3y^2-x}$;　(2) $(x+e^y)dy-dx=0$;

(3) $(x+y)dx-(x-y)dy=0$;　(4) $\frac{dy}{dx}=-\frac{2xy+y^2+1}{x^2+2xy}$;

(5) $\frac{dy}{dx}=\frac{x}{x^2y+y^3}$;　(6) $x\frac{dy}{dx}+2y=\frac{\sin x}{x}$;

(7) $\frac{dy}{dx}=-\frac{2xy+1}{x^2+2y}$;　(8) $(x^2+y)dx+(x+e^y)dy=0$;

(9) $(e^x+1)\frac{dy}{dx}=y-ye^x$;　(10) $\frac{dy}{dx}=\frac{x^2-1}{y^2+1}, y(-1)=1$;

(11) $2\sin y\cos x dx+\cos y\sin x dy=0$;

(12) $\left(2\frac{x}{y}-\frac{y}{x^2+y^2}\right)dx+\left(\frac{x}{x^2+y^2}-\frac{x^2}{y^2}\right)dy=0$;

(13) $(2y+1)dx+\left(\frac{x^2-y}{x}\right)dy=0$;

(14) $(\cos 2y-\sin x)dx-2\tan x\sin 2y dy=0$;

(15) $\frac{dy}{dx}=\frac{3x^2-2y-y^3}{2x+3xy^2}$;　(16) $\frac{dy}{dx}=\frac{y^3}{1-2xy^2}, y(0)=1$;

(17) $(x^2y+xy-y)dx+(x^2y-2x^2)dy=0$;

(18) $\frac{dy}{dx}=-\frac{3x^2y+y^2}{2x^3+3xy}, y(1)=2$.

^{c}5. 用 Maple 求下列微分方程的解，并画出其向量场和几条积分曲线：

(1) $\dfrac{\mathrm{d}x}{\mathrm{d}t}-x\sin t=2$；

(2) $(t-2x)\mathrm{d}t+(x-2t)\mathrm{d}x=0$；

(3) $(3tx^3+x^2)\mathrm{d}t+(1-tx)\mathrm{d}x=0$；

(4) $\dfrac{\mathrm{d}x}{\mathrm{d}t}=2x(x-1)$.

^{c}6. 求下列初始值问题的近似解：

(1) $\dfrac{\mathrm{d}y}{\mathrm{d}x}=3y+\mathrm{e}^{2x}, y(0)=1$；　　(2) $\dfrac{\mathrm{d}y}{\mathrm{d}x}=x^2+y^3, y(0)=0$.

^{c}7. 求下列初始值问题的数值解：

(1) $\dfrac{\mathrm{d}y}{\mathrm{d}x}=\dfrac{y}{1-x^2}+1+x, y(0)=1$；　　(2) $\dfrac{\mathrm{d}y}{\mathrm{d}x}=\dfrac{2x}{y+x^2y}, y(0)=-2$.

8. 子弹发速度 $v_0=200\mathrm{m/s}$ 射进一块厚度为 $h=10\mathrm{cm}$ 的木板，穿过它以后以速度 $v_1=80\mathrm{m/s}$ 离开此木板，设板对于子弹运动的阻力与速度平方成比例. 求子弹穿过木板所需要的时间.

9. 设宽度为 h 的河两岸平行，水流速度为 a. 今有一船从河岸一边的 A 点出发驶向正对岸的 O 点. 假设该船的速度为 b 且在航行过程中该船始终朝着 O 点运动. 试求该船运行的轨迹曲线.

10. 一容器内开始时盛有纯水 60L，现将含盐 3g/L 的盐水注入容器，流速为 2L/min，又以流速为 2.5L/min 的速率流出. 求任意时刻容器内含盐量和浓度.

11. 有一物质 C 溶解于水中，实验表明，其溶解速率与下列两者之积成正比：(1)当时 C 未溶解的量；(2)已溶解的浓度与饱和浓度之差. 现将 5g 的物质 C 放入 2L 水中，已知 1h 溶解了 1g，饱和溶液的浓度是 4g/L. 求(1)经过 4h 后，未溶解的 C 物质是多少？(2)3h 后溶液的浓度是多少？(3)何时溶液的浓度是 2g/L？

12. 在如图 2.14 所示的电路中，先将开关 K 接到 1 处，使电容器 C 充电至 E，然后将开关接到 2 处. 这时电容器通过电阻 R 放电，求电容器 C 上电压随时间变化的规律.

^{P}13. 一棱柱形槽如图 2.15 所示. 其截面为三角形，高为 h，底边长 w，棱柱的长为 l. 该槽按 V 字形固定，槽中的水蒸发的速度与其表面积成正比，求槽中水的体积随时间变化的规律. 设开始时槽中装满了水.

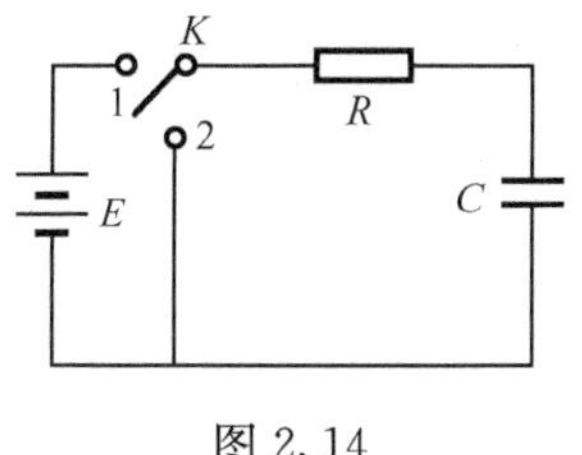

图 2.14

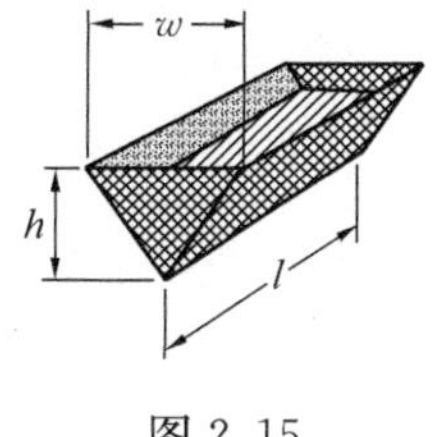

图 2.15

^{P}14. 当一个新的耐用消费品进入市场时，厂家和销售商家的广告以及购买此产品人员的信息对产品的销售有积极的作用. 记 K 为一地区潜在的消费者总数，$x(t)$ 为 t 时刻购买了此产品

的顾客. 提出适当的假设,建立微分方程去描述购买者数量随时间变化的关系.

ᴾ15. 某人向银行存入了 10000 元,银行的年息是 3%,所以一年后这笔存款是 10000(1+3%). 设银行按复利计息,若一年结算两次时,年末的存款是 $10000\left(1+\frac{3}{2}\%\right)^2$. 如果每个月结算一次、每天结算一次、连续结算时,到年末这笔存款应该是多少? 设银行复利连续计算,该人一年之中又连续存入了 12000 元到银行,问到年末他的户头上共有多少存款? 还是假设银行按复利连续计息,但此人每月定期向银行存入 1000 元,问两年后他的户头上共有多少钱(不清楚的地方自行假设).

ᴾ16. 一单层圆筒壁的内半径和外半径分别为 10cm 和 20cm,它的导热系数为 $k=0.15$. 设其内表面温度保持为 200℃,外表面温度为 50℃. 记 r 为任一点到同心圆柱轴心的距离,$u(r)$是该点的温度. 由 Fourier 热传导定律知 $q=-kA\frac{\mathrm{d}u}{\mathrm{d}r}$,其中,$A$ 为面积,q 为单位时间通过 A 面积的热量. 求(1)温度随距离 r 变化的关系;(2)当 $r=15$cm 处的温度;(3)在长度为 20m 的管段中每分钟流失的热量.

ᴾ17. 在一个正方形的 4 个顶点上站着 4 个人,每个人都以相同的常速度朝下一个人运动,求这 4 个人的运动轨迹.

ᴾ18. 美国从 1800～2000 年每隔 10 年的人口统计数据如表 2.2 所示. 试利用微分方程研究其变化规律.

表 2.2　美国人口增长情况　　　　(单位:百万)

年　份	人口数量	年　份	人口数量	年　份	人口数量
1800	5.308	1870	38.558	1940	132.165
1810	7.240	1880	50.189	1950	151.326
1820	9.638	1890	62.980	1960	179.323
1830	12.861	1900	76.212	1970	203.302
1840	17.064	1910	92.228	1980	226.542
1850	23.192	1920	106.022	1990	248.710
1860	31.443	1930	123.203	2000	281.422

第 3 章　二阶及高阶微分方程

第 2 章介绍了一些一阶微分方程的解法. 在实际应用中，还常常遇到高阶微分方程，如在第 1 章得到的数学摆的方程就是一个二阶微分方程. 本章讨论二阶及二阶以上的微分方程，即高阶微分方程的求解方法和理论. 在微分方程的理论中，线性微分方程理论占有非常重要的地位，这不仅因为线性微分方程最简单、它的一般理论已被研究得十分清楚，而且线性微分方程是研究非线性微分方程的基础. 本章除了介绍可降阶的微分方程外，重点讲述线性方程的基本理论和常系数方程的解法. 此外还介绍高阶微分方程的应用及用 Maple 求解高阶方程的方法.

3.1　可降阶的高阶方程

一般的高阶微分方程没有普遍的解法，通常是通过变量代换把高阶方程的求解问题转化为较低阶的方程来求解. 一般来说，求解低阶方程比求解高阶方程方便些. 本节将介绍三种可降阶的方程类型及求解方法.

n 阶微分方程的一般形式

$$F(t,x,x',\cdots,x^{(n)})=0. \tag{3.1.1}$$

当 $n\geqslant 2$ 时，统称为高阶微分方程. 与一阶微分方程的通解有一个任意常数相类似，一般的 n 阶方程(3.1.1)的通解含有 n 个独立的任意常数.

3.1.1　不显含未知函数 x 的方程

不显含未知函数 x，或更一般地，不显含未知函数及其直到 $k-1(k\geqslant 1)$ 阶导数的方程是

$$F(t,x^{(k)},x^{(k+1)},\cdots,x^{(n)})=0. \tag{3.1.2}$$

若令 $x^{(k)}=y$，就可把上述方程化为关于 y 的 $n-k$ 阶方程

$$F(t,y,y',\cdots,y^{(n-k)})=0. \tag{3.1.3}$$

如果能求得(3.1.3)的通解

$$y=\varphi(t,c_1,c_2,\cdots,c_{n-k}),$$

即

$$x^{(k)}=\varphi(t,c_1,c_2,\cdots,c_{n-k}).$$

对上式再经过 k 次积分，就可求出方程(3.1.2)的解 x.

例 3.1.1　求方程$\frac{d^5x}{dt^5}-\frac{1}{t}\frac{d^4x}{dt^4}=0$的解.

解　令$\frac{d^4x}{dt^4}=y$,则方程化为$\frac{dy}{dt}-\frac{1}{t}y=0$. 这是一个一阶方程,其通解为 $y=ct$,即有$\frac{d^4x}{dt^4}=ct$,积分 4 次得原方程的通解为

$$x=c_1t^5+c_2t^3+c_3t^2+c_4t+c_5.$$

3.1.2　不显含自变量 t 的方程

不显含自变量 t 的方程的一般形式是

$$F(x,x',\cdots,x^{(n)})=0. \tag{3.1.4}$$

此时,用 $y=x'$作为新的未知函数,而把 x 当成新的自变量,因为

$$\frac{dx}{dt}=y,$$

$$\frac{d^2x}{dt^2}=\frac{dy}{dt}=\frac{dy}{dx}\frac{dx}{dt}=y\frac{dy}{dx},$$

$$\frac{d^3x}{dt^3}=\frac{d\left(y\frac{dy}{dx}\right)}{dt}=\frac{d\left(y\frac{dy}{dx}\right)}{dx}\frac{dx}{dt}=y\left(\frac{dy}{dx}\right)^2+y^2\frac{d^2y}{dx^2},$$

……

用数学归纳法易得 $x^{(k)}$ 可用 $y,\frac{dy}{dx},\cdots,\frac{d^{k-1}y}{dx^{k-1}}(k\leqslant n)$来表达. 将这些表达式代入方程(3.1.4)可得

$$F\left(x,y,y\frac{dy}{dx},y\left(\frac{dy}{dx}\right)^2+y^2\frac{d^2y}{dx^2},\cdots\right)=0,$$

即有新方程

$$G\left(x,y,\frac{dy}{dx},\cdots,\frac{d^{n-1}y}{dx^{n-1}}\right)=0. \tag{3.1.5}$$

它比原来的方程(3.1.4)降低了一阶.

例 3.1.2　求方程 $x\frac{d^2x}{dt^2}-\left(\frac{dx}{dt}\right)^2=0$ 的解.

解　令 $x'=y$,并取 x 作为新的自变量,于是原方程化为 $xy\frac{dy}{dx}-y^2=0$,从而可得 $y=0$ 及$\frac{dy}{y}=\frac{dx}{x}$,这两方程的全部解为 $y=c_1x$. 再代回原变量得到$\frac{dx}{dt}=c_1x$,所以 $x=c_2e^{c_1t}$.

例 3.1.3 求方程 $2x\frac{\mathrm{d}^2x}{\mathrm{d}t^2}=1$ 的通解.

解 方程中不显含自变量 t. 令 $y=\frac{\mathrm{d}x}{\mathrm{d}t}$,则$\frac{\mathrm{d}^2x}{\mathrm{d}t^2}=y\frac{\mathrm{d}y}{\mathrm{d}x}$,原方程化为 $2xy\frac{\mathrm{d}y}{\mathrm{d}x}=1$. 这是变量可分离的方程,求解得 $x=c_1\mathrm{e}^{y^2}(c_1\neq0)$. 这是按 x 解出的方程. 由$\frac{\mathrm{d}x}{\mathrm{d}t}=y$ 得 $\mathrm{d}t=\frac{\mathrm{d}x}{y}=2c_1\mathrm{e}^{y^2}\mathrm{d}y$. 所以,原方程参数形式的解为

$$\begin{cases}t=2c_1\int\mathrm{e}^{y^2}\mathrm{d}y+c_2,\\ x=c_1\mathrm{e}^{y^2}.\end{cases}$$

3.1.3 全微分方程和积分因子

若方程(3.1.1)的左端是某个 $n-1$ 阶微分表达式 $\Phi\left(t,x,\frac{\mathrm{d}x}{\mathrm{d}t},\cdots,\frac{\mathrm{d}^{n-1}x}{\mathrm{d}t^{n-1}}\right)$对 t 的全导数,即

$$F\left(t,x,\frac{\mathrm{d}x}{\mathrm{d}t},\cdots,\frac{\mathrm{d}^nx}{\mathrm{d}t^n}\right)=\frac{\mathrm{d}}{\mathrm{d}t}\Phi\left(t,x,\frac{\mathrm{d}x}{\mathrm{d}t},\cdots,\frac{\mathrm{d}^{n-1}x}{\mathrm{d}t^{n-1}}\right).\tag{3.1.6}$$

则与一阶微分方程相类似,称方程(3.1.1)是**全微分方程**. 显然有

$$\Phi\left(t,x,\frac{\mathrm{d}x}{\mathrm{d}t},\cdots,\frac{\mathrm{d}^{n-1}x}{\mathrm{d}t^{n-1}}\right)=c_1.\tag{3.1.7}$$

方程(3.1.7)是 $n-1$ 阶的,若能求出方程(3.1.7)的通解 $x=\varphi(t,c_1,c_2,\cdots,c_n)$,则它一定也是原方程(3.1.1)的通解. 有时方程(3.1.1)本身不是全微分方程,但乘以一个适当的因子 $\mu\left(t,x,\frac{\mathrm{d}x}{\mathrm{d}t},\cdots,\frac{\mathrm{d}^{n-1}x}{\mathrm{d}t^{n-1}}\right)$后能成为全微分方程. 这时,就称 $\mu\left(t,x,\frac{\mathrm{d}x}{\mathrm{d}t},\cdots,\frac{\mathrm{d}^{n-1}x}{\mathrm{d}t^{n-1}}\right)$是方程(3.1.1)的**积分因子**.

例 3.1.4 求方程 $x\frac{\mathrm{d}^2x}{\mathrm{d}t^2}+\left(\frac{\mathrm{d}x}{\mathrm{d}t}\right)^2=0$ 的解.

解 可将原方程写成$\frac{\mathrm{d}(xx')}{\mathrm{d}t}=0$,故有 $xx'=c_1$,即

$$x\mathrm{d}x=c_1\mathrm{d}t,$$

积分后得通解为 $x^2=2c_1t+c_2$.

例 3.1.5 求方程 $x\frac{\mathrm{d}^2x}{\mathrm{d}t^2}-\left(\frac{\mathrm{d}x}{\mathrm{d}t}\right)^2=0$ 的解.

解 这个方程不是全微分方程,但乘上因子 $\mu=\frac{1}{x^2}(x\neq0)$后,方程化为

$$\frac{1}{x}\frac{\mathrm{d}^2x}{\mathrm{d}t^2}-\frac{1}{x^2}\left(\frac{\mathrm{d}x}{\mathrm{d}t}\right)^2=\frac{\mathrm{d}}{\mathrm{d}t}\left(\frac{1}{x}\frac{\mathrm{d}x}{\mathrm{d}t}\right)=0.$$

故有$\frac{1}{x}\frac{\mathrm{d}x}{\mathrm{d}t}=c_1$,即可解得$x=c_2\mathrm{e}^{c_1t}(c_2\neq0)$,此外,在乘积分因子时,限制$x\neq0$,而$x=0$显然也是方程的解,故可去掉$c_2\neq0$的限制而得到原方程的全部解为$x=c_2\mathrm{e}^{c_1t}$.

注意到本题中的方程是未知函数x和它的一、二阶导数的齐次方程,可以利用齐次方程的性质来求解.令$x=\exp\left(\int y\mathrm{d}t\right)$,其中,$y$是新的未知函数.于是$\frac{\mathrm{d}x}{\mathrm{d}t}=\exp\left(\int y\mathrm{d}t\right)y,\frac{\mathrm{d}^2x}{\mathrm{d}t^2}=\exp\left(\int y\mathrm{d}t\right)y^2+\exp\left(\int y\mathrm{d}t\right)\frac{\mathrm{d}y}{\mathrm{d}t}$.代入原方程进行化简整理后得$\frac{\mathrm{d}y}{\mathrm{d}t}=0$.求解得$y=c_1$,再积分可以得$x=c_2\mathrm{e}^{c_1t}$.一般地,当(3.1.1)中的$F$是未知函数及其各阶导数的齐次函数时,都可以利用变换$x=\exp\left(\int y\mathrm{d}t\right)$将方程降低一阶.

3.1.4 可降阶的高阶方程的应用举例

例 3.1.6(追线问题) 现在研究一个运动学问题.在Ox轴上有一点P以常速度a沿着Ox轴(图3.1)正向移动;在xy平面上另有一点M,它以常速度v运动,方向永远指向P点,求M点的运动轨迹.

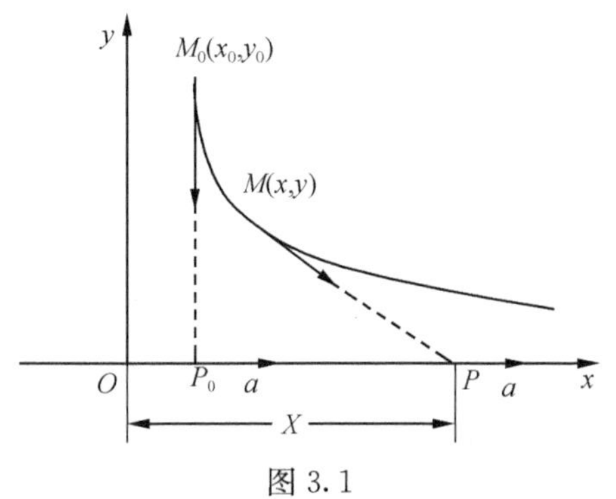

图 3.1

解 首先建立点M运动时所满足的微分方程模型.以(x,y)记点M在时刻t的坐标,以X记点P在时刻t的横坐标,X_0表示P点在$t=0$时的横坐标,根据条件有

$$X=X_0+at,\tag{3.1.8}$$

$$\left(\frac{\mathrm{d}x}{\mathrm{d}t}\right)^2+\left(\frac{\mathrm{d}y}{\mathrm{d}t}\right)^2=v^2,\tag{3.1.9}$$

$$\frac{\mathrm{d}y}{\mathrm{d}x}=-\frac{y}{X-x}.\tag{3.1.10}$$

把(3.1.8)代入(3.1.10),并记$\frac{\mathrm{d}y}{\mathrm{d}x}=y'$得

$$X_0-x+at=-\frac{y}{y'}.$$

视 x 为自变量,对上式两边关于 x 求导得

$$-1+a\frac{\mathrm{d}t}{\mathrm{d}x}=\frac{yy''-y'^2}{y'^2},$$

即

$$\frac{\mathrm{d}t}{\mathrm{d}x}=\frac{yy''}{a(y')^2}. \tag{3.1.11}$$

利用$\frac{\mathrm{d}y}{\mathrm{d}t}=\frac{\mathrm{d}y}{\mathrm{d}x}\frac{\mathrm{d}x}{\mathrm{d}t}$,由(3.1.9)得到

$$\frac{\mathrm{d}t}{\mathrm{d}x}=\frac{1}{v}\sqrt{1+(y')^2}. \tag{3.1.12}$$

根据(3.1.11)和(3.1.12)得到 M 的追线方程

$$y''=\frac{ay'^2}{vy}\sqrt{1+(y')^2}. \tag{3.1.13}$$

这个方程是不含自变量 x 的微分方程,下面解这个方程,令 $p=\frac{\mathrm{d}y}{\mathrm{d}x}$,则 $y''=p\frac{\mathrm{d}p}{\mathrm{d}y}$,于是方程(3.1.13)变为

$$p\frac{\mathrm{d}p}{\mathrm{d}y}=\frac{ap^2}{vy}\sqrt{1+p^2},$$

由此得

$$\frac{\mathrm{d}p}{\mathrm{d}y}=\frac{ap}{vy}\sqrt{1+p^2},\quad p=0. \tag{3.1.14}$$

当 $p=0$ 时,结合(3.1.10)得到解 $y=0$,即点 M 沿 Ox 轴移动. 对(3.1.14)的前面方程分离变量得

$$\frac{\mathrm{d}p}{p\sqrt{1+p^2}}=\frac{a}{v}\frac{\mathrm{d}y}{y}.$$

由图 3.1 知在点 M 未追上点 P 之前,点 P 的横坐标总大于点 M 的横坐标,即当 $y>0$时,$p<0$,所以

$$\int\frac{\mathrm{d}p}{p\sqrt{1+p^2}}=-\int\frac{\frac{\mathrm{d}p}{p^2}}{\sqrt{1+\left(\frac{1}{p}\right)^2}}=\ln\left(\frac{1}{p}+\sqrt{1+\left(\frac{1}{p}\right)^2}\right).$$

由此得

$$\ln\left(\frac{1}{p}+\sqrt{1+\left(\frac{1}{p}\right)^2}\right)=\frac{a}{v}(\ln y+\ln c),$$

即

$$\frac{1}{p}+\sqrt{1+\left(\frac{1}{p}\right)^2}=(cy)^{a/v}.$$

为了确定常数 c，假设在开始追逐时，点 P 和 M 同在一条平行于 y 轴的直线上，并记它们的位置为 P_0 及 $M_0(x_0,y_0)$. 显然有 $\frac{1}{p}=0$，由此得 $c=\frac{1}{y_0}$，从而可得

$$\frac{1}{p}+\sqrt{1+\left(\frac{1}{p}\right)^2}=\left(\frac{y}{y_0}\right)^{a/v}, \tag{3.1.15}$$

由式(3.1.15)得

$$-\frac{1}{p}+\sqrt{1+\left(\frac{1}{p}\right)^2}=\left(\frac{y}{y_0}\right)^{-a/v}. \tag{3.1.16}$$

从(3.1.15)减去(3.1.16)得

$$\frac{2}{p}=\left(\frac{y}{y_0}\right)^{a/v}-\left(\frac{y}{y_0}\right)^{-a/v},$$

即

$$2\frac{\mathrm{d}x}{\mathrm{d}y}=\left(\frac{y}{y_0}\right)^{a/v}-\left(\frac{y}{y_0}\right)^{-a/v}. \tag{3.1.17}$$

为了使点 M 有可能追上点 P，假设 $v>a$.

这时，由(3.1.17)得到追线方程为

$$2x=\frac{y_0}{1+a/v}\left(\frac{y}{y_0}\right)^{1+a/v}-\frac{y_0}{1-a/v}\left(\frac{y}{y_0}\right)^{1-a/v}+c_1.$$

由于初始点 $M_0(x_0,y_0)$ 在追线上，即当 $y=y_0$ 时，$x=x_0$，因此得到

$$c_1=2x_0+y_0\left(\frac{1}{1-a/v}-\frac{1}{1+a/v}\right),$$

从而追线方程为

$$x=\frac{y_0}{2(1+a/v)}\left[\left(\frac{y}{y_0}\right)^{1+a/v}-1\right]-\frac{y_0}{2(1-a/v)}\left[\left(\frac{y}{y_0}\right)^{1-a/v}-1\right]+x_0.$$

当 $y=0$ 时就得到相遇点的坐标为

$$x_1=x_0+\frac{ay_0}{v(1-a^2/v^2)}=x_0+\frac{avy_0}{v^2-a^2}.$$

追上所需的时间为

$$T=\frac{x_1-x_0}{a}=\frac{vy_0}{v^2-a^2}.$$

例 3.1.7(悬链线问题) 有一绳索悬挂在 A 和 B 两点(不一定是在同一高度),如图 3.2 所示.设绳索是均匀、柔软的,仅受绳本身重量的作用,它弯曲如图中的形状.试确定该绳索在平衡状态时的形状.

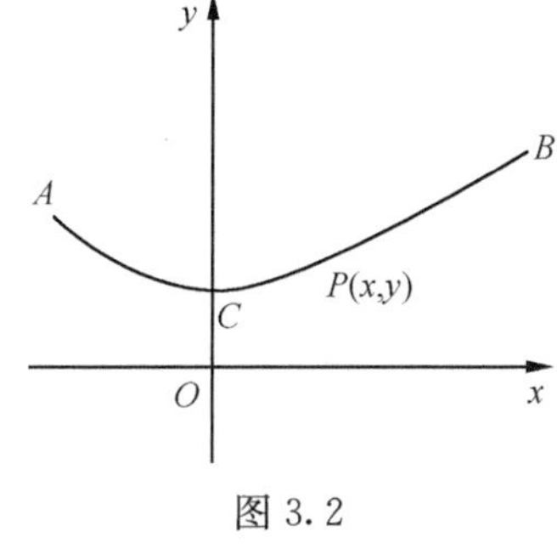

图 3.2

解 设 C 是其最低点,选取坐标系 xOy 如图 3.2 所示,并且 y 轴通过 C 点.

考虑绳索在最低点 C 与点 $P(x,y)$ 之间的一段的受力情况.这一段在下面三个力的作用下平衡:

(1) 在 P 点的张力 T,方向沿着 P 点的切线方向;

(2) 在 C 点处的水平张力 H;

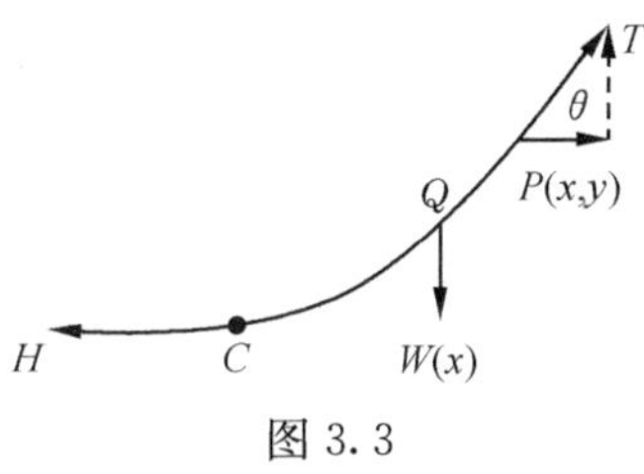

图 3.3

(3) CP 段垂直的重力,记为 $W(x)$,设它作用在某一点 Q 处,不一定是 CP 的中心,如图 3.3 所示.由于平衡关系,这些力在 x 轴(水平)方向的代数和为 0,在 y 轴(垂直)方向的代数和也必须为 0.

现将张力 T 分解为两个分力:水平方向分力为 $T\cos\theta$,垂直方向分力为 $T\sin\theta$.此时,在 x 轴方向,H 向左而 $T\cos\theta$ 向右;在 y 轴方向,$W(x)$ 向下而 $T\sin\theta$ 向上,按平衡关系有

$$T\sin\theta = W(x), \quad T\cos\theta = H.$$

两式相除,并利用关系式 $\tan\theta=\frac{\mathrm{d}y}{\mathrm{d}x}$(为 P 点切线斜率)得

$$\frac{\mathrm{d}y}{\mathrm{d}x} = \frac{W(x)}{H}. \tag{3.1.18}$$

在上述方程中,H 是常数,因为它是在最低点处的张力(与 x 无关),但 $W(x)$ 依赖于 x,将式(3.1.18)两边对 x 微分得

$$\frac{\mathrm{d}^2 y}{\mathrm{d}x^2} = \frac{1}{H}\frac{\mathrm{d}W}{\mathrm{d}x}, \tag{3.1.19}$$

其中,$\frac{\mathrm{d}W}{\mathrm{d}x}$表示在水平方向上,$x$ 每增加单位距离时,CP 段弧所增加的重量.若设绳索的密度为 ω,则有$\frac{\mathrm{d}W}{\mathrm{d}S}=\omega$,其中,$S$ 表示从 C 点算起的弧长,需要求出$\frac{\mathrm{d}W}{\mathrm{d}x}$,因为

$$\frac{\mathrm{d}W}{\mathrm{d}S} = \frac{\mathrm{d}W}{\mathrm{d}x}\frac{\mathrm{d}x}{\mathrm{d}S} = \omega \quad 或 \quad \frac{\mathrm{d}W}{\mathrm{d}x} = \omega\frac{\mathrm{d}S}{\mathrm{d}x}.$$

又由于$\frac{\mathrm{d}S}{\mathrm{d}x}=\sqrt{1+\left(\frac{\mathrm{d}y}{\mathrm{d}x}\right)^2}$,故$\frac{\mathrm{d}W}{\mathrm{d}x}=\omega\sqrt{1+\left(\frac{\mathrm{d}y}{\mathrm{d}x}\right)^2}$,从而方程(3.1.19)化为

$$\frac{\mathrm{d}^2 y}{\mathrm{d}x^2}=\frac{\omega}{H}\sqrt{1+\left(\frac{\mathrm{d}y}{\mathrm{d}x}\right)^2}. \tag{3.1.20}$$

记 b 为绳索最低点 C 到坐标原点的距离，则有

$$y(0)=b,\quad y'(0)=0. \tag{3.1.21}$$

(3.1.20)是一个不显含自变量 x 的方程，令 $p=\frac{\mathrm{d}y}{\mathrm{d}x}$，则方程(3.1.20)化为

$$\frac{\mathrm{d}p}{\mathrm{d}x}=\frac{\omega}{H}\sqrt{1+p^2}. \tag{3.1.22}$$

分离变量，积分得

$$\int\frac{\mathrm{d}p}{\sqrt{1+p^2}}=\int\frac{\omega}{H}\mathrm{d}x+c_1,$$

即

$$\ln(p+\sqrt{1+p^2})=\frac{x}{a}+c_1, \tag{3.1.23}$$

其中，$a=\frac{H}{\omega}$. 把初始条件 $y'(0)=0$ 代入式(3.1.23)得 $c_1=0$.

于是(3.1.23)变为 $p+\sqrt{1+p^2}=\mathrm{e}^{x/a}$. 为解出 p，把 $p-\sqrt{1+p^2}$ 乘以上式两端得

$$p-\sqrt{1+p^2}=-\mathrm{e}^{-x/a}. \tag{3.1.24}$$

把(3.1.23)与(3.1.24)和前面的式子相加得

$$y'=p=\frac{1}{2}(\mathrm{e}^{x/a}-\mathrm{e}^{-x/a})=\mathrm{sh}\,\frac{x}{a}.$$

积分上式得

$$y=\frac{a}{2}(\mathrm{e}^{x/a}+\mathrm{e}^{-x/a})+c_2=a\mathrm{ch}\,\frac{x}{a}+c_2. \tag{3.1.25}$$

将初始条件 $y(0)=b$ 代入式(3.1.25)得 $c_2=b-a$. 为简单起见，假设 $b=a=\frac{H}{\omega}$. 此时 $c_2=0$，从而所得绳索的方程是

$$y=a\mathrm{ch}\,\frac{x}{a}=\frac{a}{2}(\mathrm{e}^{x/a}+\mathrm{e}^{-x/a}).$$

上式表示的曲线叫做**悬链线**.

此时，绳索在最低点 C 与点 P 之间一段的弧长是

$$S=\int_0^x\sqrt{1+y'^2}\,\mathrm{d}x=\int_0^x\sqrt{1+\mathrm{sh}^2\,\frac{x}{a}}\,\mathrm{d}x=\int_0^x\mathrm{ch}\,\frac{x}{a}\mathrm{d}x=a\mathrm{sh}\,\frac{x}{a}.$$

例 3.1.8(Bob Beamon 的跳远纪录)　目前的跳远世界纪录是 M. Powell 在 1991 年创造的，成绩是 8.95m. 但最让人感兴趣的是 B. Beamon 在 1968 年于墨西哥城奥运会上创造的当时世界纪录，成绩是 8.90m. 这个成绩超过以前的纪录

55cm. 有人认为部分原因是由于墨西哥城空气的稀薄造成的(墨西哥城的海拔是2600m),稀薄的空气对跳远者意味着有较小的空气阻力. 试建立微分方程模型来论述这种解释是否合理.

解　如图 3.4 所示,设跳远者的身体重心位于起跳点 G,该点与前面踏板的距离是 H,当跳远者着地时,他的身体重心位于脚跟的后面,与脚跟的距离为 B,跳远者从起跳到着地身体重心在空中跳过的水平距离为 R,则跳远者跳过的有效长度为 $H+R+B$. 根据牛顿第二定律,跳远者在空中运行的水平距离满足方程

$$m\frac{\mathrm{d}^2x}{\mathrm{d}t^2}=-D,$$

其中,m 是跳远者的质量,x 是跳远者的重心经时刻 t 后在空中运行的水平距离,从起跳点 G 开始计算时间. D 代表空气阻力,阻力 D 有下面的计算公式:

$$D=kA\rho\left(\frac{\mathrm{d}x}{\mathrm{d}t}\right)^2.$$

其中,k 代表阻力系数,A 代表跳远者与空气接触的横截面积,ρ 是空气密度. 阻力系数 k 依赖于跳远者的身体形状. 该参数通常取 $k=0.375$. 取 $A=0.75\mathrm{m}^2$,ρ 为

$$\rho=\begin{cases}\rho_{\text{sea}}=1.225\mathrm{kg/m^3}, & \text{在海平面},\\ \rho_{\text{Mex}}=0.984\mathrm{kg/m^3}, & \text{在墨西哥城}.\end{cases}$$

对同一个运动员,参数 H 和 B 在海平面和墨西哥城是相同的,但对不同的运动员这两个参数往往是不同的. 距离 R 是一个重要的量,现进行计算如下. 因为运动员向上运动的高度远小于 R,所以忽略它.

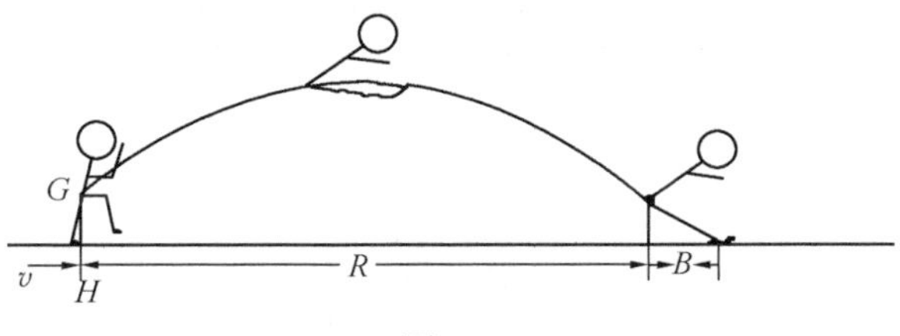

图 3.4

设运动员起跳的水平速度为 v_0,则跳远者运动轨迹满足初始值问题

$$m\frac{\mathrm{d}^2x}{\mathrm{d}t^2}=-kA\rho\left(\frac{\mathrm{d}x}{\mathrm{d}t}\right)^2,\quad x(0)=0,\quad x'(0)=v_0. \tag{3.1.26}$$

通过降阶法来解这个二阶微分方程. 令 $\frac{\mathrm{d}x}{\mathrm{d}t}=v$,则方程(3.1.26)变为可分离变量的方程

$$m\frac{\mathrm{d}v}{\mathrm{d}t}=-kA\rho v^2.$$

使用分离变量法并积分得

$$\int \frac{1}{v^2}\mathrm{d}v = \int -\frac{1}{m}kA\rho\mathrm{d}t.$$

由初始条件获得

$$\frac{1}{v} = \frac{kA\rho}{m}t + \frac{1}{v_0}.$$

将 $v=\dfrac{\mathrm{d}x}{\mathrm{d}t}$代入上面的方程获得

$$\frac{\mathrm{d}x}{\mathrm{d}t} = \frac{v_0 m}{m + kA\rho v_0 t}. \tag{3.1.27}$$

设跳远者跳过距离 R 所用的时间为 T，对上述方程从 0 到 T 积分，并利用初始条件 $x(0)=0$ 可得

$$\int_0^R \mathrm{d}x = \int_0^T \frac{1}{\frac{kA\rho}{m}t + \frac{1}{v_0}}\mathrm{d}t,$$

即有

$$R = \frac{m}{kA\rho}\ln\left(1 + \frac{kA\rho v_0 T}{m}\right). \tag{3.1.28}$$

为了计算 R，需要给出 B. Beamon 的质量、跳跃的时间及初速度. 其数值为 $m=80\mathrm{kg}$，$T=1\mathrm{s}$，$v_0=10\mathrm{m/s}$，则有

$$\frac{kA\rho v_0 T}{m} \approx 0.043.$$

因为该项很小，所以把式(3.1.28)中对数项进行泰勒展开，并略去二次以上的项得

$$\ln\left(1 + \frac{kA\rho v_0 T}{m}\right) \approx \frac{kA\rho v_0 T}{m} - \frac{1}{2}\left(\frac{kA\rho v_0 T}{m}\right)^2,$$

则(3.1.28)变为

$$R \approx v_0 T - \frac{kA\rho v_0^2 T^2}{2m}. \tag{3.1.29}$$

关心的是差 $R_{\mathrm{Mex}}-R_{\mathrm{sea}}$，其中，$R_{\mathrm{Mex}}$代表在墨西哥城跳的距离，$R_{\mathrm{sea}}$代表在海平面跳的距离. 因此

$$R_{\mathrm{Mex}} - R_{\mathrm{sea}} \approx -\frac{kAv_0^2 T^2}{2m}(\rho_{\mathrm{Mex}} - \rho_{\mathrm{sea}}) \approx 0.042\mathrm{m}.$$

因为 4.2cm 远小于 B. Beamon 超过的距离 55cm，所以 B. Beamon 创造的世界纪录的主要原因不是墨西哥城的空气稀薄所带来的，而是他个人的能力所获得的.

习　题　3.1

1. 求解下列方程：

(1) $xy''+(x^2-1)(y'-1)=0$；　　(2) $x'''=\sqrt{1+(x'')^2}$；

(3) $a^2(x'')^2=[1+(x')^2]^3(a>0)$； (4) $x'''=2(x''-1)\cot(t)$；

(5) $3(x'')^2-x'x'''=0$；

(6) $2x'''-3(x')^2=0, x(0)=-3, x'(0)=1, x''(0)=-1$.

2. 求下列方程的解：

(1) $xx''-(x')^2-x^2x'=0$； (2) $xx''+(x')^2+1=0$；

(3) $xx''-(x')^2=x^2\ln x$； (4) $x''+\omega^2x=0(\omega>0)$；

(5) $x''-\omega^2x=0(\omega>0)$； (6) $x''=\frac{1}{x}(x')^2\sqrt{1+(x')^2}$；

(7) $x''+(x')^2=2\mathrm{e}^{-x}$； (8) $xx''-(x')^2=x^4$；

(9) $x''(1-x)+2(x')^2=0$.

3. 求下列方程的解：

(1) $xx''-(x')^2-6tx^2=0$； (2) $t^2xx''-t^2(x')^2-4txx'+8x^2=0$；

(3) $(x-t)x''+(x')^2-2x'=1-\sin x\left(\text{提示：}\frac{\mathrm{d}^2(x-t)^2}{\mathrm{d}t^2}=2(x-t)x''+2(x'-1)^2\right)$；

(4) $tx''-x'=t^2xx'$； (5) $xx''=(x')^2+15x^2\sqrt{t}$；

(6) $t^2xx''+(tx'-x)^2=0\left(\text{提示：令 } y=\frac{x}{t}\right)$；

(7) $t[xx''+(x')^2]+3xx'=2t^3$（提示：令 $x^2=y$）.

3.2 线性微分方程的基本理论

线性微分方程是常微分方程中一类很重要的方程，它的理论发展十分完善. 本节将介绍它的基本理论.

3.2.1 线性微分方程的有关概念

将未知函数 x 及其各阶导数$\frac{\mathrm{d}x}{\mathrm{d}t},\cdots,\frac{\mathrm{d}^nx}{\mathrm{d}t^n}$均为一次的 n 阶微分方程称为 **n 阶线性微分方程**. 它的一般形式是

$$\frac{\mathrm{d}^nx}{\mathrm{d}t^n}+a_1(t)\frac{\mathrm{d}^{n-1}x}{\mathrm{d}t^{n-1}}+\cdots+a_{n-1}(t)\frac{\mathrm{d}x}{\mathrm{d}t}+a_n(t)x=f(t), \tag{3.2.1}$$

其中，$a_i(t)(i=1,2,\cdots,n)$及 $f(t)$都是区间 $a<t<b$ 上的连续函数.

如果 $f(t)\equiv0$，则方程(3.2.1)变为

$$\frac{\mathrm{d}^nx}{\mathrm{d}t^n}+a_1(t)\frac{\mathrm{d}^{n-1}x}{\mathrm{d}t^{n-1}}+\cdots+a_{n-1}(t)\frac{\mathrm{d}x}{\mathrm{d}t}+a_n(t)x=0, \tag{3.2.2}$$

称方程(3.2.2)为 **n 阶线性齐次微分方程**，简称**齐线性方程**. 而与此相应，称方程(3.2.1)为 **n 阶线性非齐次微分方程**，简称**非齐线性方程**，并且通常把方程(3.2.2)叫做**对应于方程(3.2.1)的齐线性方程**.

下面的 4 个方程都是线性微分方程:

$$t^2\frac{\mathrm{d}^2x}{\mathrm{d}t^2}+t\frac{\mathrm{d}x}{\mathrm{d}t}+(t^2-n^2)x=0,\quad n\text{ 是常数},$$

$$\frac{\mathrm{d}^2x}{\mathrm{d}t^2}+2\frac{\mathrm{d}x}{\mathrm{d}t}+3x=0,$$

$$t^2\frac{\mathrm{d}^2x}{\mathrm{d}t^2}+a_1t\frac{\mathrm{d}x}{\mathrm{d}t}+a_2x=f(t),\quad a_1,a_2\text{ 是常数},$$

$$\frac{\mathrm{d}^2x}{\mathrm{d}t^2}+4x=\sin t,$$

其中,前两个是齐次的,后两个是非齐次的.

同一阶方程一样,高阶方程也需要讨论是否有解和解是否存在唯一的问题. 因此,作为讨论的基础,下面给出方程(3.2.1)解的存在唯一性定理,其证明将在第 4 章讲述线性方程组的有关定理时给出.

定理 3.1　如果方程(3.2.1)的系数 $a_i(t)(i=1,2,\cdots,n)$ 及右端函数 $f(t)$ 在区间 $a<t<b$ 上连续,则对任一 $t_0\in(a,b)$ 及任意 $x_0,x_0^{(1)},\cdots,x_0^{(n-1)}$,方程(3.2.1)存在唯一的解 $x=\varphi(t)$,满足下列初始条件:

$$\varphi(t_0)=x_0,\quad \left.\frac{\mathrm{d}\varphi(t)}{\mathrm{d}t}\right|_{t=t_0}=x_0^{(1)},\quad \cdots,\quad \left.\frac{\mathrm{d}^{n-1}\varphi(t)}{\mathrm{d}t^{n-1}}\right|_{t=t_0}=x_0^{(n-1)}.$$

在本章如无特别的声明,总假设方程(3.2.1)的系数 $a_i(t)(i=1,2,\cdots,n)$ 及右端函数 $f(t)$ 在区间 $a<t<b$ 上连续.

为了以后叙述方便,引入下列记号:

$$L[x]\equiv\frac{\mathrm{d}^nx}{\mathrm{d}t^n}+a_1(t)\frac{\mathrm{d}^{n-1}x}{\mathrm{d}t^{n-1}}+\cdots+a_{n-1}(t)\frac{\mathrm{d}x}{\mathrm{d}t}+a_n(t)x,\tag{3.2.3}$$

并把 L 称为**线性微分算子**. 以后当把算子作用于函数 x 上时,就是指对 x 施行如式(3.2.3)右端的运算. 例如,取 $x(t)=\mathrm{e}^{\lambda t}$,则

$$L[\mathrm{e}^{\lambda t}]=[\lambda^n+a_1(t)\lambda^{n-1}+a_2(t)\lambda^{n-2}+\cdots+a_{n-1}(t)\lambda+a_n(t)]\mathrm{e}^{\lambda t}.$$

根据 $L[x]$ 的意义,可以把非齐次方程(3.2.1)和齐次方程(3.2.2)分别写成

$$L[x]=f(t),\quad L[x]=0.$$

线性微分算子 L 具有下面的性质:

性质 3.1　$L[cx]=cL[x]$,c 是常数.

$$\begin{aligned}L[cx]&=\frac{\mathrm{d}^n(cx)}{\mathrm{d}t^n}+a_1(t)\frac{\mathrm{d}^{n-1}(cx)}{\mathrm{d}t^{n-1}}+\cdots+a_{n-1}(t)\frac{\mathrm{d}(cx)}{\mathrm{d}t}+a_n(t)(cx)\\&=c\left[\frac{\mathrm{d}^nx}{\mathrm{d}t^n}+a_1(t)\frac{\mathrm{d}^{n-1}x}{\mathrm{d}t^{n-1}}+\cdots+a_{n-1}(t)\frac{\mathrm{d}x}{\mathrm{d}t}+a_n(t)x\right]=cL[x].\end{aligned}$$

性质 3.2 $L[x_1+x_2]=L[x_1]+L[x_2]$.

$$\begin{aligned}L[x_1+x_2]&=\frac{\mathrm{d}^n(x_1+x_2)}{\mathrm{d}t^n}+a_1(t)\frac{\mathrm{d}^{n-1}(x_1+x_2)}{\mathrm{d}t^{n-1}}+\cdots\\&\quad+a_{n-1}(t)\frac{\mathrm{d}(x_1+x_2)}{\mathrm{d}t}+a_n(t)(x_1+x_2)\\&=\left[\frac{\mathrm{d}^nx_1}{\mathrm{d}t^n}+a_1(t)\frac{\mathrm{d}^{n-1}x_1}{\mathrm{d}t^{n-1}}+\cdots+a_{n-1}(t)\frac{\mathrm{d}x_1}{\mathrm{d}t}+a_n(t)x_1\right]\\&\quad+\left[\frac{\mathrm{d}^nx_2}{\mathrm{d}t^n}+a_1(t)\frac{\mathrm{d}^{n-1}x_2}{\mathrm{d}t^{n-1}}+\cdots+a_{n-1}(t)\frac{\mathrm{d}x_2}{\mathrm{d}t}+a_n(t)x_2\right]\\&=L[x_1]+L[x_2].\end{aligned}$$

3.2.2 齐次线性方程解的性质和结构

假设齐次线性方程

$$\frac{\mathrm{d}^nx}{\mathrm{d}t^n}+a_1(t)\frac{\mathrm{d}^{n-1}x}{\mathrm{d}t^{n-1}}+\cdots+a_{n-1}(t)\frac{\mathrm{d}x}{\mathrm{d}t}+a_n(t)x=0 \tag{3.2.4}$$

的系数 $a_i(t)(i=1,2,\cdots,n)$在区间 $a<t<b$ 上连续.

定理 3.2(叠加原理) 如果 $x_1(t),x_2(t),\cdots,x_k(t)$是方程(3.2.4)的 k 个解,则它的线性组合 $c_1x_1(t)+c_2x_2(t)+\cdots+c_kx_k(t)$也是方程(3.2.4)的解,其中,$c_1$,$c_2,\cdots,c_k$ 是常数.

证明 因为 $x_i(t)(i=1,2,\cdots,k)$是方程(3.2.4)的解,故有

$$L[x_i(t)]=0,\quad i=1,2,\cdots,k.$$

由性质 3.1 和性质 3.2 可知

$$L[c_1x_1(t)+c_2x_2(t)+\cdots+c_kx_k(t)]=0,$$

即 $c_1x_1(t)+c_2x_2(t)+\cdots+c_kx_k(t)$是方程(3.2.4)的解.

例 3.2.1 验证 $\sin t,\cos t,\varphi(t)=c_1\sin t+c_2\cos t$ 是方程 $x''+x=0$ 的解.

解 分别将 $\sin t,\cos t,\varphi(t)$代入方程 $x''+x=0$ 有

$$\begin{aligned}&(\sin t)''+\sin t=0,\\&(\cos t)''+\cos t=0,\\&\varphi''(t)+\varphi(t)=c_1[(\sin t)''+\sin t]+c_2[(\cos t)''+\cos t]=0,\end{aligned}$$

所以 $\sin t,\cos t,\varphi(t)$都是该方程的解.

在定理 3.2 中,若 $k=n$,即 n 阶方程(3.2.4)有 n 个解 $x_1(t),x_2(t),\cdots,x_n(t)$,则由定理 3.2 知,$\sum\limits_{i=1}^{n}c_ix_i(t)$ 也是方程(3.2.4) 的解,它含有 n 个任意常数. 反过

来,如果方程(3.2.4) 的任意一个解 $\varphi(t)$ 都可以表示为 $\varphi(t)=\sum_{i=1}^{n}c_ix_i(t)$,则称 $x_1(t),x_2(t),\cdots,x_n(t)$ 是方程(3.2.4) 的**基本解组**. 自然,关心的是 $x_1(t),x_2(t),\cdots,x_n(t)$ 在什么条件下能成为方程(3.2.4) 的基本解组?或者,$\varphi(t)=\sum_{i=1}^{n}c_ix_i(t)$在什么条件下能成为方程(3.2.4)的通解? 为回答这个问题,首先介绍函数组在已知区间上线性相关和线性无关及 Wronskian 行列式等概念.

对定义在区间(a,b)上的函数 $x_1(t),x_2(t),\cdots,x_k(t)$,如果存在不全为零的常数 $c_1,c_2,\cdots,c_k$,使得

$$c_1x_1(t)+c_2x_2(t)+\cdots+c_kx_k(t)=0$$

在(a,b)上恒成立,则称这些函数是**在所给区间上线性相关**的;否则,就称这些函数**线性无关**.

例如,函数 $1,t,t^2,\cdots,t^n$ 在任何区间上都是线性无关的. 因为恒等式

$$c_0+c_1t+c_2t^2+\cdots+c_nt^n=0 \tag{3.2.5}$$

只有当所有的 $c_i=0(i=0,1,\cdots,n)$时才成立. 如果至少有一个 $c_i\neq 0$,则式(3.2.5)的左端是一个不高于 n 次的多项式,它最多可有 n 个不同的根. 因此,它在所考虑的区间上不能有多于 n 个零点,更不可能恒为零.

注 1　在函数组 $x_1(t),x_2(t),\cdots,x_k(t)$中,如果有一个函数,如 $x_k(t)$在(a,b)上恒等于零,则 $x_1(t),x_2(t),\cdots,x_k(t)$在$(a,b)$上线性相关.

注 2　考虑两个函数构成的函数组 $x_1(t),x_2(t)$,如果$\frac{x_1(t)}{x_2(t)}\left(或\frac{x_2(t)}{x_1(t)}\right)$在$(a,b)$有定义,则它们在区间$(a,b)$上线性无关的充要条件为$\frac{x_1(t)}{x_2(t)}\left(或\frac{x_2(t)}{x_1(t)}\right)$在区间$(a,b)$上不恒为常数. 例如,函数 $\sin t$ 和 $\cos t$ 在任何区间上都是线性无关的,但函数 $\cos^2 t$ 和 $\sin^2 t-1$ 在任何区间上都是线性相关的.

注 3　函数组的线性无关与线性相关是依赖于所取的区间. 例如,函数 $x_1(t)=|t|$和 $x_2(t)=t$ 在区间$(-\infty,+\infty)$上是线性无关的,分别在区间$(-\infty,0)$和$(0,+\infty)$上是线性相关的. 因为

$$\frac{x_1(t)}{x_2(t)}=\begin{cases}-1, & t<0,\\ 1, & t>0\end{cases}$$

在区间$(-\infty,+\infty)$上不是常数,分别在区间$(-\infty,0)$和$(0,+\infty)$上是常数.

下面来建立线性相关和线性无关的判别法则. 为此,先引进 Wronskian 行列式. 由定义在区间(a,b)上的 k 个可微 $k-1$ 次的函数 $x_1(t),x_2(t),\cdots,x_k(t)$所得到的行列式

$$W[x_1(t),x_2(t),\cdots,x_k(t)] \equiv \begin{vmatrix} x_1(t) & x_2(t) & \cdots & x_k(t) \\ x_1'(t) & x_2'(t) & \cdots & x_k'(t) \\ \vdots & \vdots & & \vdots \\ x_1^{(k-1)}(t) & x_2^{(k-1)}(t) & \cdots & x_k^{(k-1)}(t) \end{vmatrix}$$

称为这些函数的 **Wronskian 行列式**，也写作 $W(t)$.

定理 3.3 如果函数组 $x_1(t), x_2(t), \cdots, x_n(t)$ 在区间 (a,b) 上线性相关，则在 (a,b) 上它们的 Wronskian 行列式恒等于零.

证明 由假设可知存在一组不全为零的常数 $c_1, c_2, \cdots, c_n$，使得

$$c_1x_1(t) + c_2x_2(t) + \cdots + c_nx_n(t) \equiv 0, \quad t \in (a,b). \tag{3.2.6}$$

依次将此恒等式对 t 微分得到 n 个恒等式

$$\begin{cases} c_1x_1(t) + c_2x_2(t) + \cdots + c_nx_n(t) \equiv 0, \\ c_1x_1'(t) + c_2x_2'(t) + \cdots + c_nx_n'(t) \equiv 0, \\ \cdots\cdots \\ c_1x_1^{(n-1)}(t) + c_2x_2^{(n-1)}(t) + \cdots + c_nx_n^{(n-1)}(t) \equiv 0. \end{cases}$$

上述方程组是关于 $c_1, c_2, \cdots, c_n$ 的齐次方程组，它的系数行列式就是 Wronskian 行列式 $W(t)$，于是由线性代数知识知要使方程组存在非零解，则它的系数行列式必为零，即 $W(t)=0$.

由上述定理可直接得出下面的推论：

推论 3.1 如果函数组 $x_1(t), x_2(t), \cdots, x_n(t)$ 的 Wronskian 行列式在区间 (a,b) 上某点 t_0 处不等于零，即 $W(t_0) \neq 0$，则该函数组在区间 (a,b) 上线性无关.

注 定理 3.3 的逆定理不一定成立，也就是说，条件 $W(t) \equiv 0$ 只是函数组 $x_1(t), x_2(t), \cdots, x_n(t)$ 在某区间 (a,b) 上线性相关的必要条件，但不是充分条件. 例如，函数

$$x_1(t) = \begin{cases} t^2, & t \geqslant 0, \\ 0, & t < 0 \end{cases} \quad 和 \quad x_2(t) = \begin{cases} 0, & t \geqslant 0, \\ t^2, & t < 0. \end{cases}$$

显然，对所有 t 恒有 $W[x_1(t), x_2(t)] = 0$，但 $x_1(t), x_2(t)$ 在 $(-\infty, +\infty)$ 上却是线性无关的.

事实上，假设存在恒等式

$$c_1x_1(t) + c_2x_2(t) \equiv 0,$$

则当 $t<0$ 时，推得 $c_2=0$；而当 $0 \leqslant t$ 时，又推得 $c_1=0$. 故 $x_1(t), x_2(t)$ 在 $(-\infty, +\infty)$ 上是线性无关的.

应当指出，如果函数组 $x_1(t), x_2(t), \cdots, x_n(t)$ 是齐次方程的 n 个解，此时，它的 Wronskian 行列式恒等于零将成为该解组在 (a,b) 上线性相关的充要条件. 这

可由下面的定理推出：

定理 3.4　如果函数组 $x_1(t),x_2(t),\cdots,x_n(t)$ 是方程(3.2.4)在区间 (a,b) 上 n 个线性无关的解，则它们的 Wronskian 行列式 $W[x_1(t),x_2(t),\cdots,x_n(t)]$ 在该区间上任何点都不等于零，即 $W[x_1(t),x_2(t),\cdots,x_n(t)]\neq 0(t\in(a,b))$.

证明　采用反证法. 设有 $t_0\in(a,b)$，使得 $W(t_0)=0$. 考虑关于 $c_1,c_2,\cdots,c_n$ 的齐次线性代数方程组

$$\begin{cases}c_1x_1(t_0)+c_2x_2(t_0)+\cdots+c_nx_n(t_0)=0,\\ c_1x_1'(t_0)+c_2x_2'(t_0)+\cdots+c_nx_n'(t_0)=0,\\ \cdots\cdots\\ c_1x_1^{(n-1)}(t_0)+c_2x_2^{(n-1)}(t_0)+\cdots+c_nx_n^{(n-1)}(t_0)=0,\end{cases}\tag{3.2.7}$$

其系数行列式 $W(t_0)=0$，故它有非零解 $c_1,c_2,\cdots,c_n$. 现以这组解构造函数

$$x(t)\equiv c_1x_1(t)+c_2x_2(t)+\cdots+c_nx_n(t),\quad a<t<b,$$

由定理 3.2 知 $x(t)$ 是方程(3.2.4)的解. 又因为

$$\begin{cases}x(t_0)=c_1x_1(t_0)+c_2x_2(t_0)+\cdots+c_nx_n(t_0)=0,\\ x'(t_0)=c_1x_1'(t_0)+c_2x_2'(t_0)+\cdots+c_nx_n'(t_0)=0,\\ \cdots\cdots\\ x^{(n-1)}(t_0)=c_1x_1^{(n-1)}(t_0)+c_2x_2^{(n-1)}(t_0)+\cdots+c_nx_n^{(n-1)}(t_0)=0.\end{cases}$$

这表明这个解 $x(t)$ 满足初始条件

$$x(t_0)=x'(t_0)=\cdots=x^{(n-1)}(t_0)=0.\tag{3.2.8}$$

但是 $x(t)=0$ 显然也是方程(3.2.4)满足初始条件(3.2.8)的解，由解的唯一性知 $x(t)=\sum\limits_{i=1}^{n}c_ix_i(t)\equiv 0(a<t<b)$，即

$$x(t)\equiv c_1x_1(t)+c_2x_2(t)+\cdots+c_nx_n(t)\equiv 0,\quad a<t<b.$$

因为 $c_1,c_2,\cdots,c_n$ 不全为零，这与 $x_1(t),x_2(t),\cdots,x_n(t)$ 线性无关矛盾.

由定理 3.4 易得下面的推论：

推论 3.2　设 $x_1(t),x_2(t),\cdots,x_n(t)$ 是方程(3.2.4)在区间 (a,b) 上的 n 个解，如果存在 $t_0\in(a,b)$，使得它的 Wronskian 行列式 $W[x_1(t_0),x_2(t_0),\cdots,x_n(t_0)]=0$，则该解组在 (a,b) 上线性相关.

推论 3.3　方程(3.2.4)的 n 个解 $x_1(t),x_2(t),\cdots,x_n(t)$ 在其定义区间 (a,b) 上线性无关的充要条件是在区间 (a,b) 上存在点 t_0，使得它的 Wronskian 行列式 $W(t_0)\neq 0$.

由上述讨论可知由 n 阶线性方程(3.2.4)的 n 个解构成的 Wronskian 行列式，或者恒等于零，或者在方程的系数连续的区间上处处不等于零.

由定理 3.1 知方程(3.2.4)满足初始条件

$$\begin{cases} x_1(t_0)=1, x_1'(t_0)=0, \cdots, x_1^{(n-1)}(t_0)=0, \\ x_2(t_0)=0, x_2'(t_0)=1, \cdots, x_2^{(n-1)}(t_0)=0, \\ \cdots\cdots \\ x_n(t_0)=0, x_n'(t_0)=0, \cdots, x_n^{(n-1)}(t_0)=1 \end{cases}$$

的解 $x_1(t), x_2(t), \cdots, x_n(t)$一定存在,因为 $W[x_1(t_0), x_2(t_0), \cdots, x_n(t_0)]=1\neq 0$,于是由推论 3.3 知这 n 个解一定线性无关,由此可得下面的定理 3.5.

定理 3.5　n 阶齐次线性方程(3.2.4)一定存在 n 个线性无关的解.

下面的几个定理反映了方程(3.2.4)的线性无关解组、基本解组及通解的关系.

定理 3.6　如果 $x_1(t), x_2(t), \cdots, x_n(t)$是 n 阶齐次方程(3.2.4)的 n 个线性无关的解,则它一定是该方程的基本解组,即方程(3.2.4)的任一解 $x(t)$都可表达为 $x(t)=\sum\limits_{i=1}^{n} c_i x_i(t)$.

证明　设 $x(t)$是方程(3.2.4)的任一解,并且满足条件

$$x(t_0)=x_0, \quad x'(t_0)=x_0', \quad \cdots, \quad x^{(n-1)}(t_0)=x_0^{(n-1)}.$$

考虑方程组

$$\begin{cases} x_0 = c_1 x_1(t_0)+c_2 x_2(t_0)+\cdots+c_n x_n(t_0), \\ x_0' = c_1 x_1'(t_0)+c_2 x_2'(t_0)+\cdots+c_n x_n'(t_0), \\ \cdots\cdots \\ x_0^{(n-1)} = c_1 x_1^{(n-1)}(t_0)+c_2 x_2^{(n-1)}(t_0)+\cdots+c_n x_n^{(n-1)}(t_0). \end{cases}$$

由于它的系数行列式是方程(3.2.4)的 n 个线性无关解组 $x_1(t), x_2(t), \cdots, x_n(t)$的 Wronskian 行列式在 t_0 处的值,故它不为零,因而上面的方程组有唯一解 $c_1, c_2, \cdots, c_n$. 现以这组常数 $c_1, c_2, \cdots, c_n$ 构造函数 $\varphi(t)=\sum\limits_{i=1}^{n} c_i x_i(t)$,由解的叠加原理知道 $\varphi(t)$是方程(3.2.4) 的解,并且有 $\varphi(t_0)=x_0, \varphi'(t_0)=x_0', \cdots, \varphi^{(n-1)}(t_0)=x_0^{(n-1)}$. 由解的唯一性定理得 $\varphi(t)=x(t)$,即 $x(t)=\sum\limits_{i=1}^{n} c_i x_i(t)$.

由定理 3.6 可以得到线性齐次方程解的结构定理.

定理 3.7(通解结构定理)　如果 $x_1(t), x_2(t), \cdots, x_n(t)$是方程(3.2.4)的 n 个线性无关解,则方程(3.2.4)的通解可表示为 $x(t)=\sum\limits_{i=1}^{n} c_i x_i(t)$, 其中,$c_1, c_2, \cdots, c_n$ 是任意常数.

综合上面的讨论得到下面一些等价的结论.

定理 3.8　设 $x_1(t),x_2(t),\cdots,x_n(t)$ 是方程(3.2.4)的 n 个解,则下列命题是等价的:

(1) 方程(3.2.4)的通解为 $x(t)=\sum_{i=1}^{n}c_ix_i(t)$;

(2) $x_1(t),x_2(t),\cdots,x_n(t)$ 是方程(3.2.4)的基本解组;

(3) $x_1(t),x_2(t),\cdots,x_n(t)$ 在 (a,b) 上是线性无关的;

(4) 在 (a,b) 上有一点 t_0,Wronskian 行列式 $W(t_0)\neq 0$;

(5) 在 (a,b) 上任一点 t,Wronskian 行列式 $W[x_1(t),x_2(t),\cdots,x_n(t)]\neq 0$.

定理 3.9　设 $x_1(t),x_2(t),\cdots,x_n(t)$ 是方程(3.2.4)的任意 n 个解,$W(t)$ 是它的 Wronskian 行列式,则对 (a,b) 上任意一点 t_0 都有

$$W(t)=W(t_0)\exp\left(-\int_{t_0}^{t}a_1(s)\mathrm{d}s\right). \tag{3.2.9}$$

读者可以就 $n=2,3$ 的情况下证明定理 3.9,一般情况的证明思路相同. 式(3.2.9)称为**刘维尔(Liouville)公式**.

注 1　从 Liouville 公式可以看出,方程(3.2.4)解组的 Wronskian 行列式 $W(t)$ 如在 (a,b) 内某一点处为零,则在整个 (a,b) 上恒为零;如果方程(3.2.4)解组的 Wronskian 行列式 $W(t)$ 在 (a,b) 上的某一点处不等于零,则在整个 (a,b) 上恒不为零.

注 2　对二阶微分方程 $x''+p(t)x'+q(t)x=0$,若 $x_1(t)$ 是方程的一个解,则利用 Liouville 公式可求出它的通解.

事实上,设 $x(t)$ 是与 $x_1(t)$ 不同的解,则由 Liouville 公式可得

$$x_1x'-x_1'x=c\exp\left(-\int p(t)\mathrm{d}t\right).$$

为求出 $x(t)$,用 $\frac{1}{x_1^2}$ 乘以上式两端并整理得

$$\frac{\mathrm{d}}{\mathrm{d}t}\left(\frac{x}{x_1}\right)=\frac{c}{x_1^2}\exp\left(-\int p(t)\mathrm{d}t\right).$$

由此可得

$$\frac{x}{x_1}=\int\frac{c}{x_1^2}\exp\left(-\int p(t)\mathrm{d}t\right)\mathrm{d}t+c_1.$$

取 $c_1=0,c=1$,则 $x=x_1\int\frac{1}{x_1^2}\exp\left(-\int p(t)\mathrm{d}t\right)\mathrm{d}t$ 就是二阶方程的另一解. 又因为

$$W(t)=\begin{vmatrix}x_1 & x\\ x_1' & x'\end{vmatrix}=\exp\left(-\int p(t)\mathrm{d}t\right)\neq 0,$$

所以 x 是与 x_1 线性无关的解，从而该二阶方程的通解为

$$x(t)=c_1x_1+c_2x_1\int\frac{1}{x_1^2}\exp\left(-\int p(t)\mathrm{d}t\right)\mathrm{d}t.$$

例 3.2.2 求方程 $(1-t^2)x''-2tx'+2x=0$ 的通解.

解 容易看出所给方程有解 $x_1=t$，在此处 $p(t)=-\dfrac{2t}{1-t^2}$，由上面导出的二阶方程通解公式可得

$$\begin{aligned}x&=x_1\left[c_1+c\int\frac{1}{x_1^2}\exp\left(\int\frac{2t}{1-t^2}\mathrm{d}t\right)\mathrm{d}t\right]=t\left[c_1+c\int\frac{\mathrm{d}t}{t^2(1-t^2)}\right]\\&=t\left[c_1+c\int\left(\frac{1}{t^2}+\frac{1}{2(1-t)}+\frac{1}{2(1+t)}\right)\mathrm{d}t\right]\\&=c_1t+c\left(\frac{t}{2}\ln\frac{1+t}{1-t}-1\right).\end{aligned}$$

3.2.3 非齐次线性方程解的结构

前面给出了齐线性方程通解的结构，下面将以此为基础来给出非齐次线性方程通解的结构.

与非齐次线性方程

$$\frac{\mathrm{d}^nx}{\mathrm{d}t^n}+a_1(t)\frac{\mathrm{d}^{n-1}x}{\mathrm{d}t^{n-1}}+\cdots+a_{n-1}(t)\frac{\mathrm{d}x}{\mathrm{d}t}+a_n(t)x=f(t)\qquad(3.2.10)$$

对应的齐次方程为方程(3.2.4)，在一阶线性方程里已经知道，一阶线性非齐次方程的通解等于它所对应齐次方程通解与它本身的一个特解之和. 对于 n 阶线性非齐次方程，也有类似的结论.

定理 3.10 n 阶线性非齐次方程(3.2.10)的通解等于它所对应齐次方程(3.2.4)的通解与它本身的一个特解之和.

证明 设 x^* 是方程(3.2.10)的一个特解，$\tilde{x}$ 是(3.2.4)的通解. 首先，证明 $x=x^*+\tilde{x}$ 是方程(3.2.10)的解. 事实上，因为

$$L[x]=L[x^*+\tilde{x}]=L[\tilde{x}]+L[x^*],$$

而

$$L[\tilde{x}]=0,\quad L[x^*]=f(t),$$

所以 $L[x]=L[x^*+\tilde{x}]=f(t)$，即 $x=x^*+\tilde{x}$ 是方程(3.2.10)的解.

其次，证明 $x=x^*+\tilde{x}$ 是方程(3.2.10)的通解，即证对于(3.2.10)的任意一解 $\bar{x}$，总可以表示成 $\bar{x}=x^*+\tilde{x}_0$，其中，$\tilde{x}_0$ 是由 $\tilde{x}$ 中的任意常数取某一特定值而得到

的. 事实上，因为

$$L[\bar{x}-x^*]=L[\bar{x}]-L[x^*]=f(t)-f(t)=0,$$

所以 $\bar{x}-x^*=\tilde{x}_0$ 是方程(3.2.4)的解，其中，$\tilde{x}_0$ 可由 $\tilde{x}$ 的任意常数取某一特定值得到. 于是 $\bar{x}=\tilde{x}_0+x^*$.

定理 3.11(解的叠加原理)　设 $x_1(t)$，$x_2(t)$分别是非齐次线性方程 $L[x]=f_1(t)$和 $L[x]=f_2(t)$的解，则 $x_1(t)+x_2(t)$是方程 $L[x]=f_1(t)+f_2(t)$的解.

证明　由已知可得 $L[x_1(t)]=f_1(t)$，$L[x_2(t)]=f_2(t)$. 因为

$$L[x_1(t)+x_2(t)]=L[x_1(t)]+L[x_2(t)]=f_1(t)+f_2(t),$$

所以 $x_1(t)+x_2(t)$是方程 $L[x]=f_1(t)+f_2(t)$的解.

和一阶线性方程类似，n 阶线性非齐次方程也可根据对应齐次方程 n 个线性无关的解来求它本身的一个特解，这种方法称**常数变易法**. 设 $x_1(t)$，$x_2(t)$，…，$x_n(t)$是方程(3.2.4)的 n 个线性无关的解，因而

$$x=c_1x_1(t)+c_2x_2(t)+\cdots+c_nx_n(t)\tag{3.2.11}$$

是方程(3.2.4)的通解，为求与(3.2.4)对应的非齐次方程(3.2.10)的一个特解，把(3.2.11)中的常数 $c_i(i=1,2,\cdots,n)$看成 t 的待定函数 $c_i(t)$，此时(3.2.11)变为

$$x=c_1(t)x_1(t)+c_2(t)x_2(t)+\cdots+c_n(t)x_n(t).\tag{3.2.12}$$

将(3.2.12)代入方程(3.2.10)，仅能得到 $c_1(t)$，$c_2(t)$，…，$c_n(t)$所满足的一个条件，由于待定函数有 n 个，为了确定它们，还必须再给出关于 $c_i(t)(i=1,2,\cdots,n)$的另外 $n-1$ 个限制条件，在理论上，这些另加的条件可以任意给出，但为了运算上的方便，按下面的方法来给出这 $n-1$ 个条件.

对式(3.2.12)两边对 t 求导得

$$\begin{aligned}x'=&c_1(t)x_1'(t)+c_2(t)x_2'(t)+\cdots+c_n(t)x_n'(t)\\&+c_1'(t)x_1(t)+c_2'(t)x_2(t)+\cdots+c_n'(t)x_n(t).\end{aligned}$$

令

$$c_1'(t)x_1(t)+c_2'(t)x_2(t)+\cdots+c_n'(t)x_n(t)=0$$

得到

$$x'=c_1(t)x_1'(t)+c_2(t)x_2'(t)+\cdots+c_n(t)x_n'(t).$$

对上式两边继续对 t 求导，并像上面的做法一样，令含有 $c_i'(t)$的部分为零，又获得一个条件

$$c_1'(t)x_1'(t)+c_2'(t)x_2'(t)+\cdots+c_n'(t)x_n'(t)=0$$

和表达式

$$x'' = c_1(t)x_1''(t) + c_2(t)x_2''(t) + \cdots + c_n(t)x_n''(t).$$

继续上面的做法,直到获得第 $n-1$ 个条件

$$c_1'(t)x_1^{(n-2)}(t) + c_2'(t)x_2^{(n-2)}(t) + \cdots + c_n'(t)x_n^{(n-2)}(t) = 0$$

和表达式

$$x^{(n-1)} = c_1(t)x_1^{(n-1)}(t) + c_2(t)x_2^{(n-1)}(t) + \cdots + c_n(t)x_n^{(n-1)}(t).$$

最后,将上式两边对 t 求导得

$$\begin{aligned} x^{(n)} = & c_1(t)x_1^{(n)}(t) + c_2(t)x_2^{(n)}(t) + \cdots + c_n(t)x_n^{(n)}(t) \\ & + c_1'(t)x_1^{(n-1)}(t) + c_2'(t)x_2^{(n-1)}(t) + \cdots + c_n'(t)x_n^{(n-1)}(t). \end{aligned}$$

将上面得到的 $x, x', \cdots, x^{(n)}$ 表达式代入(3.2.10),并注意到 $x_1(t), x_2(t), \cdots, x_n(t)$ 是(3.2.4)的解得到

$$c_1'(t)x_1^{(n-1)}(t) + c_2'(t)x_2^{(n-1)}(t) + \cdots + c_n'(t)x_n^{(n-1)}(t) = f(t).$$

由 n 个未知函数 $c_i'(t)(i=1,2,\cdots,n)$ 所满足的代数方程组

$$\begin{cases} c_1'(t)x_1(t) + c_2'(t)x_2(t) + \cdots + c_n'(t)x_n(t) = 0, \\ c_1'(t)x_1'(t) + c_2'(t)x_2'(t) + \cdots + c_n'(t)x_n'(t) = 0, \\ \cdots\cdots \\ c_1'(t)x_1^{(n-2)}(t) + c_2'(t)x_2^{(n-2)}(t) + \cdots + c_n'(t)x_n^{(n-2)}(t) = 0, \\ c_1'(t)x_1^{(n-1)}(t) + c_2'(t)x_2^{(n-1)}(t) + \cdots + c_n'(t)x_n^{(n-1)}(t) = f(t). \end{cases}$$

该方程组的系数行列式恰好是方程(3.2.4)的 n 个线性无关解的 Wronskian 行列式 $W[x_1(t), x_2(t), \cdots, x_n(t)]$,故它不等于零. 因而方程组的解可唯一确定.

设由上面的方程所求得 $c_i'(t)=\varphi_i(t)(i=1,2,\cdots,n)$,积分得

$$c_i(t) = \int \varphi_i(t)\mathrm{d}t + \gamma_i, \quad i = 1,2,\cdots,n,$$

其中,γ_i 是任意常数. 将所得 $c_i(t)$ 的表达式代入(3.2.12)即得方程(3.2.10)的通解

$$x(t) = \sum_{i=1}^{n} \gamma_i x_i(t) + \sum_{i=1}^{n} x_i(t) \int \varphi_i(t)\mathrm{d}t.$$

为了得到方程(3.2.10)的一个特解,只需给出常数 $\gamma_i(i=1,2,\cdots,n)$ 以确定它的值. 例如,取 $\gamma_i=0$,即得解 $x = \sum_{i=1}^{n} x_i(t) \int \varphi_i(t)\mathrm{d}t$.

例 3.2.3　求方程 $x''+x=\dfrac{1}{\cos t}$ 的通解，已知它的对应齐线性方程的两个解为 $\cos t,\sin t$.

解　利用常数变易法，令

$$x=c_1(t)\cos t+c_2(t)\sin t.$$

将它代入原方程，则可得关于 $c_1'(t)$ 和 $c_2'(t)$ 的两个方程

$$\begin{cases}\cos t c_1'(t)+\sin t c_2'(t)=0,\\ -\sin t c_1'(t)+\cos t c_2'(t)=\dfrac{1}{\cos t},\end{cases}$$

解得

$$c_1'(t)=-\tan t,\quad c_2'(t)=1.$$

由此

$$c_1(t)=\ln|\cos t|+\gamma_1,\quad c_2(t)=t+\gamma_2.$$

于是原方程的通解为

$$x=\gamma_1\cos t+\gamma_2\sin t+\cos t\ln|\cos t|+t\sin t,$$

其中，γ_1,γ_2 为任意常数.

习　题　3.2

1. 设 $L[x(t)]=x''(t)-6x'(t)+5x(t)$，计算

(1) $L[e^t]$；　(2) $L[e^{rt}]$；　(3) $L[\sin t]$；　(4) $L[t^2+2t]$.

2. 定义算子 L 为

$$L[x(t)]=\int_0^t s^2x(s)\mathrm{d}s.$$

试证明 $L[cx(t)]=cL[x(t)]$，$L[x_1+x_2]=L[x_1]+L[x_2]$.

3. 设 $L[y(t)]=y''(t)+p(t)y'(t)+q(t)y(t)$ 且 $L[t^2]=t^2+1$，$L[t]=2t^2+2$. 验证 $y(t)=t-2t^2$ 是方程 $y''(t)+p(t)y'(t)+q(t)y(t)=0$ 的解.

4. 考虑方程 $t^2x''-4tx'+6x=0$. 设 $\varphi_1(t)=t^3$，$\varphi_2(t)=|t|^3$.

(1) 验证 φ_1 和 φ_2 在区间 $(-\infty,+\infty)$ 上是方程的解；

(2) 验证 φ_1 和 φ_2 在区间 $(-\infty,+\infty)$ 上是方程的基本解组；

(3) 验证在区间 $(-\infty,+\infty)$ 上，$W[\varphi_1(t),\varphi_2(t)]\equiv 0$；

(4) (1)，(2)，(3)给出的事实是否与定理 3.4 矛盾，试解释为什么？

5. 设 φ_1 和 φ_2 在区间 I 上组成方程 $y''(t)+p(t)y'(t)+q(t)y(t)=0$ 的基本解组. 问常数 $c_{11},c_{12},c_{21},c_{22}$ 满足什么条件，使 ψ_1 和 ψ_2 在区间 I 上也是方程的基本解组，其中，$\psi_1=c_{11}\varphi_1+c_{12}\varphi_2$，$\psi_2=c_{21}\varphi_1+c_{22}\varphi_2$.

6. 考虑方程 $x''(t)+p(t)x'(t)+q(t)x(t)=0$，当 $p(t)$ 和 $q(t)$ 在 $t=0$ 处连续时，证明 $x(t)=t^2$ 不可能是方程的解.

7. 设在方程 $x''(t)+p(t)x'(t)+q(t)x(t)=0$ 中，$p(t)$在某区间 I 上连续且恒不为零，试证明它的任意两个线性无关的解的 Wronskian 行列式是区间上的严格单调函数.

8. 已知方程$(t-1)x''-tx'+x=0$ 的一个解 $x_1=t$，试求其通解.

9. 已知方程$(1-\ln t)x''+\frac{1}{t}x'-\frac{1}{t^2}x=0$ 的一个解 $x_1=\ln t$，求其通解.

10. 试验证 $x''+\frac{t}{1-t}x'-\frac{1}{1-t}x=0$ 有基本解组 t,e^t，并求解方程 $x''+\frac{t}{1-t}x'-\frac{1}{1-t}x=t-1$ 的通解.

11. 求方程 $x''+4x=t\sin 2t$ 的通解，已知它对应的齐线性方程有基本解组 $\cos 2t,\sin 2t$.

*12. 设 $p(x)$和 $q(x)$在(α,β)连续，$y_1(x)$和 $y_2(x)$是方程 $y''+p(x)y'+q(x)y=0$ 的基本解组. 证明当 $p(x)$和 $q(x)$不同时为零时 $y_1(x)$和 $y_2(x)$不能同时出现拐点.

*13. 设 $p(x)$和 $q(x)$在(α,β)连续，$y_1(x)$和 $y_2(x)$是方程 $y''+p(x)y'+q(x)y=0$ 的线性无关的解. 证明在 $y_1(x)$相继的两个零点之间必定有且仅有一个 $y_2(x)$的零点.

14. 设 $p(t)$和 $q(t)$是$[a,b]$上的连续函数且 $p(t)\neq 0$. 若 $x_1(t)$和 $x_2(t)$是方程

$$(p(t)x')'+q(x)x=0$$

在$[a,b]$上的两个解. 证明在$[a,b]$区间上 $p(t)W[x_1(t),x_2(t)]$恒等于常数.

15. 设 $x_1(t),x_2(t),\cdots,x_n(t),x_{n+1}(t)$是方程

$$x^{(n)}(t)+a_1(t)x^{(n-1)}(t)+\cdots+a_{n-1}(t)x'(t)+a_n(t)x(t)=f(t)$$

在区间(a,b)上 $n+1$ 个线性无关的解，其中，$a_1(t),a_2(t),\cdots,a_n(t)$和 $f(t)$均在(a,b)连续. 证明该方程在(a,b)上的任何解 $x(t)$都可以表示为

$$x(t)=\sum_{k=1}^{n+1}c_k x_k(t).$$

3.3 线性齐次常系数方程

3.2 节已详细地讨论了线性方程通解的结构问题，但是对如何求通解的方法还没有具体给出. 事实上，对一般的线性方程没有普遍的解法，但对常系数线性方程及可化为这一类型的方程，可以说是彻底解决了. 本节介绍求解常系数齐次线性方程通解的方法，是在线性方程基本理论的基础上将其化为解一个相应的代数方程，而不必进行积分运算.

讨论常系数线性方程的解法时，需要涉及实变量的复值函数及复指数函数的问题. 为此首先作一介绍.

3.3.1 复值函数

如果 $\varphi(t)$ 和 $\psi(t)$ 是区间 (a,b) 上定义的实函数，$\mathrm{i}=\sqrt{-1}$ 是虚数单位，称 $z(t)=\varphi(t)+\mathrm{i}\psi(t)$ 为该区间上的**复值函数**.

如果实函数 $\varphi(t)$ 和 $\psi(t)$ 在区间 (a,b) 连续，就称 $z(t)$ 在区间 (a,b) **连续**；如果 $\varphi(t)$ 和 $\psi(t)$ 在区间 (a,b) 内是可微的，就称 $z(t)$ 在区间 (a,b) **可微**，并且定义 $z(t)$ 的导数如下：

$$\frac{\mathrm{d}z}{\mathrm{d}t}=\frac{\mathrm{d}\varphi}{\mathrm{d}t}+\mathrm{i}\,\frac{\mathrm{d}\psi}{\mathrm{d}t}.$$

根据定义，容易证明如果 $z_1(t)$ 和 $z_2(t)$ 可微，c 是复值常数，那么

$$\frac{\mathrm{d}[z_1(t)+z_2(t)]}{\mathrm{d}t}=\frac{\mathrm{d}z_1(t)}{\mathrm{d}t}+\frac{\mathrm{d}z_2(t)}{\mathrm{d}t},$$

$$\frac{\mathrm{d}[cz_1(t)]}{\mathrm{d}t}=c\,\frac{\mathrm{d}z_1(t)}{\mathrm{d}t},$$

$$\frac{\mathrm{d}[z_1(t)z_2(t)]}{\mathrm{d}t}=\frac{\mathrm{d}z_1(t)}{\mathrm{d}t}z_2(t)+z_1(t)\,\frac{\mathrm{d}z_2(t)}{\mathrm{d}t}.$$

在讨论常系数线性方程组时，复指数函数 $\mathrm{e}^{\lambda t}$ 起着重要作用，其中，$\lambda=\alpha+\mathrm{i}\beta$ 是复数. 利用指数函数的级数展开得

$$\begin{aligned}\mathrm{e}^{\mathrm{i}\beta t}&=1+\mathrm{i}\beta t+\frac{(\mathrm{i}\beta t)^2}{2!}+\frac{(\mathrm{i}\beta t)^3}{3!}+\cdots\\&=\left[1-\frac{(\beta t)^2}{2!}+\frac{(\beta t)^4}{4!}+\cdots\right]+\mathrm{i}\left[\beta t-\frac{(\beta t)^3}{3!}+\frac{(\beta t)^5}{5!}+\cdots\right]\\&=\cos\beta t+\mathrm{i}\sin\beta t.\end{aligned}$$

因此有

$$\mathrm{e}^{\mathrm{i}\beta t}=\cos\beta t+\mathrm{i}\sin\beta t,\quad \mathrm{e}^{-\mathrm{i}\beta t}=\cos\beta t-\mathrm{i}\sin\beta t. \tag{3.3.1}$$

由(3.3.1)可得

$$\cos\beta t=\frac{1}{2}(\mathrm{e}^{\mathrm{i}\beta t}+\mathrm{e}^{-\mathrm{i}\beta t}),\quad \sin\beta t=\frac{1}{2\mathrm{i}}(\mathrm{e}^{\mathrm{i}\beta t}-\mathrm{e}^{-\mathrm{i}\beta t}). \tag{3.3.2}$$

公式(3.3.1)和(3.3.2)通称为**欧拉(Euler)公式**.

记 $\bar{\lambda}=\alpha-\mathrm{i}\beta$ 为复数 $\lambda=\alpha+\mathrm{i}\beta$ 的共轭，利用 Euler 公式可得 $\overline{\mathrm{e}^{\lambda t}}=\mathrm{e}^{\bar{\lambda}t}$. 复指数函数与实指数函数有类似的性质. 对复常数 λ_1,λ_2 和 λ 有

$$\mathrm{e}^{(\lambda_1+\lambda_2)t}=\mathrm{e}^{\lambda_1 t}\cdot\mathrm{e}^{\lambda_2 t}, \tag{3.3.3}$$

$$\frac{\mathrm{d}}{\mathrm{d}t}(\mathrm{e}^{\lambda t})=\lambda\mathrm{e}^{\lambda t}. \tag{3.3.4}$$

只给出(3.3.4)的证明. 事实上，

$$\begin{aligned}\frac{\mathrm{d}}{\mathrm{d}t}(\mathrm{e}^{\lambda t})&=\frac{\mathrm{d}}{\mathrm{d}t}[\mathrm{e}^{(\alpha+\mathrm{i}\beta)t}]=\frac{\mathrm{d}}{\mathrm{d}t}[\mathrm{e}^{\alpha t}(\cos\beta t+\mathrm{i}\sin\beta t)]\\&=\alpha\mathrm{e}^{\alpha t}(\cos\beta t+\mathrm{i}\sin\beta t)+\mathrm{e}^{\alpha t}(-\beta\sin\beta t+\beta\mathrm{i}\cos\beta t)\\&=\mathrm{e}^{\alpha t}[\alpha(\cos\beta t+\mathrm{i}\sin\beta t)+\beta\mathrm{i}(\mathrm{i}\sin\beta t+\cos\beta t)]\\&=(\alpha+\mathrm{i}\beta)\mathrm{e}^{\alpha t}(\cos\beta t+\mathrm{i}\sin\beta t)\\&=\lambda\mathrm{e}^{\lambda t}.\end{aligned}$$

下面给出线性方程复值解的概念. 考虑下面的方程：

$$L[x]=\frac{\mathrm{d}^n x}{\mathrm{d}t^n}+a_1(t)\frac{\mathrm{d}^{n-1}x}{\mathrm{d}t^{n-1}}+\cdots+a_{n-1}(t)\frac{\mathrm{d}x}{\mathrm{d}t}+a_n(t)x=f(t),\quad(3.3.5)$$

其中，$a_i(t)(i=1,2,\cdots,n)$，$f(t)$是定义区间(a,b)上的实函数. 若有定义在区间(a,b)上的实变量复值函数 $x=z(t)=\varphi(t)+\mathrm{i}\psi(t)$满足上述方程，则称 $x=z(t)$为方程(3.3.5)的**复值解**. 齐次方程的复值解有下面的结论：

定理 3.12 设方程(3.3.5)中所有系数 $a_i(t)$都是实值函数且 $f(t)=0$，若 $z(t)=\varphi(t)+\mathrm{i}\psi(t)$是方程的复值解，则 $z(t)$的实部 $\varphi(t)$和虚部 $\psi(t)$以及 $z(t)$的共轭$\overline{z(t)}$也都是方程(3.3.5)的解.

证明 由已知条件及 $L[x]$的性质可得

$$L[\varphi(t)+\mathrm{i}\psi(t)]=L[\varphi(t)]+\mathrm{i}L[\psi(t)]=0.$$

由此得

$$L[\varphi(t)]=L[\psi(t)]=0.$$

这表明 $\varphi(t)$，$\psi(t)$都是方程(3.3.5)当 $f(t)=0$ 时的解. 因为

$$L[\overline{z(t)}]=L[\varphi(t)]-\mathrm{i}L[\psi(t)],$$

由 $L[\varphi(t)]=L[\psi(t)]=0$ 可得 $L[\overline{z(t)}]=0$，即$\overline{z(t)}$也是方程(3.3.5)的解.

3.3.2 常系数齐次线性方程

现在来讨论系数是常数的齐次线性方程的求解问题.

$$\frac{\mathrm{d}^n x}{\mathrm{d}t^n}+a_1\frac{\mathrm{d}^{n-1}x}{\mathrm{d}t^{n-1}}+\cdots+a_{n-1}\frac{\mathrm{d}x}{\mathrm{d}t}+a_n x=0,\quad(3.3.6)$$

其中，$a_1,a_2,\cdots,a_n$ 为常数. 称方程(3.3.6)为 ***n* 阶常系数齐次线性方程**. 根据 3.2 节给出的理论，为了求方程(3.3.6)的通解，只需求出它的基本解组. 下面介绍求方程(3.3.6)的基本解组的**待定指数函数法**.

已经知道一阶常系数齐次线性微分方程$\frac{\mathrm{d}x}{\mathrm{d}t}=\lambda x$ 有通解 $x=c\mathrm{e}^{\lambda t}$. 因此，对方程(3.3.6)也尝试求指数函数形式的解

$$x=\mathrm{e}^{\lambda t}.\quad(3.3.7)$$

把(3.3.7)代入方程(3.3.6)得

$$L[\mathrm{e}^{\lambda t}]=(\lambda^n+a_1\lambda^{n-1}+a_2\lambda^{n-2}+\cdots+a_{n-1}\lambda+a_n)\mathrm{e}^{\lambda t}=0.$$

因此，$\mathrm{e}^{\lambda t}$成为方程(3.3.6)的解的充要条件为 λ 是代数方程

$$F(\lambda)\equiv\lambda^n+a_1\lambda^{n-1}+a_2\lambda^{n-2}+\cdots+a_{n-1}\lambda+a_n=0\quad(3.3.8)$$

的根. 方程(3.3.8)称为方程(3.3.6)的**特征方程**,它的根称为方程(3.3.6)的**特征根**.

这样求方程(3.3.6)解的问题便归结为求方程(3.3.6)的特征根问题了. 下面根据特征根的不同情况分别加以讨论.

1. 特征根是单根的情形

设 $\lambda_1,\lambda_2,\cdots,\lambda_n$ 是特征方程(3.3.8)的 n 个彼此不相等的根,则相应地,方程(3.3.6)有如下 n 个解:

$$e^{\lambda_1 t},e^{\lambda_2 t},\cdots,e^{\lambda_n t}. \tag{3.3.9}$$

我们指出这 n 个解在区间 $a<t<b$ 上线性无关,从而组成方程(3.3.6)的基本解组. 事实上,

$$W[e^{\lambda_1 t},e^{\lambda_2 t},\cdots,e^{\lambda_n t}]=\begin{vmatrix} e^{\lambda_1 t} & e^{\lambda_2 t} & \cdots & e^{\lambda_n t} \\ \lambda_1 e^{\lambda_1 t} & \lambda_2 e^{\lambda_2 t} & \cdots & \lambda_n e^{\lambda_n t} \\ \vdots & \vdots & & \vdots \\ \lambda_1^{n-1} e^{\lambda_1 t} & \lambda_2^{n-1} e^{\lambda_2 t} & \cdots & \lambda_n^{n-1} e^{\lambda_n t} \end{vmatrix}$$

$$=e^{(\lambda_1+\lambda_2+\cdots+\lambda_n)t}\begin{vmatrix} 1 & 1 & \cdots & 1 \\ \lambda_1 & \lambda_2 & \cdots & \lambda_n \\ \vdots & \vdots & & \vdots \\ \lambda_1^{n-1} & \lambda_2^{n-1} & \cdots & \lambda_n^{n-1} \end{vmatrix},$$

最后一个行列式是著名的范德蒙德(Vandermonde)行列式,它等于 $\prod\limits_{1\leqslant j<i\leqslant n}(\lambda_i-\lambda_j)$. 由于假设 $\lambda_i\neq\lambda_j$(当 $i\neq j$ 时),故此行列式不等于零,从而有 $W[e^{\lambda_1 t},e^{\lambda_2 t},\cdots,e^{\lambda_n t}]\neq 0$,于是解组(3.3.9) 线性无关.

若 $\lambda_i(i=1,2,\cdots,n)$均为实数,则(3.3.9)是方程(3.3.6)的 n 个线性无关的实值解,则方程(3.3.6)的通解为

$$x(t)=c_1 e^{\lambda_1 t}+c_2 e^{\lambda_2 t}+\cdots+c_n e^{\lambda_n t},$$

其中,$c_1,c_2,\cdots,c_n$ 为任意常数.

若 $\lambda_i(i=1,2,\cdots,n)$中有复数,则因方程的系数是实常数,复根将成对共轭出现. 设 $\lambda_1=\alpha+i\beta$ 是特征根,则 $\lambda_2=\alpha-i\beta$ 也是特征根,方程(3.3.6)对应的两个复值解为

$$e^{(\alpha+i\beta)t}=e^{\alpha t}(\cos\beta t+i\sin\beta t),$$
$$e^{(\alpha-i\beta)t}=e^{\alpha t}(\cos\beta t-i\sin\beta t).$$

由定理 3.12 知道它们的实部和虚部也是方程的解,这样一来,对应于特征方程的一对共轭复根为 $\lambda=\alpha\pm i\beta$,由此求得方程(3.3.6)的两个实值解为

$$e^{\alpha t}\cos\beta t,\quad e^{\alpha t}\sin\beta t.$$

2. 特征根有重根的情形

设特征方程有 k 重根 $\lambda=\lambda_1$,则有

$$F(\lambda_1)=F'(\lambda_1)=\cdots=F^{(k-1)}(\lambda_1)=0,\quad F^{(k)}(\lambda_1)\neq 0.$$

下面分 $\lambda_1=0$ 和 $\lambda_1\neq 0$ 两种情形加以讨论.

(1) $\lambda_1=0$,则特征方程有因子 λ^k,因此 $a_n=a_{n-1}=\cdots=a_{n-k+1}=0$,从而特征方程有如下形式:

$$\lambda^n+a_1\lambda^{n-1}+\cdots+a_{n-k}\lambda^k=0,$$

而对应的方程(3.3.6)变为

$$\frac{d^n x}{dt^n}+a_1\frac{d^{n-1}x}{dt^{n-1}}+\cdots+a_{n-k}\frac{d^k x}{dt^k}=0.$$

显然它有 k 个解 $1,t,t^2,\cdots,t^{k-1}$,而且它们是线性无关的,从而可得特征方程的 k 重零根对应着方程(3.3.6)的 k 个线性无关的解为 $1,t,t^2,\cdots,t^{k-1}$.

(2) $\lambda_1\neq 0$,作变换 $x=ye^{\lambda_1 t}$,并代入方程(3.3.6),经整理得到

$$L[ye^{\lambda_1 t}]=\left(\frac{d^n y}{dt^n}+b_1\frac{d^{n-1}y}{dt^{n-1}}+\cdots+b_n y\right)e^{\lambda_1 t}\equiv L_1[y]e^{\lambda_1 t},\tag{3.3.10}$$

其中,

$$L_1[y]=\frac{d^n y}{dt^n}+b_1\frac{d^{n-1}y}{dt^{n-1}}+\cdots+b_{n-1}\frac{dy}{dt}+b_n y.\tag{3.3.11}$$

$b_1,b_2,\cdots,b_n$ 仍为常数. 方程 $L_1[y]=0$ 相应的特征方程为

$$G(\mu)\equiv\mu^n+b_1\mu^{n-1}+\cdots+b_{n-1}\mu+b_n=0.\tag{3.3.12}$$

由(3.3.8),(3.3.10)~(3.3.12)得

$$F(\mu+\lambda_1)e^{(\mu+\lambda_1)t}=L[e^{(\mu+\lambda_1)t}]=L_1[e^{\mu t}]e^{\lambda_1 t}=G(\mu)e^{(\mu+\lambda_1)t},$$

因此 $F(\mu+\lambda_1)=G(\mu)$,从而有 $\dfrac{d^j F(\mu+\lambda_1)}{d\mu^j}=\dfrac{d^j G(\mu)}{d\mu^j}$,可见(3.3.8)的 k 重根 λ_1 对应着(3.3.12)的 k 重零根. 这样,就把问题转化为前面讨论过的情形.

由前面的讨论知道方程(3.3.12)的 k_1 重零根 $\mu_1=0$ 对应着方程 $L_1[y]=0$ 的 k_1 个解 $1,t,t^2,\cdots,t^{k_1-1}$. 因而对应着方程(3.3.6)的 k_1 个解

$$e^{\lambda_1 t},te^{\lambda_1 t},\quad t^2e^{\lambda_1 t},\cdots,t^{k_1-1}e^{\lambda_1 t}.\tag{3.3.13}$$

类似地,假设方程(3.3.8)的其他根 $\lambda_2,\lambda_3,\cdots,\lambda_m$ 的重数依次为 $k_2,k_3,\cdots,k_m$; $k_i\geqslant 1$,而且 $k_1+k_2+\cdots+k_m=n$, $\lambda_i\neq\lambda_j(i\neq j)$,则方程(3.3.6)相应有解

$$\begin{cases} e^{\lambda_2 t}, & te^{\lambda_2 t}, & t^2e^{\lambda_2 t}, & \cdots, & t^{k_2-1}e^{\lambda_2 t}, \\ \vdots & \vdots & \vdots & & \vdots \\ e^{\lambda_m t}, & te^{\lambda_m t}, & t^2e^{\lambda_m t}, & \cdots, & t^{k_m-1}e^{\lambda_m t}. \end{cases} \tag{3.3.14}$$

下面证明(3.3.13)和(3.3.14)构成方程(3.3.6)的基本解组.为此,只需证明这些函数线性无关即可.事实上,假设这些函数线性相关,则存在不全为零的常数 $C_j^{(r)}$,使得

$$\sum_{r=1}^{m}[C_0^{(r)}+C_1^{(r)}t+\cdots+C_{k_r-1}^{(r)}t^{k_r-1}]e^{\lambda_r t}\equiv\sum_{r=1}^{m}P_r(t)e^{\lambda_r t}\equiv 0. \tag{3.3.15}$$

不失一般性,假设多项式 $P_m(t)$ 至少有一个系数不等于零,即 $P_m(t)\not\equiv 0$.将恒等式(3.3.15)除以 $e^{\lambda_1 t}$,然后对 t 微分 k_1 次得

$$\sum_{r=2}^{m}Q_r(t)e^{(\lambda_r-\lambda_1)t}\equiv 0, \tag{3.3.16}$$

其中,$Q_r(t)\equiv(\lambda_r-\lambda_1)^{k_1}P_r(t)+S_r(t)$,$S_r(t)$ 为次数低于 $P_r(t)$ 的次数的多项式.因此,$Q_r(t)$ 与 $P_r(t)$ 次数相同且 $Q_m(t)\not\equiv 0$.恒等式(3.3.16)与(3.3.15)类似,但项数减少了.如果对(3.3.16)实施同样的方法(除以 $e^{(\lambda_2-\lambda_1)t}$ 而微分 k_2 次).将得到项数更少的类似于(3.3.15)的恒等式,如此继续下去,经过 $m-1$ 次后,将得到恒等式

$$R_m(t)e^{(\lambda_m-\lambda_{m-1})t}\equiv 0. \tag{3.3.17}$$

注意到

$$R_m(t)\equiv(\lambda_m-\lambda_1)^{k_1}(\lambda_m-\lambda_2)^{k_2}\cdots(\lambda_m-\lambda_{m-1})^{k_{m-1}}P_m(t)+W_m(t),$$

其中,$W_m(t)$ 是次数低于 $P_m(t)$ 的次数的多项式.因此,$R_m(t)$ 与 $P_m(t)$ 有相同的次数且 $R_m(t)\not\equiv 0$,这与(3.3.17)相矛盾.这就证明了(3.3.13)和(3.3.14)的全部 n 个解线性无关.

对于特征方程有复重根的情形,如有 k 重复根 $\lambda=\alpha+i\beta$,则 $\lambda=\alpha-i\beta$ 也是 k 重复根,如同单复根时那样,也可以把方程(3.3.6)的 $2k$ 个复值解换成 $2k$ 个实值解

$$\begin{matrix} e^{\alpha t}\cos\beta t, & te^{\alpha t}\cos\beta t, & t^2e^{\alpha t}\cos\beta t, & \cdots, & t^{k-1}e^{\alpha t}\cos\beta t, \\ e^{\alpha t}\sin\beta t, & te^{\alpha t}\sin\beta t, & t^2e^{\alpha t}\sin\beta t, & \cdots, & t^{k-1}e^{\alpha t}\sin\beta t. \end{matrix}$$

将以上讨论求方程(3.3.6)的通解的结果归纳为如下步骤:

第一步　求方程(3.3.6)的特征方程及特征根 $\lambda_1,\lambda_2,\cdots,\lambda_n$.

第二步　计算方程(3.3.6)相应的解.

(1) 对每一个实单根 λ_k,方程有解 $e^{\lambda_k t}$.

(2) 对每一个 $m>1$ 重实根 λ_k,方程有 m 个解

$$e^{\lambda_k t},\quad te^{\lambda_k t},\quad t^2e^{\lambda_k t},\quad \cdots,\quad t^{m-1}e^{\lambda_k t}.$$

(3) 对每一个重数是 1 的共轭复根 $\alpha\pm i\beta$,方程有两个如下形式的解:

$$e^{\alpha t}\sin\beta t, \quad e^{\alpha t}\cos\beta t.$$

(4) 对每一个重数是 $m>1$ 的共轭的复根 $\alpha\pm i\beta$,方程有 $2m$ 个如下形式的解:

$$e^{\alpha t}\cos\beta t, \quad te^{\alpha t}\cos\beta t, \quad t^2e^{\alpha t}\cos\beta t, \quad \cdots, \quad t^{m-1}e^{\alpha t}\cos\beta t,$$
$$e^{\alpha t}\sin\beta t, \quad te^{\alpha t}\sin\beta t, \quad t^2e^{\alpha t}\sin\beta t, \quad \cdots, \quad t^{m-1}e^{\alpha t}\sin\beta t.$$

第三步 根据第二步中的(1)~(4)写出方程(3.3.6)的基本解组及通解.

例 3.3.1 求方程$\frac{d^3x}{dt^3}-3\frac{d^2x}{dt^2}+4x=0$ 的通解.

解 特征方程 $\lambda^3-3\lambda^2+4=(\lambda+1)(\lambda-2)^2=0$ 有根 $\lambda_1=-1,\lambda_{2,3}=2$. λ_1 是单根,$\lambda_{2,3}=2$ 是二重根. 因此有解 e^{-t},e^{2t},te^{2t}. 其通解为

$$x(t)=c_1e^{-t}+c_2e^{2t}+c_3te^{2t},$$

其中,c_1,c_2,c_3 是任意常数.

例 3.3.2 求方程$\frac{d^4x}{dt^4}-x=0$ 的通解.

解 特征方程 $\lambda^4-1=0$ 有根 $\lambda_1=1,\lambda_2=-1,\lambda_3=i,\lambda_4=-i$,有两个实根和两个复根,均是单根,故方程的通解为

$$x(t)=c_1e^t+c_2e^{-t}+c_3\cos t+c_4\sin t,$$

其中,c_1,c_2,c_3,c_4 是任意常数.

例 3.3.3 求方程$\frac{d^4x}{dt^4}-3\frac{d^3x}{dt^3}+3\frac{d^2x}{dt^2}-\frac{dx}{dt}=0$ 的通解.

解 特征方程 $\lambda^4-3\lambda^3+3\lambda^2-\lambda=\lambda(\lambda-1)^3=0$ 有根 $\lambda_1=0,\lambda_2=1$,其中,$\lambda_1=0$ 是单根,$\lambda_2=1$ 是三重根,故方程的通解为

$$x(t)=c_1+(c_2+c_3t+c_4t^2)e^t,$$

其中,c_1,c_2,c_3,c_4 是任意常数.

例 3.3.4 求方程$\frac{d^4x}{dt^4}+2\frac{d^2x}{dt^2}+x=0$ 的通解.

解 特征方程 $\lambda^4+2\lambda^2+1=(\lambda^2+1)^2=0$,即特征根 $\lambda_{1,2}=\pm i$ 是二重根. 因此,方程有 4 个实值解

$$\cos t, \quad t\cos t, \quad \sin t, \quad t\sin t.$$

故方程的通解为

$$x(t)=(c_1+c_2t)\cos t+(c_3+c_4t)\sin t,$$

其中,c_1,c_2,c_3,c_4 是任意常数.

3.3.3　某些变系数线性齐次微分方程的解法

下面介绍求解某些变系数线性齐次方程的两种方法，重点讨论二阶的情形.

1. 化为常系数法

有些变系数线性齐次方程，可以选择适当的变量替换化为常系数线性齐次方程，从而可求得其通解.

欧拉方程

$$t^n \frac{\mathrm{d}^n x}{\mathrm{d}t^n} + a_1 t^{n-1} \frac{\mathrm{d}^{n-1} x}{\mathrm{d}t^{n-1}} + \cdots + a_{n-1} t \frac{\mathrm{d}x}{\mathrm{d}t} + a_n x = 0.$$

在自变量变换下，可化为常系数的方程，其中，$a_i(i=1,2,\cdots,n)$为常数，该方程的特点是 x 的 k 阶导数的系数是 t 的 k 次方乘以常数. 因此，通过自变量变换 $t=\mathrm{e}^u$，把原方程化为常系数齐次微分方程的形式.

例 3.3.5　求解方程 $t^2 \frac{\mathrm{d}^2 x}{\mathrm{d}t^2} - t\frac{\mathrm{d}x}{\mathrm{d}t} + x = 0$.

解　作变换 $t=\mathrm{e}^u$，即 $u=\ln|t|$，则

$$\frac{\mathrm{d}x}{\mathrm{d}t} = \frac{\mathrm{d}x}{\mathrm{d}u}\frac{\mathrm{d}u}{\mathrm{d}t} = \frac{1}{t}\frac{\mathrm{d}x}{\mathrm{d}u}, \quad \frac{\mathrm{d}^2 x}{\mathrm{d}t^2} = \frac{\mathrm{d}\left(\frac{\mathrm{d}x}{\mathrm{d}t}\right)}{\mathrm{d}u}\frac{\mathrm{d}u}{\mathrm{d}t} = \frac{1}{t^2}\left(\frac{\mathrm{d}^2 x}{\mathrm{d}u^2} - \frac{\mathrm{d}x}{\mathrm{d}u}\right).$$

把上式代入原方程得$\frac{\mathrm{d}^2 x}{\mathrm{d}u^2} - 2\frac{\mathrm{d}x}{\mathrm{d}u} + x = 0$. 上述方程的通解为

$$x(t) = (c_1 + c_2 u)\mathrm{e}^u,$$

其中，c_1，c_2 是任意常数，故原方程的通解为

$$x(t) = (c_1 + c_2 \ln|t|)t.$$

在未知函数的线性齐次变换下，可将一些方程化为常系数方程. 现在考虑二阶变系数线性方程

$$x'' + p(t)x' + q(t)x = 0 \tag{3.3.18}$$

的系数 $p(t)$，$q(t)$满足什么条件时，可经过适当的线性齐次变换

$$x = a(t)y(t) \tag{3.3.19}$$

化为常系数方程，其中，$a(t)$是待定的函数.

为此，把式(3.3.19)代入方程(3.3.18)可得

$$a(t)y'' + [2a'(t) + p(t)a(t)]y' + [a''(t) + p(t)a'(t) + q(t)a(t)]y = 0, \tag{3.3.20}$$

欲使式(3.3.20)为常系数线性齐次方程，必须选取 $a(t)$使得 y''，y'及 y 的系数均为常数. 特别地，令 y'的系数为零，即有 $2a'(t)+p(t)a(t)=0$，可求得 $a(t)=$

$\exp\left(-\frac{1}{2}\int p(t)\mathrm{d}t\right)$. 再代入式(3.3.20),整理得

$$y''+\left[q(t)-\frac{1}{4}p^2(t)-\frac{1}{2}p'(t)\right]y=0. \tag{3.3.21}$$

由此可见,方程(3.3.18)可经线性齐次变换

$$x=\exp\left(-\frac{1}{2}\int p(t)\mathrm{d}t\right)y(t) \tag{3.3.22}$$

化为关于 y 的不含一阶导数项的线性齐次方程(3.3.21),并且当 y 的系数

$$I(t)=q(t)-\frac{1}{4}p^2(t)-\frac{1}{2}p'(t)$$

为常数时,方程(3.3.21)为常系数方程.

例 3.3.6 求方程 $t^2x''+tx'+\left(t^2-\frac{1}{4}\right)x=0$ 的通解.

解 这里 $p(t)=\frac{1}{t}$, $q(t)=1-\frac{1}{4t^2}$,因为 $I(t)=1-\frac{1}{4t^2}-\frac{1}{4t^2}+\frac{1}{2t^2}=1$, 故令 $x=\exp\left(-\frac{1}{2}\int\frac{1}{t}\mathrm{d}t\right)y=\frac{y}{\sqrt{t}}$,就可把原方程化为常系数方程 $y''+y=0$,并且可求得其通解为

$$y=c_1\cos t+c_2\sin t,$$

然后代回原变量 x,则得原方程的通解为

$$x=c_1\frac{\cos t}{\sqrt{t}}+c_2\frac{\sin t}{\sqrt{t}}.$$

2. 降阶法

已经知道若已知一元 n 次代数方程的 $k(k<n)$ 个根,则可提出 k 个因式,使 n 次方程降低 k 次,变为 $n-k$ 次代数方程,与此相类似,对 n 阶线性齐次微分方程

$$x^{(n)}+a_1(t)x^{(n-1)}+\cdots+a_n(t)x=0, \tag{3.3.23}$$

若能找到 $k(k<n)$ 个线性无关的解,则可选择适当的变换,使 n 阶方程(3.3.23)降低 k 阶化为 $n-k$ 阶方程,并且保持线性性和齐次性. 下面讨论 $k=1$ 的情形.

设 $x=x_1(t)$ 是方程(3.3.23)的一个非零解,作线性变换

$$x=x_1(t)y.$$

把上式代入(3.3.23),则可得到下面形式的方程:

$$y^{(n)}+b_1(t)y^{(n-1)}+\cdots+b_n(t)y=0, \tag{3.3.24}$$

因为 $x=x_1(t)$ 是方程(3.3.23)的解,则 $y=1$ 是方程(3.3.24)的解,把 $y=1$ 代入(3.3.24),获得 $b_n(t)=0$,于是方程(3.3.24)变为

$$y^{(n)}+b_1(t)y^{(n-1)}+\cdots+b_{n-1}(t)y'=0.$$

再令 $y'=u$ 就得

$$u^{(n-1)}+b_1(t)u^{(n-2)}+\cdots+b_{n-1}(t)u=0.$$

上面的方程是关于未知函数 u 的 $n-1$ 阶线性齐次方程，特别地，对二阶线性齐次方程(3.3.23)，若已求得它的一个非零解 $x_1(t)$，则经变换 $x=x_1(t)y$ 及 $y'=u$，可把它化为一阶线性齐次方程，而且还可求得方程(3.3.23)与 $x_1(t)$线性无关的另一解为

$$x=x_2(t)=x_1(t)\int\frac{\exp\left(-\int a_1(t)\mathrm{d}t\right)}{x_1^2}\mathrm{d}t. \tag{3.3.25}$$

公式(3.3.25)也可由 3.2.2 小节中给出的刘维尔公式得到.

例 3.3.7 求方程 $tx''-tx'+x=0$ 的通解.

解 由观察知方程有一解 $x_1(t)=t$，令 $x=ty$，则 $x'=y+ty'$，$x''=2y'+ty''$，代入方程得 $t^2y''+(2t-t^2)y'=0$. 令 $y'=u$ 得一阶线性齐次方程 $t^2u'+(2-t)tu=0$，从而可得

$$u=c_1\frac{\mathrm{e}^t}{t^2},\quad y=c_1\int\frac{\mathrm{e}^t}{t^2}\mathrm{d}t+c_2.$$

取 $c_1=1$，$c_2=0$ 可得原方程的另一解 $x_2=t\int\frac{\mathrm{e}^t}{t^2}\mathrm{d}t$. 显然，解 $x_1(t)$，$x_2(t)$线性无关，故原方程的通解为

$$x=c_1t+c_2t\int\frac{\mathrm{e}^t}{t^2}\mathrm{d}t.$$

习 题 3.3

1. 求下列微分方程的通解：

(1) $\frac{\mathrm{d}^2y}{\mathrm{d}t^2}-6\frac{\mathrm{d}y}{\mathrm{d}t}+9y=0$；

(2) $4\frac{\mathrm{d}^2y}{\mathrm{d}t^2}-12\frac{\mathrm{d}y}{\mathrm{d}t}+9y=0$；

(3) $\frac{\mathrm{d}^2y}{\mathrm{d}t^2}-7\frac{\mathrm{d}y}{\mathrm{d}t}=0$；

(4) $\frac{\mathrm{d}^2y}{\mathrm{d}t^2}+4\frac{\mathrm{d}y}{\mathrm{d}t}+5y=0$；

(5) $\frac{\mathrm{d}^2x}{\mathrm{d}t^2}-3\frac{\mathrm{d}x}{\mathrm{d}t}+4x=0$；

(6) $\frac{\mathrm{d}^3y}{\mathrm{d}t^3}-6\frac{\mathrm{d}^2y}{\mathrm{d}t^2}+11\frac{\mathrm{d}y}{\mathrm{d}t}-6y=0$；

(7) $\frac{\mathrm{d}^5x}{\mathrm{d}t^5}-\frac{\mathrm{d}^4x}{\mathrm{d}t^4}-2\frac{\mathrm{d}^3x}{\mathrm{d}t^3}+2\frac{\mathrm{d}^2x}{\mathrm{d}t^2}+\frac{\mathrm{d}x}{\mathrm{d}t}-x=0$；

(8) $\frac{\mathrm{d}^4x}{\mathrm{d}t^4}-9\frac{\mathrm{d}^2x}{\mathrm{d}t^2}+20x=0$；

(9) $\frac{\mathrm{d}^4x}{\mathrm{d}t^4}-8\frac{\mathrm{d}^3x}{\mathrm{d}t^3}+32\frac{\mathrm{d}^2x}{\mathrm{d}t^2}-64\frac{\mathrm{d}x}{\mathrm{d}t}+64x=0$.

2. 已知 $y(t)=t^3e^{4t}$ 是四阶线性齐次微分方程的解，并且该方程的系数是常系数，试求其通解，并确定该方程.

3. 已知三阶常系数齐次线性微分方程，而且 e^{-2x} 和 $\sin 3x$ 是该方程的两个解，试求其通解及确定该微分方程.

4. 求解下列微分方程初始值问题：

(1) $9\dfrac{d^2y}{dx^2}+6\dfrac{dy}{dx}+y=0$；$y(0)=1,y'(0)=1$；

(2) $4\dfrac{d^2y}{dx^2}+4\dfrac{dy}{dx}+y=0$；$y(0)=0,y'(0)=3$；

(3) $\dfrac{d^2y}{dt^2}+2\dfrac{dy}{dt}+y=0$；$y(2)=1,y'(2)=-1$；

(4) $9\dfrac{d^2y}{dt^2}-12\dfrac{dy}{dt}+4y=0$；$y(\pi)=0,y'(\pi)=2$.

5. 设函数 $y(x)$ 具有连续的二阶导数且 $y'(0)=0$，试求由方程

$$y(x)=1-\frac{1}{5}\int_0^x[y''(t)+4y(t)]dt$$

确定的函数.

6. 求下列方程的通解：

(1) $x^2y''-xy'+2y=0$；　　(2) $(x+1)^2y''+3(x+1)y'+y=0$；

(3) $xy''+2y'-xy=0$；　　(4) $y''-4xy'+(4x^2-1)y=0$.

7. 已知下列方程的一个特解，求其通解：

(1) $t^3x''-tx'+x=0,x_1=t$；　　(2) $(\sin^2t)x''-2x=0,x_1=\cot(t)$.

8. 证明对于二阶线性方程

$$y''+p_1(x)y'+p_2(x)y=0,$$

(1) 若 $p_1(x)=-xp_2(x)$，则 $y=x$ 是方程的解；

(2) 若存在常数的，使得 $m^2+mp_1(x)+p_2(x)=0$，则 $y=e^{mx}$ 是方程的解.

9. 试利用上题的结论，求方程 $(x-1)y''-xy'+y=0$ 的通解.

10. 试讨论，当 p,q 取什么数值时，方程 $x''+px'+qx=0$ 的一切解在 $[a,+\infty)$ 上有界，其中，a 是某确定的常数.

*11. 考虑 n 阶 Euler 方程

$$L[x]=t^nx^{(n)}+a_1t^{n-1}x^{(n-1)}+\cdots+a_{n-1}tx'+a_nx=0,$$

其中，$a_1,a_2,\cdots,a_n$ 是常数，$t>0$.

(1) 证明 $L[x^r]=t^rF(r)$，其中，

$$F(r)=r(r-1)\cdots(r-n+1)+a_1r(r-1)\cdots(r-n+2)+\cdots+a_{n-1}r+a_n.$$

若 $r_1,r_2,\cdots,r_n$ 是 $F(r)=0$ 的根，则函数 $t^{r_1},t^{r_2},\cdots,t^{r_n}$ 是欧拉方程 $L[x]=0$ 的解；

(2) 若 r_1 是方程 $F(r)=0$ 的 k 重根，则 $t^{r_1},t^{r_1}\ln t,\cdots,t^{r_1}(\ln t)^{k-1}$ 都是欧拉方程 $L[x]=0$ 的解.

c12. 用 Maple 求解下列方程：

(1) $x''+x'+x=0$;　　(2) $12x''-5x'-2x=0$;

(3) $x''+6x'+13x=0, x(0)=1, x'(0)=1$.

3.4　线性非齐次常系数方程的待定系数法

本节研究线性非齐次常系数方程的解法. 由 3.2 节非齐次线性方程解的结构定理及 3.3 节的知识知,要求非齐次常系数方程的通解只需给出齐次的通解和非齐次线性方程的一个特解再将它们相加即可. 在 3.2 节已经给出了求非齐次方程特解的一个方法,即常数变易法. 但是正如大家看到的,利用常数变易法求解往往是比较繁琐的,而且必须经过积分运算. 本节对一些特殊的非齐次项给出比较简单的求解方法.

3.4.1　非齐次项为多项式的情形

下面针对一些特殊的线性非齐次常系数方程给出一种简单的求解方法——**待定系数法**,它的特点是无需通过积分而用代数方法即可求得非齐次方程的特解.

考虑常系数非齐次线性方程

$$L[x]=\frac{\mathrm{d}^n x}{\mathrm{d}t^n}+a_1\frac{\mathrm{d}^{n-1}x}{\mathrm{d}t^{n-1}}+\cdots+a_{n-1}\frac{\mathrm{d}x}{\mathrm{d}t}+a_n x=f(t), \tag{3.4.1}$$

其中,$a_1, a_2, \cdots, a_n$ 是常数,而 $f(t)$是连续函数. 当 $f(t)$是一些特殊的函数时,如指数函数、正弦函数、余弦函数以及多项式等,通常利用待定系数法来求解. 为了叙述上的方便,以一些特殊的二阶常系数非齐次方程为例来介绍比较系数法求方程特解的方法. 首先,考虑方程

$$L[x]=\frac{\mathrm{d}^2 x}{\mathrm{d}t^2}+p\frac{\mathrm{d}x}{\mathrm{d}t}+qx=b_0+b_1t+\cdots+b_nt^n, \tag{3.4.2}$$

其中,$p, q, b_0, b_1, \cdots, b_n$ 是常数.

在求方程(3.4.2)的一个特解 $\varphi(t)$时注意到,一个多项式的一阶和二阶导数仍为一个多项式,并且方程(3.4.2)的右端是一个 n 次多项式. 因此,要使 $\varphi(t)$满足方程(3.4.2),则可取

$$\varphi(t)=t^k(B_0+B_1t+\cdots+B_nt^n), \tag{3.4.3}$$

其中,$B_0, B_1, \cdots, B_n$ 是待定的常数. 可以通过下面的方法来确定.

把 $\varphi(t)$代入方程(3.4.2),并计算后得

$$L[\varphi(t)]=b_0+b_1t+\cdots+b_nt^n. \tag{3.4.4}$$

当 $q\neq 0$ 时,取 $k=0$,比较两边 t 的同次幂的系数得到方程组

$$\begin{cases} qB_n = b_n, \\ qB_{n-1} + npB_n = b_{n-1}, \\ \cdots\cdots \\ qB_0 + pB_1 + 2B_2 = b_0. \end{cases} \tag{3.4.5}$$

当 $q \neq 0$ 时，零不是方程(3.4.2)对应的齐次方程的特征根时，待定常数 $B_0, B_1, \cdots, B_n$ 可以从方程组(3.4.5)中唯一地逐个确定出来. 因此，方程(3.4.2)有形如式(3.4.3)的特解.

当 $q=0, p\neq 0$ 时，零是方程(3.4.2)对应的齐次方程的单重特征根，取 $k=1$，比较(3.4.5)两边同次幂的系数得

$$\begin{cases} (n+1)pB_n = b_n, \\ n(n+1)B_n + npB_{n-1} = b_{n-1}, \\ \cdots\cdots \\ 6B_2 + 2pB_1 = b_1, \\ 2B_1 + pB_0 = b_0. \end{cases} \tag{3.4.6}$$

当 $q=0, p\neq 0$，即零是方程(3.4.2)对应的齐次方程的特征根但不是重根时，B_0，$B_1, \cdots, B_n$ 又可以从(3.4.6)的方程中唯一地逐个确定出来. 因此，方程(3.4.2)有形如式(3.4.3)的特解.

当 $q=0, p=0$，即零是方程(3.4.2)对应的齐次方程的二重特征根时，取 $k=2$，方程(3.4.5)变为

$$L[\varphi(t)] = \frac{\mathrm{d}^2\varphi(t)}{\mathrm{d}t^2} = b_0 + b_1 t + \cdots + b_n t^n.$$

对上面的方程直接积分可求出方程(3.4.2)的一个特解为

$$\varphi(t) = t^2\left[\frac{b_0}{1\cdot 2} + \frac{b_1 t}{2\cdot 3} + \cdots + \frac{b_n t^n}{(n+1)\cdot(n+2)}\right].$$

很容易地就可以确定出这些待定常数 $B_0, B_1, \cdots, B_n$. 归纳上面的讨论可以看出方程(3.4.2)有下面形式的特解：

$$\varphi(t) = \begin{cases} B_0 + B_1 t + \cdots + B_n t^n, & q\neq 0, \\ t(B_0 + B_1 t + \cdots + B_n t^n), & q=0, p\neq 0, \\ t^2(B_0 + B_1 t + \cdots + B_n t^n), & q=0, p=0, \end{cases}$$

其中，$B_0, B_1, \cdots, B_n$ 是待定的常数. 可以通过上面介绍的比较系数法唯一地确定.

例 3.4.1 求方程 $\frac{\mathrm{d}^2 x}{\mathrm{d}t^2} + \frac{\mathrm{d}x}{\mathrm{d}t} - 2x = 8t^2$ 的一个特解.

解　对应的齐次方程的特征根为 $\lambda_1=-2,\lambda_2=1$. 因此,该方程特解的形式为

$$\varphi(t)=B_0+B_1t+B_2t^2,$$

其中,B_0,B_1,B_2 为待定系数,为了确定它们,把 $\varphi(t)$代入方程得

$$2B_2+B_1-2B_0+2(B_2-B_1)t-2B_2t^2=8t^2.$$

比较上式两端的系数可得

$$\begin{cases}-2B_2=8,\\ 2B_1-2B_2=0,\\ -2B_0+B_1+2B_2=0.\end{cases}$$

由此得 $B_2=-4,B_1=-4,B_0=-6$. 因此,原方程一个特解为

$$\varphi(t)=-6-4t-4t^2.$$

例 3.4.2　求方程$\frac{\mathrm{d}^2x}{\mathrm{d}t^2}-\frac{\mathrm{d}x}{\mathrm{d}t}=-4t^3$ 的通解.

解　先求对应齐次方程的$\frac{\mathrm{d}^2x}{\mathrm{d}t^2}-\frac{\mathrm{d}x}{\mathrm{d}t}=0$ 的通解. 这里的特征方程 $\lambda^2-\lambda=0$ 有两个根 $\lambda_1=0,\lambda_2=1$. 因此,通解为 $x=c_1+c_2\mathrm{e}^t$,其中,c_1,c_2 是任意常数. 再求非齐次方程的一个特解. 这里 $f(t)=-4t^3$,因为 $\alpha=0$ 是特征方程的单根,故特解的形式为 $\varphi(t)=t(B_0+B_1t+B_2t^2+B_3t^3)$,将它代入原方程并比较同类项的系数得$B_0=24,B_1=12,B_2=4,B_3=1$. 因此,原方程的特解为 $\varphi(t)=t(t^3+4t^2+12t+24)$.

原方程的通解为

$$x=c_1+c_2\mathrm{e}^t+t(t^3+4t^2+12t+24).$$

3.4.2　非齐次项为多项式与指数函数之积的情形

其次,考虑方程

$$L[x]=\frac{\mathrm{d}^2x}{\mathrm{d}t^2}+p\frac{\mathrm{d}x}{\mathrm{d}t}+qx=(b_0+b_1t+\cdots+b_nt^n)\mathrm{e}^{\alpha t},\qquad(3.4.7)$$

其中,$p,q,\alpha,b_0,b_1,\cdots,b_n$ 是常数. 下面来寻找方程(3.4.7)的一个特解 $\varphi(t)$. 方程(3.4.7)的右端与方程(3.4.2)的右端相比,多了一个因子 $\mathrm{e}^{\alpha t}$. 为了利用方程(3.4.2)的有关结论,希望把方程(3.4.7)的右端因子 $\mathrm{e}^{\alpha t}$ 消去. 为此,作变换 $x(t)=\mathrm{e}^{\alpha t}y(t)$,则方程(3.4.7)变为

$$\frac{\mathrm{d}^2y}{\mathrm{d}t^2}+(2\alpha+p)\frac{\mathrm{d}y}{\mathrm{d}t}+(\alpha^2+p\alpha+q)y=b_0+b_1t+\cdots+b_nt^n.\qquad(3.4.8)$$

由方程(3.4.2)的有关结果获得方程(3.4.8)有如下形式的特解:

$$\psi(t)=\begin{cases}B_0+B_1t+\cdots+B_nt^n, & \alpha^2+p\alpha+q\neq 0,\\ t(B_0+B_1t+\cdots+B_nt^n), & \alpha^2+p\alpha+q=0,2\alpha+p\neq 0,\\ t^2(B_0+B_1t+\cdots+B_nt^n), & \alpha^2+p\alpha+q=0,2\alpha+p=0.\end{cases}$$

注意到,方程(3.4.7)对应的齐次方程的特征方程为

$$\lambda^2+p\lambda+q=0. \tag{3.4.9}$$

因此,方程(3.4.7)特解的结论如下:

(1) **当 α 不是二次方程(3.4.9)的根时,方程(3.4.7)的特解形式为**

$$\varphi(t)=(B_0+B_1t+\cdots+B_nt^n)\mathrm{e}^{\alpha t};$$

(2) **当 α 是二次方程(3.4.9)的单根时,方程(3.4.7)的特解形式为**

$$\varphi(t)=t(B_0+B_1t+\cdots+B_nt^n)\mathrm{e}^{\alpha t};$$

(3) **当 α 是二次方程(3.4.9)的重根时,方程(3.4.7)的特解形式为**

$$\varphi(t)=t^2(B_0+B_1t+\cdots+B_nt^n)\mathrm{e}^{\alpha t}.$$

例 3.4.3 求方程$\frac{\mathrm{d}^2x}{\mathrm{d}t^2}-2\frac{\mathrm{d}x}{\mathrm{d}t}+x=t^2\mathrm{e}^t$ 的特解.

解 对应的齐次方程的特征根为二重根 $\lambda_1=\lambda_2=1$. 因此,该方程特解的形式为

$$\varphi(t)=t^2(B_0+B_1t+B_2t^2)\mathrm{e}^t,$$

其中,B_0,B_1,B_2 为待定系数,为了确定它们,把 $\varphi(t)$代入方程并比较上式两端的系数可得 $B_2=\frac{1}{12},B_1=B_0=0$. 因此,原方程一个特解为

$$\varphi(t)=\frac{1}{12}t^4\mathrm{e}^t.$$

例 3.4.4 求方程$\frac{\mathrm{d}^2x}{\mathrm{d}t^2}-4\frac{\mathrm{d}x}{\mathrm{d}t}+4x=(1+t+\cdots+t^{27})\mathrm{e}^{2t}$的一个特解.

解 作变换 $x(t)=\mathrm{e}^{2t}v(t)$,则原方程变为

$$\frac{\mathrm{d}^2v}{\mathrm{d}t^2}=1+t+\cdots+t^{27}.$$

对上面的方程两边积分得到一个特解

$$v(t)=\frac{t^2}{1\cdot 2}+\frac{t^3}{2\cdot 3}+\cdots+\frac{t^{29}}{28\cdot 29}.$$

因此,原方程有特解

$$\varphi(t)=\mathrm{e}^{2t}\left[\frac{t^2}{1\cdot 2}+\frac{t^3}{2\cdot 3}+\cdots+\frac{t^{29}}{28\cdot 29}\right].$$

3.4.3 非齐次项为多项式与指数函数、正余弦函数之积的情形

最后考虑方程

$$L[x]=\frac{\mathrm{d}^2x}{\mathrm{d}t^2}+p\frac{\mathrm{d}x}{\mathrm{d}t}+qx=[A(t)\cos\beta t+B(t)\sin\beta t]\mathrm{e}^{\alpha t}, \quad (3.4.10)$$

其中，α,β,p,q 是常数，$A(t),B(t)$ 是实系数 t 的多项式，其中一个的次数为 m，而另一个的次数不超过 m. 现求(3.4.10)的一个特解.

由欧拉公式可以把方程(3.4.10)中$[A(t)\cos\beta t+B(t)\sin\beta t]\mathrm{e}^{\alpha t}$表示为

$$\frac{A(t)-\mathrm{i}B(t)}{2}\mathrm{e}^{(\alpha+\mathrm{i}\beta)t}+\frac{A(t)+\mathrm{i}B(t)}{2}\mathrm{e}^{(\alpha-\mathrm{i}\beta)t}.$$

因此，方程(3.4.10)变为

$$\frac{\mathrm{d}^2x}{\mathrm{d}t^2}+p\frac{\mathrm{d}x}{\mathrm{d}t}+qx=\frac{A(t)-\mathrm{i}B(t)}{2}\mathrm{e}^{(\alpha+\mathrm{i}\beta)t}+\frac{A(t)+\mathrm{i}B(t)}{2}\mathrm{e}^{(\alpha-\mathrm{i}\beta)t}. \quad (3.4.11)$$

再根据非齐次线性方程解的叠加原理(定理3.11)可知方程

$$\frac{\mathrm{d}^2x}{\mathrm{d}t^2}+p\frac{\mathrm{d}x}{\mathrm{d}t}+qx=\frac{A(t)-\mathrm{i}B(t)}{2}\mathrm{e}^{(\alpha+\mathrm{i}\beta)t}=f_1(t) \quad (3.4.12)$$

与

$$\frac{\mathrm{d}^2x}{\mathrm{d}t^2}+p\frac{\mathrm{d}x}{\mathrm{d}t}+qx=\frac{A(t)+\mathrm{i}B(t)}{2}\mathrm{e}^{(\alpha-\mathrm{i}\beta)t}=f_2(t) \quad (3.4.13)$$

的解之和必为方程(3.4.10)的解.

注意到$\overline{f_1(t)}=f_2(t)$，从而可知若 x_1 为方程(3.4.12)的解，则它的共轭 $\bar{x}_1$ 必为方程(3.4.13)的解. 又因为方程(3.4.7)中 α 是复数时，有关结论仍然成立. 因此，对方程(3.4.12)和方程(3.4.13)利用方程(3.4.7)的有关结果可知方程(3.4.10)的特解 $\varphi(t)$形式为

$$\begin{aligned}\varphi(t)&=t^kD(t)\mathrm{e}^{(\alpha-\mathrm{i}\beta)t}+t^k\overline{D}(t)\mathrm{e}^{(\alpha+\mathrm{i}\beta)t}\\&=t^k[P(t)\cos\beta t+Q(t)\sin\beta t]\mathrm{e}^{\alpha t},\quad k=0,1,\end{aligned}$$

其中，$D(t)$为 t 的 m 次多项式，而 $P(t)=2\mathrm{Re}\{D(t)\}$，$Q(t)=2\mathrm{Im}\{D(t)\}$. 当 $\alpha+\mathrm{i}\beta$ 不是方程(3.4.10)对应的齐次方程的特征根时，取 $k=0$. 当 $\alpha+\mathrm{i}\beta$ 是方程(3.4.10)对应的齐次方程的单特征根时，取 $k=1$.

例 3.4.5 求方程$\frac{\mathrm{d}^2x}{\mathrm{d}t^2}+\frac{\mathrm{d}x}{\mathrm{d}t}-2x=\mathrm{e}^t(\cos t-7\sin t)$的通解.

解 先求对应齐次方程的$\frac{\mathrm{d}^2x}{\mathrm{d}t^2}+\frac{\mathrm{d}x}{\mathrm{d}t}-2x=0$ 的通解. 这里的特征方程 $\lambda^2+\lambda-2=0$ 有两个根 $\lambda_1=1,\lambda_2=-2$. 因此，齐次方程的通解为 $x=c_1\mathrm{e}^t+c_2\mathrm{e}^{-2t}$，其中，$c_1$，$c_2$ 是任意常数.

再求非齐次方程的一个特解. 因为 $\alpha+\mathrm{i}\beta=1+\mathrm{i}$ 不是特征根，故原方程具有形如

$$\varphi(t)=\mathrm{e}^t(A\cos t+B\sin t)$$

的特解. 将上式代入原方程得到

$$(3B-A)\cos t-(B+3A)\sin t=\cos t-7\sin t.$$

比较上式两端 $\cos t,\sin t$ 的系数可得 $A=2,B=1$. 故原方程有特解

$$\varphi(t)=e^t(2\cos t+\sin t).$$

于是,原方程通解为

$$x=e^t(2\cos t+\sin t)+c_1e^t+c_2e^{-2t}.$$

例 3.4.6 求方程 $\frac{d^2x}{dt^2}+x=2\sin t$ 的通解.

解 先求对应齐次方程的 $\frac{d^2x}{dt^2}+x=0$ 的通解. 这里的特征方程 $\lambda^2+1=0$ 有两个解 $\lambda_1=i,\lambda_2=-i$. 因此,对应的齐次方程的通解为 $x=c_1\cos t+c_2\sin t$,其中,c_1,c_2 是任意常数. 再求非齐次方程的一个特解. 因为 $\alpha+i\beta=i$ 是特征根,故原方程特解的形式为 $\varphi(t)=t(A\cos t+B\sin t)$. 将上式代入原方程得 $2B\cos t-2A\sin t=2\sin t$. 比较上式两端 $\cos t,\sin t$ 的系数可得 $A=-1,B=0$. 故原方程有特解 $\varphi(t)=-t\cos t$,因而所求原方程通解为

$$x=-t\cos t+c_1\cos t+c_2\sin t.$$

例 3.4.7 求方程 $\frac{d^2x}{dt^2}-6\frac{dx}{dt}+5x=-3e^t+5t^2$ 的通解.

解 先求对应齐次方程的 $\frac{d^2x}{dt^2}-6\frac{dx}{dt}+5x=0$ 的通解. 这里的特征方程 $\lambda^2-6\lambda+5=0$ 有两个根 $\lambda_1=1,\lambda_2=5$. 因此,它的通解为 $x=c_1e^t+c_2e^{5t}$. 因为原方程右端由两项组成,根据解的叠加原理可先分别求下述两个方程:

$$\frac{d^2x}{dt^2}-6\frac{dx}{dt}+5x=-3e^t \quad 与 \quad \frac{d^2x}{dt^2}-6\frac{dx}{dt}+5x=5t^2$$

的特解,这两个特解之和即为原方程的一个特解.

第一个方程有形如 $\varphi_1(t)=Ate^t$ 特解,代入第一个方程求得 $A=\frac{3}{4}$. 第二个方程的特解形式为 $\varphi_2(t)=B_0+B_1t+B_2t^2$,代入第二个方程求得 $B_0=\frac{62}{25},B_1=\frac{12}{5}$, $B_2=1$. 因而原方程的特解为

$$\varphi(t)=\varphi_1(t)+\varphi_2(t)=\frac{3}{4}te^t+t^2+\frac{12}{5}t+\frac{62}{25},$$

原方程的通解为

$$x=\frac{3}{4}te^t+t^2+\frac{12}{5}t+\frac{62}{25}+c_1e^t+c_2e^{5t}.$$

关于高阶线性非齐次方程的求解还可利用 3.1 节和 3.3 节给出的降阶法和 3.2 节给出的常数变易法进行求解. 这里不再赘述.

习　题　3.4

1. 求下列微分方程的通解：

(1) $y''-y'-2y=4x^2$；　　(2) $y''-y'-2y=e^{3x}$；

(3) $y''-y'-2y=\sin 2x$；　　(4) $y''-6y'+25y=2\sin\frac{t}{2}-\cos\frac{t}{2}$；

(5) $y''-6y'+25y=64e^{-t}$；　　(6) $y''-6y'+25y=50t^3-36t^2-63t+98$.

2. 求 $y'''-6y''+11y'-6y=2xe^{-x}$ 的通解.

3. 判定方程 $y''-y'=9x^2+2x-1$ 的特解的形式，并求其通解.

4. 判定方程 $y'-5y=(x-1)\sin x+(x+1)\cos x$ 的通解的形式，并求之.

5. 求 $y^{(4)}+2y''+y=18\sin 2x+8\cos 3x$ 的通解.

6. 试判断方程

$$y'''-y''-y'+y=e^x(5x^2-1)+3x$$

具有什么形状的特解？

7. 求方程

$$y''-4y'+4y=e^x+e^{2x}+1$$

的通解.

8. 求下列方程的通解：

(1) $x^2y''-4xy'+6y=x(x>0)$；　　(2) $x^2y''-xy'+2y=x\ln x(x>0)$.

9. 设 $x_1(t)=3e^t+e^{t^2}$，$x_2(t)=7e^t+e^{t^2}$，$x_3(t)=5e^t-e^{-t^3}+e^{t^2}$ 是二阶线性非齐次方程

$$x''+p_1(t)x'+p_2(t)x=q(t)$$

的三个解，试求此方程满足初始条件 $y(0)=1$，$y'(0)=2$ 的解.

10. 试证二阶线性非齐次方程

$$x''+p_1(t)x'+p_2(t)x=q(t)$$

存在且至多存在三个线性无关解，其中，$p_1(t)$，$p_2(t)$ 及 $q(t)$ 均在区间 $[a,b]$ 上连续.

3.5　高阶微分方程的应用

前面几节介绍了高阶微分方程的基本理论及一些特殊方程的求解方法，本节将介绍高阶微分方程的一些应用，包括机械振动和 RLC 电路中的电流.

3.5.1　机械振动

在日常生活和工程技术中，很多机械振动问题都可归结为弹性振动的研究，如单摆、汽车上的减振器、重型机械中的后座装置等. 下面介绍弹簧振动的例子.

设有一个弹簧，它的上端固定，下端挂一个质量为 m 的物体，当物体处于静止状态时，作用在物体上的重力与弹性力大小相等、方向相反. 这个位置就是物体的平衡位置，如图 3.5 所示.

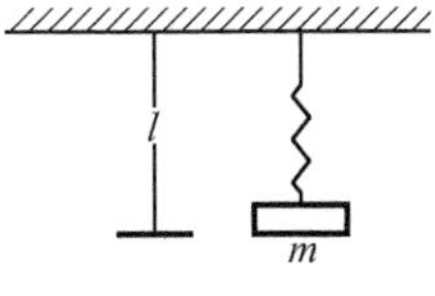

图 3.5

当物体处于平衡位置时，受到向下的重力 mg，弹簧向上的弹力 $k\Delta l$ 的作用，其中，k 是弹簧的弹性系数，Δl 是弹簧受重力 mg 作用后向下拉伸的长度，即有

$$k\Delta l = mg.$$

为了研究物体的运动规律，选取平衡位置为坐标原点，取 x 轴垂直向下，从而当物体处于平衡位置时有 $x=0$，但物体受到外力 $F(t)$ 作用时，从平衡位置开始运动，$x(t)$ 代表物体在 t 时的位置，当物体开始运动时，受到下面 4 个力的作用：

(1) 物体的重力 $W=mg$，方向是向下的，与坐标轴的方向一致.

(2) 弹簧的弹力 R，当 $\Delta l+x>0$ 时，弹力与 x 轴方向相反，取 $R=-k(\Delta l+x)$. 当 $\Delta l+x<0$ 时，弹力与 x 轴方向相同，即 $R=-k(\Delta l+x)$. 因此，弹簧的弹力 R 总有

$$R =- k(\Delta l + x).$$

(3) 空气阻力 D，物体在运动过程中总会受到空气或其他介质的阻力作用，使振动逐渐减弱，阻力的大小与物体的运动速度成正比，方向与运动的方向相反，该阻力系数为 c，在 t 时刻物体运动速度为 $\frac{\mathrm{d}x}{\mathrm{d}t}$，因此

$$D =- c\,\frac{\mathrm{d}x}{\mathrm{d}t}.$$

(4) 物体在运动过程中还受到随时间变化的外力作用 $F(t)$，方向可能是向上，也可能向下，依赖于 $F(t)$ 的正负.

根据上述关于物体受力情况分析，由牛顿第二定律得

$$\begin{aligned} m\,\frac{\mathrm{d}^2x}{\mathrm{d}t^2} &= W + R + D + F = mg - k(\Delta l + x) - c\,\frac{\mathrm{d}x}{\mathrm{d}t} + F(t) \\ &=- kx - c\,\frac{\mathrm{d}x}{\mathrm{d}t} + F(t), \end{aligned}$$

因此，物体的运动满足二阶线性微分方程

$$m\,\frac{\mathrm{d}^2x}{\mathrm{d}t^2} + c\,\frac{\mathrm{d}x}{\mathrm{d}t} + kx = F(t). \tag{3.5.1}$$

1. 无阻尼自由振动

首先研究没有空气阻力和外力作用的弹簧振动，称为**无阻尼自由振动**，此时，

方程(3.5.1)变为

$$m\frac{\mathrm{d}^2x}{\mathrm{d}t^2}+kx=0 \quad 或 \quad \frac{\mathrm{d}^2x}{\mathrm{d}t^2}+\omega_0^2x=0, \tag{3.5.2}$$

其中，$\omega_0^2=\frac{k}{m}$，方程(3.5.2)的通解为

$$x(t)=c_1\cos\omega_0t+c_2\sin\omega_0t, \tag{3.5.3}$$

其中，c_1,c_2 为常数.为了使物理意义明确，令

$$\sin\theta=\frac{c_1}{\sqrt{c_1^2+c_2^2}},\quad \cos\theta=\frac{c_2}{\sqrt{c_1^2+c_2^2}}.$$

因此，若取 $A=\sqrt{c_1^2+c_2^2}$，$\theta=\arctan\frac{c_1}{c_2}$，则式(3.5.3)可以写成

$$\begin{aligned}x(t)&=\sqrt{c_1^2+c_2^2}\left(\frac{c_1}{\sqrt{c_1^2+c_2^2}}\cos\omega_0t+\frac{c_2}{\sqrt{c_1^2+c_2^2}}\sin\omega_0t\right)\\&=A(\sin\theta\cos\omega_0t+\cos\theta\sin\omega_0t)=A\sin(\omega_0t+\theta).\end{aligned} \tag{3.5.4}$$

从式(3.5.4)可以看出，物体的运动是周期振动，周期为 $T=\frac{2\pi}{\omega_0}$，这种运动称为**简谐振动**，振幅为 A，θ 为初相位，振幅和初相位都依赖于初始条件的选择，如图3.6所示.

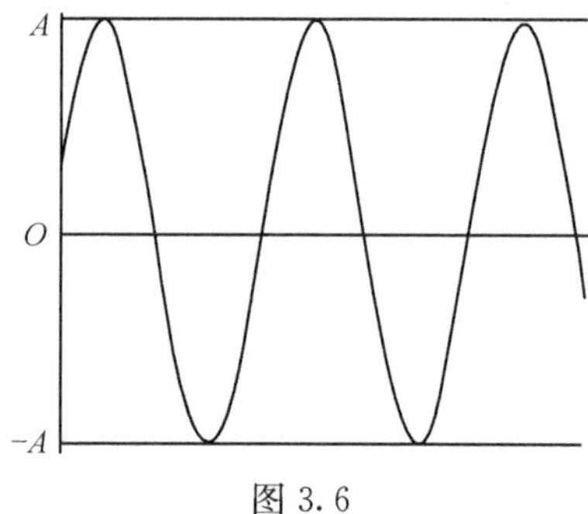

图 3.6

2. 有阻尼的自由振动

现在考虑有空气阻力而无外力作用的弹簧振动，此时，方程(3.5.1)变为

$$m\frac{\mathrm{d}^2x}{\mathrm{d}t^2}+c\frac{\mathrm{d}x}{\mathrm{d}t}+kx=0, \tag{3.5.5}$$

方程(3.5.5)的特征方程为 $m\lambda^2+c\lambda+k=0$，特征根为

$$\lambda_1=\frac{-c+\sqrt{c^2-4km}}{2m},\quad \lambda_2=\frac{-c-\sqrt{c^2-4km}}{2m}.$$

下面分三种情形考虑方程(3.5.5)的解.

(1) $c^2-4km>0$，在这种情况下 λ_1 和 λ_2 是两个不同的负实数，因此，方程(3.5.5)的通解为

$$x(t)=c_1\mathrm{e}^{\lambda_1t}+c_2\mathrm{e}^{\lambda_2t}.$$

(2) $c^2-4km=0$，在这种情形下，方程(3.5.5)的通解为

$$x(t)=(c_1+c_2t)\exp\left(-\frac{c}{2m}t\right).$$

(3) $c^2-4km<0$,此时方程(3.5.5)的通解为

$$x(t)=\exp\left(-\frac{ct}{2m}\right)[c_1\cos\mu t+c_2\sin\mu t],\quad \mu=\frac{\sqrt{4km-c^2}}{2m}.$$

情形(1)称为**大阻尼情形**,情形(2)称为**临界阻尼情形**,情形(3)称为**小阻尼情形**. 对情形(3),类似于无阻尼自由振动,可把方程(3.5.5)的通解写为

$$x(t)=A\exp\left(-\frac{ct}{2m}\right)\sin(\mu t+\theta),$$

其中,A,θ 为由初始条件确定的常数.

可见,弹簧的振动已不是周期的,振动的最大偏离 $A\exp\left(-\frac{ct}{2m}\right)$ 随着时间增加而不断减小,如图 3.7 所示,最后趋于平衡位置 $x=0$.

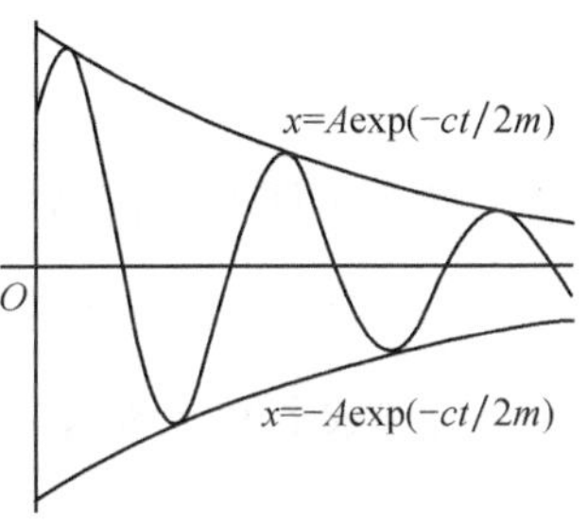

图 3.7

3. 有阻尼强迫振动

如果物体在运动过程既有空气阻力又有周期外力 $F(t)$ 作用,设 $F(t)=F_0\cos\omega t$,则弹簧振动的方程为

$$m\frac{\mathrm{d}^2x}{\mathrm{d}t^2}+c\frac{\mathrm{d}x}{\mathrm{d}t}+kx=F_0\cos\omega t. \tag{3.5.6}$$

可求得方程(3.5.6)的一个特解为

$$\begin{aligned}\psi(t)&=\frac{F_0}{(k-m\omega^2)^2+c^2\omega^2}[(k-m\omega^2)\cos\omega t+c\omega\sin\omega t]\\&=\frac{F_0}{(k-m\omega^2)+c^2w^2}[(k-m\omega^2)^2+c^2\omega^2]^{1/2}\sin(\omega t+\theta)\\&=\frac{F_0\sin(\omega t+\theta)}{[(k-m\omega^2)^2+c^2\omega^2]^{1/2}},\end{aligned}$$

其中,$\tan\theta=\frac{k-m\omega^2}{c\omega}$. 因此,方程(3.5.6)的通解为

$$x(t)=\varphi(t)+\psi(t)=\varphi(t)+\frac{F_0\sin(\omega t+\theta)}{[(k-m\omega^2)^2+c^2\omega^2]^{1/2}}, \tag{3.5.7}$$

其中,$\varphi(t)$ 是方程(3.5.6)对应的齐次方程

$$m\frac{\mathrm{d}^2x}{\mathrm{d}t^2}+c\frac{\mathrm{d}x}{\mathrm{d}t}+kx=0 \tag{3.5.8}$$

的通解. 由(3.5.7)可以看出弹簧的振动由两部分叠加而成,第一部分是有阻尼的自由振动,它是系统本身的固有振动,它随时间的延续而衰减,最后等于零;第二部

分是由外力而引起的强迫振动项，它的振幅不随时间的延续而衰减，当时间充分大时，式(3.5.6)的解 $x(t)$ 最终趋向于解 $\psi(t)$.

4. 无阻尼强迫振动

现在考虑没有空气阻力而有周期性外力 $F=F_0\cos\omega t$ 作用的弹簧振动，此时，物体的运动满足方程

$$\frac{\mathrm{d}^2x}{\mathrm{d}t^2}+\omega_0^2x=\frac{F_0}{m}\cos\omega t,\quad \omega_0^2=\frac{k}{m}. \tag{3.5.9}$$

当 $\omega\neq\omega_0$ 时，方程(3.5.9)有通解

$$x(t)=c_1\cos\omega_0 t+c_2\sin\omega_0 t+\frac{F_0}{m(\omega_0^2-\omega^2)}\cos\omega t,$$

它是两个不同周期函数的和.

当 $\omega=\omega_0$ 时，外力的频率 $\frac{\omega}{2\pi}$ 与弹簧振动的固有频率 $\frac{\omega_0}{2\pi}$ 是相等的，这种现象称为**共振现象**，此时，弹簧的振动满足的方程为

$$\frac{\mathrm{d}^2x}{\mathrm{d}t^2}+\omega_0^2x=\frac{F_0}{m}\cos\omega_0 t. \tag{3.5.10}$$

方程(3.5.10)有通解

$$x(t)=c_1\cos\omega_0 t+c_2\sin\omega_0 t+\frac{F_0 t}{2m\omega_0}\sin\omega_0 t, \tag{3.5.11}$$

c_1,c_2 是任意常数.

(3.5.11)前面两项的和是一个周期函数，第三项代表振幅在随时间增大而增大的一种振动，这就是共振现象(图 3.8). 这一现象在许多方面有着不同的应用.

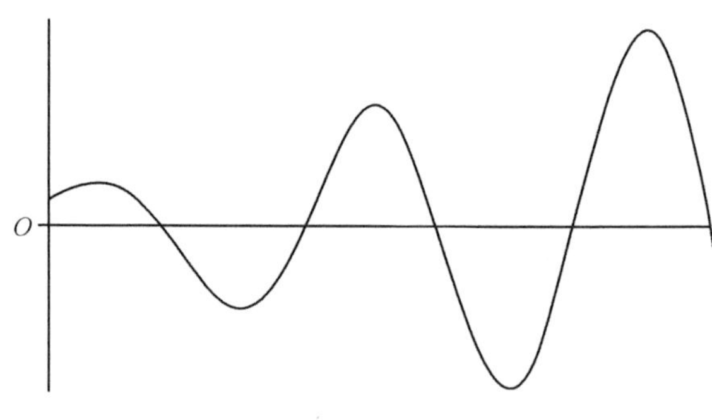

图 3.8

3.5.2 *RLC* 电路

常微分方程在电路中电流、电压的计算中应用很广泛，先用电路中各元件上电压、电流等计算公式及回路电压定律、节点电流定律建立起电流或电压所满足的微

分方程，提出相应的初始条件，再求解该始值问题得到所需要的结果.

设有一个由电阻 R，电感为 L，电容 C 和电源 E 串联组成的电路，其中，R,L 及 C 为常数，电源电动势是时间 t 的函数 $E=E_m\sin\omega t$，其中，E_m 及 ω 也是常数，如图 3.9 所示.

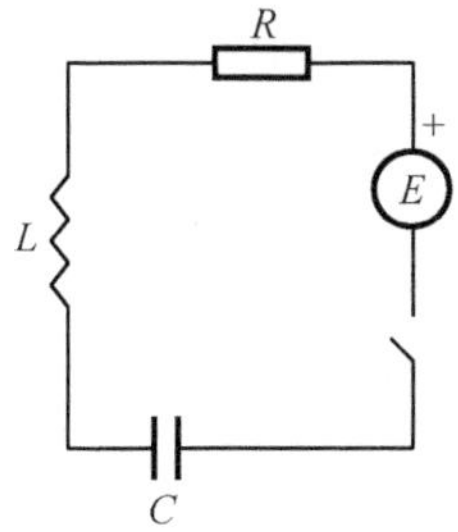

图 3.9

设电路中的电流为 $I(t)$，电容器极板上的电量为 $Q(t)$，两极板间的电压为 U_0，电感电动势 E_L，由电学知识知道

$$I=\frac{\mathrm{d}Q}{\mathrm{d}t},\quad U_0=\frac{Q(t)}{C},\quad E_L=L\frac{\mathrm{d}I}{\mathrm{d}t}.$$

由回路电压定律知

$$E(t)=L\frac{\mathrm{d}I}{\mathrm{d}t}+RI+\frac{Q(t)}{C},$$

即有

$$L\frac{\mathrm{d}^2Q}{\mathrm{d}t^2}+R\frac{\mathrm{d}Q}{\mathrm{d}t}+\frac{Q}{C}=E(t),\tag{3.5.12}$$

这就是该串联电路中电容器极板上的电量所满足的方程.

例 3.5.1　在由一个电阻 R，电感 L，电容 C 和电源 E 组成的闭合回路中（图 3.9），电源的电动势 $E=100\sin60t$(V)，电阻 $R=2(\Omega)$，电感 $L=0.1$(H)，电容 $C=\frac{1}{260}$(F). 如果开始时电路中的电流为零，电容器上的电荷量为零，求该电路接通后电容器上的电荷量随时间变化的关系.

解　记 t 时刻该回路中的电流为 $I(t)$，电容器上的电荷量为 $q(t)$，由回路电压定律和初始条件得

$$\frac{1}{10}\frac{\mathrm{d}I}{\mathrm{d}t}+2I+260q=100\sin60t$$

或

$$\frac{\mathrm{d}^2q}{\mathrm{d}t^2}+20\frac{\mathrm{d}q}{\mathrm{d}t}+2600q=1000\sin60t,\tag{3.5.13}$$

$$q(0)=0,\quad q'(0)=0.$$

(3.5.13)对应的齐次方程的特征方程为

$$\lambda^2+20\lambda+2600=0.$$

这个特征方程的两个根为 $\lambda_1=\bar{\lambda}_2=-10+50\mathrm{i}$. (3.5.13)对应的齐次方程的通解为

$$q_c(t)=\mathrm{e}^{-10t}(c_1\sin50t+c_2\cos50t).$$

现在用待定系数法来求(3.5.13)的一个特解. 由本章前面介绍的待定系数法和方程(3.5.13)的特点，设特解为

$$q_p(t) = A\sin 60t + B\cos 60t.$$

将它代入方程(3.5.13)两边,分别比较 $\sin 60t$ 和 $\cos 60t$ 的系数得

$$A = -\frac{25}{61}, \quad B = -\frac{30}{61}.$$

故原方程(3.5.13)的通解为

$$q(t) = \mathrm{e}^{-10t}(c_1\sin 50t + c_2\cos 50t) - \frac{25}{61}\sin 60t - \frac{30}{61}\cos 60t.$$

利用(3.5.13)的初始条件得 $c_1 = \frac{36}{61}, c_2 = \frac{30}{61}$. 于是,该电路中电容器 C 上的电荷量随时间变化的关系为

$$q(t) = \frac{6}{61}\mathrm{e}^{-10t}(6\sin 50t + 5\cos 50t) - \frac{5}{61}(5\sin 60t + 6\cos 60t).$$

例 3.5.2　求图 3.10 中各支路上的电流随时间变化的关系.

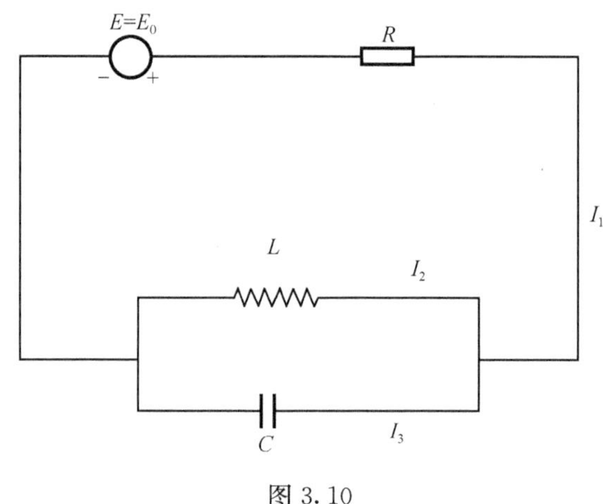

图 3.10

解　设该电路中各支路上的电流分别为 I_1, I_2, I_3(图 3.10),利用回路电压定律和节点电流定理可得

$$L\frac{\mathrm{d}I_2}{\mathrm{d}t} + RI_1 = E, \quad RI_1 + \frac{Q}{C} = E, \quad -\frac{Q}{C} + L\frac{\mathrm{d}I_2}{\mathrm{d}t} = 0, \quad I_1 = I_2 + I_3.$$

由这几个方程可以得到

$$L\frac{\mathrm{d}I_2}{\mathrm{d}t} + R(I_2 + I_3) = E,$$

$$I_3 = \frac{\mathrm{d}Q}{\mathrm{d}t} = LC\frac{\mathrm{d}^2 I_2}{\mathrm{d}t^2},$$

$$RLC\frac{\mathrm{d}^2 I_2}{\mathrm{d}t^2} + L\frac{\mathrm{d}I_2}{\mathrm{d}t} + RI_2 = E. \tag{3.5.14}$$

式(3.5.14)对应的齐次方程的特征方程为

$$RLC\lambda^2 + L\lambda + R = 0,$$

它有两个根分别为

$$\lambda_1 = \frac{-L + \sqrt{L^2 - 4LCR^2}}{2RLC}, \quad \lambda_2 = \frac{-L - \sqrt{L^2 - 4LCR^2}}{2RLC}.$$

容易求出式(3.5.14)的特解 $I_2 = \frac{E}{R}$,最后得式(3.5.14)的通解及 I_3, I_1 的表达式为

$$I_2(t) = c_1 e^{\lambda_1 t} + c_2 e^{\lambda_2 t} + \frac{E}{R},$$

$$I_3(t) = LC(c_1\lambda_1^2 e^{\lambda_1 t} + c_2\lambda_2^2 e^{\lambda_2 t}),$$

$$I_1(t) = (LC\lambda_1^2 + 1)c_1 e^{\lambda_1 t} + (LC\lambda_2^2 + 1)e^{\lambda_2 t} + \frac{E}{R}.$$

最后还要特别指出的是,前面给出的弹簧振动和上面给的串联电路这两个系统所导出的微分方程是非常相似的,而且有对应关系:质量 m 与电感 L,阻尼系数 C 与电阻 R,弹簧弹性系数 k 与电容倒数$\frac{1}{C}$,物体的位移 x 与电容器上的电荷 Q.

上述机械振动系统与电学系统之间的相似性,使得它们在各自求解过程的数学运算也完全一致,因而可以把对于机械振动系统的计算结果,照搬到电学系统上,并可同样研究电路中电流的振荡性质,如自由振动、阻尼自由振动、强迫振动以及共振现象等. 此外,这种相似性,使得用电学系统去模拟振动系统成为可能. 由于电学系统易于实现,从而这种模拟就大大简化了对振动系统的研究.

共振现象有十分广泛的应用. 例如,在无线电接收机中利用共振现象进行调谐,在工业上也有利用共振现象的振动泵等. 但是,由于共振现象使得一个系统在不大的周期外力作用下能产生振幅很大的振动,也可以导致一些灾难发生.

习 题 3.5

1. 一个质量为 m 的物体挂在弹簧下,把弹簧拉长 a,再用手把弹簧拉长 A 后,无初速的松开,求弹簧振动机律.

2. 火车沿水平轨道运动,火车的质量是 m,机车的牵引力为 F,运动的阻力 $W=a+bv$,其中,a,b 是常数,v 是火车的速度. 假设 $t=0$ 时,$s=0,v=0$,其中,s 表示走过的路程,试求火车的运动规律 $s(t)$.

3. 设有一边长为 1m 的正立方体浮于静止的水中,将其往下按 a 后,放手让其振动,设水的密度为 1000kg/m^3,由观察知此立方体上下振动的周期为$\frac{1}{2}$s,问它的质量是多少?

4. 有一 RLC 电路，其中，RC 并联，再与 L 及直流电源 E 串联，试求通过电感 L 的电流 $I(t)$，假设在 $t=0$ 时，$I(0)=0$，$I'(0)=0$.

5. 一弹簧附着一质量为 m 的质点，设其强迫振动方程为

$$m\frac{\mathrm{d}^2x}{\mathrm{d}t^2}+kx=A\cos^3\omega t,\quad t\geqslant 0$$

其中，m,k,A,ω 均为常数，证明有两个 ω 值能产生共振，试确定其值.

6. 设弹簧系统强迫振动的方程为

$$m\frac{\mathrm{d}^2x}{\mathrm{d}t^2}+kx=\sum_{n=1}^{m}a_n\cos\frac{2n\pi t}{T},\quad t\geqslant 0,a_n\neq 0.$$

(1) 证明外力的最小周期为 T；

(2) 证明当 T 为如下 M 个值：$2n\pi\sqrt{m/k}(n=1,2,\cdots,M)$之中任何一个时，则产生共振.

7. 一定滑轮的半径为 R，转动惯量为 I，其上挂一轻绳，绳的一端系一质量为 m 的物体，另一端与一固定的轻弹簧相连，如图 3.11 所示. 设弹簧的弹性系数为 k，绳与滑轮间无滑动且忽略轴的摩擦力及空气阻力. 现将物体 m 从平衡位置拉下一微小距离后放手，建立微分方程模型讨论物体的运动规律.

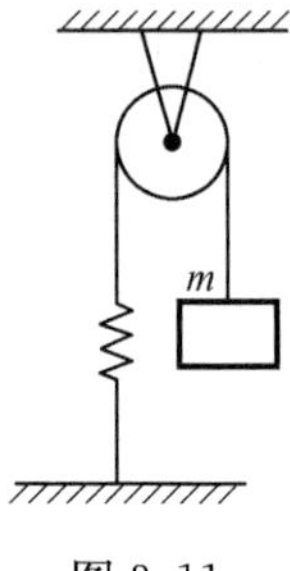

图 3.11

复习题 3

1. 试验证 $y_1(t)=x^2\sin x$，$y_2(x)=0$ 均是方程

$$x^2y''-4xy'+(x^2+6)y=0$$

的解，并满足同一初始条件 $y(0)=0$，$y'(0)=0$. 试问这是否与定理 3.1 矛盾.

2. 试验证 $y_1(x)=\ln(x+1)+1$，$y_2(x)=\ln(x+1)$ 均是方程 $y''+y'^2=0$ 的解，但 $y(x)=y_1(x)+y_2(x)$ 却不是它的解.

3. 求下列方程的通解：

(1) $y''-10y'+34y=0$；　(2) $y''+y'+y=0$；

(3) $x'''-2x''-x'+2x=0$；　(4) $y^{(4)}-4y^{(3)}+6y''-4y'+y=0$；

(5) $y^{(6)}+2y^{(5)}+y^{(4)}=0$.

4. 求下列方程的解：

(1) $y'''-y=\cos x$；　(2) $y''-4y'+4y=\mathrm{e}^x+\mathrm{e}^{2x}+1$；

(3) $y''-2y'+2y=x\mathrm{e}^x\cos x$；　(4) $y''+y=\sin x-\cos 2x$；

(5) $y'''-3y''+3y'-y=x-3$；　(6) $y^{(4)}-16y=x^2-\mathrm{e}^x$；

(7) $y''+y=\dfrac{1}{\sin^3x}$；　(8) $x^{(4)}+x=2\mathrm{e}^t$；

(9) $x''+4x=\sin 2t+\cos 3t$.

5. 证明方程 $x''+p_1(t)x'+p_2(t)x=0$ 的任意两个解组的 Wronskian 行列式之比是一个非零常数.

6. 设 $y_1(x)$和 $y_2(x)$是方程 $y''+p_1(x)y'+p_2(x)y=0$ 的一个基本解组,试证

$$p_1(x)=-\frac{y_1y_2''-y_2y_1''}{W[y_1,y_2]},\quad p_2(x)=\frac{y_1'y_2''-y_2'y_1''}{W[y_1,y_2]}.$$

7. 求方程 $y''-xf(x)y'+f(x)y=0$ 的通解.

8. 给定方程

$$y''+8y'+7y=q(x),$$

其中,$q(x)$在 $0\leqslant x\leqslant+\infty$上连续,试利用常数变易公式证明:

(1) 若 $q(x)$在 $0\leqslant x\leqslant+\infty$上有界,则此方程的每一个解在 $0\leqslant x<+\infty$上有界;

(2) 若 $\lim\limits_{x\to+\infty}q(x)=0$,则此方程的每一个解 $y(x)$都有 $\lim\limits_{x\to+\infty}y(x)=0$.

9. 设函数 $f(t)$是周期为 ω 的连续函数,证明微分方程

$$\frac{\mathrm{d}^2x}{\mathrm{d}t^2}+2\beta\frac{\mathrm{d}x}{\mathrm{d}t}+x=f(t)$$

当 $\beta>1$ 时有且仅有一个周期为 ω 的解,并求出它的表达式.

10. 设函数 $f(t)$在区间$(-\infty,+\infty)$上连续可导,试求微分积分方程

$$\frac{\mathrm{d}x}{\mathrm{d}t}+2x(t)+\int_0^t x(s)\mathrm{d}s=f(t)$$

的解.

^{c}11. 用 Maple 求解下面的方程:

(1) $x''-x'-2x=\mathrm{e}^{3t}\cos^{2t}$;　　(2) $x''+x=t+2\mathrm{e}^{-t}$,$x(0)=1$,$x'(0)=-2$.

^{c}12. 用 Maple 求方程

$$\frac{\mathrm{d}^3x}{\mathrm{d}t^3}-5\frac{\mathrm{d}^2x}{\mathrm{d}t^2}+9\frac{\mathrm{d}x}{\mathrm{d}t}-5x=0,\quad x(0)=0,x'(0)=1,x''(0)=6$$

的特解.

第 4 章　微分方程组

前面几章研究了只含一个未知函数的一阶或高阶微分方程，但在许多实际问题（如工程技术、物理、生物等）和一些理论问题中，往往涉及若干个未知函数以及它们导数的方程所组成的方程组，即微分方程组. 本章将介绍一阶微分方程组的一般解法，重点仍在线性方程组的基本理论和常系数线性方程组的解法上.

4.1　微分方程组的概念

本节给出微分方程组的一些例子、概念和解的存在唯一性定理.

4.1.1　微分方程组的实例及有关概念

1. 多回路的电路问题

在如图 4.1 所示的含有两个回路的电路问题中，$E(t)$是电源电压，L 是电感，C 是电容器的电容，R_1 和 R_2 是两个电阻，i_1 是通过电感 L 的电流，i_2 是通过电容 C 的电流，其中，L, C, R_1 和 R_2 是常数，$E(t)$是已知函数，则根据基尔霍夫定律可建立下列方程组：

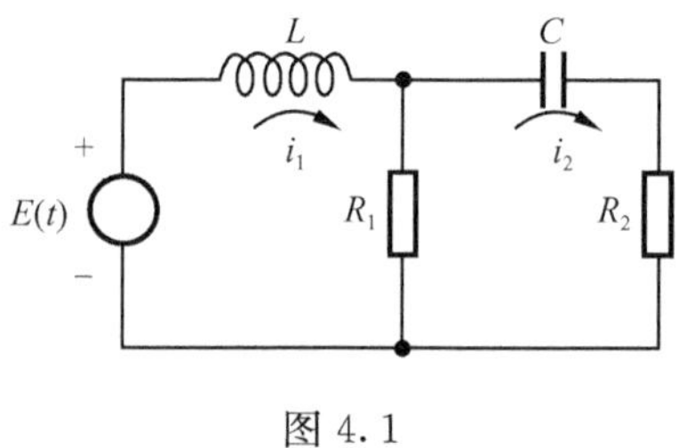

图 4.1

$$\begin{cases} L\dfrac{\mathrm{d}i_1}{\mathrm{d}t}+R_1(i_1-i_2)=E(t), \\ R_1(i_2-i_1)+R_2i_2+\dfrac{1}{C}\displaystyle\int_0^t i_2(s)\mathrm{d}s=0. \end{cases} \tag{4.1.1}$$

对(4.1.1)的第二个方程两边关于 t 求导，则得

$$\begin{cases} L\dfrac{\mathrm{d}i_1}{\mathrm{d}t}+R_1(i_1-i_2)=E(t), \\ R_1\left(\dfrac{\mathrm{d}i_2}{\mathrm{d}t}-\dfrac{\mathrm{d}i_1}{\mathrm{d}t}\right)+R_2\dfrac{\mathrm{d}i_2}{\mathrm{d}t}+\dfrac{1}{C}i_2=0. \end{cases} \tag{4.1.2}$$

把(4.1.2)中的$\dfrac{\mathrm{d}i_1}{\mathrm{d}t}$和$\dfrac{\mathrm{d}i_2}{\mathrm{d}t}$解出来，得到一阶微分方程组

$$\begin{cases}\dfrac{\mathrm{d}i_1}{\mathrm{d}t}=-\dfrac{R_1}{L}i_1+\dfrac{R_1}{L}i_2+\dfrac{1}{L}E(t),\\ \dfrac{\mathrm{d}i_2}{\mathrm{d}t}=-\dfrac{R_1^2}{(R_1+R_2)L}i_1+\dfrac{R_1^2C-L}{(R_1+R_2)LC}i_2+\dfrac{R_1E(t)}{(R_1+R_2)L}.\end{cases}\tag{4.1.3}$$

方程组(4.1.3)是一个关于 i_1 和 i_2 的线性微分方程组.

2. 弹簧组中两滑块的运动

如图 4.2 所示,滑块 m_1 和 m_2 放在光滑桌面上,分别与弹性系数为 k_1,k_2,k_3 的三个弹簧相连. m_1 和 m_2 上分别有外力 $F_1(t)$和 $F_2(t)$作用,在开始时弹簧处于自然伸长位置. 将 x_1 和 x_2 的零点分别置于弹簧自然伸长时 m_1 和 m_2 的中心. 设在时刻 t 滑块 m_1 和 m_2 的坐标分别为 $x_1(t)$和 $x_2(t)$,此时弹簧 k_1 的伸长量为$x_1(t)$,弹簧 k_2 的伸长量为 $x_2(t)-x_1(t)$,弹簧 k_3 的伸长量为$-x_2(t)$,利用第二运动定理,可以写出两滑块的运动方程为

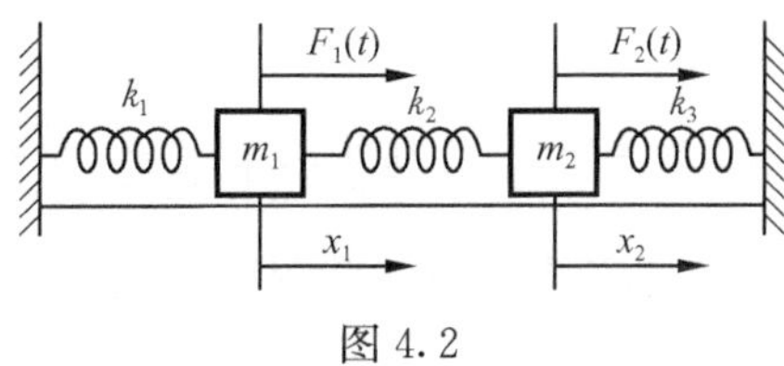

图 4.2

$$\begin{cases}m_1\dfrac{\mathrm{d}^2x_1}{\mathrm{d}t^2}=k_2(x_2-x_1)-k_1x_1+F_1(t),\\ m_2\dfrac{\mathrm{d}^2x_2}{\mathrm{d}t^2}=-k_3x_2-k_2(x_2-x_1)+F_2(t).\end{cases}\tag{4.1.4}$$

对方程(4.1.4)进行整理,再写出 $x_1(t)$和 $x_2(t)$所满足的初始条件,得两滑块满足的运动方程为

$$\begin{cases}m_1\dfrac{\mathrm{d}^2x_1}{\mathrm{d}t^2}=-(k_1+k_2)x_1+k_2x_2+F_1(t),\\ m_2\dfrac{\mathrm{d}^2x_2}{\mathrm{d}t^2}=k_2x_1-(k_2+k_3)x_2+F_2(t),\\ x_1(0)=0,x_1'(0)=0,x_2(0)=0,x_2'(0)=0.\end{cases}\tag{4.1.5}$$

3. Volterra 捕食-被捕食模型

设有捕食种群和被捕食(或称食饵)种群生活在同一环境中,由于生育、死亡和相互作用,两种群个体的数量将随时间变化,建立微分方程组来研究两种群个体数量随时间的变化趋势.

设在给定的环境中,t 时刻食饵与捕食者的数量或密度分别为 $x(t)$与 $y(t)$. 假设个体不区分大小,而且没有个体输入或输出,当环境中不存在捕食者时,食饵种群的增长规律用下述的 Logistic 方程来描述:

$$\frac{1}{x}\frac{\mathrm{d}x}{\mathrm{d}t}=r_1\left(1-\frac{x}{k_1}\right),\quad r_1=b_1-d_1. \tag{4.1.6}$$

式(4.1.6)左端表示食饵种群的相对增长率，右端的常数 r_1 是其出生率 b_1 减去死亡率 d_1，称为**内禀增长率**，正常数 k_1 称为**环境容纳量**. 由(4.1.6)显见，当 $x<k_1$ 时，种群规模增长，当 $x>k_1$ 时，种群规模减小. 因此，k_1 反映了环境能保证食饵个体数量变化时最合适的容量，把(4.1.6)改写成形式

$$\frac{\mathrm{d}x}{\mathrm{d}t}=x(r_1-ax),\quad a=\frac{r_1}{k_1}, \tag{4.1.7}$$

其中，项 $-ax$ 反映了以下事实，即在容纳量 $k_1=\frac{r_1}{a}$ 一定的条件下，x 的增大将使每一个体平均的生活资源减少，从而影响种群的相对增长率，因此，$-ax^2$ 称为**密度制约项**.

由于捕食者的存在，将使食饵的增长率减少，设单位时间内每个捕食者吃掉食饵的数量与该时刻食饵的总量成正比，注意到 t 时刻有 $y(t)$ 个捕食者，它们在单位时间内吃掉食饵的总数量应为 bxy，其中，$b>0$ 为比例常数. 于是代替(4.1.7)应有

$$\frac{\mathrm{d}x}{\mathrm{d}t}=x(r_1-ax-by). \tag{4.1.8}$$

对于捕食种群，当不存在食饵种群时，其增长规律为

$$\frac{\mathrm{d}y}{\mathrm{d}t}=y(-r_2-\mathrm{d}y).$$

当存在食饵种群时，被捕食者吃掉的食饵将转化为能量去生育后代，设转化系数为 k，则捕食种群的增长规律应为

$$\frac{\mathrm{d}y}{\mathrm{d}t}=y(-r_2+cx-\mathrm{d}y), \tag{4.1.9}$$

其中，$d>0$，$r_2>0$，$c=kb>0$. 项 $-r_2y$ 反映了捕食者仅以食饵 x 为生. 这样，由(4.1.8)和(4.1.9)所构成的系统

$$\begin{cases}\dfrac{\mathrm{d}x}{\mathrm{d}t}=x(r_1-ax-by),\\[2mm] \dfrac{\mathrm{d}y}{\mathrm{d}t}=y(-r_2+cx-dy)\end{cases} \tag{4.1.10}$$

就是捕食-食饵两种群相互作用的数学模型，称为 Volterra 模型.

4. 质点的空间运动

已知在空间运动的质点 $p(x,y,z)$ 的速度与时间 t 及点的坐标 (x,y,z) 的关系

时,可以通过求微分方程组所满足的初始值问题

$$\begin{cases}\dfrac{dx}{dt}=f_1(t,x,y,z), & x(t_0)=x_0,\\ \dfrac{dy}{dt}=f_2(t,x,y,z), & y(t_0)=y_0,\\ \dfrac{dz}{dt}=f_3(t,x,y,z), & z(t_0)=z_0\end{cases}\tag{4.1.11}$$

的解来得到运动方程 $x=x(t),y=y(t),z=z(t)$.

前面给出几个导出微分方程组的实例. 事实上,在第 3 章给出的高阶微分方程

$$y^{(n)}=f(x,y,y',\cdots,y^{(n-1)})\tag{4.1.12}$$

在引进一些变量后也可以化为微分方程组,如令 $y'=y_1,y''=y_2,\cdots,y^{(n-1)}=y_{n-1}$,高阶方程(4.1.12)就可以化为方程组

$$\begin{cases}\dfrac{dy}{dx}=y_1,\\ \dfrac{dy_1}{dx}=y_2,\\ \cdots\cdots\\ \dfrac{dy_{n-2}}{dx}=y_{n-1},\\ \dfrac{dy_{n-1}}{dx}=f(x,y,\cdots,y_{n-1}).\end{cases}\tag{4.1.13}$$

可以看到方程组(4.1.3)、(4.1.10)、(4.1.11)和(4.1.13)有一个共同点,就是其中出现的未知函数的导数都是一阶的. 因此,它们都是**一阶微分方程组**,而例 4.1.2 导出的方程组出现的未知函数的导数是二阶的,把它称为**高阶微分方程组**,通过引入新变量可以将任意阶微分方程组化为一阶方程组,所以只讨论一阶微分方程组.

含有 n 个未知函数 $x_1,x_2,\cdots,x_n$ 的一阶微分方程组的一般形式为

$$\begin{cases}\dfrac{dx_1}{dt}=f_1(t,x_1,x_2,\cdots,x_n),\\ \dfrac{dx_2}{dt}=f_2(t,x_1,x_2,\cdots,x_n),\\ \cdots\cdots\\ \dfrac{dx_n}{dt}=f_n(t,x_1,x_2,\cdots,x_n).\end{cases}\tag{4.1.14}$$

如果微分方程组(4.1.14)中的每一个 $f_i(t,x_1,x_2,\cdots,x_n)$ 对所有未知函数都是一次的,则称此方程组为**线性微分方程组**;否则,称为**非线性微分方程组**. 例如,方程

组(4.1.3)是线性微分方程组，方程组(4.1.10)是非线性微分方程组.

设函数组 $x_1(t),x_2(t),\cdots,x_n(t)$ 在区间 (a,b) 上可微，并且有恒等式

$$\frac{\mathrm{d}x_i(t)}{\mathrm{d}t}=f_i(t,x_1(t),x_2(t),\cdots,x_n(t)),\quad i=1,2,\cdots,n,$$

则称函数组 $x_1(t),x_2(t),\cdots,x_n(t)$ 为微分方程组(4.1.14)在 (a,b) 的一个**解**.

含有 n 个任意常数 $c_1,c_2,\cdots,c_n$ 的解

$$\begin{cases}x_1=\varphi_1(t,c_1,c_2,\cdots,c_n),\\ x_2=\varphi_2(t,c_1,c_2,\cdots,c_n),\\ \cdots\cdots\\ x_n=\varphi_n(t,c_1,c_2,\cdots,c_n)\end{cases}\tag{4.1.15}$$

称为方程组(4.1.14)的通解，其中，$c_1,c_2,\cdots,c_n$ 相互独立. 如果通解满足方程组

$$\begin{cases}\Phi_1(t,x_1,x_2,\cdots,x_n;c_1,c_2,\cdots,c_n)=0,\\ \Phi_2(t,x_1,x_2,\cdots,x_n;c_1,c_2,\cdots,c_n)=0,\\ \cdots\cdots\\ \Phi_n(t,x_1,x_2,\cdots,x_n;c_1,c_2,\cdots,c_n)=0,\end{cases}\tag{4.1.16}$$

则称(4.1.16)为方程组(4.1.14)的**通积分**.

方程组(4.1.14)的初始条件为

$$x_1(t_0)=x_{10},\quad x_2(t_0)=x_{20},\quad \cdots,\quad x_n(t_0)=x_{n0}.\tag{4.1.17}$$

如前几章所看到的，如果已求得(4.1.14)的通解或通积分，而要求满足初始条件(4.1.17)的解. 把(4.1.17)代入通解(4.1.15)或通积分(4.1.16)之中，得到关于 $c_1,c_2,\cdots,c_n$ 的 n 个方程式，如能从其中解得 $c_1,c_2,\cdots,c_n$，再代回(4.1.15)或(4.1.16)之中，就得到所求的解.

4.1.2　函数向量和函数矩阵

在线性微分方程组的讨论中，向量、矩阵及其运算是非常有用的，下面介绍有关函数向量和函数矩阵的一些基本性质.

1. 函数向量和函数矩阵

***n* 维函数列向量 $\boldsymbol{x}(t)$** 定义为

$$\boldsymbol{x}(t)=\begin{bmatrix}x_1(t)\\ x_2(t)\\ \vdots\\ x_n(t)\end{bmatrix}\quad 或\quad \boldsymbol{x}^{\mathrm{T}}(t)=(x_1(t),x_2(t),\cdots,x_n(t)),$$

其中，$\boldsymbol{x}^{\mathrm{T}}(t)$表示向量$\boldsymbol{x}(t)$的转置，向量$\boldsymbol{x}(t)$的每一个元素$x_i(t)(i=1,2,\cdots,n)$是定义在区间$I$上的函数.

$n\times n$ **函数矩阵** $\boldsymbol{A}(t)$定义为

$$\boldsymbol{A}(t)=\begin{bmatrix} a_{11}(t) & a_{12}(t) & \cdots & a_{1n}(t) \\ a_{21}(t) & a_{22}(t) & \cdots & a_{2n}(t) \\ \vdots & \vdots & & \vdots \\ a_{n1}(t) & a_{n2}(t) & \cdots & a_{nn}(t) \end{bmatrix},$$

它的每一个元素$a_{ij}(t)(i,j=1,2,\cdots,n)$是定义在区间$I$上的函数.

关于向量或矩阵的代数运算，如相加、相乘与纯量相乘等性质对于以函数作为元素的矩阵同样成立.

函数向量和函数矩阵的连续、微分和积分等概念的定义如下：如果函数向量$\boldsymbol{x}(t)$或函数矩阵$\boldsymbol{A}(t)$的每一个元素都是区间I上的连续函数，则称 **$\boldsymbol{x}(t)$或$\boldsymbol{A}(t)$在I上连续**.

如果函数向量$\boldsymbol{x}(t)$或函数矩阵$\boldsymbol{A}(t)$的每一元素都是区间I上的可微函数，则称 **$\boldsymbol{x}(t)$或$\boldsymbol{A}(t)$在I上可微**，则定义它们的导数分别为

$$\boldsymbol{x}'(t)=\begin{bmatrix} x_1'(t) \\ x_2'(t) \\ \vdots \\ x_n'(t) \end{bmatrix},\quad \boldsymbol{A}'(t)=\begin{bmatrix} a_{11}'(t) & a_{12}'(t) & \cdots & a_{1n}'(t) \\ a_{21}'(t) & a_{22}'(t) & \cdots & a_{2n}'(t) \\ \vdots & \vdots & & \vdots \\ a_{n1}'(t) & a_{n2}'(t) & \cdots & a_{nn}'(t) \end{bmatrix}.$$

如果函数向量$\boldsymbol{x}(t)$或函数矩阵$\boldsymbol{A}(t)$的每一元素都是区间I上的可积函数，则称$\boldsymbol{x}(t)$或$\boldsymbol{A}(t)$在I上可积，其定义就是它们的分量分别积分而得到的函数.

函数向量与函数矩阵的微分、积分运算法则和普通数值函数类似.

2. 矩阵和向量的范数

对于n维列向量$\boldsymbol{x}=(x_1,x_2,\cdots,x_n)^{\mathrm{T}}$及$n\times n$矩阵$\boldsymbol{A}=(a_{ij})_{n\times n}$，定义它们的**范数**为

$$\|\boldsymbol{x}\|=\sum_{i=1}^{n}|x_i|,\quad \|\boldsymbol{A}\|=\sum_{i,j=1}^{n}|a_{ij}|.$$

设$\boldsymbol{A},\boldsymbol{B}$是$n\times n$矩阵，$\boldsymbol{x}$和$\boldsymbol{y}$是$n$维列向量，$\boldsymbol{A}(t),\boldsymbol{x}(t)$是在$[a,b]$上可积的函数矩阵和函数向量，则容易验证下面的性质：

(1) $\|\boldsymbol{x}\|\geqslant 0$且$\|\boldsymbol{x}\|=0$的充分必要条件为$x_i=0(i=1,2,\cdots,n)$，
$\|\boldsymbol{A}\|\geqslant 0$且$\|\boldsymbol{A}\|=0$的充分必要条件为$a_{ij}=0(i,j=1,2,\cdots,n)$；

(2) 对任意常数 α 有

$$\|\alpha \boldsymbol{x}\| = |\alpha| \, \|\boldsymbol{x}\|, \quad \|\alpha \boldsymbol{A}\| = |\alpha| \, \|\boldsymbol{A}\|;$$

(3) $\|\boldsymbol{x}+\boldsymbol{y}\| \leqslant \|\boldsymbol{x}\| + \|\boldsymbol{y}\|$, $\|\boldsymbol{A}+\boldsymbol{B}\| \leqslant \|\boldsymbol{A}\| + \|\boldsymbol{B}\|$;

(4) $\|\boldsymbol{A}\boldsymbol{x}\| \leqslant \|\boldsymbol{A}\| \, \|\boldsymbol{x}\|$, $\|\boldsymbol{A}\boldsymbol{B}\| \leqslant \|\boldsymbol{A}\| \, \|\boldsymbol{B}\|$;

(5) $\left\| \int_a^b \boldsymbol{x}(s)\mathrm{d}s \right\| \leqslant \int_a^b \|\boldsymbol{x}(s)\| \mathrm{d}s, a \leqslant b,$

$\left\| \int_a^b \boldsymbol{A}(s)\mathrm{d}s \right\| \leqslant \int_a^b \|\boldsymbol{A}(s)\| \mathrm{d}s, a \leqslant b.$

有了函数向量和函数矩阵的范数,就定义了一种函数向量和函数矩阵空间的距离,从而可研究向量序列和矩阵序列的收敛性问题.

向量序列 $\{\boldsymbol{x}_k\}$, $\boldsymbol{x}_k = (x_{1k}, x_{2k}, \cdots, x_{nk})^{\mathrm{T}}$ 称为**收敛的**,如果对每一个 $i(i=1, 2, \cdots, n)$,数列 $\{\boldsymbol{x}_{ik}\}$ 都是收敛的.

函数向量序列 $\{\boldsymbol{x}_k(t)\}$, $\boldsymbol{x}_k(t) = (x_{1k}, x_{2k}, \cdots, x_{nk})^{\mathrm{T}}$ 称为在区间 $a \leqslant t \leqslant b$ 上**收敛的(一致收敛的)**,如果对于每一个 $i(i=1,2,\cdots,n)$,函数序列 $\{x_{ik}(t)\}$ 在区间 $a \leqslant t \leqslant b$ 上是收敛的(一致收敛的).

设 $\sum\limits_{k=1}^{\infty} \boldsymbol{x}_k(t)$ 是函数向量级数,如果其部分和所作成的函数向量序列在区间 I 上收敛(一致收敛),则称 $\sum\limits_{k=1}^{\infty} \boldsymbol{x}_k(t)$ **在 I 上是收敛的(一致收敛的)**.

由上面的定义,对函数向量序列和函数向量级数可得到与数学分析中关于函数序列和函数级数相类似的结论.

例如,判别通常的函数级数的一致收敛性的 **Weierstrass 判别法**对于函数向量级数也是成立的,即如果

$$\|\boldsymbol{x}_k(t)\| \leqslant M_k, \quad a \leqslant t \leqslant b,$$

而级数 $\sum\limits_{k=1}^{\infty} M_k$ 是收敛的,则函数向量级数 $\sum\limits_{k=1}^{\infty} \boldsymbol{x}_k(t)$ 在区间 $a \leqslant t \leqslant b$ 上是一致收敛的.

积分号下取极限的定理对于函数向量也成立. 这就是说,如果连续函数向量序列 $\{\boldsymbol{x}_k(t)\}$ 在 $[a,b]$ 上是一致收敛的,则

$$\lim_{k\to\infty} \int_a^b \boldsymbol{x}_k(t)\mathrm{d}t = \int_a^b \lim_{k\to\infty} \boldsymbol{x}_k(t)\mathrm{d}t.$$

矩阵序列和矩阵级数的有关定义和结果类似.

3. 微分方程组的向量表示

下面考虑方程组(4.1.14)的特殊情形,即线性微分方程组

$$\begin{cases}\dfrac{\mathrm{d}x_1}{\mathrm{d}t}=a_{11}(t)x_1+a_{12}(t)x_2+\cdots+a_{1n}(t)x_n+f_1(t),\\ \dfrac{\mathrm{d}x_2}{\mathrm{d}t}=a_{21}(t)x_1+a_{22}(t)x_2+\cdots+a_{2n}(t)x_n+f_2(t),\\ \cdots\cdots\\ \dfrac{\mathrm{d}x_n}{\mathrm{d}t}=a_{n1}(t)x_1+a_{n2}(t)x_2+\cdots+a_{nn}(t)x_n+f_n(t),\end{cases}\tag{4.1.18}$$

其中,$a_{ij}(t)(i,j=1,2,\cdots,n)$和 $f_i(t)(i=1,2,\cdots,n)$是自变量 t 的已知函数,并且它们在区间(α,β)内是连续的.

若记

$$\boldsymbol{A}(t)=(a_{ij}(t))_{n\times n},\quad \boldsymbol{x}=(x_1,x_2,\cdots,x_n)^{\mathrm{T}},$$
$$\boldsymbol{F}(t)=(f_1(t),f_2(t),\cdots,f_n(t))^{\mathrm{T}},$$

则方程(4.1.18)可写成矩阵形式

$$\frac{\mathrm{d}\boldsymbol{x}}{\mathrm{d}t}=\boldsymbol{A}(t)\boldsymbol{x}+\boldsymbol{F}(t).$$

若方程(4.1.18)的初始条件是

$$x_1(t_0)=x_1^0,\quad x_2(t_0)=x_2^0,\quad \cdots,\quad x_n(t_0)=x_n^0,$$

记 $\boldsymbol{x}_0=(x_1^0,x_2^0,\cdots,x_n^0)^{\mathrm{T}}$,则初始条件可写为

$$\boldsymbol{x}(t_0)=\boldsymbol{x}_0.$$

类似地,方程(4.1.14)也可写成向量形式,

$$\frac{\mathrm{d}\boldsymbol{x}}{\mathrm{d}t}=\boldsymbol{F}(t,\boldsymbol{x}).$$

例 4.1.1 将初始值问题

$$x''+2x'-8x=\mathrm{e}^t,\quad x(0)=1,\quad x'(0)=-4$$

化为用矩阵表示的方程组的形式.

解 设 $x_1(t)=x,x_2(t)=x'$,则有

$$x_2'=\frac{\mathrm{d}^2x}{\mathrm{d}t^2}=-2x'+8x+\mathrm{e}^t=-2x_2+8x_1+\mathrm{e}^t,$$

即有

$$\begin{cases}x_1'=x_2,\\ x_2'=8x_1-2x_2+\mathrm{e}^t.\end{cases}$$

令

$$\boldsymbol{x}(t)=\begin{bmatrix}x_1\\x_2\end{bmatrix},\quad \boldsymbol{A}(t)=\begin{bmatrix}0&1\\8&-2\end{bmatrix},\quad \boldsymbol{F}(t)=\begin{bmatrix}0\\\mathrm{e}^t\end{bmatrix},$$

则可把所得方程组用矩阵形式表示为

$$\boldsymbol{x}'(t)=\boldsymbol{A}(t)\boldsymbol{x}(t)+\boldsymbol{F}(t)=\begin{bmatrix}0&1\\8&-2\end{bmatrix}\boldsymbol{x}(t)+\begin{bmatrix}0\\\mathrm{e}^t\end{bmatrix},$$

初始条件为

$$\boldsymbol{x}(0)=\begin{bmatrix}1\\-4\end{bmatrix}.$$

4.1.3　微分方程组解的存在唯一性定理

关于解的存在唯一性定理及其证明与一阶常微分方程相类似，下面只介绍关于方程(4.1.19)的存在唯一性定理及其证明.

定理 4.1　设 $\boldsymbol{A}(t)$和 $\boldsymbol{F}(t)$在区间$[a,b]$内连续，则初始值问题

$$\begin{cases}\dfrac{\mathrm{d}\boldsymbol{x}}{\mathrm{d}t}=\boldsymbol{A}(t)\boldsymbol{x}+\boldsymbol{F}(t), & (4.1.19)\\ \boldsymbol{x}(t_0)=\boldsymbol{x}_0,\quad t_0\in[a,b] & (4.1.20)\end{cases}$$

在区间(a,b)内存在唯一的解 $\boldsymbol{x}=\boldsymbol{x}(t)$.

该定理的证明与定理 1.1 的证明完全类似，都可用 Picard 逐步法来证明，只要把定理 1.1 的绝对值换为向量的范数即可，下面简要地给出证明.

证明　(1) 设 $\boldsymbol{x}(t)$是方程组(4.1.19)定义在区间$[a,b]$上满足初始条件 $\boldsymbol{x}(t_0)=\boldsymbol{x}_0$ 的解，则 $\boldsymbol{x}(t)$是积分方程

$$\boldsymbol{x}(t)=\boldsymbol{x}_0+\int_{t_0}^{t}[\boldsymbol{A}(s)\boldsymbol{x}(s)+\boldsymbol{F}(s)]\mathrm{d}s \tag{4.1.21}$$

定义在$[a,b]$上的连续解，反之亦然.

(2) 构造 Picard 迭代向量函数序列，取 $\boldsymbol{x}_0(t)=\boldsymbol{x}_0$，令

$$\boldsymbol{x}_n(t)=\boldsymbol{x}_0+\int_{t_0}^{t}[\boldsymbol{A}(s)\boldsymbol{x}_{n-1}(s)+\boldsymbol{F}(s)]\mathrm{d}s,\quad n=1,2,\cdots, \tag{4.1.22}$$

这样就得到一个 Picard 迭代序列$\{\boldsymbol{x}_n(t)\}$，并从上面的迭代过程不难看出，对于一切 n，Picard 迭代序列$\{\boldsymbol{x}_n(t)\}$在区间$[a,b]$上有定义且连续.

(3) 向量函数序列$\{\boldsymbol{x}_n(t)\}$在区间$[a,b]$上是一致收敛的. 事实上，考虑向量函数级数

$$\boldsymbol{x}_0(t)+\sum_{i=1}^{\infty}[\boldsymbol{x}_i(t)-\boldsymbol{x}_{i-1}(t)],\quad a\leqslant t\leqslant b. \tag{4.1.23}$$

由于级数(4.1.23)的部分和为

$$\boldsymbol{x}_0(t)+\sum_{i=1}^{n}[\boldsymbol{x}_i(t)-\boldsymbol{x}_{i-1}(t)]=\boldsymbol{x}_n(t),$$

因此，要证明序列$\{\boldsymbol{x}_n(t)\}$在$[a,b]$上一致收敛，只需证明级数(4.1.23)在$[a,b]$上一致收敛即可，因为 $\boldsymbol{A}(t)$和 $\boldsymbol{F}(t)$都在闭区间$[a,b]$上连续，所以 $\|\boldsymbol{A}(t)\|$ 和 $\|\boldsymbol{F}(t)\|$ 在$[a,b]$上都有界，即存在正数 L 和 K，使得

$$\| \boldsymbol{A}(t) \| \leqslant L, \quad \| \boldsymbol{F}(t) \| \leqslant K, \quad a \leqslant t \leqslant b.$$

取 $M=L\|\boldsymbol{x}_0\|+K$. 下面证明$\{\boldsymbol{x}_k(t)\}$在$[a,b]$上一致收敛.

首先,由式(4.1.22),可导出下面的估计式:

$$\begin{aligned} \| \boldsymbol{x}_1(t) - \boldsymbol{x}_0(t) \| &\leqslant \int_{t_0}^{t} \| \boldsymbol{A}(s)\boldsymbol{x}_0(s) + \boldsymbol{F}(s) \| \mathrm{d}s \\ &\leqslant M(t-t_0), \quad t_0 \leqslant t \leqslant b, \end{aligned} \tag{4.1.24}$$

$$\begin{aligned} \| \boldsymbol{x}_2(t) - \boldsymbol{x}_1(t) \| &\leqslant \int_{t_0}^{t} \| \boldsymbol{A}(s)[\boldsymbol{x}_1(s) - \boldsymbol{x}_0(s)] \| \mathrm{d}s \\ &\leqslant \int_{t_0}^{t} LM(s-t_0)\mathrm{d}s = \frac{ML}{2!}(t-t_0)^2, \quad t_0 \leqslant t \leqslant b. \end{aligned}$$

由数学归纳法可得

$$\| \boldsymbol{x}_m(t) - \boldsymbol{x}_{m-1}(t) \| \leqslant \frac{ML^{m-1}}{m!}(t-t_0)^m, \quad t_0 \leqslant t \leqslant b. \tag{4.1.25}$$

由于 $0\leqslant t-t_0\leqslant b-t_0$ 且级数 $\sum\limits_{m=1}^{\infty}\frac{ML^{m-1}}{m!}(b-t_0)^m$ 收敛,由 Weierstrass 判别法知级数(4.1.23)在$[t_0,b]$上一致收敛,因而向量函数序列$\{\boldsymbol{x}_n(t)\}$在$[t_0,b]$上一致收敛. 同理,可证$\{\boldsymbol{x}_n(t)\}$在$[a,t_0]$上也一致收敛,即有$\{\boldsymbol{x}_n(t)\}$在$[a,b]$上一致收敛. 令 $\lim\limits_{n\to+\infty}\boldsymbol{x}_n(t)=\boldsymbol{x}(t)$. 因 $\boldsymbol{x}(t)$是连续的和一致收敛的向量函数列 $\boldsymbol{x}_n(t)$的极限函数,故 $\boldsymbol{x}(t)$在$[a,b]$上连续.

(4) $\boldsymbol{x}(t)$是积分方程(4.1.21)在区间$[a,b]$上的连续解. 事实上,因为 $\boldsymbol{x}_n(t)$在$[a,b]$上一致收敛于 $\boldsymbol{x}(t)$以及 $\boldsymbol{A}(t)$在$[a,b]$上的连续性可知$\{\boldsymbol{A}(s)\boldsymbol{x}_{n-1}(s)\}$在$[a,b]$上一致收敛于 $\boldsymbol{A}(s)\boldsymbol{x}(s)$. 对积分方程(4.1.22)两边取极限得到

$$\begin{aligned} \lim_{n\to+\infty}\boldsymbol{x}_n(t) &= \boldsymbol{x}_0 + \lim_{n\to+\infty}\int_{t_0}^{t}[\boldsymbol{A}(s)\boldsymbol{x}_{n-1}(s)+\boldsymbol{F}(s)]\mathrm{d}s \\ &= \boldsymbol{x}_0 + \int_{t_0}^{t}[\lim_{n\to+\infty}\boldsymbol{A}(s)\boldsymbol{x}_{n-1}(s)+\boldsymbol{F}(s)]\mathrm{d}s, \end{aligned}$$

即有

$$\boldsymbol{x}(t) = \boldsymbol{x}_0 + \int_{t_0}^{t}[\boldsymbol{A}(s)\boldsymbol{x}(s)+\boldsymbol{F}(s)]\mathrm{d}s.$$

上式表明,$\boldsymbol{x}(t)$是积分方程(4.1.21)定义在$[a,b]$上的连续解,即 $\boldsymbol{x}(t)$是微分方程(4.1.19)满足初始条件(4.1.20)的解.

(5) 解的唯一性. 设 $\boldsymbol{y}(t)$是积分方程(4.1.21)的定义在$[a,b]$上的另一连续解,则有

$$\boldsymbol{y}(t) = \boldsymbol{x}_0 + \int_{t_0}^{t}[\boldsymbol{A}(s)\boldsymbol{y}(s)+\boldsymbol{F}(s)]\mathrm{d}s.$$

令 $g(t)=\|\boldsymbol{x}(t)-\boldsymbol{y}(t)\|$，则 $g(t)$ 是定义在 $[a,b]$ 上的非负连续函数且有

$$g(t)=\left\|\int_{t_0}^{t}\mathbf{A}(s)(\boldsymbol{x}(s)-\boldsymbol{y}(s))\mathrm{d}s\right\|\leqslant\int_{t_0}^{t}\|\mathbf{A}(s)\|\ \|\boldsymbol{x}(s)-\boldsymbol{y}(s)\|\,\mathrm{d}s$$

$$\leqslant L\int_{t_0}^{t}g(s)\mathrm{d}s,\quad t_0\leqslant t\leqslant b.$$

利用 1.2 节中习题 5 的结论可以得到 $g(t)\equiv 0(t\in[a,b])$，即 $\boldsymbol{x}(t)\equiv\boldsymbol{y}(t)$. 于是，方程组(4.1.19)满足初始条件(4.1.20)的解是存在且唯一的.

对于高阶线性方程

$$x^{(n)}+a_1(t)x^{(n-1)}+a_2(t)x^{(n-2)}+\cdots+a_n(t)x=f(t),$$

利用变换 $x=x_1,x'=x_2,x''=x_3,\cdots,x^{(n-1)}=x_n$ 将其化为方程组

$$\boldsymbol{x}'(t)=\mathbf{A}(t)\boldsymbol{x}(t)+\boldsymbol{F}(t),$$

其中，

$$\boldsymbol{x}(t)=(x_1,x_2,\cdots,x_n)^{\mathrm{T}},\quad \boldsymbol{F}(t)=(0,0,\cdots,f(t))^{\mathrm{T}},$$

$$\mathbf{A}(t)=\begin{bmatrix}0 & 1 & 0 & \cdots & 0 & 0\\ 0 & 0 & 1 & \cdots & 0 & 0\\ \vdots & \vdots & \vdots & & \vdots & \vdots\\ 0 & 0 & 0 & \cdots & 0 & 1\\ -a_n(t) & -a_{n-1}(t) & -a_{n-2}(t) & \cdots & -a_2(t) & -a_1(t)\end{bmatrix}.$$

因此，由定理 4.1 可直接推得定理 3.1 成立.

习　题　4.1

1. 给出如图 4.3 所示的电路中，电流 i_1 和 i_2 所满足的微分方程组. 假设开始时 $i_1(0)=0$ 和 $i_2(0)=0$.

2. 如图 4.4 所示的两个水池中各有 $100\mathrm{m}^3$ 的水，开始时 A 中含有 5kg 盐，B 中含有 10kg 盐. 从 $t=0$ 时刻起通过水泵以每分钟 $2\mathrm{m}^3$ 的速率对这两个池子中混合均匀的盐水进行循环. 请建立这两个水池中含盐量随时间变化的微分方程组.

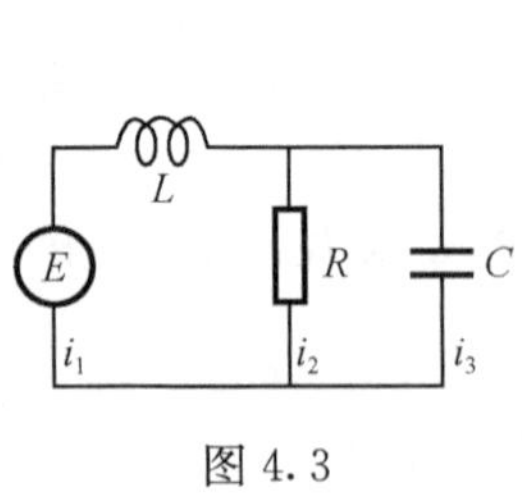

图 4.3

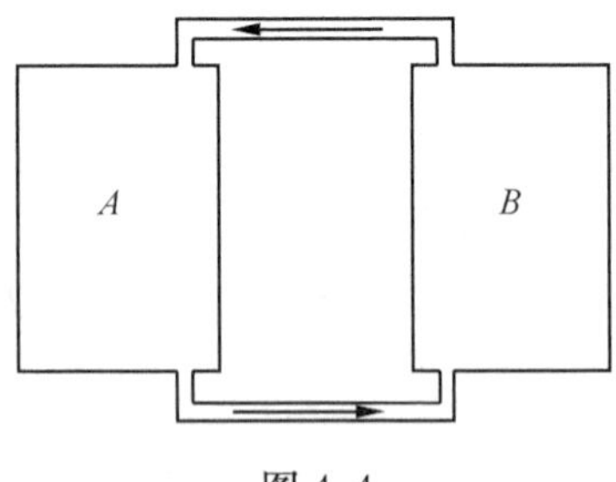

图 4.4

3. 指出下列微分方程组中哪一个是线性的，哪一个是非线性的：

(1) $\begin{cases} \dfrac{\mathrm{d}x_1}{\mathrm{d}t}=\dfrac{x_2}{t}, \\ \dfrac{\mathrm{d}x_2}{\mathrm{d}t}=-tx_1; \end{cases}$ (2) $\begin{cases} \dfrac{\mathrm{d}x}{\mathrm{d}t}=y, \\ \dfrac{\mathrm{d}y}{\mathrm{d}t}=\dfrac{y^2}{t}; \end{cases}$

(3) $\dfrac{\mathrm{d}}{\mathrm{d}x}\begin{bmatrix} y_1 \\ y_2 \end{bmatrix}=\begin{bmatrix} \cos x & 1 \\ -1 & x \end{bmatrix}\begin{bmatrix} y_1 \\ y_2 \end{bmatrix}+\begin{bmatrix} x^2 \\ \mathrm{e}^{2x} \end{bmatrix}$.

4. 将微分方程 $x''-6x'+9x=t$ 化为用矩阵表示的方程组

$$\boldsymbol{x}' = \boldsymbol{A}(t)\boldsymbol{x}(t) + \boldsymbol{F}(t)$$

的形式.

5. 将初始值问题

$$\mathrm{e}^{-t}\,\frac{\mathrm{d}^4 x}{\mathrm{d}t^4}-\frac{\mathrm{d}^2 x}{\mathrm{d}t^2}+\mathrm{e}^t t^2\,\frac{\mathrm{d}x}{\mathrm{d}t} = 5\mathrm{e}^{-t},$$
$$x(1) = 2,\quad x'(1) = 3,\quad x''(1) = 4,\quad x'''(1) = 5$$

化为一阶微分方程组的形式，并用矩阵表示.

6. 给定方程组

$$\boldsymbol{x}' = \begin{bmatrix} 0 & 1 \\ -1 & 0 \end{bmatrix}\boldsymbol{x},\quad \boldsymbol{x} = \begin{bmatrix} x_1 \\ x_2 \end{bmatrix},$$

(1) 验证 $\boldsymbol{u}(t)=\begin{bmatrix} \cos t \\ -\sin t \end{bmatrix}$，$\boldsymbol{v}(t)=\begin{bmatrix} \sin t \\ \cos t \end{bmatrix}$分别是给定方程组满足初始条件 $\boldsymbol{u}(0)=\begin{bmatrix} 1 \\ 0 \end{bmatrix}$，$\boldsymbol{v}(0)=\begin{bmatrix} 0 \\ 1 \end{bmatrix}$的解.

(2) 验证 $\boldsymbol{w}(t)=c_1\boldsymbol{u}(t)+c_2\boldsymbol{v}(t)$是给定方程组满足初始条件 $\boldsymbol{w}(0)=\begin{bmatrix} c_1 \\ c_2 \end{bmatrix}$的解，其中，$c_1$ 和 c_2 是任意常数.

7. 将下面的初始值问题化为与之等价的一阶微分方程组的初始值问题：

(1) $\begin{cases} x''=-2x'-5y+3, \\ y'=x'+2y, \end{cases}$ $x(0)=0, x'(0)=0, y(0)=1$；

(2) $\begin{cases} x''+5y'-7x+6y=\mathrm{e}^t, \\ y''+3y'-2y-15x=\cos t, \end{cases}$ $x(0)=1, x'(0)=1, y(0)=0, y'(0)=1$；

(3) $\begin{cases} x'''=tx''+x-y'+t+1, \\ y''=(\sin t)x'+x-y+t^2, \end{cases}$ $x(1)=2, x'(1)=3, x''(1)=4, y(1)=5, y'(1)=6$.

8. 用 Picard 逐步逼近法求方程组

$$\boldsymbol{x}' = \begin{bmatrix} 0 & 1 \\ -1 & 0 \end{bmatrix}\boldsymbol{x},\quad \boldsymbol{x} = \begin{bmatrix} x_1 \\ x_2 \end{bmatrix}$$

满足初始条件 $\boldsymbol{x}(0)=(0,1)^{\mathrm{T}}$ 的第三次近似解.

4.2 微分方程组的消元法和首次积分法

本节介绍微分方程组的两种求解方法,即消元法和首次积分法. 这两种方法对求解一些简单的微分方程组是很有效的,但这两种方法也有局限性.

4.2.1 微分方程组的消元法

消元法是将下列一阶微分方程组

$$\begin{cases} \dfrac{dy_1}{dx} = f_1(x, y_1, y_2, \cdots, y_n), \\ \dfrac{dy_2}{dx} = f_2(x, y_1, y_2, \cdots, y_n), \\ \cdots\cdots \\ \dfrac{dy_n}{dx} = f_n(x, y_1, y_2, \cdots, y_n) \end{cases}$$

中的未知函数 $y_1, y_2, \cdots, y_n$ 只保留一个,消去其他未知函数,得到一个未知函数的高阶方程,先求出这个未知函数,然后再求出其他未知函数. 消元法对由两个或三个方程构成的常系数微分方程组是非常有效的求解方法.

例 4.2.1 求解方程组

$$\begin{cases} \dfrac{dy_1}{dx} = 3y_1 - 2y_2, \\ \dfrac{dy_2}{dx} = 2y_1 - y_2. \end{cases}$$

解 保留 y_2,消去 y_1. 由方程组的第二个方程解出 y_1 得

$$y_1 = \frac{1}{2}\left(\frac{dy_2}{dx} + y_2\right). \tag{4.2.1}$$

对式(4.2.1)两边关于 x 求导得

$$\frac{dy_1}{dx} = \frac{1}{2}\left(\frac{d^2y_2}{dx^2} + \frac{dy_2}{dx}\right). \tag{4.2.2}$$

将(4.2.1)和(4.2.2)代入原方程组的第一个方程得

$$\frac{d^2y_2}{dx^2} - 2\frac{dy_2}{dx} + y_2 = 0.$$

这是一个二阶常系数线性齐次方程,易求出它的通解为

$$y_2 = (c_1 + c_2 x)e^x. \tag{4.2.3}$$

将式(4.2.3)代入(4.2.1)得

$$y_1=\frac{1}{2}(2c_1+c_2+2c_2x)\mathrm{e}^x,$$

故原方程组的通解为

$$\begin{cases}y_1=\dfrac{1}{2}(2c_1+c_2+2c_2x)\mathrm{e}^x,\\ y_2=(c_1+c_2x)\mathrm{e}^x,\end{cases}$$

其中,c_1,c_2 是任意常数.

注 上面把(4.2.3)代入(4.2.1)经过求导,而没有经过求积分就求出了 y_1,如果把(4.2.3)代入原方程组中的第一式,使得

$$\frac{\mathrm{d}y_1}{\mathrm{d}x}=3y_1-2(c_1+c_2x)\mathrm{e}^x.$$

这是一个一阶线性非齐次方程,可求得它的通解为

$$y_1=\frac{1}{2}(2c_1+c_2+2c_2x)\mathrm{e}^x+c_3\mathrm{e}^{3x}. \tag{4.2.4}$$

这里(4.2.4)中出现了三个任意常数 c_1,c_2,c_3,这与前面的解不一致.事实上,当把(4.2.4)及 $y_2=(c_1+c_2x)\mathrm{e}^x$ 代入原方程组便可发现,当且仅当 $c_3=0$ 时,(4.2.4)才能成为方程组的解,故(4.2.4)当 $c_3\neq0$ 时不是所求方程组的通解,其中,c_3 是一个多余的任意常数,由它引出了多余的解(即增解).因此,为了避免出现增解,在求出一个未知函数后,不要再用求积分的方法来求其他的未知函数.

例 4.2.2 求解方程组

$$\begin{cases}\dfrac{\mathrm{d}x}{\mathrm{d}t}=y,\\[2mm] \dfrac{\mathrm{d}y}{\mathrm{d}t}=\dfrac{y^2}{x}.\end{cases}$$

解 将第一个方程求导得$\frac{\mathrm{d}^2x}{\mathrm{d}t^2}=\frac{\mathrm{d}y}{\mathrm{d}t}$,代入第二个方程得

$$\frac{\mathrm{d}^2x}{\mathrm{d}t^2}-\frac{1}{x}\left(\frac{\mathrm{d}x}{\mathrm{d}t}\right)^2=0. \tag{4.2.5}$$

此方程是不显含自变量 t 的可降阶的方程,设

$$\frac{\mathrm{d}x}{\mathrm{d}t}=p,\quad \frac{\mathrm{d}^2x}{\mathrm{d}t^2}=\frac{\mathrm{d}p}{\mathrm{d}t}=\frac{\mathrm{d}p}{\mathrm{d}x}\frac{\mathrm{d}x}{\mathrm{d}t}=p\frac{\mathrm{d}p}{\mathrm{d}x},$$

代入方程(4.2.5)得 $p\dfrac{\mathrm{d}p}{\mathrm{d}x}-\dfrac{1}{x}p^2=0$,即有

$$p\left(\frac{\mathrm{d}p}{\mathrm{d}x}-\frac{p}{x}\right)=0. \tag{4.2.6}$$

由 $\dfrac{\mathrm{d}p}{\mathrm{d}x}-\dfrac{p}{x}=0$,分离变量并积分得 $p=c_1x$,从而有 $\dfrac{\mathrm{d}x}{\mathrm{d}t}=c_1x$,再积分得

$$\ln x=c_1t+c \quad \text{或} \quad x=c_2\mathrm{e}^{c_1t}.$$

再由第一个方程得

$$y=c_1c_2\mathrm{e}^{c_1t}.$$

由(4.2.6)还可得 $p=0$,从而有 $x=c$,由第一方程得 $y=0$,该组解包含在上面所得的通解中,故原方程组的通解为

$$\begin{cases}x=c_2\mathrm{e}^{c_1t},\\ y=c_1c_2\mathrm{e}^{c_1t}.\end{cases}$$

4.2.2　微分算子与线性微分方程组

在第 3 章介绍了线性微分算子 L,这里介绍微分算子 D 及其用消元法解线性微分方程组的应用. 设 $x(t)$ 是定义在某区间 I 上的具有 n 阶连续导数的函数,微分算子 D 被定义为

$$\mathrm{D}x=\frac{\mathrm{d}x}{\mathrm{d}t},\quad \mathrm{D}^kx=\frac{\mathrm{d}^kx}{\mathrm{d}t^k},\quad 1\leqslant k\leqslant n.$$

有了微分算子 D 的定义,就可以相应地定义**算子多项式**

$$\begin{aligned}L&=\mathrm{D}^n+a_1\mathrm{D}^{n-1}+\cdots+a_{n-1}\mathrm{D}+a_n,\\ Lx&=(\mathrm{D}^n+a_1\mathrm{D}^{n-1}+\cdots+a_{n-1}\mathrm{D}+a_n)x\\ &=x^{(n)}+a_1x^{(n-1)}+\cdots+a_{n-1}x'+a_nx.\end{aligned}$$

由算子多项式 L 的定义不难看出 L 是线性算子.

例如,设 $L_1=\mathrm{D}^2+1$,$L_2=3\mathrm{D}+2$,$x=t^3$,则

$$\begin{aligned}L_1x&=(\mathrm{D}^2+1)t^3=6t+t^3,\quad L_2x=9t^2+2t^3,\\ L_1L_2x&=L_1(L_2x)=(\mathrm{D}^2+1)(9t^2+2t^3)=18+12t+9t^2+2t^3,\\ L_2L_1x&=L_2(L_1x)=(3\mathrm{D}+2)(6t+t^3)=18+12t+9t^2+2t^3.\end{aligned}$$

下面介绍用微分算子的方法来求解常系数的线性微分方程组. 设 L_1,L_2,L_3

和 L_4 是 4 个线性微分算子多项式,并且给定如下的线性微分方程组:

$$\begin{cases} L_1 x_1 + L_2 x_2 = g_1(t), \\ L_3 x_1 + L_4 x_2 = g_2(t). \end{cases} \tag{4.2.7}$$

用算子 L_3 作用第一个方程的两边,用算子 L_1 作用第二个方程的两边得

$$\begin{cases} L_3 L_1 x_1 + L_3 L_2 x_2 = L_3 g_1(t), \\ L_1 L_3 x_1 + L_1 L_4 x_2 = L_1 g_2(t). \end{cases} \tag{4.2.8}$$

由(4.2.8)第二个方程减去第一个方程得

$$(L_1 L_4 - L_3 L_2) x_2 = L_1 g_2(t) - L_3 g_1(t). \tag{4.2.9}$$

用算子表示的方程(4.2.9)是一个仅依赖于变量 x_2 的一个高阶微分方程,用方程(4.2.9)可以把 x_2 求出,再利用(4.2.7)的任一方程可把 x_1 求解出来.

例 4.2.3 求解方程组

$$\begin{cases} 2\dot{x}_1 - 2\dot{x}_2 - 3x_1 = t, \\ 2\dot{x}_1 + 2\dot{x}_2 + 3x_1 + 8x_2 = 2. \end{cases}$$

解 设 $L_1 = 2\mathrm{D} - 3, L_2 = -2\mathrm{D}, L_3 = 2\mathrm{D} + 3, L_4 = 2\mathrm{D} + 8, g_1(t) = t, g_2(t) = 2$,则

$$L_1 g_2(t) = -6, \quad L_3 g_1(t) = 2 + 3t,$$

$$(L_1 L_4 - L_3 L_2) x_2 = 8\frac{\mathrm{d}^2 x_2}{\mathrm{d}t^2} + 16\frac{\mathrm{d}x_2}{\mathrm{d}t} - 24x_2 = -8 - 3t.$$

由上面的方程得

$$\frac{\mathrm{d}^2 x_2}{\mathrm{d}t^2} + 2\frac{\mathrm{d}x_2}{\mathrm{d}t} - 3x_2 = -1 - \frac{3}{8}t,$$

该方程是一个二阶线性常系数非齐次微分方程,其通解为

$$x_2 = c_1 \mathrm{e}^t + c_2 \mathrm{e}^{-3t} + \frac{t}{8} + \frac{5}{12}. \tag{4.2.10}$$

将(4.2.10)代入原方程组的第一个方程中得

$$2\frac{\mathrm{d}x_1}{\mathrm{d}t} - 3x_1 = t + \frac{1}{4} + 2c_1 \mathrm{e}^t - 6c_2 \mathrm{e}^{-3t}.$$

上面的方程又是一个一阶线性非齐次微分方程,其通解为

$$x_1 = -\frac{t}{3} - \frac{11}{36} - 2c_1 \mathrm{e}^t + \frac{2}{3}c_2 \mathrm{e}^{-3t} + c_3 \mathrm{e}^{3t/2}. \tag{4.2.11}$$

把(4.2.10)和(4.2.11)代入原系统的第二个方程得 $c_3 = 0$,故原方程组的通解为

$$\begin{cases} x_1 = -2c_1 \mathrm{e}^t + \dfrac{2}{3}c_2 \mathrm{e}^{-3t} - \dfrac{1}{3}t - \dfrac{11}{36}, \\ x_2 = c_1 \mathrm{e}^t + c_2 \mathrm{e}^{-3t} + \dfrac{t}{8} + \dfrac{5}{12}. \end{cases}$$

4.2.3　微分方程组的首次积分法

首次积分法是将方程组

$$\frac{\mathrm{d}x_i}{\mathrm{d}t}=f_i(t,x_1,x_2,\cdots,x_n),\quad i=1,2,\cdots,n.$$

经过适当地组合,化为一个可以积分的微分方程,这个方程的未知函数可能是方程组中几个未知函数组合形式,对这个方程积分就得到未知函数的组合形式的方程,该方程就是一个原方程组的首次积分. 先看几个例子.

例 4.2.4　求解方程组

$$\begin{cases}\dfrac{\mathrm{d}x}{\mathrm{d}t}=y,\\[2mm]\dfrac{\mathrm{d}y}{\mathrm{d}t}=x.\end{cases}$$

解　将两个方程相加得

$$\frac{\mathrm{d}(x+y)}{\mathrm{d}t}=x+y.$$

以 $x+y$ 作为一个未知函数,并对上面的方程积分得

$$x+y=c_1\mathrm{e}^t.\tag{4.2.12}$$

方程(4.2.12)就是原方程组的一个首次积分,再将两个方程相减得

$$\frac{\mathrm{d}(x-y)}{\mathrm{d}t}=-(x-y).$$

以 $x-y$ 作为未知函数,积分得

$$x-y=c_2\mathrm{e}^{-t}.\tag{4.2.13}$$

方程(4.2.13)是获得的原微分方程组的另一个首次积分,由(4.2.12)和(4.2.13)可解出未知函数 x 和 y 为

$$\begin{cases}x=\dfrac{1}{2}(c_1\mathrm{e}^t+c_2\mathrm{e}^{-t}),\\[2mm]y=\dfrac{1}{2}(c_1\mathrm{e}^t-c_2\mathrm{e}^{-t}).\end{cases}$$

例 4.2.5　求解方程组

$$\begin{cases}\dfrac{\mathrm{d}x}{\mathrm{d}t}=y-x(x^2+y^2-1),\\[2mm]\dfrac{\mathrm{d}y}{\mathrm{d}t}=-x-y(x^2+y^2-1).\end{cases}$$

解　把方程组中的第一个方程乘以 x,第二个方程乘以 y,然后两式相加得

$$x\frac{\mathrm{d}x}{\mathrm{d}t}+y\frac{\mathrm{d}y}{\mathrm{d}t}=-(x^2+y^2)(x^2+y^2-1),$$

即有

$$\mathrm{d}(x^2+y^2)=-2(x^2+y^2)(x^2+y^2-1)\mathrm{d}t.$$

把 x^2+y^2 看成未知函数，积分得$\frac{x^2+y^2-1}{x^2+y^2}\mathrm{e}^{2t}=c_1$. 由此式可得

$$x^2+y^2=\frac{\mathrm{e}^{2t}}{\mathrm{e}^{2t}-c_1},\tag{4.2.14}$$

再利用原方程可得

$$x\frac{\mathrm{d}y}{\mathrm{d}t}-y\frac{\mathrm{d}x}{\mathrm{d}t}=-(x^2+y^2),$$

即有

$$\frac{\mathrm{d}}{\mathrm{d}t}\left(\arctan\frac{y}{x}\right)=-1.$$

由此得另一个首次积分

$$\arctan\frac{y}{x}+t=c_2.\tag{4.2.15}$$

利用首次积分(4.2.14)和(4.2.15)，可以确定微分方程组的通解. 为此，采用极坐标 $x=r\cos\theta, y=r\sin\theta$，并代入式(4.2.14)和式(4.2.15)得

$$r=\frac{1}{\sqrt{1-c_1\mathrm{e}^{-2t}}},\quad \theta=c_2-t.$$

因此，得到原微分方程的通解

$$\begin{cases}x=\dfrac{\cos(c_2-t)}{\sqrt{1-c_1\mathrm{e}^{-2t}}},\\[2ex] y=\dfrac{\sin(c_2-t)}{\sqrt{1-c_2\mathrm{e}^{-2t}}}.\end{cases}$$

从上面的两个例子可以看出，利用首次积分可求出微分方程的通解或通过首次积分以减少微分方程组中未知函数以及方程的个数. 为此，下面介绍首次积分的定义，并叙述有关的结论.

考虑一般的一阶微分方程组

$$\frac{\mathrm{d}x_i}{\mathrm{d}t}=f_i(t,x_1,x_2,\cdots,x_n),\quad i=1,2,\cdots,n,\tag{4.2.16}$$

其中，右端函数 $f_i(t,x_1,x_2,\cdots,x_n)$ 在某个区域 $D\subset\mathbf{R}^{n+1}$ 内对 $t,x_1,x_2,\cdots,x_n$ 是连续的，并且对 $x_1,x_2,\cdots,x_n$ 是连续可微的.

设 $\varphi(t,x_1,x_2,\cdots,x_n)$ 在区域 D 内连续可微且不是常数，若把方程组(4.2.16)的任一解 $x_i=x_i(t)(i=1,2,\cdots,n)$ 代入 φ，使 $\varphi(t,x_1,\cdots,x_n)$ 成为与 t 无关的常数

(此常数与所取的解有关),则称 $\varphi(t,x_1,\cdots,x_n)=c$ 为方程组(4.2.16)的一个**首次积分**,有时也称函数 $\varphi(t,x_1,x_2,\cdots,x_n)$ 是方程组(4.2.16)的**首次积分**.

显然,在前面两个例子中,用初等积分法给出的(4.2.12)和(4.2.13)是原微分方程组的首次积分,(4.2.14)和(4.2.15)也是原微分方程组的首次积分.

设微分方程组(4.2.16)有 n 个首次积分

$$\varphi_1(t,x_1,x_2,\cdots,x_n)=c_1,\quad \cdots,\quad \varphi_n(t,x_1,x_2,\cdots,x_n)=c_n, \tag{4.2.17}$$

如果在某区域内它们的 Jacobi 行列式

$$\frac{D(\varphi_1,\cdots,\varphi_n)}{D(x_1,\cdots,x_n)}\neq 0, \tag{4.2.18}$$

则称它们在区域 G 内为**互相独立的**.

下面不加证明指出首次积分的有关结论,证明详见文献(贺建勋等,1979).

定理 4.2　设函数 $\varphi(t,x_1,x_2,\cdots,x_n)$ 在区域 D 内是连续可微的,并且它不是常数,则 $\varphi(t,x_1,x_2,\cdots,x_n)=c$ 是方程组(4.2.16)的首次积分的充要条件为

$$\frac{\partial\varphi}{\partial t}+\frac{\partial\varphi}{\partial x_1}f_1+\cdots+\frac{\partial\varphi}{\partial x_n}f_n=0.$$

定理 4.2 给出了检验一个函数 φ 是否为方程组的首次积分的方法.

一般而言,利用首次积分可以消去某些未知函数,从而减少微分方程组中方程的个数.

定理 4.3　若已知方程组(4.2.16)的一个首次积分,则可把方程组(4.2.16)的求解问题转化为含 $n-1$ 个方程的方程组的求解问题.

定理 4.4　若方程组(4.2.16)有 n 个互相独立的首次积分 $\psi_1,\psi_2,\cdots,\psi_n$,则可由它们得到微分方程组(4.2.16)的通解.

定理 4.4 表明,为了求解方程组(4.2.16),只需求出它的 n 个互相独立的首次积分就可以了.事实上,在例 4.2.4 和例 4.2.5 中给出的首次积分都是互相独立的.因此,由它们确定出的解都是通解.

例 4.2.6　利用首次积分求方程组

$$\frac{\mathrm{d}x}{\mathrm{d}t}=\frac{y}{(y-x)^2},\quad \frac{\mathrm{d}y}{\mathrm{d}t}=\frac{x}{(y-x)^2}$$

的通解.

解　由第一个方程和第二个方程相除得 $\frac{\mathrm{d}x}{\mathrm{d}y}=\frac{y}{x}$.因此,得到原方程组的一个首次积分

$$\psi_1=x^2-y^2=c_1. \tag{4.2.19}$$

再利用第一个方程减去第二个方程得

$$\frac{d(x-y)}{dt}=\frac{-(x-y)}{(x-y)^2}.$$

把此方程中 $x-y$ 看成未知函数,并积分得

$$\psi_2=t+\frac{1}{2}(x-y)^2=c_2. \tag{4.2.20}$$

因为

$$\frac{D(\psi_1,\psi_2)}{D(x,y)}=\begin{vmatrix}\frac{\partial\psi_1}{\partial x} & \frac{\partial\psi_1}{\partial y}\\ \frac{\partial\psi_2}{\partial x} & \frac{\partial\psi_2}{\partial y}\end{vmatrix}=-2(x-y)^2\neq 0,$$

故首次积分 $\psi_1=c_1,\psi_2=c_2$ 是相互相独立的,所以原方程组的通解为

$$\begin{cases}x^2-y^2=c_1,\\ \frac{1}{2}(x-y)^2+t=c_2.\end{cases}$$

习　题　4.2

1. 利用消元法求解下列方程组的通解:

(1) $\begin{cases}\frac{dx}{dt}=y,\\ \frac{dy}{dt}=x;\end{cases}$　　(2) $\begin{cases}\frac{dx_1}{dt}=x_2+x_3,\\ \frac{dx_2}{dt}=x_3+x_1,\\ \frac{dx_3}{dt}=x_1+x_2;\end{cases}$

(3) $\begin{cases}\frac{dx}{dt}=y+1,\\ \frac{dy}{dt}=-x+\frac{1}{\sin t};\end{cases}$　　(4) $\begin{cases}\frac{dx}{dt}+y=\cos t,\\ \frac{dy}{dt}+x=\sin t.\end{cases}$

2. 检验下列函数是否是相应微分方程组的首次积分:

(1) $\psi=tx-y^2$, $\begin{cases}\frac{dx}{dt}=\frac{1}{t}(2ty-x+2y^3),\\ \frac{dy}{dt}=t+y^2;\end{cases}$

(2) $\varphi=xyz$, $\begin{cases}\frac{dx}{dt}=xy^2+xz^2,\\ \frac{dy}{dt}=xy-y^3,\\ \frac{dz}{dt}=-xz-z^3;\end{cases}$

(3) $\varphi_1=x\ln y-x^2y,\varphi_2=\dfrac{y^2}{x^2}-2\ln x,\begin{cases}x'=xy,\\y'=x^2+y^2.\end{cases}$

3. 利用首次积分法求下列方程组的通解：

(1) $\begin{cases}\dfrac{dx}{dt}=\dfrac{t+y}{x+y},\\\dfrac{dy}{dt}=\dfrac{t-x}{x+y};\end{cases}$　　(2) $\begin{cases}x'=\dfrac{y}{x-y},\\y'=\dfrac{x}{x-y};\end{cases}$

(3) $\begin{cases}x'=\dfrac{t-x}{t+x},\\y'=\dfrac{x^2-2xt-t^2}{y(t+x)};\end{cases}$　　(4) $\begin{cases}\dfrac{dx}{dt}+xf'(t)-yg'(t)=0,\\\dfrac{dy}{dt}+xg'(t)+yf'(t)=0;\end{cases}$

(5) $\dfrac{dx}{x^2-y^2-t^2}=\dfrac{dy}{2xy}=\dfrac{dt}{2xt}$.

4. 利用微分算子求方程

$$\frac{d\boldsymbol{x}}{dt}=\begin{bmatrix}-2 & 1\\-3 & 2\end{bmatrix}\boldsymbol{x}+\begin{bmatrix}-e^{2t}\\6e^{2t}\end{bmatrix}.$$

的通解.

4.3　线性微分方程组的基本理论

本节讨论线性微分方程组

$$\boldsymbol{x}'=\boldsymbol{A}(t)\boldsymbol{x}+\boldsymbol{F}(t)\tag{4.3.1}$$

的基本理论，主要研究它的解的结构，其中，$\boldsymbol{A}(t)$和$\boldsymbol{F}(t)$在区间$[a,b]$上连续. 若$\boldsymbol{F}(t)\equiv\boldsymbol{0}$(其中，$\boldsymbol{0}$表示$n$维零向量)，则方程组(4.3.1)变为

$$\boldsymbol{x}'=\boldsymbol{A}(t)\boldsymbol{x},\tag{4.3.2}$$

称(4.3.2)为**线性齐次微分方程组**. 若$\boldsymbol{F}(t)\not\equiv\boldsymbol{0}$，则称(4.3.1)为**线性非齐次微分方程组**. 并称(4.3.2)为(4.3.1)对应的线性齐次微分方程组.

4.3.1　线性齐次方程组解的结构

与n阶线性齐次方程类似，齐次线性方程组(4.3.2)也有下面解的叠加原理：

定理 4.5　设$\boldsymbol{x}_1(t),\boldsymbol{x}_2(t),\cdots,\boldsymbol{x}_m(t)$是齐次线性方程组(4.3.2)的$m$个解，则它们的线性组合$\sum\limits_{i=1}^{m}c_i\boldsymbol{x}_i(t)$也是(4.3.2)的解，其中，$c_1,c_2,\cdots,c_m$是任意常数.

证明　因$\boldsymbol{x}_i(t)(i=1,2,\cdots,m)$是方程(4.3.2)的解，则有

$$\frac{d\boldsymbol{x}_i}{dt}=\boldsymbol{A}(t)\boldsymbol{x}_i(t),\quad i=1,2,\cdots,m,$$

所以

$$\frac{\mathrm{d}}{\mathrm{d}t}\sum_{i=1}^{m}c_i\boldsymbol{x}_i=\sum_{i=1}^{m}c_i\frac{\mathrm{d}\boldsymbol{x}_i}{\mathrm{d}t}=\sum_{i=1}^{m}c_i\boldsymbol{A}(t)\boldsymbol{x}_i(t)=\boldsymbol{A}(t)\Big(\sum_{i=1}^{m}c_i\boldsymbol{x}_i\Big),$$

这说明 $\sum_{i=1}^{m}c_i\boldsymbol{x}_i$ 是方程组(4.3.2)的解.

现设线性齐次方程组(4.3.2)的 n 个解为 $\boldsymbol{x}_1(t),\boldsymbol{x}_2(t),\cdots,\boldsymbol{x}_n(t)$,考虑在什么条件下含有 n 个任意常数 $c_1,c_2,\cdots,c_n$ 的解 $\boldsymbol{x}=\sum_{i=1}^{n}c_i\boldsymbol{x}_i(t)$ 才是齐次方程组(4.3.2)的通解呢？为此,首先介绍函数向量线性相关与线性无关的概念.

设 $\boldsymbol{x}_1(t),\boldsymbol{x}_2(t),\cdots,\boldsymbol{x}_n(t)$是一组定义在区间 I 上的函数向量,如果存在一组不全为零的常数 $c_1,c_2,\cdots,c_n$,使得对所有 $t\in I$ 都有恒等式

$$c_1\boldsymbol{x}_1(t)+c_2\boldsymbol{x}_2(t)+\cdots+c_n\boldsymbol{x}_n(t)\equiv\boldsymbol{0}$$

成立,则称此组函数向量组在区间 I 上是**线性相关的**;否则,就称此组函数向量在 I 上是线性无关的.

例 4.3.1 证明函数向量组

$$\boldsymbol{x}_1(t)=\begin{bmatrix}\cos^2 t\\1\\t\end{bmatrix},\quad \boldsymbol{x}_2(t)=\begin{bmatrix}-\sin^2 t+1\\1\\t\end{bmatrix}$$

在任何区间 I 上都是线性相关的.

证明 事实上,取 $c_1=1,c_2=-1$,则

$$c_1\begin{bmatrix}\cos^2 t\\1\\t\end{bmatrix}+c_2\begin{bmatrix}-\sin^2 t+1\\1\\t\end{bmatrix}\equiv\begin{bmatrix}0\\0\\0\end{bmatrix},\quad t\in I,$$

故 $\boldsymbol{x}_1(t),\boldsymbol{x}_2(t)$在 I 上线性相关.

例 4.3.2 证明函数向量组

$$\boldsymbol{x}_1=\begin{bmatrix}\mathrm{e}^t\\0\\\mathrm{e}^{-t}\end{bmatrix},\quad \boldsymbol{x}_2=\begin{bmatrix}0\\\mathrm{e}^{3t}\\1\end{bmatrix},\quad \boldsymbol{x}_3(t)=\begin{bmatrix}\mathrm{e}^{2t}\\\mathrm{e}^{3t}\\0\end{bmatrix}$$

在$(-\infty,+\infty)$上线性无关.

证明 事实上,要使

$$c_1\boldsymbol{x}_1(t)+c_2\boldsymbol{x}_2(t)+c_3\boldsymbol{x}_3(t)=c_1\begin{bmatrix}\mathrm{e}^t\\0\\\mathrm{e}^{-t}\end{bmatrix}+c_2\begin{bmatrix}0\\\mathrm{e}^{3t}\\1\end{bmatrix}+c_3\begin{bmatrix}\mathrm{e}^{2t}\\\mathrm{e}^{3t}\\0\end{bmatrix}\equiv 0,\quad t\in\mathbf{R}$$

成立,显然只需下面方程成立：

$$\begin{bmatrix}\mathrm{e}^t&0&\mathrm{e}^{2t}\\0&\mathrm{e}^{3t}&\mathrm{e}^{3t}\\\mathrm{e}^{-t}&1&0\end{bmatrix}\begin{bmatrix}c_1\\c_2\\c_3\end{bmatrix}=\begin{bmatrix}0\\0\\0\end{bmatrix},\quad -\infty<t<+\infty.$$

因为

$$\begin{vmatrix} e^{t} & 0 & e^{2t} \\ 0 & e^{3t} & e^{3t} \\ e^{-t} & 1 & 0 \end{vmatrix} = -2e^{4t} < 0,$$

所以得 $c_1=c_2=c_3=0$，故 $\boldsymbol{x}_1,\boldsymbol{x}_2,\boldsymbol{x}_3$ 线性无关.

下面介绍方程组(4.3.2)的解函数向量组 $\boldsymbol{x}_1(t),\boldsymbol{x}_2(t),\cdots,\boldsymbol{x}_n(t)$在定义区间 I 上线性相关与线性无关的判别准则.

设有 n 个定义在区间 I 上的函数向量

$$\boldsymbol{x}_1(t) = \begin{bmatrix} x_{11}(t) \\ x_{21}(t) \\ \vdots \\ x_{n1}(t) \end{bmatrix}, \quad \boldsymbol{x}_2(t) = \begin{bmatrix} x_{12}(t) \\ x_{22}(t) \\ \vdots \\ x_{n2}(t) \end{bmatrix}, \quad \cdots, \quad \boldsymbol{x}_n(t) = \begin{bmatrix} x_{1n}(t) \\ x_{2n}(t) \\ \vdots \\ x_{nn}(t) \end{bmatrix}.$$

由这 n 个函数向量构成的行列式

$$W(t) = \begin{vmatrix} x_{11}(t) & x_{12}(t) & \cdots & x_{1n}(t) \\ x_{21}(t) & x_{22}(t) & \cdots & x_{2n}(t) \\ \vdots & \vdots & & \vdots \\ x_{n1}(t) & x_{n2}(t) & \cdots & x_{nn}(t) \end{vmatrix},$$

称为这些函数向量组的**朗斯基**(Wronskian)**行列式**.

定理 4.6　方程组(4.3.2)的解组 $\boldsymbol{x}_1(t),\boldsymbol{x}_2(t),\cdots,\boldsymbol{x}_n(t)$在区间$[a,b]$上线性相关的充要条件是它们的 Wronskian 行列式 $W(t)\equiv 0(t\in[a,b])$.

证明　必要性. 设解组 $\boldsymbol{x}_1(t),\boldsymbol{x}_2(t),\cdots,\boldsymbol{x}_n(t)$在$[a,b]$上线性相关，则对任一确定的 $t_0\in[a,b]$，常向量组 $\boldsymbol{x}_1(t_0),\boldsymbol{x}_2(t_0),\cdots,\boldsymbol{x}_n(t_0)$均线性相关，因而 $W(t_0)=0$. 又因为 t_0 是$[a,b]$中的任一数，故有 $W(t)\equiv 0(t\in[a,b])$.

充分性. 设在$[a,b]$上，$W(t)\equiv 0$，特别对取定的 $t_0\in[a,b]$有 $W(t_0)=0$，则常向量组 $\boldsymbol{x}_1(t_0),\boldsymbol{x}_2(t_0),\cdots,\boldsymbol{x}_n(t_0)$线性相关，即存在一组不全为零的常数 $c_1,c_2,\cdots,c_n$，使得

$$c_1\boldsymbol{x}_1(t_0)+c_2\boldsymbol{x}_2(t_0)+\cdots+c_n\boldsymbol{x}_n(t_0)=\boldsymbol{0}. \tag{4.3.3}$$

现在考虑函数向量

$$\boldsymbol{x}(t)=c_1\boldsymbol{x}_1(t)+c_2\boldsymbol{x}_2(t)+\cdots+c_n\boldsymbol{x}_n(t).$$

由解的叠加原理知 $\boldsymbol{x}(t)$是方程组(4.3.2)的解且由式(4.3.3)知，该解$\boldsymbol{x}(t)$满足初始条件 $\boldsymbol{x}(t_0)=\boldsymbol{0}$，因此，由解的存在唯一性定理知 $\boldsymbol{x}(t)\equiv 0$，即有

$$c_1\boldsymbol{x}_1(t)+c_2\boldsymbol{x}_2(t)+\cdots+c_n\boldsymbol{x}_n(t)\equiv\boldsymbol{0},\quad t\in[a,b],$$

故解组 $\boldsymbol{x}_1(t),\boldsymbol{x}_2(t),\cdots,\boldsymbol{x}_n(t)$在$[a,b]$上线性相关.

定理 4.7 设 $\boldsymbol{x}_1(t),\boldsymbol{x}_2(t),\cdots,\boldsymbol{x}_n(t)(t\in[a,b])$是方程组(4.3.2)的任意 n 个解,则它们的 Wronskian 行列式 $W(t)$可表为

$$W(t)=W(t_0)\exp\left(\int_{t_0}^{t}\sum_{i=1}^{n}a_{ii}(s)\mathrm{d}s\right),\quad t_0\in[a,b],\tag{4.3.4}$$

其中,$a_{ii}(s)$为方程组(4.3.2)对应的系数矩阵 $\boldsymbol{A}(t)$的对角线元素,称(4.3.4)为 Liouville **公式**.

证明 由行列式的求导法则可得

$$\frac{\mathrm{d}W(t)}{\mathrm{d}t}=\sum_{i=1}^{n}\begin{vmatrix}x_{11}(t) & x_{12}(t) & \cdots & x_{1n}(t)\\ \vdots & \vdots & & \vdots\\ \dfrac{\mathrm{d}x_{i1}(t)}{\mathrm{d}t} & \dfrac{\mathrm{d}x_{i2}(t)}{\mathrm{d}t} & \cdots & \dfrac{\mathrm{d}x_{in}(t)}{\mathrm{d}t}\\ \vdots & \vdots & & \vdots\\ x_{n1}(t) & x_{n2}(t) & \cdots & x_{nn}(t)\end{vmatrix},$$

因 $\boldsymbol{x}_1(t),\boldsymbol{x}_2(t),\cdots,\boldsymbol{x}_n(t)$是方程组(4.3.2)的解,故有

$$\frac{\mathrm{d}W}{\mathrm{d}t}=\sum_{i=1}^{n}\begin{vmatrix}x_{11} & x_{12} & \cdots & x_{1n}\\ \vdots & \vdots & & \vdots\\ \sum\limits_{j=1}^{n}a_{ij}x_{j1} & \sum\limits_{j=1}^{n}a_{ij}x_{j2} & \cdots & \sum\limits_{j=1}^{n}a_{ij}x_{jn}\\ \vdots & \vdots & & \vdots\\ x_{n1} & x_{n2} & \cdots & x_{nn}\end{vmatrix}.$$

再利用行列式的性质得

$$\frac{\mathrm{d}W}{\mathrm{d}t}=\left(\sum_{i=1}^{n}a_{ii}(t)\right)W(t).\tag{4.3.5}$$

这是一个关于 $W(t)$的一阶线性齐次方程,解此方程得 Liouville 公式

$$W(t)=W(t_0)\exp\left(\int_{t_0}^{t}\mathrm{tr}\boldsymbol{A}(s)\mathrm{d}s\right),$$

其中,$\mathrm{tr}\boldsymbol{A}(t)=\sum\limits_{i=1}^{n}a_{ii}(t)$表示矩阵 $\boldsymbol{A}(t)$的迹.

由定理 4.7 易得下面的推论:

推论 4.1 方程组(4.3.2)的任一解组 $\boldsymbol{x}_1(t),\boldsymbol{x}_2(t),\cdots,\boldsymbol{x}_n(t)$的 Wronskian 行列式 $W(t)$在其定义区间$[a,b]$上或者恒不为零,或者恒为零.

推论 4.2 方程组(4.3.2)的解组 $\boldsymbol{x}_1(t),\boldsymbol{x}_2(t),\cdots,\boldsymbol{x}_n(t)$在$[a,b]$上线性无关的充要条件为在$[a,b]$上的某一点 t_0 处有 $W(t_0)\neq0$.

现在可以讨论方程组(4.3.2)的解的结构了.首先用下面的定理说明线性齐次

方程组(4.3.2)一定存在 n 个线性无关的解.

定理 4.8 线性齐次微分方程组(4.3.2)一定存在 n 个线性无关的解.

证明 根据解的存在唯一性定理,方程组(4.3.2)一定存在满足初始条件

$$\boldsymbol{x}_1(t_0)=\begin{bmatrix}1\\0\\0\\\vdots\\0\end{bmatrix},\quad \boldsymbol{x}_2(t_0)=\begin{bmatrix}0\\1\\0\\\vdots\\0\end{bmatrix},\quad \cdots,\quad \boldsymbol{x}_n(t_0)=\begin{bmatrix}0\\0\\\vdots\\0\\1\end{bmatrix}$$

的解 $\boldsymbol{x}_1(t),\boldsymbol{x}_2(t),\cdots,\boldsymbol{x}_n(t)(t\in[a,b])$ 且以该解组作出的 Wronskian 行列式在 t_0 处的取值为 $W(t_0)=1\neq 0$. 因此,由推论 4.2 知 $\boldsymbol{x}_1(t),\boldsymbol{x}_2(t),\cdots,\boldsymbol{x}_n(t)$ 在 $[a,b]$ 上线性无关.

定理 4.9(通解结构定理) 设 $\boldsymbol{x}_1(t),\boldsymbol{x}_2(t),\cdots,\boldsymbol{x}_n(t)$ 是方程组(4.3.2)的 n 个线性无关的解,则

(1) $\boldsymbol{x}(t)=\sum\limits_{i=1}^{n}c_i\boldsymbol{x}_i(t)$ 是方程组(4.3.2)的通解,其中,$c_1,c_2,\cdots,c_n$ 是任意常数;

(2) 方程组(4.3.2)的任一解 $\boldsymbol{x}(t)$ 均可表为 $\boldsymbol{x}_i(i=1,2,\cdots,n)$ 的线性组合.

证明 (1) 由解的叠加原理知 $\boldsymbol{x}(t)=\sum\limits_{i=1}^{n}c_i\boldsymbol{x}_i(t)$ 是方程组(4.3.2)的解,它包含 n 个任意常数,又因为

$$\frac{D(\boldsymbol{x}_1,\boldsymbol{x}_2,\cdots,\boldsymbol{x}_n)}{D(c_1,c_2,\cdots,c_n)}=\begin{vmatrix}x_{11}(t) & x_{12}(t) & \cdots & x_{1n}(t)\\x_{21}(t) & x_{22}(t) & \cdots & x_{2n}(t)\\\vdots & \vdots & & \vdots\\x_{n1}(t) & x_{n2}(t) & \cdots & x_{nn}(t)\end{vmatrix}=W(t)\neq 0,$$

故 $c_1,c_2,\cdots,c_n$ 彼此独立. 于是,$\boldsymbol{x}(t)=\sum\limits_{i=1}^{n}c_i\boldsymbol{x}_i(t)$ 是方程组(4.3.2)的通解.

(2) 设 $\boldsymbol{x}(t)$ 是方程组(4.3.2)的任一解且满足 $\boldsymbol{x}(t_0)=\boldsymbol{x}_0$,因 $\boldsymbol{x}_1(t),\boldsymbol{x}_2(t),\cdots,\boldsymbol{x}_n(t)$ 是(4.3.2)的 n 个线性无关的解,从而可知向量组 $\boldsymbol{x}_1(t_0),\boldsymbol{x}_2(t_0),\cdots,\boldsymbol{x}_n(t_0)$ 线性无关,即它们构成 n 维线性空间的基,故对向量 $\boldsymbol{x}(t_0)$ 一定存在唯一确定的一组常数 $c_1,c_2,\cdots,c_n$,满足

$$\boldsymbol{x}(t_0)=c_1\boldsymbol{x}_1(t_0)+c_2\boldsymbol{x}_2(t_0)+\cdots+c_n\boldsymbol{x}_n(t_0).\tag{4.3.6}$$

现在考虑函数向量

$$\bar{\boldsymbol{x}}(t)=c_1\boldsymbol{x}_1(t)+c_2\boldsymbol{x}_2(t)+\cdots+c_n\boldsymbol{x}_n(t).$$

由解的叠加原理知它是方程组(4.3.2)的解,并且由(4.3.6)知它满足初始条件

$\bar{\boldsymbol{x}}(t_0)=\boldsymbol{x}_0$，因而由解的唯一性定理应有 $\bar{\boldsymbol{x}}(t)\equiv\boldsymbol{x}(t)$，即

$$\boldsymbol{x}(t)=c_1\boldsymbol{x}_1(t)+c_2\boldsymbol{x}_2(t)+\cdots+c_n\boldsymbol{x}_n(t).$$

由定理 4.8 和定理 4.9 易得下面的推论：

推论 4.3 方程组(4.3.2)的线性无关解的最大个数为 n.

称方程组(4.3.2)的 n 个线性无关解 $\boldsymbol{x}_1(t),\boldsymbol{x}_2(t),\cdots,\boldsymbol{x}_n(t)$ 为式(4.3.2)的一个**基本解组**. 显然，方程组(4.3.2)的基本解组是不唯一的.

为了方便简洁，把前面论述的有关结果写成矩阵的形式，如果一个 $n\times n$ 矩阵的每一列都是(4.3.2)的解，称这个矩阵为(4.3.2)的**解矩阵**. 如果该矩阵的列在 $[a,b]$ 上是方程(4.3.2)线性无关的解组，则称该矩阵为方程组(4.3.2)的**基解矩阵**. 用 $\boldsymbol{\Phi}(t)$ 表示方程(4.3.2)的由 $\boldsymbol{\varphi}_1(t),\boldsymbol{\varphi}_2(t),\cdots,\boldsymbol{\varphi}_n(t)$ 作为列构成的基解矩阵，即

$$\boldsymbol{\Phi}(t)=[\boldsymbol{\varphi}_1(t),\boldsymbol{\varphi}_2(t),\cdots,\boldsymbol{\varphi}_n(t)].$$

这样，定理 4.9 和推论 4.2 就可以表述为下面的定理：

定理 4.10 微分方程组(4.3.2)一定存在一个基解矩阵 $\boldsymbol{\Phi}(t)$，并且若 $\boldsymbol{\varphi}(t)$ 是(4.3.2)的任一解，则

$$\boldsymbol{\varphi}(t)=\boldsymbol{\Phi}(t)\boldsymbol{c}, \tag{4.3.7}$$

其中，$\boldsymbol{c}$ 是确定的 n 维常数向量.

定理 4.11 微分方程组(4.3.2)的一个解矩阵 $\boldsymbol{\Phi}(t)$ 是基解矩阵的充要条件为在 $[a,b]$ 上的某一点 t_0 处有 $\det\boldsymbol{\Phi}(t_0)=W(t_0)\neq 0$.

微分方程组(4.3.2)的基解矩阵 $\boldsymbol{\Phi}(t)$ 满足下面的矩阵方程

$$\boldsymbol{\Phi}'(t)=\boldsymbol{A}(t)\boldsymbol{\Phi}(t),\quad t\in[a,b]. \tag{4.3.8}$$

且

$$\det\boldsymbol{\Phi}(t_0)\neq 0,\quad t_0\in[a,b].$$

事实上，若 $\boldsymbol{\Phi}(t)=[\boldsymbol{\varphi}_1(t),\boldsymbol{\varphi}_2(t),\cdots,\boldsymbol{\varphi}_n(t)]$ 是(4.3.2)的基解矩阵，则有

$$\boldsymbol{\varphi}_i'(t)=\boldsymbol{A}(t)\boldsymbol{\varphi}_i(t),\quad t\in[a,b],i=1,2,\cdots,n. \tag{4.3.9}$$

故有

$$[\boldsymbol{\varphi}_i'(t),\boldsymbol{\varphi}_2'(t),\cdots,\boldsymbol{\varphi}_n'(t)]=\boldsymbol{A}(t)[\boldsymbol{\varphi}_1(t),\boldsymbol{\varphi}_2(t),\cdots,\boldsymbol{\varphi}_n(t)],$$

即

$$\boldsymbol{\Phi}'(t)=\boldsymbol{A}(t)\boldsymbol{\Phi}(t).$$

又因为 $\boldsymbol{\Phi}(t)$ 是基解矩阵，所以

$$\det\boldsymbol{\Phi}(t_0)\neq 0,\quad t_0\in[a,b].$$

反之，设 $\boldsymbol{\Phi}(t)$ 满足(4.3.8)且存在 $t_0\in[a,b]$，使 $\det\boldsymbol{\Phi}(t_0)\neq 0$，则 $\boldsymbol{\Phi}(t)$ 满足方程(4.3.9)，于是 $\boldsymbol{\Phi}(t)$ 的 n 个列向量 $\boldsymbol{\varphi}_1(t),\boldsymbol{\varphi}_2(t),\cdots,\boldsymbol{\varphi}_n(t)$ 均满足方程组(4.3.2)，即 $\boldsymbol{\Phi}(t)$ 是(4.3.2)的解矩阵. 又 $\det\boldsymbol{\Phi}(t_0)\neq 0$，故 $\boldsymbol{\Phi}(t)$ 是方程组(4.3.2)的基解矩阵.

由定理 4.10 和定理 4.11 可以得到下面的推论：

推论 4.4　若 $\boldsymbol{\Phi}(t)$是(4.3.2)在区间$[a,b]$上的基解矩阵,$\boldsymbol{C}$ 是非奇异 $n\times n$ 常数矩阵,则 $\boldsymbol{\Phi}(t)\boldsymbol{C}$ 也是方程组(4.3.2)在区间$[a,b]$上的基解矩阵.

证明　首先,由上面的讨论知方程组(4.3.2)的基解矩阵 $\boldsymbol{\Phi}(t)$满足矩阵方程

$$\boldsymbol{\Phi}'(t)=\boldsymbol{A}(t)\boldsymbol{\Phi}(t),\quad t\in[a,b].$$

现令 $\boldsymbol{\psi}(t)=\boldsymbol{\Phi}(t)\boldsymbol{C}(t\in[a,b])$,两边关于 t 求导得

$$\boldsymbol{\psi}'(t)=\boldsymbol{\Phi}'(t)\boldsymbol{C}=\boldsymbol{A}(t)\boldsymbol{\Phi}(t)\boldsymbol{C}=\boldsymbol{A}(t)\boldsymbol{\psi}(t),$$

即 $\boldsymbol{\psi}(t)$是(4.3.2)的解矩阵. 又由 $\boldsymbol{C}$ 的非奇异性,故有

$$\det\boldsymbol{\psi}(t)=\det\boldsymbol{\Phi}(t)\det\boldsymbol{C}\neq 0,\quad t\in[a,b].$$

因此,$\boldsymbol{\psi}(t)$也是方程组(4.3.2)的基解矩阵.

推论 4.5　设 $\boldsymbol{\Phi}(t)$,$\boldsymbol{\psi}(t)$在区间$[a,b]$上是方程组(4.3.2)两个基解矩阵,则存在一个非奇异 $n\times n$ 常数矩阵 $\boldsymbol{C}$,使得

$$\boldsymbol{\psi}(t)=\boldsymbol{\Phi}(t)\boldsymbol{C},\quad t\in[a,b].$$

证明　因 $\boldsymbol{\Phi}(t)$是基解矩阵,故其逆矩阵 $\boldsymbol{\Phi}^{-1}(t)$存在. 令

$$\boldsymbol{\Phi}^{-1}(t)\boldsymbol{\psi}(t)=\boldsymbol{X}(t),\quad t\in[a,b],$$

则易知 $\boldsymbol{X}(t)$是 $n\times n$ 可微矩阵且

$$\det\boldsymbol{X}(t)\neq 0,\quad t\in[a,b].$$

于是有

$$\begin{aligned}\boldsymbol{A}(t)\boldsymbol{\psi}(t)&=\boldsymbol{\psi}'(t)=\boldsymbol{\Phi}'(t)\boldsymbol{X}(t)+\boldsymbol{\Phi}(t)\boldsymbol{X}'(t)\\&=\boldsymbol{A}(t)\boldsymbol{\Phi}(t)\boldsymbol{X}(t)+\boldsymbol{\Phi}(t)\boldsymbol{X}'(t)\\&=\boldsymbol{A}(t)\boldsymbol{\psi}(t)+\boldsymbol{\Phi}(t)\boldsymbol{X}'(t),\quad t\in[a,b].\end{aligned}$$

由此可得 $\boldsymbol{\Phi}(t)\boldsymbol{X}'(t)\equiv\boldsymbol{O}$,即 $\boldsymbol{X}'(t)\equiv\boldsymbol{O}(t\in[a,b])$,故 $\boldsymbol{X}(t)$为 $n\times n$ 常数矩阵且为非奇异的,记为 $\boldsymbol{C}$,即有

$$\boldsymbol{\psi}(t)=\boldsymbol{\Phi}(t)\boldsymbol{C},\quad t\in[a,b].$$

例 4.3.3　验证 $\boldsymbol{\Phi}(t)=\begin{bmatrix}\mathrm{e}^{t} & \mathrm{e}^{3t}\\ -\mathrm{e}^{t} & \mathrm{e}^{3t}\end{bmatrix}$是方程组

$$\boldsymbol{x}'=\begin{bmatrix}2 & 1\\ 1 & 2\end{bmatrix}\boldsymbol{x}\tag{4.3.10}$$

的基解矩阵,并写出其通解.

解　首先验证 $\boldsymbol{\Phi}(t)$是方程(4.3.10)的解矩阵,令 $\boldsymbol{\varphi}_1(t)$表示 $\boldsymbol{\Phi}(t)$的第一列,因为

$$\boldsymbol{\varphi}_1'(t)=\begin{bmatrix}\mathrm{e}^{t}\\ -\mathrm{e}^{t}\end{bmatrix},\quad \begin{bmatrix}2 & 1\\ 1 & 2\end{bmatrix}\begin{bmatrix}\mathrm{e}^{t}\\ -\mathrm{e}^{t}\end{bmatrix}=\begin{bmatrix}\mathrm{e}^{t}\\ -\mathrm{e}^{t}\end{bmatrix},$$

故

$$\boldsymbol{\varphi}_1'(t)=\begin{bmatrix}2 & 1\\1 & 2\end{bmatrix}\boldsymbol{\varphi}_1(t).$$

因此,$\boldsymbol{\varphi}_1(t)$是方程(4.3.10)的一个解. 同理,令 $\boldsymbol{\varphi}_2(t)$表示 $\boldsymbol{\Phi}(t)$的第二列,可知 $\boldsymbol{\varphi}_2(t)$也是方程(4.3.10)的一个解. 因此,$\boldsymbol{\Phi}(t)=[\boldsymbol{\varphi}_1(t),\boldsymbol{\varphi}_2(t)]$是方程(4.3.10)的解矩阵. 另外,因 $\det\boldsymbol{\Phi}(t)=2\mathrm{e}^{4t}\neq0$,故 $\boldsymbol{\Phi}(t)$是方程(4.3.10)的基解矩阵.

于是方程组的通解为

$$\boldsymbol{x}=\boldsymbol{\Phi}(t)\boldsymbol{c}=\begin{bmatrix}\mathrm{e}^t & \mathrm{e}^{3t}\\-\mathrm{e}^t & \mathrm{e}^{3t}\end{bmatrix}\begin{bmatrix}c_1\\c_2\end{bmatrix}=\begin{bmatrix}c_1\mathrm{e}^t+c_2\mathrm{e}^{3t}\\-c_1\mathrm{e}^t+c_2\mathrm{e}^{3t}\end{bmatrix}.$$

例 4.3.4 设 $\boldsymbol{\varphi}_1$ 和 $\boldsymbol{\varphi}_2$ 在$(-\infty,+\infty)$上线性无关,试证明以 $\boldsymbol{\varphi}_1$ 和 $\boldsymbol{\varphi}_2$ 为基解矩阵的齐次线性微分方程组具有下列形式:

$$\begin{vmatrix}x_i' & \dfrac{\mathrm{d}\varphi_{i1}(t)}{\mathrm{d}t} & \dfrac{\mathrm{d}\varphi_{i2}(t)}{\mathrm{d}t}\\ x_1 & \varphi_{11}(t) & \varphi_{12}(t)\\ x_2 & \varphi_{21}(t) & \varphi_{22}(t)\end{vmatrix}=0,\quad i=1,2,$$

其中,$x_i(i=1,2)$是所求的一阶微分方程组的未知函数,φ_{ij}是 $\boldsymbol{\varphi}_j$ 的第 i 个元素.

证明 设所求的微分方程组为 $\boldsymbol{x}'=\boldsymbol{A}(t)\boldsymbol{x}$,即

$$\begin{cases}x_1'=a_{11}(t)x_1+a_{12}(t)x_2,\\x_2'=a_{21}(t)x_1+a_{22}(t)x_2.\end{cases}$$

因为 $\boldsymbol{\varphi}_i$ 是上面的微分方程组的解,并且它构成方程组的基解矩阵 $\boldsymbol{\Phi}(t)=(\boldsymbol{\varphi}_1,\boldsymbol{\varphi}_2)$. 因此有 $\boldsymbol{\Phi}'(t)=\boldsymbol{A}(t)\boldsymbol{\Phi}(t)$,从而 $\boldsymbol{A}(t)=\boldsymbol{\Phi}'(t)\boldsymbol{\Phi}^{-1}(t)$. 把此式代入微分方程组 $\boldsymbol{x}'=\boldsymbol{A}(t)\boldsymbol{x}$ 得

$$\boldsymbol{x}'=\boldsymbol{\Phi}'(t)\boldsymbol{\Phi}^{-1}(t)\boldsymbol{x}.\tag{4.3.11}$$

另一方面,因为

$$\begin{aligned}\begin{vmatrix}x_i' & \varphi_{i1}' & \varphi_{i2}'\\ x_1 & \varphi_{11} & \varphi_{12}\\ x_2 & \varphi_{21} & \varphi_{22}\end{vmatrix}&=x_i'\det(\boldsymbol{\Phi}(t))-\varphi_{i1}'\begin{vmatrix}x_1 & \varphi_{12}\\x_2 & \varphi_{22}\end{vmatrix}+\varphi_{i2}'\begin{vmatrix}x_1 & \varphi_{11}\\x_2 & \varphi_{21}\end{vmatrix}\\&=x_i'\det(\boldsymbol{\Phi}(t))-(\varphi_{i1}',\varphi_{i2}')\begin{bmatrix}\varphi_{22} & -\varphi_{12}\\-\varphi_{21} & \varphi_{11}\end{bmatrix}(x_1,x_2)^{\mathrm{T}}.\end{aligned}\tag{4.3.12}$$

注意到

$$\begin{bmatrix}\varphi_{22} & -\varphi_{12}\\-\varphi_{21} & \varphi_{11}\end{bmatrix}=\det(\boldsymbol{\Phi}(t))\boldsymbol{\Phi}^{-1}(t).\tag{4.3.13}$$

把(4.3.13)代入(4.3.12)得

$$\begin{vmatrix} x_i' & \varphi_{21}' & \varphi_{i2}' \\ x_1 & \varphi_{11} & \varphi_{12} \\ x_2 & \varphi_{21} & \varphi_{22} \end{vmatrix} = \det(\boldsymbol{\Phi}(t))[x_i' - (\varphi_{i1}', \varphi_{i2}')\boldsymbol{\Phi}^{-1}(t)\boldsymbol{x}],$$

再由(4.3.11)即可得到上式右端为零.

例 4.3.5　已知线性齐次微分方程组的两组解为

$$\boldsymbol{x}_1(t) = \begin{bmatrix} e^{3t} \\ e^{3t} \end{bmatrix}, \quad \boldsymbol{x}_2(t) = \begin{bmatrix} e^{-t} \\ -e^{-t} \end{bmatrix}.$$

试求该微分方程组.

解　显然,$\boldsymbol{x}_1(t)$,$\boldsymbol{x}_2(t)$是线性无关的. 由例 4.3.4 知所求的微分方程为

$$\begin{vmatrix} x_1' & 3e^{3t} & -e^{-t} \\ x_1 & e^{3t} & e^{-t} \\ x_2 & e^{3t} & -e^{-t} \end{vmatrix} = -2e^{2t}x_1' + 2e^{2t}x_1 + 4e^{2t}x_2 = 0$$

及

$$\begin{vmatrix} x_2' & 3e^{3t} & e^{-t} \\ x_1 & e^{3t} & e^{-t} \\ x_2 & e^{3t} & -e^{-t} \end{vmatrix} = -2e^{2t}x_2' + 4e^{2t}x_1 + 2e^{2t}x_2 = 0,$$

整理后得所求微分方程组

$$\begin{cases} x_1' = x_1 + 2x_2, \\ x_2' = 2x_1 + x_2. \end{cases}$$

4.3.2　非齐次线性微分方程组解的结构

接下来讨论非齐次线性微分方程组(4.3.1)解的结构问题,所得结果与一阶或高阶线性非齐次方程相应的结论完全类似. 容易验证非齐次线性微分方程组(4.3.1)的解具有下面一些简单性质:

性质 1　如果 $\boldsymbol{\varphi}(t)$是(4.3.1)的解,$\boldsymbol{\psi}(t)$是(4.3.1)对应的齐次线性方程组(4.3.2)的解,则 $\boldsymbol{\varphi}(t)+\boldsymbol{\psi}(t)$是(4.3.1)的解.

性质 2　如果 $\boldsymbol{\varphi}_1(t)$和 $\boldsymbol{\varphi}_2(t)$是(4.3.1)的两个解,则 $\boldsymbol{\varphi}_1(t)-\boldsymbol{\varphi}_2(t)$是(4.3.2)的解.

性质 3　设 $\boldsymbol{F}(t)=\boldsymbol{F}_1(t)+\boldsymbol{F}_2(t)+\cdots+\boldsymbol{F}_m(t)$且 $\boldsymbol{x}_j(t)$是方程组 $\boldsymbol{x}'=\boldsymbol{A}(t)\boldsymbol{x}+\boldsymbol{F}_j(t)$的解,则 $\boldsymbol{x}=\sum\limits_{j=1}^{m}\boldsymbol{x}_j(t)$是方程组(4.3.1)的解.

另外，对方程组(4.3.1)，给出如下解的结构定理：

定理 4.12(通解结构定理) 设 $\boldsymbol{\Phi}(t)$是方程组(4.3.2)的一个基本解矩阵，$\boldsymbol{\varphi}_0(t)$是方程组(4.3.1)的某一解，则非齐次线性方程组的任一解 $\boldsymbol{\varphi}(t)$都可表示为

$$\boldsymbol{\varphi}(t)=\boldsymbol{\Phi}(t)\boldsymbol{c}+\boldsymbol{\varphi}_0(t),$$

其中，$\boldsymbol{c}$ 是确定的常数列向量.

证明 由性质 2 知 $\boldsymbol{\varphi}(t)-\boldsymbol{\varphi}_0(t)$是方程组(4.3.2)的解，再由定理4.10得到

$$\boldsymbol{\varphi}(t)-\boldsymbol{\varphi}_0(t)=\boldsymbol{\Phi}(t)\boldsymbol{c},$$

其中，$\boldsymbol{c}$ 是确定的常数列向量，由此即得

$$\boldsymbol{\varphi}(t)=\boldsymbol{\varphi}_0(t)+\boldsymbol{\Phi}(t)\boldsymbol{c}.$$

定理 4.12 表示要求非齐次线性微分方程组(4.3.1)的通解，只需求出对应的齐次线性微分方程组(4.3.2)的基本解组和非齐次线性方程组(4.3.1)的任一解即可.

在介绍一阶线性微分方程的求解问题时，给出了常数变易法，这个方法对于非齐次线性方程组(4.3.1)的求解仍然有效. 在已知方程组(4.3.2)的基解矩阵 $\boldsymbol{\Phi}(t)$的情况下，利用常数变易法即可求出方程组(4.3.2)对应的非齐次方程组(4.3.1)的特解. 设 $\boldsymbol{\Phi}(t)$是方程组(4.3.2)的基解矩阵，于是方程组(4.3.2)的通解为

$$\boldsymbol{x}(t)=\boldsymbol{\Phi}(t)\boldsymbol{c},$$

其中，$\boldsymbol{c}$ 是任意常数列向量. 为了求得方程组(4.3.1)的一个特解，把 $\boldsymbol{c}$ 看成关于 t 的待定的函数列向量 $\boldsymbol{c}(t)$，试图寻求方程组(4.3.1)的形如

$$\boldsymbol{\varphi}(t)=\boldsymbol{\Phi}(t)\boldsymbol{c}(t) \tag{4.3.14}$$

的解，把式(4.3.14)代入式(4.3.1)得

$$\boldsymbol{\Phi}'(t)\boldsymbol{c}(t)+\boldsymbol{\Phi}(t)\boldsymbol{c}'(t)=\boldsymbol{A}(t)\boldsymbol{\Phi}(t)\boldsymbol{c}(t)+\boldsymbol{F}(t).$$

因为 $\boldsymbol{\Phi}(t)$是方程组(4.3.2)的基解矩阵，所以

$$\boldsymbol{\Phi}'(t)=\boldsymbol{A}(t)\boldsymbol{\Phi}(t),$$

因此，$\boldsymbol{c}(t)$满足下面的方程组：

$$\boldsymbol{\Phi}(t)\boldsymbol{c}'(t)=\boldsymbol{F}(t).$$

又因为 $\boldsymbol{\Phi}(t)$是可逆的，从而得

$$\boldsymbol{c}'(t)=\boldsymbol{\Phi}^{-1}(t)\boldsymbol{F}(t).$$

对上述的方程组从 t_0 到 t 积分，并取 $\boldsymbol{c}(t_0)=\boldsymbol{0}$ 得

$$\boldsymbol{c}(t)=\int_{t_0}^{t}\boldsymbol{\Phi}^{-1}(s)\boldsymbol{F}(s)\mathrm{d}s,\quad t_0,t\in[a,b].$$

因此，(4.3.14)变为

$$\boldsymbol{\varphi}(t)=\boldsymbol{\Phi}(t)\int_{t_0}^{t}\boldsymbol{\Phi}^{-1}(s)\boldsymbol{F}(s)\mathrm{d}s. \tag{4.3.15}$$

反之，可验证(4.3.15)是方程组(4.3.1)满足初始条件 $\boldsymbol{\varphi}(t_0)=\boldsymbol{0}$ 的特解. 上面的结论可归纳成下面的定理：

定理 4.13　如果 $\boldsymbol{\Phi}(t)$是方程组(4.3.2)的基解矩阵，则

(1) 向量函数

$$\boldsymbol{\varphi}(t)=\boldsymbol{\Phi}(t)\int_{t_0}^{t}\boldsymbol{\Phi}^{-1}(s)\boldsymbol{F}(s)\mathrm{d}s$$

是方程组(4.3.1)的解，并且满足初始条件 $\boldsymbol{\varphi}(t_0)=\boldsymbol{0}$；

(2) 方程组(4.3.1)的通解为

$$\boldsymbol{x}(t)=\boldsymbol{\Phi}(t)\boldsymbol{c}+\boldsymbol{\Phi}(t)\int_{t_0}^{t}\boldsymbol{\Phi}^{-1}(s)\boldsymbol{F}(s)\mathrm{d}s.$$

由定理 4.11 和定理 4.12 知方程组满足初始条件 $\boldsymbol{x}(t_0)=\boldsymbol{x}_0$ 的解 $\boldsymbol{x}(t)$可由下面的公式给出：

$$\boldsymbol{x}(t)=\boldsymbol{\Phi}(t)\boldsymbol{\Phi}^{-1}(t_0)\boldsymbol{x}_0+\boldsymbol{\Phi}(t)\int_{t_0}^{t}\boldsymbol{\Phi}^{-1}(s)\boldsymbol{F}(s)\mathrm{d}s. \tag{4.3.16}$$

式(4.3.16)称为非齐次线性微分方程组(4.3.1)的**常数变易公式**.

例 4.3.6　求方程组

$$\boldsymbol{x}'=\begin{bmatrix}2&1\\1&2\end{bmatrix}\boldsymbol{x}+\begin{bmatrix}\mathrm{e}^{2t}\\0\end{bmatrix}$$

的通解.

解　由例 4.3.3 知 $\boldsymbol{\Phi}(t)=\begin{bmatrix}\mathrm{e}^{t}&\mathrm{e}^{3t}\\-\mathrm{e}^{t}&\mathrm{e}^{3t}\end{bmatrix}$是对应的齐次方程组的基解矩阵，求 $\boldsymbol{\Phi}(t)$的逆矩阵得 $\boldsymbol{\Phi}^{-1}(t)=\dfrac{1}{2}\begin{bmatrix}\mathrm{e}^{-t}&-\mathrm{e}^{-t}\\\mathrm{e}^{-3t}&\mathrm{e}^{-3t}\end{bmatrix}$. 由(4.3.15)得方程组的特解为

$$\boldsymbol{\varphi}(t)=\frac{1}{2}\begin{bmatrix}\mathrm{e}^{t}&\mathrm{e}^{3t}\\-\mathrm{e}^{t}&\mathrm{e}^{3t}\end{bmatrix}\int_{0}^{t}\begin{bmatrix}\mathrm{e}^{-s}&-\mathrm{e}^{-s}\\\mathrm{e}^{-3s}&\mathrm{e}^{-3s}\end{bmatrix}\begin{bmatrix}\mathrm{e}^{2s}\\0\end{bmatrix}\mathrm{d}s=\frac{1}{2}\begin{bmatrix}\mathrm{e}^{3t}-\mathrm{e}^{t}\\\mathrm{e}^{3t}-2\mathrm{e}^{2t}+\mathrm{e}^{t}\end{bmatrix},$$

所以原方程的通解为

$$\begin{aligned}\boldsymbol{x}(t)=\begin{bmatrix}x_1\\x_2\end{bmatrix}&=\boldsymbol{\Phi}(t)\boldsymbol{c}+\frac{1}{2}\begin{bmatrix}\mathrm{e}^{3t}-\mathrm{e}^{t}\\\mathrm{e}^{3t}-2\mathrm{e}^{2t}+\mathrm{e}^{t}\end{bmatrix}\\&=\begin{bmatrix}c_1\mathrm{e}^{t}+c_2\mathrm{e}^{3t}+\dfrac{1}{2}(\mathrm{e}^{3t}-\mathrm{e}^{t})\\-c_1\mathrm{e}^{t}+c_2\mathrm{e}^{3t}+\dfrac{1}{2}(\mathrm{e}^{3t}-2\mathrm{e}^{2t}+\mathrm{e}^{t})\end{bmatrix}.\end{aligned}$$

习 题 4.3

1. 已知两个向量

$$\boldsymbol{x}_1=\begin{bmatrix}t\\1\end{bmatrix},\quad \boldsymbol{x}_2=\begin{bmatrix}t^2\\t\end{bmatrix}.$$

(1) 证明 $\boldsymbol{x}_1$ 与 $\boldsymbol{x}_2$ 在 $\mathbf{R}$ 上是线性无关的;

(2) 验证在 $\mathbf{R}$ 上有 $W[\boldsymbol{x}_1,\boldsymbol{x}_2]\equiv 0$;

(3) 解释为什么(1)与(2)能同时发生.

2. 已知 φ_1 和 φ_2 是在任何区间 I 上都线性无关的函数. 试证明对任意两个函数 ψ_1 和 ψ_2,向量

$$\begin{bmatrix}\varphi_1(t)\\\psi_1(t)\end{bmatrix}\quad 与 \quad \begin{bmatrix}\varphi_2(t)\\\psi_2(t)\end{bmatrix}$$

在任何区间 I 上都线性无关.

3. 试验证 $\boldsymbol{\Phi}(t)=\begin{bmatrix}t^2 & t\\2t & 1\end{bmatrix}$是方程组 $\boldsymbol{x}'=\begin{bmatrix}0 & 1\\-\dfrac{2}{t^2} & \dfrac{2}{t}\end{bmatrix}\boldsymbol{x}$ 在任何不包含原点的区间$[a,b]$上的基解矩阵.

4. 已知

$$\boldsymbol{y}_1(x)=\begin{bmatrix}\sin x\\\cos x\end{bmatrix},\quad \boldsymbol{y}_2(x)=\begin{bmatrix}\cos x\\-\sin x\end{bmatrix}$$

是方程组

$$\boldsymbol{y}'(x)=\begin{bmatrix}a_{11}(x) & a_{12}(x)\\a_{21}(x) & a_{22}(x)\end{bmatrix}\boldsymbol{y}(x)$$

的基本解组,试求出 $a_{11}(x),a_{12}(x),a_{21}(x),a_{22}(x)$.

5. 设 $\boldsymbol{\Phi}(t)$为方程 $\dot{\boldsymbol{x}}=\boldsymbol{A}\boldsymbol{x}$ 的标准基解矩阵($\boldsymbol{\Phi}(0)=\boldsymbol{E}$). 证明:

$$\boldsymbol{\Phi}(t)\boldsymbol{\Phi}^{-1}(t_0)=\boldsymbol{\Phi}(t-t_0),$$

其中,t_0 为某一值.

6. 已知线性齐次微分方程组的通解为

$$\begin{cases}x=c_1\mathrm{e}^{-t}+c_2\mathrm{e}^{2t},\\y=c_1\mathrm{e}^{-t}-2c_2\mathrm{e}^{2t}.\end{cases}$$

试找出该微分方程组.

7. 考虑方程组 $\dot{\boldsymbol{x}}=\boldsymbol{A}\boldsymbol{x}+\boldsymbol{F}(t)$,其中,

$$\boldsymbol{A}=\begin{bmatrix}2 & 1\\0 & 2\end{bmatrix},\quad \boldsymbol{x}=\begin{bmatrix}x_1\\x_2\end{bmatrix},\quad \boldsymbol{F}(t)=\begin{bmatrix}\sin t\\\cos t\end{bmatrix}.$$

(1) 验证 $\boldsymbol{\Phi}(t)=\begin{bmatrix} e^{2t} & te^{2t} \\ 0 & e^{2t} \end{bmatrix}$是 $\dot{\boldsymbol{x}}=\boldsymbol{A}\boldsymbol{x}$ 的基解矩阵;

(2) 试求 $\dot{\boldsymbol{x}}=\boldsymbol{A}\boldsymbol{x}+\boldsymbol{F}(t)$满足初始条件 $\boldsymbol{\varphi}(0)=\begin{bmatrix} 1 \\ -1 \end{bmatrix}$的解 $\boldsymbol{\varphi}(t)$.

8. 试求 $\dot{\boldsymbol{x}}=\boldsymbol{A}\boldsymbol{x}+\boldsymbol{F}(t)$满足初始条件 $\boldsymbol{x}(0)=\begin{bmatrix} 1 \\ -1 \end{bmatrix}$的解,其中,

$$\boldsymbol{A}=\begin{bmatrix} 2 & 1 \\ 0 & 2 \end{bmatrix},\quad \boldsymbol{x}=\begin{bmatrix} x_1 \\ x_2 \end{bmatrix},\quad \boldsymbol{F}(t)=\begin{bmatrix} 0 \\ e^{2t} \end{bmatrix}.$$

9. 设方程组为 $\frac{d\boldsymbol{x}}{dt}=\boldsymbol{A}(t)\boldsymbol{x}$,其中,$\boldsymbol{A}(t)=(a_{ij}(t))_{n\times n}$,$a_{ij}(t)$ 均在$(-\infty,\infty)$连续. 若 $\int_{t_0}^{+\infty}\sum_{i=1}^{n}a_{ii}(t)dt=+\infty$,则该方程组至少有一个解在$[t_0,+\infty)$无界.

4.4 常系数齐次线性微分方程组

本节研究常系数齐次线性微分方程组

$$\boldsymbol{x}'=\boldsymbol{A}\boldsymbol{x} \tag{4.4.1}$$

解的情况,特别是方程(4.4.1)基本解组的情形,即寻找 n 个线性无关的解 $\boldsymbol{x}_1(t)$,$\boldsymbol{x}_2(t)$,…,$\boldsymbol{x}_n(t)$,其中,$\boldsymbol{A}=(a_{ij})_{n\times n}$是常数矩阵. 因 $\boldsymbol{A}$ 是常数矩阵,所以 $\boldsymbol{A}$ 在$(-\infty,+\infty)$上连续,进而方程组(4.4.1)的解在区间$(-\infty,+\infty)$上是存在唯一的. 后面所涉及解的存在区间均定义在$(-\infty,+\infty)$上.

4.4.1 系数矩阵 A 有单特征根时的解

先研究一种简单情形,即矩阵 $\boldsymbol{A}$ 有 n 个不同特征根的情况. 此时,由线性代数的知识知一定存在一个非奇异矩阵 $\boldsymbol{M}$,使 $\boldsymbol{D}=\boldsymbol{M}^{-1}\boldsymbol{A}\boldsymbol{M}$ 是对角矩阵,即

$$\boldsymbol{D}=\boldsymbol{M}^{-1}\boldsymbol{A}\boldsymbol{M}=\begin{bmatrix} \lambda_1 & 0 & \cdots & 0 \\ 0 & \lambda_2 & \cdots & 0 \\ \vdots & \vdots & & \vdots \\ 0 & 0 & \cdots & \lambda_n \end{bmatrix}, \tag{4.4.2}$$

其中,$\lambda_i(i=1,2,\cdots,n)$是矩阵 $\boldsymbol{A}$ 的特征根.

作线性代换 $\boldsymbol{x}=\boldsymbol{M}\boldsymbol{y}$,并代入方程(4.4.1),则可得

$$\boldsymbol{y}'=\boldsymbol{M}^{-1}\boldsymbol{A}\boldsymbol{M}\boldsymbol{y}=\boldsymbol{D}\boldsymbol{y}, \tag{4.4.3}$$

按分量写出可得方程组

$$\frac{dy_1}{dt}=\lambda_1 y_1,\quad \frac{dy_2}{dt}=\lambda_2 y_2,\quad \cdots,\quad \frac{dy_n}{dt}=\lambda_n y_n.$$

积分上面的各个方程得方程组(4.4.3)的解为

$$y_1 = c_1 e^{\lambda_1 t}, \quad y_2 = c_2 e^{\lambda_2 t}, \quad \cdots, \quad y_n = c_n e^{\lambda_n t},$$

因此,方程组(4.4.3)通解为

$$\boldsymbol{y} = c_1 \begin{bmatrix} 1 \\ 0 \\ \vdots \\ 0 \end{bmatrix} e^{\lambda_1 t} + c_2 \begin{bmatrix} 0 \\ 1 \\ \vdots \\ 0 \end{bmatrix} e^{\lambda_2 t} + \cdots + c_n \begin{bmatrix} 0 \\ 0 \\ \vdots \\ 1 \end{bmatrix} e^{\lambda_n t}. \tag{4.4.4}$$

另外,由式(4.4.2)得

$$\boldsymbol{AM} = \boldsymbol{M} \begin{bmatrix} \lambda_1 & 0 & \cdots & 0 \\ 0 & \lambda_2 & \cdots & 0 \\ \vdots & \vdots & & \vdots \\ 0 & 0 & \cdots & \lambda_n \end{bmatrix}.$$

记 $\boldsymbol{M}=(m_{ij})_{n\times n}$,则

$$\boldsymbol{\alpha}_1 = \begin{bmatrix} m_{11} \\ m_{21} \\ \vdots \\ m_{n1} \end{bmatrix}, \quad \boldsymbol{\alpha}_2 = \begin{bmatrix} m_{12} \\ m_{22} \\ \vdots \\ m_{n2} \end{bmatrix}, \quad \cdots, \quad \boldsymbol{\alpha}_n = \begin{bmatrix} m_{1n} \\ m_{2n} \\ \vdots \\ m_{nn} \end{bmatrix}$$

是矩阵 $\boldsymbol{A}$ 的特征根 $\lambda_1, \lambda_2, \cdots, \lambda_n$ 对应的特征向量,即

$$\boldsymbol{A\alpha}_i = \lambda_i \boldsymbol{\alpha}_i.$$

把式(4.4.4)代入 $\boldsymbol{x}=\boldsymbol{My}$ 可得方程组(4.4.1)的基解矩阵为

$$\boldsymbol{\Phi}(t) = (\boldsymbol{\alpha}_1 e^{\lambda_1 t}, \boldsymbol{\alpha}_2 e^{\lambda_2 t}, \cdots, \boldsymbol{\alpha}_n e^{\lambda_n t}).$$

因此,式(4.4.1)的通解为

$$\boldsymbol{x} = c_1 \boldsymbol{\alpha}_1 e^{\lambda_1 t} + c_2 \boldsymbol{\alpha}_2 e^{\lambda_2 t} + \cdots + c_n \boldsymbol{\alpha}_n e^{\lambda_n t}.$$

从上面的讨论可看出,求解方程组(4.4.1)的关键在于求解矩阵 $\boldsymbol{A}$ 的特征根 λ_i 及其对应的特征向量 $\boldsymbol{\alpha}_i$.

例 4.4.1 求方程组

$$\boldsymbol{x}' = \begin{bmatrix} 6 & -3 \\ 2 & 1 \end{bmatrix} \boldsymbol{x}$$

的通解.

解 先求矩阵 $\boldsymbol{A}$ 的特征根

$$\begin{vmatrix} \lambda - 6 & 3 \\ -2 & \lambda - 1 \end{vmatrix} = \lambda^2 - 7\lambda + 12 = 0.$$

因此,矩阵 $\boldsymbol{A}$ 的特征根为 $\lambda_1=3,\lambda_2=4$.

对 λ_1,可求得其特征向量 $\boldsymbol{\alpha}_1=(1,1)^{\mathrm{T}}$. 对 λ_2,也可求得其相应的特征向量为 $\boldsymbol{\alpha}_2=(3,2)^{\mathrm{T}}$. 因此,方程组的通解为

$$\boldsymbol{x}=c_1\begin{bmatrix}1\\1\end{bmatrix}\mathrm{e}^{3t}+c_2\begin{bmatrix}3\\2\end{bmatrix}\mathrm{e}^{4t}.$$

由前面的讨论可得下面的定理:

定理 4.14 设矩阵 $\boldsymbol{A}$ 有 n 个不同特征根 $\lambda_1,\lambda_2,\cdots,\lambda_n$,并且其对应的特征向量为 $\boldsymbol{\alpha}_1,\boldsymbol{\alpha}_2,\cdots,\boldsymbol{\alpha}_n$,则方程组(4.4.1)的通解为

$$\boldsymbol{x}(t)=c_1\boldsymbol{\alpha}_1\mathrm{e}^{\lambda_1 t}+c_2\boldsymbol{\alpha}_2\mathrm{e}^{\lambda_2 t}+\cdots+c_n\boldsymbol{\alpha}_n\mathrm{e}^{\lambda_n t}. \tag{4.4.5}$$

例 4.4.2 求方程组

$$\boldsymbol{x}'=\begin{bmatrix}7&-1&6\\-10&4&-12\\-2&1&-1\end{bmatrix}\boldsymbol{x}$$

的通解.

解 该方程组对应的矩阵 $\boldsymbol{A}$ 的特征根满足

$$\begin{vmatrix}7-\lambda&-1&6\\-10&4-\lambda&-12\\-2&1&-1-\lambda\end{vmatrix}=-(\lambda-2)(\lambda-3)(\lambda-5)=0.$$

因此,$\boldsymbol{A}$ 的特征根为 $\lambda_1=2,\lambda_2=3,\lambda_3=5$.

对特征根 $\lambda_1=2$,其对应的特征向量 $\boldsymbol{\alpha}_1$ 满足

$$\begin{bmatrix}7&-1&6\\-10&4&-12\\-2&1&-1\end{bmatrix}\boldsymbol{\alpha}_1=\lambda_1\boldsymbol{\alpha}_1.$$

由上式可求得特征向量 $\boldsymbol{\alpha}_1=(1,-1,-1)^{\mathrm{T}}$. 同理,可求得特征根 λ_2 和 λ_3 对应的特征向量分别为 $\boldsymbol{\alpha}_2=(1,-2,-1)^{\mathrm{T}},\boldsymbol{\alpha}_3=(3,-6,-2)^{\mathrm{T}}$. 因此,线性齐次方程组的通解为

$$\boldsymbol{x}=c_1\begin{bmatrix}1\\-1\\-1\end{bmatrix}\mathrm{e}^{2t}+c_2\begin{bmatrix}1\\-2\\-1\end{bmatrix}\mathrm{e}^{3t}+c_3\begin{bmatrix}3\\-6\\-2\end{bmatrix}\mathrm{e}^{5t}.$$

若矩阵 $\boldsymbol{A}$ 具有复特征根的情形,这时方程(4.4.1)就会出现实变量复值解. 通常希望求出方程组(4.4.1)的 n 个实的线性无关的实值解,这可由下述方法实现:

定理 4.15 若实系数线性齐次方程组(4.4.1)有复值解 $\boldsymbol{x}(t)=\boldsymbol{u}(t)+\mathrm{i}\boldsymbol{v}(t)$,则其实部 $\boldsymbol{u}(t)$和虚部 $\boldsymbol{v}(t)$都是方程组(4.4.1)的解.

证明 因为 $\boldsymbol{x}(t)=\boldsymbol{u}(t)+\mathrm{i}\boldsymbol{v}(t)$ 是方程组(4.4.1)的解,所以有

$$\frac{\mathrm{d}\boldsymbol{x}(t)}{\mathrm{d}t}=\frac{\mathrm{d}\boldsymbol{u}(t)}{\mathrm{d}t}+\mathrm{i}\frac{\mathrm{d}\boldsymbol{v}(t)}{\mathrm{d}t}=\boldsymbol{A}(t)[\boldsymbol{u}(t)+\mathrm{i}\boldsymbol{v}(t)]$$
$$=\boldsymbol{A}(t)\boldsymbol{u}(t)+\mathrm{i}\boldsymbol{A}(t)\boldsymbol{v}(t).$$

由于两个复数表达式相等等价于实部和虚部相等,所以有

$$\frac{\mathrm{d}\boldsymbol{u}(t)}{\mathrm{d}t}=\boldsymbol{A}(t)\boldsymbol{u}(t),\quad \frac{\mathrm{d}\boldsymbol{v}(t)}{\mathrm{d}t}=\boldsymbol{A}(t)\boldsymbol{v}(t),$$

即 $\boldsymbol{u}(t)$ 和 $\boldsymbol{v}(t)$ 是方程组(4.4.1)的解.

实矩阵 $\boldsymbol{A}$ 的复特征根一定共轭成对出现,即如果 $\lambda=a+\mathrm{i}b$ 是特征根,则共轭复数 $\bar{\lambda}=a-\mathrm{i}b$ 也是特征根,$\bar{\lambda}$ 对应的特征向量也与 λ 对应的特征向量共轭. 因此,方程组(4.4.1)是出现一对共轭的复值解.

例 4.4.3 求方程组 $\boldsymbol{x}'=\begin{bmatrix}1 & -5\\ 2 & -1\end{bmatrix}\boldsymbol{x}$ 的通解.

解 系数矩阵 $\boldsymbol{A}$ 的特征方程为

$$\begin{vmatrix}1-\lambda & -5\\ 2 & -1-\lambda\end{vmatrix}=\lambda^2+9=0,$$

故有特征根 $\lambda_1=3\mathrm{i},\lambda_2=-3\mathrm{i}$,并且是共轭的. $\lambda_1=3\mathrm{i}$ 对应的特征向量 $\boldsymbol{\alpha}=(\alpha_1,\alpha_2)$ 满足方程

$$(1-3\mathrm{i})\alpha_1-5\alpha_2=0.$$

取 $\alpha_1=5$ 得 $\alpha_2=1-3\mathrm{i}$,则 $\boldsymbol{\alpha}=(5,1-3\mathrm{i})^{\mathrm{T}}$ 是 λ_1 对应的特征向量. 因此,原微分方程组有解

$$\boldsymbol{x}(t)=\begin{bmatrix}5\\ 1-3\mathrm{i}\end{bmatrix}\mathrm{e}^{3\mathrm{i}t}=\begin{bmatrix}5\mathrm{e}^{3\mathrm{i}t}\\ (1-3\mathrm{i})\mathrm{e}^{3\mathrm{i}t}\end{bmatrix}$$
$$=\begin{bmatrix}5\cos3t+5\mathrm{i}\sin3t\\ \cos3t+3\sin3t+\mathrm{i}(\sin3t-3\cos3t)\end{bmatrix}$$
$$=\begin{bmatrix}5\cos3t\\ \cos3t+3\sin3t\end{bmatrix}+\mathrm{i}\begin{bmatrix}5\sin3t\\ \sin3t-3\cos3t\end{bmatrix},$$

故

$$\boldsymbol{u}(t)=\begin{bmatrix}5\cos3t\\ \cos3t+3\sin3t\end{bmatrix},\quad \boldsymbol{v}(t)=\begin{bmatrix}5\sin3t\\ \sin3t-3\cos3t\end{bmatrix}$$

且 $\boldsymbol{u}(t)$ 和 $\boldsymbol{v}(t)$ 是原方程的两个线性无关解,故原方程组的通解为

$$\boldsymbol{x}(t)=c_1\begin{bmatrix}5\cos3t\\ \cos3t+3\sin3t\end{bmatrix}+c_2\begin{bmatrix}5\sin3t\\ \sin3t-3\cos3t\end{bmatrix}.$$

例 4.4.4　求方程组

$$\begin{cases}\dfrac{\mathrm{d}x_1}{\mathrm{d}t}=-5x_1-10x_2-20x_3,\\ \dfrac{\mathrm{d}x_2}{\mathrm{d}t}=5x_1+5x_2+10x_3,\\ \dfrac{\mathrm{d}x_3}{\mathrm{d}t}=2x_1+4x_2+9x_3\end{cases}$$

的通解.

解　该方程组的系数矩阵 $\boldsymbol{A}=\begin{bmatrix}-5 & -10 & -20\\ 5 & 5 & 10\\ 2 & 4 & 9\end{bmatrix}$,其特征方程为

$$\det(\boldsymbol{A}-\lambda\boldsymbol{E})=-(\lambda-5)(\lambda^2-4\lambda+5)=0,$$

特征根为 $\lambda_1=5,\lambda_{2,3}=2\pm\mathrm{i}$.

$\lambda_1=5$ 对应的特征向量 $\boldsymbol{\alpha}_1=(\alpha_{11},\alpha_{21},\alpha_{31})^{\mathrm{T}}$ 可由下面的方程求出:

$$\begin{cases}10\alpha_{11}+10\alpha_{21}+20\alpha_{31}=0,\\ 5\alpha_{11}+10\alpha_{31}=0,\\ 2\alpha_{11}+4\alpha_{21}+4\alpha_{31}=0.\end{cases}$$

由上面方程得 $\alpha_{21}=0$ 及 $\alpha_{11}=-2\alpha_{31}$. 取 $\alpha_{31}=1$ 得 $\alpha_{11}=-2$,故有解

$$\boldsymbol{x}_1(t)=\boldsymbol{\alpha}_1\mathrm{e}^{\lambda_1 t}=\begin{bmatrix}-2\\ 0\\ 1\end{bmatrix}\mathrm{e}^{5t}.$$

对 $\lambda_2=2+\mathrm{i}$,其相应的特征向量 $\boldsymbol{\alpha}_2=(\alpha_{12},\alpha_{22},\alpha_{32})^{\mathrm{T}}$ 满足方程组

$$\begin{cases}(7+\mathrm{i})\alpha_{12}+10\alpha_{22}+20\alpha_{32}=0,\\ 5\alpha_{12}+(3-\mathrm{i})\alpha_{22}+10\alpha_{32}=0,\\ 2\alpha_{12}+4\alpha_{22}+(7-\mathrm{i})\alpha_{32}=0,\end{cases}$$

即有

$$\alpha_{12}=\frac{4+2\mathrm{i}}{3-\mathrm{i}}\alpha_{22},\quad \alpha_{32}=\frac{14+2\mathrm{i}}{-5(3-\mathrm{i})}\alpha_{22}.$$

取 $\alpha_{22}=15-5\mathrm{i}$ 得 $\alpha_{12}=20+10\mathrm{i},\alpha_{32}=-14-2\mathrm{i}$,故原方程有复值解

$$\boldsymbol{\varphi}(t)=\begin{bmatrix}20+10\mathrm{i}\\ 15-5\mathrm{i}\\ -14-2\mathrm{i}\end{bmatrix}\mathrm{e}^{(2+\mathrm{i})t}=\begin{bmatrix}20+10\mathrm{i}\\ 15-5\mathrm{i}\\ -14-2\mathrm{i}\end{bmatrix}\mathrm{e}^{2t}(\cos t+\mathrm{i}\sin t)$$

$$=\begin{bmatrix}20\cos t-10\sin t+\mathrm{i}(10\cos t+20\sin t)\\ 15\cos t+5\sin t+\mathrm{i}(15\sin t-5\cos t)\\ -14\cos t+2\sin t+\mathrm{i}(-2\cos t-14\sin t)\end{bmatrix}\mathrm{e}^{2t}.$$

取 $\boldsymbol{\varphi}(t)$的实部和虚部,分别得原方程的两个线性无关解

$$\boldsymbol{x}_2(t) = \begin{bmatrix} 20\cos t - 10\sin t \\ 15\cos t + 5\sin t \\ -14\cos t + 2\sin t \end{bmatrix} e^{2t},$$

$$\boldsymbol{x}_3(t) = \begin{bmatrix} 10\cos t + 20\sin t \\ 15\sin t - 5\cos t \\ -2\cos t - 14\sin t \end{bmatrix} e^{2t},$$

故方程组的通解为

$$\boldsymbol{x}(t) = c_1\boldsymbol{x}_1(t) + c_2\boldsymbol{x}_2(t) + c_3\boldsymbol{x}_3(t).$$

4.4.2 系数矩阵 A 具有重特征根时的解

现在考虑系数矩阵 $\boldsymbol{A}$ 具有重特征根时,方程(4.4.1)的通解求法. 假设矩阵 $\boldsymbol{A}$ 有 k 重特征根 $\lambda=\lambda_1$,即 $\boldsymbol{A}$ 的特征方程

$$\det(\boldsymbol{A} - \lambda\boldsymbol{E}) = 0 \tag{4.4.6}$$

有 k 重根 λ_1. 若 k 重特征根 λ_1 对应的线性无关特征向量有 k 个,分别为 $\boldsymbol{\alpha}_1$, $\boldsymbol{\alpha}_2,\cdots,\boldsymbol{\alpha}_k$,则由 4.4.1 小节的讨论知方程(4.4.1)有 k 个线性无关的解 $\boldsymbol{\alpha}_1 e^{\lambda_1 t}$, $\boldsymbol{\alpha}_2 e^{\lambda_1 t},\cdots,\boldsymbol{\alpha}_k e^{\lambda_1 t}$. 若 k 重特征根 λ_1 对应的线性无关的特征向量个数小于 k,则求解比较困难,本小节给出求解此类问题的几个例子.

例 4.4.5 验证方程

$$\boldsymbol{x}' = \boldsymbol{A}\boldsymbol{x} = \begin{bmatrix} 11 & -25 \\ 4 & -9 \end{bmatrix}\boldsymbol{x} \tag{4.4.7}$$

不存在形如 $\boldsymbol{\alpha}_1 e^{\lambda_1 t}$, $\boldsymbol{\alpha}_2 e^{\lambda_2 t}$ 的基本解组,其中,$\lambda_i(i=1,2)$是(4.4.7)的系数矩阵 $\boldsymbol{A}$ 的特征根.

解 矩阵 $\boldsymbol{A}$ 对应的特征多项式为

$$\begin{vmatrix} 11-\lambda & -25 \\ 4 & -9-\lambda \end{vmatrix} = (\lambda - 11)(\lambda + 9) + 100 = (\lambda - 1)^2.$$

因此,$\lambda=1$ 是矩阵 $\boldsymbol{A}$ 仅有的特征根,对 $\lambda=1$ 相应的特征向量 $\boldsymbol{\alpha}=(\alpha_1,\alpha_2)^{\mathrm{T}}$ 满足方程

$$10\alpha_1 - 25\alpha_2 = 0, \quad 4\alpha_1 - 10\alpha_2 = 0.$$

因此,$\alpha_1=\dfrac{5}{2}\alpha_2$,其中,$\alpha_2$ 是任意的. 这样,矩阵 $\boldsymbol{A}$ 线性无关的特征向量仅有 $\boldsymbol{\alpha}=(5,2)^{\mathrm{T}}$,即矩阵 $\boldsymbol{A}$ 不存在两个线性无关的特征向量 $\boldsymbol{\alpha}_1,\boldsymbol{\alpha}_2$.

从例 4.4.5 可以看出,利用特征向量只能找到方程(4.4.7)的一个解 $\boldsymbol{x}_1=$

$\begin{bmatrix}5\\2\end{bmatrix}e^t$. 然而，由齐次线性微分方程解的结构定理，要求它的通解，必须寻找与 $\boldsymbol{x}_1$ 线性无关的另外一个解 $\boldsymbol{x}_2$. 为此，考虑方程(4.4.7)的一个扰动系统

$$\boldsymbol{x}' = \begin{bmatrix}11 & -25-\dfrac{5\sigma}{2}\\ 4 & -9-\sigma\end{bmatrix}\boldsymbol{x} = \boldsymbol{A}(\sigma)\boldsymbol{x}. \tag{4.4.8}$$

矩阵 $\boldsymbol{A}(\sigma)$的特征多项式是

$$\begin{aligned}\det(\boldsymbol{A}(\sigma)-\lambda\boldsymbol{E}) &= (\lambda-11)(\lambda+9+\sigma)+100+10\sigma\\ &= (\lambda-1)(\lambda-1+\sigma).\end{aligned}$$

因此，$\lambda_1=1$ 和 $\lambda_2=1-\sigma$ 是矩阵 $\boldsymbol{A}(\sigma)$的两个特征根，相应的特征向量分别为

$$\boldsymbol{\alpha}_1 = \begin{bmatrix}5+\dfrac{\sigma}{2}\\ 2\end{bmatrix},\quad \boldsymbol{\alpha}_2 = \begin{bmatrix}5\\2\end{bmatrix}.$$

所以，扰动方程(4.4.8)有两个线性无关的解

$$\boldsymbol{x}_1(t) = \boldsymbol{\alpha}_1 e^{\lambda_1 t} = \begin{bmatrix}5+\dfrac{\sigma}{2}\\ 2\end{bmatrix}e^t,\quad \boldsymbol{x}_2(t) = \boldsymbol{\alpha}_2 e^{\lambda_2 t} = \begin{bmatrix}5\\2\end{bmatrix}e^{(1-\sigma)t}.$$

由线性齐次方程组的基本理论可知当 $\sigma\neq 0$ 时，

$$\frac{\boldsymbol{x}_1(t)-\boldsymbol{x}_2(t)}{\lambda_1-\lambda_2} = \frac{\begin{bmatrix}5+\dfrac{\sigma}{2}\\ 2\end{bmatrix}e^t - \begin{bmatrix}5\\2\end{bmatrix}e^{(1-\sigma)t}}{\sigma}$$

是方程(4.4.8)的解. 对上式两边求极限得

$$\lim_{\sigma\to 0}\frac{\boldsymbol{x}_1(t)-\boldsymbol{x}_2(t)}{\lambda_1-\lambda_2} = \begin{bmatrix}\dfrac{1}{2}\\ 0\end{bmatrix}e^t + \begin{bmatrix}5\\2\end{bmatrix}te^t.$$

容易验证 $\boldsymbol{x}_3(t)=\begin{bmatrix}\dfrac{1}{2}\\ 0\end{bmatrix}e^t+\begin{bmatrix}5\\2\end{bmatrix}te^t$ 是方程(4.4.7)的解，并且该解与(4.4.7)的另一解 $\begin{bmatrix}5\\2\end{bmatrix}e^t$ 线性无关. 因此，方程(4.4.7)的通解为

$$\boldsymbol{x}(t) = c_1\begin{bmatrix}5\\2\end{bmatrix}e^t + c_2\left\{\begin{bmatrix}\dfrac{1}{2}\\ 0\end{bmatrix}e^t + \begin{bmatrix}5\\2\end{bmatrix}te^t\right\}.$$

仔细研究后可归纳出下面的定理：

定理 4.16 设 $n\times n$ 矩阵 $\boldsymbol{A}$ 有一个重特征根 λ_1，重数 $k\geqslant 2$ 且 λ_1 对应的特征子空间维数是 1. 设 $\boldsymbol{\alpha}_1$ 是 λ_1 对应的特征子空间的一个基，则存在满足方程

$$(\boldsymbol{A}-\lambda_1\boldsymbol{E})\boldsymbol{\alpha}_2=\boldsymbol{\alpha}_1 \tag{4.4.9}$$

的向量 $\boldsymbol{\alpha}_2$，使得

$$\boldsymbol{x}_1(t)=\boldsymbol{\alpha}_1\mathrm{e}^{\lambda_1 t}\quad 和\quad \boldsymbol{x}_2(t)=\boldsymbol{\alpha}_2\mathrm{e}^{\lambda_1 t}+\boldsymbol{\alpha}_1 t\mathrm{e}^{\lambda_1 t}$$

是方程组(4.4.1)两个线性无关的解.

证明 需要证明 $\boldsymbol{x}_2(t)=\boldsymbol{\alpha}_2\mathrm{e}^{\lambda_1 t}+\boldsymbol{\alpha}_1 t\mathrm{e}^{\lambda_1 t}$ 是方程(4.4.1)的解，并且 $\boldsymbol{x}_2(t)$ 与 $\boldsymbol{x}_1(t)$ 线性无关. 把 $\boldsymbol{x}_2(t)=\boldsymbol{\alpha}_2\mathrm{e}^{\lambda_1 t}+\boldsymbol{\alpha}_1 t\mathrm{e}^{\lambda_1 t}$ 代入方程 $\boldsymbol{x}'(t)=\boldsymbol{A}\boldsymbol{x}(t)$ 得

$$\begin{aligned}\boldsymbol{x}_2'-\boldsymbol{A}\boldsymbol{x}_2&=\lambda_1\boldsymbol{x}_2\mathrm{e}^{\lambda_1 t}+\boldsymbol{\alpha}_1\mathrm{e}^{\lambda_1 t}+\lambda_1\boldsymbol{\alpha}_1 t\mathrm{e}^{\lambda_1 t}-\boldsymbol{A}\boldsymbol{\alpha}_2\mathrm{e}^{\lambda_1 t}-\boldsymbol{A}\boldsymbol{\alpha}_1 t\mathrm{e}^{\lambda_1 t}\\&=(\lambda_1\boldsymbol{\alpha}_2+\boldsymbol{\alpha}_1-\boldsymbol{A}\boldsymbol{\alpha}_2)\mathrm{e}^{\lambda_1 t}+(\lambda_1\boldsymbol{\alpha}_1-\boldsymbol{A}\boldsymbol{\alpha}_1)t\mathrm{e}^{\lambda_1 t}.\end{aligned}$$

因为 $\boldsymbol{\alpha}_1$ 是矩阵 $\boldsymbol{A}$ 的特征根 λ_1 对应的特征向量且 $\boldsymbol{\alpha}_2$ 满足 $(\boldsymbol{A}-\lambda_1\boldsymbol{E})\boldsymbol{\alpha}_2=\boldsymbol{\alpha}_1$，所以 $\boldsymbol{x}_2'-\boldsymbol{A}\boldsymbol{x}_2=\boldsymbol{0}$. 这说明 $\boldsymbol{x}_2(t)$ 是方程(4.4.1)的解.

下面证明 $\boldsymbol{x}_1(t)$ 和 $\boldsymbol{x}_2(t)$ 线性无关. 事实上，若存在常数 c_1 和 c_2 满足

$$c_1\boldsymbol{x}_1+c_2\boldsymbol{x}_2=c_1\boldsymbol{\alpha}_1\mathrm{e}^{\lambda_1 t}+c_2(\boldsymbol{\alpha}_2\mathrm{e}^{\lambda_1 t}+\boldsymbol{\alpha}_1 t\mathrm{e}^{\lambda_1 t})=\boldsymbol{0}. \tag{4.4.10}$$

对(4.4.10)两边乘以 $\mathrm{e}^{-\lambda_1 t}$ 得

$$c_1\boldsymbol{\alpha}_1+c_2(\boldsymbol{\alpha}_2+\boldsymbol{\alpha}_1 t)=\boldsymbol{0}. \tag{4.4.11}$$

对(4.4.11)两边对 t 求导得 $c_2\boldsymbol{\alpha}_1=\boldsymbol{0}$. 因为 $\boldsymbol{\alpha}_1\neq\boldsymbol{0}$，因而必有 $c_2=0$. 把 $c_2=0$ 代入(4.4.11)得 $c_1\boldsymbol{\alpha}_1=\boldsymbol{0}$，即有 $c_1=0$，即说明 $\boldsymbol{x}_1(t)$ 和 $\boldsymbol{x}_2(t)$ 线性无关.

定理 4.16 给出了当 A 有重特征值时求解方程 $\dot{\boldsymbol{x}}=\boldsymbol{A}\boldsymbol{x}$ 通解的一种方法.

例 4.4.6 求方程

$$\boldsymbol{x}'=\begin{bmatrix}3&4&-10\\2&1&-2\\2&2&-5\end{bmatrix}\boldsymbol{x} \tag{4.4.12}$$

的通解.

解 方程组(4.4.12)的系数矩阵 $\boldsymbol{A}$ 的特征方程为

$$\begin{vmatrix}3-\lambda&4&-10\\2&1-\lambda&-2\\2&2&-5-\lambda\end{vmatrix}=-(\lambda-1)(\lambda+1)^2=0.$$

因此，矩阵 $\boldsymbol{A}$ 有单特征根 $\lambda_1=1$ 和二重根 $\lambda_2=-1$.

对 $\lambda_1=1$，有特征向量 $\boldsymbol{\alpha}_1=(\alpha_{11},\alpha_{21},\alpha_{31})^{\mathrm{T}}$ 满足方程

$$\begin{cases}2\alpha_{11}+4\alpha_{21}-10\alpha_{31}=0,\\2\alpha_{11}-2\alpha_{31}=0,\\2\alpha_{11}+2\alpha_{21}-6\alpha_{31}=0.\end{cases}$$

因此，$\boldsymbol{\alpha}_1=(1,2,1)^{\mathrm{T}}$ 是 $\lambda_1=1$ 对应的特征向量.

$\lambda_2=-1$ 对应的特征向量 $\boldsymbol{\alpha}_1=(\alpha_{12},\alpha_{22},\alpha_{32})^{\mathrm{T}}$ 满足方程组

$$\begin{cases}4\alpha_{12}+4\alpha_{22}-10\alpha_{32}=0,\\ 2\alpha_{12}+2\alpha_{22}-2\alpha_{32}=0,\\ 2\alpha_{12}+2\alpha_{22}-4\alpha_{32}=0.\end{cases}$$

由上面的方程组得 $\alpha_{32}=0,\alpha_{12}=-\alpha_{22},\alpha_{22}$是任意常数. 选取 $\alpha_{22}=1$ 得 $\boldsymbol{\alpha}_2=(-1,1,0)^{\mathrm{T}}$. 进而知 $\boldsymbol{x}_2(t)=\begin{bmatrix}-1\\1\\0\end{bmatrix}\mathrm{e}^{-t}$是方程(4.4.12)的一个解.

因为 $\lambda_2=-1$ 对应的特征子空间是一维的,所以必须根据定理4.16来寻找方程组(4.4.12)第三个解 $\boldsymbol{x}_3(t)=\boldsymbol{\alpha}_3\mathrm{e}^{-t}+\boldsymbol{\alpha}_2 t\mathrm{e}^{-t}$,其中,$\boldsymbol{\alpha}_3=(\alpha_{13},\alpha_{23},\alpha_{33})^{\mathrm{T}}$,并且满足方程

$$(\boldsymbol{A}+\boldsymbol{E})\boldsymbol{\alpha}_3=\boldsymbol{\alpha}_2,$$

即 $\alpha_{13},\alpha_{23},\alpha_{33}$满足方程组

$$\begin{cases}4\alpha_{13}+4\alpha_{23}-10\alpha_{33}=-1,\\ 2\alpha_{13}+2\alpha_{23}-2\alpha_{33}=1,\\ 2\alpha_{13}+2\alpha_{23}-4\alpha_{33}=0.\end{cases}$$

解该方程得 $\alpha_{33}=\dfrac{1}{2},\alpha_{13}=1-\alpha_{23}$,其中,$\alpha_{23}$ 是任意常数. 选取 $\alpha_{23}=0$ 得 $\boldsymbol{\alpha}_3=\left(1,0,\dfrac{1}{2}\right)^{\mathrm{T}}$. 因此,方程(4.4.12)有解

$$\boldsymbol{x}_3(t)=\begin{bmatrix}1\\0\\\frac{1}{2}\end{bmatrix}\mathrm{e}^{-t}+\begin{bmatrix}-1\\1\\0\end{bmatrix}t\mathrm{e}^{-t}.$$

因为 $\boldsymbol{x}_1(t),\boldsymbol{x}_2(t),\boldsymbol{x}_3(t)$在 $t=0$ 处的 Wronskian 行列式 $\boldsymbol{W}(t)$为

$$\boldsymbol{W}(t)=\begin{vmatrix}1&-1&1\\2&1&0\\1&0&\frac{1}{2}\end{vmatrix}\neq 0.$$

因此,$\boldsymbol{x}_1(t),\boldsymbol{x}_2(t),\boldsymbol{x}_3(t)$线性无关,故方程组(4.4.12)的通解为

$$\boldsymbol{x}(t)=c_1\begin{bmatrix}1\\2\\1\end{bmatrix}\mathrm{e}^{t}+c_2\begin{bmatrix}-1\\1\\0\end{bmatrix}\mathrm{e}^{-t}+c_3\left\{\begin{bmatrix}1\\0\\\frac{1}{2}\end{bmatrix}\mathrm{e}^{-t}+\begin{bmatrix}-1\\1\\0\end{bmatrix}t\mathrm{e}^{-t}\right\}.$$

下面的定理是定理 4.16 的推广:

定理 4.17　设 $n\times n$ 矩阵 $\boldsymbol{A}$ 有一重特征根 λ_1,重数 $k\geqslant 3$,并且其相应的特征

子空间是一维的，$\boldsymbol{\alpha}_1$ 是该特征子空间的一个基，则一定存向量 $\boldsymbol{\alpha}_2$ 满足

$$(\boldsymbol{A}-\lambda_1\boldsymbol{E})\boldsymbol{\alpha}_2=\boldsymbol{\alpha}_1, \tag{4.4.13}$$

而且对(4.4.13)中的 $\boldsymbol{\alpha}_2$，也一定存在向量 $\boldsymbol{\alpha}_3$ 满足

$$(\boldsymbol{A}-\lambda_1\boldsymbol{E})\boldsymbol{\alpha}_3=\boldsymbol{\alpha}_2. \tag{4.4.14}$$

进一步，若 $\boldsymbol{\alpha}_2$ 满足(4.4.13)，$\boldsymbol{\alpha}_3$ 满足(4.4.14)，则

$$\boldsymbol{x}_1(t)=\boldsymbol{\alpha}_1\mathrm{e}^{\lambda_1 t},\quad \boldsymbol{x}_2(t)=\boldsymbol{\alpha}_2\mathrm{e}^{\lambda_1 t}+\boldsymbol{\alpha}_1 t\mathrm{e}^{\lambda_1 t},$$

$$\boldsymbol{x}_3(t)=\boldsymbol{\alpha}_3\mathrm{e}^{\lambda_1 t}+\boldsymbol{\alpha}_2 t\mathrm{e}^{\lambda_1 t}+\boldsymbol{\alpha}_1\frac{t^2}{2}\mathrm{e}^{\lambda_1 t}$$

是方程(4.4.1)三个线性无关的解.

定理 4.17 的证明类似于定理 4.16，详细过程略.

例 4.4.7 求解方程

$$\boldsymbol{x}'(t)=\begin{bmatrix}1&1&1\\1&3&-1\\0&2&2\end{bmatrix}\boldsymbol{x}(t) \tag{4.4.15}$$

的通解.

解 方程(4.4.15)的系数矩阵 $\boldsymbol{A}$ 的特征方程为

$$\begin{vmatrix}1-\lambda&1&1\\1&3-\lambda&-1\\0&2&2-\lambda\end{vmatrix}=-(\lambda-2)^3=0.$$

从中可以看出 $\lambda_1=2$ 是 $\boldsymbol{A}$ 的一个三重特征根.

$\lambda_1=2$ 对应的特征向量 $\boldsymbol{\alpha}_1=(\alpha_{11},\alpha_{21},\alpha_{31})^{\mathrm{T}}$ 满足方程组

$$\begin{cases}-\alpha_{11}+\alpha_{21}+\alpha_{31}=0,\\ \alpha_{11}+\alpha_{21}-\alpha_{31}=0,\\ 2\alpha_{21}=0.\end{cases}$$

因此，$\alpha_{11}=\alpha_{31}$，$\alpha_{21}=0$. 故可取 $\boldsymbol{\alpha}_1=(1,0,1)^{\mathrm{T}}$，方程(4.4.15)有解 $\boldsymbol{x}_1(t)=(1,0,1)^{\mathrm{T}}\mathrm{e}^{2t}$. 由定理 4.16 知方程(4.4.15)有第二个解 $\boldsymbol{x}_2(t)=\boldsymbol{\alpha}_2\mathrm{e}^{2t}+\begin{bmatrix}1\\0\\1\end{bmatrix}t\mathrm{e}^{2t}$，其中，$\boldsymbol{\alpha}_2$ 满足方程组

$$\begin{cases}-\alpha_{12}+\alpha_{22}+\alpha_{32}=1,\\ \alpha_{12}+\alpha_{22}-\alpha_{32}=0,\\ 2\alpha_{22}=1.\end{cases}$$

解该方程组得 $\alpha_{12}=\alpha_{32}-\frac{1}{2}$，$\alpha_{22}=\frac{1}{2}$. 选取 $\alpha_{32}=0$，则得 $\alpha_{12}=-\frac{1}{2}$. 因此，$\boldsymbol{\alpha}_2=\left(-\frac{1}{2},\frac{1}{2},0\right)^{\mathrm{T}}$，故有

$$\boldsymbol{x}_2(t)=\begin{bmatrix}-\frac{1}{2}\\ \frac{1}{2}\\ 0\end{bmatrix}e^{2t}+\begin{bmatrix}1\\0\\1\end{bmatrix}te^{2t}.$$

另外,方程(4.1.15)第三个解有如下形式:

$$\boldsymbol{x}_3(t)=\boldsymbol{\alpha}_3 e^{2t}+\begin{bmatrix}-\frac{1}{2}\\ \frac{1}{2}\\ 0\end{bmatrix}te^{2t}+\begin{bmatrix}1\\0\\1\end{bmatrix}\frac{t^2}{2}e^{2t},$$

其中,$\boldsymbol{\alpha}_3=(\alpha_{13},\alpha_{23},\alpha_{33})^{\mathrm{T}}$ 满足方程组

$$\begin{cases}-\alpha_{13}+\alpha_{23}+\alpha_{33}=-\frac{1}{2},\\ \alpha_{13}+\alpha_{23}-\alpha_{33}=\frac{1}{2},\\ 2\alpha_{23}=0.\end{cases}$$

选取 $\alpha_{33}=0$,设 $\alpha_{13}=\frac{1}{2}$,$\alpha_{23}=0$. 因此

$$\boldsymbol{\alpha}_3=\left(\frac{1}{2},0,0\right)^{\mathrm{T}},$$

故有

$$\boldsymbol{x}_3(t)=\begin{bmatrix}\frac{1}{2}\\0\\0\end{bmatrix}e^{2t}+\begin{bmatrix}-\frac{1}{2}\\ \frac{1}{2}\\ 0\end{bmatrix}te^{2t}+\begin{bmatrix}1\\0\\1\end{bmatrix}\frac{t^2}{2}e^{2t}.$$

由定理 4.16 知所得三个解 $\boldsymbol{x}_1(t)$,$\boldsymbol{x}_2(t)$,$\boldsymbol{x}_3(t)$线性无关,故方程(4.4.15)的通解为

$$\boldsymbol{x}(t)=c_1\begin{bmatrix}1\\0\\1\end{bmatrix}e^{2t}+c_2\left\{\begin{bmatrix}-\frac{1}{2}\\ \frac{1}{2}\\ 0\end{bmatrix}e^{2t}+\begin{bmatrix}1\\0\\1\end{bmatrix}te^{2t}\right\}$$

$$+c_3\left\{\begin{bmatrix}\frac{1}{2}\\0\\0\end{bmatrix}e^{2t}+\begin{bmatrix}-\frac{1}{2}\\ \frac{1}{2}\\ 0\end{bmatrix}te^{2t}+\begin{bmatrix}1\\0\\1\end{bmatrix}\frac{t^2}{2}e^{2t}\right\}.$$

定理 4.18 该 $n\times n$ 矩阵 $\boldsymbol{A}$ 有一个重特征根,重数 $k\geqslant 3$ 且 λ_1 对应的特征子空间的维数为 2,即对 λ_1,有两个线性无关的特征向量 $\boldsymbol{\alpha}_1$ 和 $\boldsymbol{\alpha}_2$,则一定存在两个不全为零的常数 β_1 和 β_2 以及向量 $\boldsymbol{\alpha}_3$ 满足

$$(\boldsymbol{A}-\lambda_1\boldsymbol{E})\boldsymbol{\alpha}_3=\beta_1\boldsymbol{\alpha}_1+\beta_2\boldsymbol{\alpha}_2, \tag{4.4.16}$$

使得

$$\boldsymbol{x}_1(t)=\boldsymbol{\alpha}_1\mathrm{e}^{\lambda_1 t},\quad \boldsymbol{x}_2(t)=\boldsymbol{\alpha}_2\mathrm{e}^{\lambda_1 t},\quad \boldsymbol{x}_3(t)=\boldsymbol{\alpha}_3\mathrm{e}^{\lambda_1 t}+(\beta_1\boldsymbol{\alpha}_1+\beta_2\boldsymbol{\alpha}_2)t\mathrm{e}^{\lambda_1 t}$$

是方程(4.4.1)的三个线性无关的解.

例 4.4.8 求方程组

$$\boldsymbol{x}'(t)=\begin{bmatrix}0&0&1\\-1&1&1\\-1&0&2\end{bmatrix}\boldsymbol{x}(t) \tag{4.4.17}$$

的通解.

解 方程(4.4.17)的系数矩阵的特征方程为

$$\begin{vmatrix}-\lambda&0&1\\-1&1-\lambda&1\\-1&0&2-\lambda\end{vmatrix}=-(\lambda-1)^3=0,$$

因此,$\lambda_1=1$ 是一个三重特征根,其相应的特征向量 $\boldsymbol{\alpha}=(\alpha_1,\alpha_2,\alpha_3)^{\mathrm{T}}$ 满足方程组

$$\begin{cases}-\alpha_1+\alpha_3=0,\\-\alpha_1+\alpha_3=0,\\-\alpha_1+\alpha_3=0,\end{cases}$$

从而得 $\alpha_1=\alpha_3$,α_2 是任意的,因此,有两个特征向量

$$\boldsymbol{\alpha}_1=\begin{bmatrix}1\\0\\1\end{bmatrix},\quad \boldsymbol{\alpha}_2=\begin{bmatrix}0\\1\\0\end{bmatrix}.$$

$\boldsymbol{\alpha}_1$ 和 $\boldsymbol{\alpha}_2$ 可作为 λ_1 的特征子空间的基,方程(4.4.17)有两个线性无关的解

$$\boldsymbol{x}_1(t)=\begin{bmatrix}1\\0\\1\end{bmatrix}\mathrm{e}^t,\quad \boldsymbol{x}_2(t)=\begin{bmatrix}0\\1\\0\end{bmatrix}\mathrm{e}^t.$$

下面寻找方程(4.4.17)第三个线性无关的解 $\boldsymbol{x}_3(t)$,由定理 4.18 知必存在两个不全为零的常数 β_1 和 β_2 及向量 $\boldsymbol{\alpha}_3$ 满足

$$(\boldsymbol{A}-\lambda_1\boldsymbol{E})\boldsymbol{\alpha}_3=\beta_1\boldsymbol{\alpha}_1+\beta_2\boldsymbol{\alpha}_2,$$

即有

$$\begin{cases}-\alpha_{13}+\alpha_{33}=\beta_1,\\-\alpha_{13}+\alpha_{33}=\beta_2,\\-\alpha_{13}+\alpha_{33}=\beta_1,\end{cases} \tag{4.4.18}$$

其中,$\alpha_{13},\alpha_{23},\alpha_{33}$是 $\boldsymbol{\alpha}_3$ 的分量.方程组(4.4.18)有解的充要条件是 $\beta_2=\beta_1$,其中,β_1 是任意的,若选取 $\beta_2=\beta_1=1$,则方程组(4.4.18)隐含

$$\alpha_{13}=-1+\alpha_{33},$$

其中,α_{23}和 α_{33}是任意常数,选取 $\alpha_{23}=\alpha_{33}=0$,则有 $\boldsymbol{\alpha}_3=(-1,0,0)^{\mathrm{T}}$.因此,获得方程组(4.4.17)的第三个解

$$\begin{aligned}\boldsymbol{x}_3(t)&=\boldsymbol{\alpha}_3\mathrm{e}^t+(\beta_1\boldsymbol{\alpha}_1+\beta_2\boldsymbol{\alpha}_2)t\mathrm{e}^{\lambda_1 t}\\&=\begin{bmatrix}-1\\0\\0\end{bmatrix}\mathrm{e}^t+\begin{bmatrix}1\\1\\1\end{bmatrix}t\mathrm{e}^t.\end{aligned}$$

因为上面所得 $\boldsymbol{x}_1(t),\boldsymbol{x}_2(t),\boldsymbol{x}_3(t)$是线性无关的,所以方程组(4.4.17)的通解为

$$\boldsymbol{x}(t)=c_1\begin{bmatrix}1\\0\\1\end{bmatrix}\mathrm{e}^t+c_2\begin{bmatrix}0\\1\\0\end{bmatrix}\mathrm{e}^t+c_3\left\{\begin{bmatrix}-1\\0\\0\end{bmatrix}\mathrm{e}^t+\begin{bmatrix}1\\1\\1\end{bmatrix}t\mathrm{e}^t\right\}.$$

线性微分方程组求解比单个微分方程的求解更加复杂,运算量更大.下面给出一个用 Maple 求解线性微分方程组的例子.

例 4.4.9 用 Maple 求解方程组的初始值问题

$$\begin{cases}x_1'=2x_1+x_2, & x_1(0)=2,\\x_2'=-4x_1+2x_2, & x_2(0)=2.\end{cases}$$

解 该方程可用 dslove 命令进行求解.首先定义微分方程组和初始值,再求解.

```
diffeq11:=diff(x1(t),t)=2*x1(t)+x2(t):
diffeq2:=diff(x2(t),t)=-4*x1(t)+2*x2(t):
inits1:=x1(0)=2,x2(0)=2:
sys1p:=dslove({diffeq11,diffeq12,inits1},{x1(t),x2(t)});
```

回车后的输出为

$$\text{sys1p:=\{x1(t)=2}e^{(2t)}\cos(2t)+e^{(2t)}\sin(2t),$$
$$\text{x2(t)=}-4e^{(2t)}\sin(2t)+2e^{(2t)}\cos(2t)\}.$$

4.4.3 矩阵指数函数的定义和性质

设 $\boldsymbol{A}$ 是 $n\times n$ 常数矩阵,定义矩阵指数 $\exp\boldsymbol{A}$ 为

$$\exp\boldsymbol{A}=\sum_{k=0}^{\infty}\frac{\boldsymbol{A}^k}{k!}=\boldsymbol{E}+\boldsymbol{A}+\frac{\boldsymbol{A}^2}{2!}+\cdots+\frac{\boldsymbol{A}^k}{k!}+\cdots,\tag{4.4.19}$$

其中,$\boldsymbol{E}$ 为 n 阶单位矩阵,$\boldsymbol{A}^k$ 是矩阵 $\boldsymbol{A}$ 的 k 次幂.为使 $\exp\boldsymbol{A}$ 有意义,必须证明式(4.4.19)的右端的矩阵级数是收敛的.

事实上,对一切正整数 k 有 $\left\|\frac{\boldsymbol{A}^k}{k!}\right\| \leqslant \frac{\|\boldsymbol{A}\|^k}{k!}$,而数项级数

$$\|\boldsymbol{E}\| + \|\boldsymbol{A}\| + \frac{\|\boldsymbol{A}\|^2}{2!} + \cdots + \frac{\|\boldsymbol{A}\|^k}{k!} + \cdots$$

是收敛的,由 4.1.2 小节知道,(4.4.19)定义的矩阵级数是收敛的.

进一步,定义**矩阵指数函数** $\exp\boldsymbol{A}t$ 为

$$\exp(\boldsymbol{A}t) = \sum_{k=0}^{\infty} \frac{\boldsymbol{A}^k t^k}{k!}, \tag{4.4.20}$$

而且类似可证明(4.4.20)的右端在任何有限区间上都是一致收敛的.

矩阵指数有下面的性质:

(1) 若矩阵 $\boldsymbol{A}$ 和 $\boldsymbol{B}$ 是可交换的,即 $\boldsymbol{AB}=\boldsymbol{BA}$,则

$$\exp(\boldsymbol{A}+\boldsymbol{B}) = \exp\boldsymbol{A}\exp\boldsymbol{B}.$$

事实上,由于矩阵级数 $\exp\boldsymbol{A}=\sum_{k=0}^{\infty}\frac{\boldsymbol{A}^k}{k!}$ 和 $\exp\boldsymbol{B}=\sum_{m=0}^{\infty}\frac{\boldsymbol{B}^m}{m!}$ 是绝对收敛的,因而关于绝对收敛数项级数运算的一些定理,如任意改变项的顺序及级数的乘法定理等结果,都可用于矩阵级数. 由绝对收敛级数的乘法定理得

$$\begin{aligned}\exp\boldsymbol{A}\exp\boldsymbol{B} &= \left(\boldsymbol{E}+\boldsymbol{A}+\frac{\boldsymbol{A}^2}{2!}+\cdots\right)\left(\boldsymbol{E}+\boldsymbol{B}+\frac{\boldsymbol{B}^2}{2!}+\cdots\right)\\ &= \boldsymbol{E}+(\boldsymbol{A}+\boldsymbol{B})+\frac{1}{2!}(\boldsymbol{A}^2+2\boldsymbol{AB}+\boldsymbol{B}^2)+\cdots.\end{aligned}$$

另一方面,由二项式定理及 $\boldsymbol{AB}=\boldsymbol{BA}$ 得

$$\begin{aligned}\exp(\boldsymbol{A}+\boldsymbol{B}) &= \boldsymbol{E}+(\boldsymbol{A}+\boldsymbol{B})+\frac{1}{2!}(\boldsymbol{A}+\boldsymbol{B})^2+\cdots\\ &= \boldsymbol{E}+(\boldsymbol{A}+\boldsymbol{B})+\frac{1}{2!}(\boldsymbol{A}^2+2\boldsymbol{AB}+\boldsymbol{B}^2)+\cdots.\end{aligned}$$

比较两式得

$$\exp(\boldsymbol{A}+\boldsymbol{B}) = \exp\boldsymbol{A}\exp\boldsymbol{B}.$$

(2) 对任何矩阵 $\boldsymbol{A}$,$(\exp\boldsymbol{A})^{-1}$存在且

$$(\exp\boldsymbol{A})^{-1} = \exp(-\boldsymbol{A}).$$

事实上,$\boldsymbol{A}$ 与 $-\boldsymbol{A}$ 是可交换的,故由性质(1)有

$$\exp\boldsymbol{A}\exp(-\boldsymbol{A}) = \exp(\boldsymbol{A}-\boldsymbol{A}) = \exp(\boldsymbol{O}) = \boldsymbol{E},$$

故

$$(\exp\boldsymbol{A})^{-1} = \exp(-\boldsymbol{A}).$$

(3) 若 $\boldsymbol{T}$ 是非奇异矩阵,则

$$\exp(\boldsymbol{T}^{-1}\boldsymbol{AT}) = \boldsymbol{T}^{-1}(\exp\boldsymbol{A})\boldsymbol{T}.$$

事实上,由于

$$\exp(\boldsymbol{T}^{-1}\boldsymbol{A}\boldsymbol{T}) = \boldsymbol{E} + \sum_{k=1}^{\infty} \frac{(\boldsymbol{T}^{-1}\boldsymbol{A}\boldsymbol{T})^k}{k!} = \boldsymbol{E} + \sum_{k=1}^{\infty} \frac{\boldsymbol{T}^{-1}\boldsymbol{A}^k\boldsymbol{T}}{k!}$$

$$= \boldsymbol{E} + \boldsymbol{T}^{-1}\left(\sum_{k=1}^{\infty} \frac{\boldsymbol{A}^k}{k!}\right)\boldsymbol{T} = \boldsymbol{T}^{-1}(\exp\boldsymbol{A})\boldsymbol{T}.$$

有了矩阵指数函数的基本概念及其性质，就可以利用它来研究方程组(4.4.1)的基解矩阵，进而给出其通解. 首先，给出下面的定理：

定理 4.19 矩阵

$$\boldsymbol{\Phi}(t) = \exp(\boldsymbol{A}t) \tag{4.4.21}$$

是方程组(4.4.1)的基解矩阵且 $\boldsymbol{\Phi}(0)=\boldsymbol{E}$.

证明 当 $t=0$ 时，由定义知 $\boldsymbol{\Phi}(0)=\boldsymbol{E}$. 又因为

$$\boldsymbol{\Phi}'(t) = (\exp(\boldsymbol{A}t))' = \boldsymbol{A} + \frac{\boldsymbol{A}^2 t}{1!} + \frac{\boldsymbol{A}^3 t^2}{2!} + \cdots + \frac{\boldsymbol{A}^k t^{k-1}}{(k-1)!} + \cdots$$

$$= \boldsymbol{A}\exp(\boldsymbol{A}t) = \boldsymbol{A}\boldsymbol{\Phi}(t).$$

这表明，$\boldsymbol{\Phi}(t)$是(4.4.1)的解矩阵，又因为 $\det\boldsymbol{\Phi}(0)=\det\boldsymbol{E}=1$，所以，$\boldsymbol{\Phi}(t)=\exp(\boldsymbol{A}t)$是(4.4.1)的基解矩阵.

由定理 4.19 可知方程组(4.4.1)的通解为

$$\boldsymbol{x}(t) = \exp(\boldsymbol{A}t)\boldsymbol{c}, \tag{4.4.22}$$

其中，$\boldsymbol{c}$ 是一个常数向量.

若 $\boldsymbol{\varphi}(t)$是方程组(4.4.1)满足初始条件 $\boldsymbol{\varphi}(t_0)=\boldsymbol{x}_0$ 的解，则由(4.4.22)知

$$\boldsymbol{x}_0 = \exp(\boldsymbol{A}t_0)\boldsymbol{c},$$

即有

$$\boldsymbol{c} = \exp(-\boldsymbol{A}t_0)\boldsymbol{x}_0.$$

把上式代入(4.4.22)得方程(4.4.1)满足初始条件 $\boldsymbol{\varphi}(t_0)=\boldsymbol{x}_0$ 的解为

$$\boldsymbol{\varphi}(t) = \exp(\boldsymbol{A}t)\exp(-\boldsymbol{A}t_0)\boldsymbol{x}_0 = \exp[\boldsymbol{A}(t-t_0)]\boldsymbol{x}_0. \tag{4.4.23}$$

另外，若 $\boldsymbol{\Phi}(t)$是方程组(4.4.1)的另外一个与 $\exp(\boldsymbol{A}t)$不同的基解矩阵，则由定理 4.10 知存在非奇异常数矩阵 $\boldsymbol{C}$ 满足

$$\exp(\boldsymbol{A}t) = \boldsymbol{\Phi}(t)\boldsymbol{C}.$$

在上式中，令 $t=0$ 得 $\boldsymbol{C}=\boldsymbol{\Phi}^{-1}(0)$，从而有下面的关系式：

$$\exp(\boldsymbol{A}t) = \boldsymbol{\Phi}(t)\boldsymbol{\Phi}^{-1}(0). \tag{4.4.24}$$

公式(4.4.24)表明，矩阵指数 $\exp\boldsymbol{A}$ 可由(4.4.1)的任一个基解矩阵直接给出.

定理 4.19 从理论上确定了方程组(4.4.1)的一个基解矩阵 $\exp(\boldsymbol{A}t)$，公式(4.4.24)也给出了利用方程组(4.4.1)的其他基解矩阵 $\boldsymbol{\Phi}(t)$确定 $\exp(\boldsymbol{A}t)$的方法，

但如何从方程组(4.4.1)的系数矩阵 $\boldsymbol{A}$ 直接计算矩阵指数 $\exp(\boldsymbol{A}t)$呢？下面利用代数学中的哈密顿-凯莱(Hamilton-Cayley)定理给出当 $\boldsymbol{A}$ 是任意矩阵时，$\exp(\boldsymbol{A}t)$的计算方法.

设 $\boldsymbol{A}$ 是方程组(4.4.1)的 $n\times n$ 实系数矩阵，$p(\lambda)$是 $\boldsymbol{A}$ 的特征多项式

$$P(\lambda)=\det(\boldsymbol{A}-\lambda\boldsymbol{E})=\lambda^n+a_1\lambda^{n-1}+\cdots+a_{n-1}\lambda+a_n,$$

$\boldsymbol{A}$ 的特征方程为

$$P(\lambda)=\lambda^n+a_1\lambda^{n-1}+\cdots+a_{n-1}\lambda+a_n=0. \tag{4.4.25}$$

方程(4.4.25)的根 $\lambda_1,\lambda_2,\cdots,\lambda_n$ 是矩阵 $\boldsymbol{A}$ 特征值，则有

$$P(\lambda)=(\lambda-\lambda_n)(\lambda-\lambda_{n-1})\cdots(\lambda-\lambda_1).$$

Hamilton-Cayley 定理 设 $P(\lambda)$是矩阵 $\boldsymbol{A}$ 的特征多项式，则

$$P(\boldsymbol{A})=\boldsymbol{A}^n+a_1\boldsymbol{A}^{n-1}+\cdots+a_{n-1}\boldsymbol{A}+a_n\boldsymbol{E}=\boldsymbol{O},$$

亦即

$$P(\boldsymbol{A})=(\boldsymbol{A}-\lambda_n\boldsymbol{E})(\boldsymbol{A}-\lambda_{n-1}\boldsymbol{E})\cdots(\boldsymbol{A}-\lambda_1\boldsymbol{E})=\boldsymbol{O}.$$

定理 4.20 设 $\lambda_1,\lambda_2,\cdots,\lambda_n$ 是矩阵 $\boldsymbol{A}$ 的 n 个特征值(它们不一定相等)，则

$$\exp(\boldsymbol{A}t)=\sum_{i=0}^{n-1}r_{i+1}(t)\boldsymbol{P}_i, \tag{4.4.26}$$

其中，$\boldsymbol{P}_0=\boldsymbol{E}$，$\boldsymbol{P}_i=(\boldsymbol{A}-\lambda_i\boldsymbol{E})(\boldsymbol{A}-\lambda_{i-1}\boldsymbol{E})\cdots(\boldsymbol{A}-\lambda_1\boldsymbol{E})\ (i=1,2,\cdots,n)$，而 $r_i(t)$ $(i=1,2,\cdots,n)$是方程组

$$\begin{cases}r_1'(t)=\lambda_1r_1(t),\\ r_{i+1}'(t)=r_i(t)+\lambda_{i+1}r_{i+1}(t), \quad i=1,2,\cdots,n-2,\\ r_n'(t)=r_{n-1}(t)+\lambda_nr_n(t)\end{cases} \tag{4.4.27}$$

满足初始条件

$$r_1(0)=1,\quad r_2(0)=0,\quad \cdots,\quad r_n(0)=0$$

的解.

证明 记 $\boldsymbol{\Phi}(t)=\sum\limits_{i=0}^{n-1}r_{i+1}(t)\boldsymbol{P}_i$，下面证明 $\boldsymbol{\Phi}(t)$是方程(4.4.1)的解矩阵.

$$\begin{aligned}\boldsymbol{A\Phi}(t)&=\sum_{i=0}^{n-1}r_{i+1}(t)\boldsymbol{AP}_i=\sum_{i=0}^{n-1}r_{i+1}(t)[(\boldsymbol{A}-\lambda_{i+1}\boldsymbol{E})+\lambda_{i+1}\boldsymbol{E}]\boldsymbol{P}_i\\&=\sum_{i=0}^{n-1}r_{i+1}(t)(\boldsymbol{A}-\lambda_{i+1}\boldsymbol{E})\boldsymbol{P}_i+\sum_{i=0}^{n-1}\lambda_{i+1}r_{i+1}(t)\boldsymbol{P}_i\\&=\sum_{i=0}^{n-1}r_{i+1}(t)\boldsymbol{P}_{i+1}+\sum_{i=0}^{n-1}\lambda_{i+1}r_{i+1}(t)\boldsymbol{P}_i\\&=\Big[\Big(\sum_{i=1}^{n-1}r_i(t)\boldsymbol{P}_i\Big)+r_n(t)\boldsymbol{P}_n\Big]+\Big[\lambda_1r_1(t)\boldsymbol{P}_0+\sum_{i=1}^{n-1}\lambda_{i+1}r_{i+1}(t)\boldsymbol{P}_i\Big].\end{aligned}$$

由 Hamilton-Cayley 定理知

$$\boldsymbol{P}_n = (\boldsymbol{A} - \lambda_n \boldsymbol{E})(\boldsymbol{A} - \lambda_{n-1}\boldsymbol{E})\cdots(\boldsymbol{A} - \lambda_1 \boldsymbol{E}) = \boldsymbol{O},$$

因此

$$\boldsymbol{A\Phi}(t) = \lambda_1 r_1(t)\boldsymbol{P}_0 + \sum_{i=1}^{n-1}[r_i(t) + \lambda_{i+1}(t) r_{i+1}(t)]\boldsymbol{P}_i.$$

由于 $r_i(t)(i=1,2,\cdots,n)$ 满足方程组(4.4.27),于是得

$$\boldsymbol{A\Phi}(t) = r_1'(t)\boldsymbol{P}_0 + \sum_{i=1}^{n-1} r_{i+1}'(t)\boldsymbol{P}_i = \sum_{i=0}^{n-1} r_{i+1}'(t)\boldsymbol{P}_i = \boldsymbol{\Phi}'(t),$$

即 $\boldsymbol{\Phi}(t)$ 是方程组(4.4.1)的解矩阵.

又因为

$$\boldsymbol{\Phi}(0) = r_1(0)\boldsymbol{P}_0 + r_2(0)\boldsymbol{P}_1 + \cdots + r_n(0)\boldsymbol{P}_{n-1} = \boldsymbol{E},$$

因此得

$$\boldsymbol{\Phi}(t) = \exp(\boldsymbol{A}t).$$

由定理 4.20 可得下面的推论:

推论 4.6　若 $\boldsymbol{A}$ 只有一个特征根 λ,则

$$\exp(\boldsymbol{A}t) = \exp\lambda t \sum_{i=0}^{n-1} \frac{t^i}{i!}(\boldsymbol{A} - \lambda\boldsymbol{E})^i. \tag{4.4.28}$$

定理 4.20 将计算 $\exp(\boldsymbol{A}t)$ 的问题转化为求方程组(4.4.27)满足初始条件的解的问题. 由于方程组(4.4.27)是一个特殊的一阶常系数齐次线性方程组,容易直接求解,因而由公式(4.4.26)就可直接求出方程组(4.4.1)的基解矩阵 $\exp(\boldsymbol{A}t)$,并且这样求出的基解矩阵是实的.

例 4.4.10　求解微分方程组

$$\frac{\mathrm{d}\boldsymbol{x}}{\mathrm{d}t} = \begin{bmatrix} 1 & 1 \\ -1 & 1 \end{bmatrix}\boldsymbol{x}.$$

解　易知

$$\det(\boldsymbol{A} - \lambda\boldsymbol{E}) = \lambda^2 - 2\lambda + 2,$$

因此,矩阵 $\boldsymbol{A}$ 有特征根

$$\lambda_1 = 1 + \mathrm{i}, \quad \lambda_2 = 1 - \mathrm{i}.$$

求解初始值问题

$$\begin{cases} r_1'(t) = (1+\mathrm{i})r_1(t), \\ r_2'(t) = r_1(t) + (1-\mathrm{i})r_2(t), \end{cases}$$

初始条件为

$$r_1(0) = 1, \quad r_2(0) = 0.$$

解上述方程组得

$$\begin{cases} r_1(t) = e^{(1+i)t}, \\ r_2(t) = e^t \sin t. \end{cases}$$

又因

$$\boldsymbol{P}_1 = \boldsymbol{A} - \lambda_1 \boldsymbol{E} = \begin{bmatrix} -i & 1 \\ -1 & -i \end{bmatrix},$$

所以,由公式(4.4.26)得

$$\begin{aligned} \exp(\boldsymbol{A}t) &= r_1(t)\boldsymbol{E} + r_2(t)\boldsymbol{P}_1 = e^{(1+i)t}\begin{bmatrix} 1 & 0 \\ 0 & 1 \end{bmatrix} + e^t \sin t \begin{bmatrix} -i & 1 \\ -1 & -i \end{bmatrix} \\ &= e^t \begin{bmatrix} \cos t & \sin t \\ -\sin t & \cos t \end{bmatrix}. \end{aligned}$$

由此可得方程组的通解为

$$\boldsymbol{x}(t) = c_1 e^t \begin{bmatrix} \cos t \\ -\sin t \end{bmatrix} + c_2 e^t \begin{bmatrix} \sin t \\ \cos t \end{bmatrix}.$$

例 4.4.11 求解方程组

$$\frac{d\boldsymbol{x}}{dt} = \boldsymbol{A}\boldsymbol{x}, \quad \boldsymbol{A} = \begin{bmatrix} 3 & 1 & -1 \\ -1 & 2 & 1 \\ 1 & 1 & 1 \end{bmatrix}.$$

解 因为

$$\det(\boldsymbol{A} - \lambda \boldsymbol{E}) = \begin{vmatrix} 3-\lambda & 1 & -1 \\ -1 & 2-\lambda & 1 \\ 1 & 1 & 1-\lambda \end{vmatrix} = -(\lambda - 2)^3,$$

故 $\lambda=2$ 是 $\boldsymbol{A}$ 的三重特征根,又因

$$\boldsymbol{A} - 2\boldsymbol{E} = \begin{bmatrix} 1 & 1 & -1 \\ -1 & 0 & 1 \\ 1 & 1 & -1 \end{bmatrix}, \quad (\boldsymbol{A} - 2\boldsymbol{E})^2 = \begin{bmatrix} -1 & 0 & 1 \\ 0 & 0 & 0 \\ -1 & 0 & 1 \end{bmatrix},$$

则由公式(4.4.28)得

$$\begin{aligned} \exp(\boldsymbol{A}t) &= e^{2t}\left[\boldsymbol{E} + t(\boldsymbol{A} - 2\boldsymbol{E}) + \frac{t^2}{2!}(\boldsymbol{A} - 2\boldsymbol{E})^2\right] \\ &= e^{2t}\begin{bmatrix} 1 + t - \frac{t^2}{2} & t & -t + \frac{t^2}{2} \\ -t & 1 & t \\ t - \frac{t^2}{2} & t & 1 - t + \frac{t^2}{2} \end{bmatrix}, \end{aligned}$$

因而方程组的通解为

$$\boldsymbol{x}(t) = \exp(\boldsymbol{A}t)\boldsymbol{c},$$

其中，$\boldsymbol{c}$ 为列向量.

关于矩阵指数 $\exp(\boldsymbol{A}t)$ 的计算，还可以采用矩阵的 Jordan 标准形以及 n 维欧几里得空间等有关线性代数知识进行计算，这里由于篇幅所限，不再赘述.

习 题 4.4

1. 求下列齐次线性方程组的基本解组：

(1) $\boldsymbol{x}'=\begin{bmatrix}7 & 6\\ 2 & 6\end{bmatrix}\boldsymbol{x}$；

(2) $\boldsymbol{x}'=\begin{bmatrix}3 & 2\\ 1 & 2\end{bmatrix}\boldsymbol{x}$；

(3) $\boldsymbol{x}'=\begin{bmatrix}3 & -4\\ 1 & -2\end{bmatrix}\boldsymbol{x}$；

(4) $\boldsymbol{x}'=\begin{bmatrix}4 & 1\\ -2 & 1\end{bmatrix}\boldsymbol{x}$；

(5) $\boldsymbol{x}'=\begin{bmatrix}-1 & 2\\ -2 & 3\end{bmatrix}\boldsymbol{x}$；

(6) $\boldsymbol{x}'=\begin{bmatrix}1 & 1\\ 3 & -1\end{bmatrix}\boldsymbol{x}$；

(7) $\boldsymbol{x}'=\begin{bmatrix}2 & -1\\ -2 & 1\end{bmatrix}\boldsymbol{x}$；

(8) $\boldsymbol{x}'=\begin{bmatrix}2 & -1\\ 1 & 0\end{bmatrix}\boldsymbol{x}$；

(9) $\boldsymbol{x}'=\begin{bmatrix}1 & -1\\ 5 & -1\end{bmatrix}\boldsymbol{x}$；

(10) $\boldsymbol{x}'=\begin{bmatrix}2 & 1\\ -1 & 2\end{bmatrix}\boldsymbol{x}$.

2. 求下列方程组的基解矩阵：

(1) $\boldsymbol{x}'=\begin{bmatrix}-1 & 1 & 0\\ 0 & -1 & 4\\ 1 & 0 & -4\end{bmatrix}\boldsymbol{x}$；

(2) $\boldsymbol{x}'=\begin{bmatrix}-1 & 1 & 1\\ 1 & -1 & 1\\ 1 & 1 & -1\end{bmatrix}\boldsymbol{x}$；

(3) $\boldsymbol{x}'=\begin{bmatrix}-1 & -1 & 0\\ 0 & -1 & -1\\ 0 & 0 & -1\end{bmatrix}\boldsymbol{x}$；

(4) $\boldsymbol{x}'=\begin{bmatrix}-2 & 0 & 3\\ 0 & 4 & 0\\ -6 & 0 & 7\end{bmatrix}\boldsymbol{x}$；

(5) $\boldsymbol{x}'=\begin{bmatrix}2 & -3 & 3\\ 4 & -5 & 3\\ 4 & -4 & 2\end{bmatrix}\boldsymbol{x}$；

(6) $\boldsymbol{x}'=\begin{bmatrix}7 & 6 & 0 & 0\\ 2 & 6 & 0 & 0\\ 0 & 0 & 7 & 6\\ 0 & 0 & 2 & 6\end{bmatrix}\boldsymbol{x}$.

3. 设 $\boldsymbol{A}$ 是 $n\times n$ 矩阵，试证：

(1) 对任意的常数 c_1,c_2 都有 $\exp(c_1\boldsymbol{A}+c_2\boldsymbol{A})=\exp(c_1\boldsymbol{A})\cdot\exp(c_2\boldsymbol{A})$；

(2) 对任意整数 k 都有 $(\exp\boldsymbol{A})^k=\exp(k\boldsymbol{A})$.

4. 已知 $\boldsymbol{A}^2=\alpha\boldsymbol{A}$，其中，$\alpha$ 是非零常数，$\boldsymbol{A}$ 是 $n\times n$ 矩阵，求 $\exp(\boldsymbol{A}t)$.

5. 设

$$\boldsymbol{A}=\begin{bmatrix}1 & 1 & 1 & 1 & 1\\ 1 & 1 & 1 & 1 & 1\\ 1 & 1 & 1 & 1 & 1\\ 1 & 1 & 1 & 1 & 1\\ 1 & 1 & 1 & 1 & 1\end{bmatrix},$$

(1) 试验证 $\boldsymbol{A}(\boldsymbol{A}-5\boldsymbol{E})=\boldsymbol{O}$;

(2) 求 $\exp(\boldsymbol{A}t)$.

6. 试求方程组 $\boldsymbol{x}'=\boldsymbol{A}\boldsymbol{x}$ 的一个基解矩阵,并计算 $\exp(\boldsymbol{A}t)$,其中,$\boldsymbol{A}$ 为

(1) $\begin{bmatrix}-1 & 2\\ -2 & 1\end{bmatrix}$; (2) $\begin{bmatrix}1 & 2\\ 4 & 3\end{bmatrix}$;

c7. 用 Maple 求解下列方程组:

(1) $\begin{cases}x'=x-2y, & x(0)=0,\\ y'=x-y, & y(0)=-1;\end{cases}$ (2) $\begin{cases}x'=-6x-y, & x(0)=0,\\ y'=x-4y, & y(0)=-1;\end{cases}$

(3) $\begin{cases}x'=2x, & x(0)=1,\\ y'=x+y, & y(0)=2;\end{cases}$ (4) $\begin{cases}x'=2y, & x(0)=2,\\ y'=-4x-4y, & y(0)=-1.\end{cases}$

4.5 常系数非齐次线性微分方程组

考虑常系数非齐次线性微分方程组

$$\boldsymbol{x}' = \boldsymbol{A}\boldsymbol{x} + \boldsymbol{F}(t), \tag{4.5.1}$$

其对应的常系数齐次线性方程组为

$$\boldsymbol{x}' = \boldsymbol{A}\boldsymbol{x}, \tag{4.5.2}$$

其中,$\boldsymbol{A}$ 是 $n\times n$ 实常数矩阵,$\boldsymbol{F}(t)$是 n 维列向量函数. 根据 4.3.2 小节中非齐次线性微分方程组解的结构定理知,方程(4.5.1)的通解为方程(4.5.2)的通解与方程(4.5.1)的一个特解之和. 而 4.4 节已详细研究了方程(4.5.2)的通解求法. 因此,只需给出方程(4.5.1)的一个特解即可求得方程(4.5.1)的通解.

4.5.1 常数变易法

利用 4.3.2 小节中给出的常数变易公式(4.3.15)或(4.3.16)就可求出方程(4.5.1)的通解或满足初始条件 $\boldsymbol{x}(t_0)=\boldsymbol{x}_0$ 的解. 只不过方程组(4.5.1)对应的齐次线性方程组(4.5.2)的基解矩阵为 $\boldsymbol{\Phi}(t)=\exp(\boldsymbol{A}t)$,而 $\boldsymbol{\Phi}^{-1}(t)=\exp(-\boldsymbol{A}t)$. 因此,常系数非齐次线性方程组(4.5.1)的通解为

$$\boldsymbol{x}(t) = \exp(\boldsymbol{A}t)\boldsymbol{c} + \int_{t_0}^{t} \exp(\boldsymbol{A}(t-s))\boldsymbol{F}(s)\mathrm{d}s, \tag{4.5.3}$$

其中,$\boldsymbol{c}$ 为任意常数列向量.

方程组(4.5.1)满足初始条件 $\boldsymbol{x}(t_0)=\boldsymbol{x}_0$ 的解为

$$\boldsymbol{x}(t) = \exp(\boldsymbol{A}(t-t_0))\boldsymbol{x}_0 + \int_{t_0}^{t} \exp(\boldsymbol{A}(t-s))\boldsymbol{F}(s)\mathrm{d}s. \tag{4.5.4}$$

公式(4.5.4)称为方程组(4.5.1)的常数变易公式.

例 4.5.1 利用常数变易公式(4.5.4)求解初始值问题

$$x' = \begin{bmatrix} 1 & 0 & 0 \\ 2 & 1 & -2 \\ 3 & 2 & 1 \end{bmatrix} x + \begin{bmatrix} 0 \\ 0 \\ e^t\cos 2t \end{bmatrix}, \quad x(0) = \begin{bmatrix} 0 \\ 1 \\ 1 \end{bmatrix}.$$

解　首先,求矩阵 $A = \begin{bmatrix} 1 & 0 & 0 \\ 2 & 1 & -2 \\ 3 & 2 & 1 \end{bmatrix}$ 的矩阵指数 $\exp(At)$. A 的特征方程为

$$\det(A - \lambda E) = -(1-\lambda)(\lambda^2 - 2\lambda + 5) = 0,$$

因此,矩阵 A 有特征根 $\lambda_1 = 1, \lambda_2 = 1+2i, \lambda_3 = 1-2i$.

对 $\lambda_1 = 1$,有特征向量 $\alpha_1 = (2,-3,2)^T$,进而得到对应的齐次方程组的一个解 $x_1(t) = (2,-3,2)^T e^t$. 对 $\lambda_2 = 1+2i$,也可求得其特征向量 $\alpha_2 = (0,1,-i)^T$. 因此

$$\bar{x}(t) = \begin{bmatrix} 0 \\ 1 \\ -i \end{bmatrix} e^{(1+2i)t} = e^t(\cos 2t + i\sin 2t)\left(\begin{bmatrix} 0 \\ 1 \\ 0 \end{bmatrix} - i\begin{bmatrix} 0 \\ 0 \\ 1 \end{bmatrix}\right)$$

$$= e^t\begin{bmatrix} 0 \\ \cos 2t \\ \sin 2t \end{bmatrix} + ie^t\begin{bmatrix} 0 \\ \sin 2t \\ -\cos 2t \end{bmatrix}.$$

由定理 4.15 知对应的齐次方程有解

$$x_2(t) = e^t\begin{bmatrix} 0 \\ \cos 2t \\ \sin 2t \end{bmatrix}, \quad x_3(t) = e^t\begin{bmatrix} 0 \\ \sin 2t \\ -\cos 2t \end{bmatrix}.$$

这样可得齐次方程组的解矩阵为

$$\Phi(t) = \begin{bmatrix} 2e^t & 0 & 0 \\ -3e^t & e^t\cos 2t & e^t\sin 2t \\ 2e^t & e^t\sin 2t & -e^t\cos 2t \end{bmatrix}.$$

又因为 $\det\Phi(0) = -2 \neq 0$,故 $\Phi(t)$ 是齐次方程组的基解矩阵且

$$\Phi^{-1}(0) = \begin{bmatrix} \frac{1}{2} & 0 & 0 \\ \frac{3}{2} & 1 & 0 \\ 1 & 0 & -1 \end{bmatrix}.$$

因此

$$\exp(At) = \Phi(t)\Phi^{-1}(0)$$

$$=\mathrm{e}^t\begin{bmatrix}1 & 0 & 0\\ -\frac{3}{2}+\frac{3}{2}\cos 2t+\sin 2t & \cos 2t & -\sin 2t\\ 1+\frac{3}{2}\sin 2t-\cos 2t & \sin 2t & \cos 2t\end{bmatrix}.$$

由式(4.5.4)得原方程的解为

$$\begin{aligned}\boldsymbol{x}(t)&=\exp(\boldsymbol{A}t)\begin{bmatrix}0\\1\\1\end{bmatrix}+\exp(\boldsymbol{A}t)\int_0^t\exp(-\boldsymbol{A}s)\begin{bmatrix}0\\0\\\mathrm{e}^s\cos 2s\end{bmatrix}\mathrm{d}s\\ &=\mathrm{e}^t\begin{bmatrix}0\\\cos 2t-\sin 2t\\\cos 2t+\sin 2t\end{bmatrix}+\exp(\boldsymbol{A}t)\int_0^t\begin{bmatrix}0\\\cos 2s\sin 2s\\\cos^2 2s\end{bmatrix}\mathrm{d}s\\ &=\mathrm{e}^t\begin{bmatrix}0\\\cos 2t-\sin 2t\\\cos 2t+\sin 2t\end{bmatrix}+\exp(\boldsymbol{A}t)\begin{bmatrix}0\\\frac{1-\cos 4t}{8}\\\frac{t}{2}+\frac{\sin 4t}{8}\end{bmatrix}\\ &=\mathrm{e}^t\begin{bmatrix}0\\\cos 2t-\sin 2t\\\cos 2t+\sin 2t\end{bmatrix}+\mathrm{e}^t\begin{bmatrix}0\\-\frac{t\sin 2t}{2}+\frac{\cos 2t-\cos 4t\cos 2t-\sin 4t\sin 2t}{8}\\\frac{t\cos 2t}{2}+\frac{\sin 4t\cos 2t-\sin 2t\cos 4t+\sin 2t}{8}\end{bmatrix}\\ &=\mathrm{e}^t\begin{bmatrix}0\\\cos 2t-\left(1+\frac{1}{2}t\right)\sin 2t\\\left(1+\frac{1}{2}t\right)\cos 2t+\frac{5}{4}\sin 2t\end{bmatrix}.\end{aligned}$$

4.5.2 线性变换法

对一些特殊的方程组,如方程组(4.5.1)的系数矩阵 $\boldsymbol{A}$ 有 n 个不同的特征向量 $\boldsymbol{\alpha}_1,\boldsymbol{\alpha}_2,\cdots,\boldsymbol{\alpha}_n$,则系数矩阵 $\boldsymbol{A}$ 可化为对角矩阵 $\boldsymbol{D}=\mathrm{diag}(\lambda_1,\lambda_2,\cdots,\lambda_n)$,其中,$\lambda_i(i=1,2,\cdots,n)$是 $\boldsymbol{A}$ 的特征根. 此时,可采取线性变换 $\boldsymbol{x}=\boldsymbol{T}\boldsymbol{y}$,其中,$\boldsymbol{T}=(\boldsymbol{\alpha}_1,\boldsymbol{\alpha}_2,\cdots,\boldsymbol{\alpha}_n)$. 把方程组(4.5.1)化为

$$\boldsymbol{y}'=\boldsymbol{D}\boldsymbol{y}+\boldsymbol{G}(t),\tag{4.5.5}$$

其中,$\boldsymbol{G}(t)=\boldsymbol{T}^{-1}\boldsymbol{F}(t)$. 注意到式(4.5.5)是 n 个相互独立的方程

$$y_i'=\lambda_i y_i+g_i(t),\quad i=1,2,\cdots,n,\tag{4.5.6}$$

其中，$\boldsymbol{G}(t)=(g_1(t),\cdots,g_n(t))^{\mathrm{T}}$. 故可直接求出它的解为

$$y_i(t) = c_i \mathrm{e}^{\lambda_i t} + \mathrm{e}^{\lambda_i t}\int_{t_0}^{t} \mathrm{e}^{-\lambda_i s} g_i(s)\mathrm{d}s.$$

再利用变换 $\boldsymbol{x}=\boldsymbol{T}\boldsymbol{y}$，即可求得方程(4.5.1)的解.

例 4.5.2　求方程组

$$\boldsymbol{x}' = \begin{bmatrix} -4 & 2 \\ 2 & -1 \end{bmatrix}\boldsymbol{x} + \begin{bmatrix} \dfrac{1}{t} \\ 4+\dfrac{2}{t} \end{bmatrix}$$

的通解.

解　系数矩阵 $\boldsymbol{A}=\begin{bmatrix} -4 & 2 \\ 2 & -1 \end{bmatrix}$的特征方程为

$$\det(\boldsymbol{A}-\lambda\boldsymbol{E}) = \lambda(\lambda+5) = 0.$$

$\boldsymbol{A}$ 的特征根为 $\lambda_1=0, \lambda_2=-5$，相应的特征向量为 $\boldsymbol{\alpha}_1=(1,2)^{\mathrm{T}}, \boldsymbol{\alpha}_2=(-2,1)^{\mathrm{T}}$. 因此，$\boldsymbol{T}$ 矩阵及其逆矩阵 $\boldsymbol{T}^{-1}$ 分别为

$$\boldsymbol{T} = \begin{bmatrix} 1 & -2 \\ 2 & 1 \end{bmatrix}, \quad \boldsymbol{T}^{-1} = \frac{1}{5}\begin{bmatrix} 1 & 2 \\ -2 & 1 \end{bmatrix}.$$

设 $\boldsymbol{x}=\boldsymbol{T}\boldsymbol{y}$，则把原方程组变为

$$\boldsymbol{y}' = \begin{bmatrix} 0 & 0 \\ 0 & -5 \end{bmatrix}\boldsymbol{y} + \begin{bmatrix} \dfrac{1}{t}+\dfrac{8}{5} \\ \dfrac{4}{5} \end{bmatrix},$$

即

$$y_1' = \frac{1}{t}+\frac{8}{5}, \quad y_2' = -5y_2+\frac{4}{5}.$$

解上面的方程得

$$y_1(t) = \ln|t| + \frac{8}{5}t + c_1, \quad y_2(t) = c_2\mathrm{e}^{-5t} + \frac{4}{25},$$

则原方程组的通解为

$$\boldsymbol{x}(t) = \boldsymbol{T}\boldsymbol{y}(t) = \begin{bmatrix} 1 & -2 \\ 2 & 1 \end{bmatrix}\begin{bmatrix} \ln|t|+\dfrac{8}{5}t+c_1 \\ c_2\mathrm{e}^{-5t}+\dfrac{4}{25} \end{bmatrix}$$

$$= \begin{bmatrix} \ln|t|+\dfrac{8}{5}t+c_1-2c_2\mathrm{e}^{-5t}-\dfrac{8}{25} \\ 2\ln|t|+\dfrac{16}{5}t+2c_1+c_2\mathrm{e}^{-5t}+\dfrac{4}{25} \end{bmatrix},$$

即

$$\boldsymbol{x}(t)=\begin{bmatrix}1\\2\end{bmatrix}\ln|t|+\frac{8}{5}\begin{bmatrix}1\\2\end{bmatrix}t+\frac{4}{25}\begin{bmatrix}-2\\1\end{bmatrix}+c_1\begin{bmatrix}1\\2\end{bmatrix}+c_2\mathrm{e}^{-5t}\begin{bmatrix}-2\\1\end{bmatrix}.$$

4.5.3 待定系数法

同 n 阶常系数非齐次线性方程一样，某些常系数非齐次线性方程组也可以用待定系数法求其特解，如方程组(4.5.1)中 $\boldsymbol{F}(t)$ 为多项式与指数函数的乘积时就可用待定系数法来求其通解.

例 4.5.3 求方程组 $\boldsymbol{x}'=\begin{bmatrix}1 & 2\\4 & 3\end{bmatrix}\boldsymbol{x}+\begin{bmatrix}4\\-2\end{bmatrix}\mathrm{e}^t$ 的一个特解.

解 系数矩阵 $\boldsymbol{A}$ 的特征方程为

$$\det(\boldsymbol{A}-\lambda\boldsymbol{E})=(\lambda-5)(\lambda+1)=0.$$

特征根为 $\lambda_1=5,\lambda_2=-1$. 因为 $\lambda=1$ 不是特征根，故可设特解的形式为 $\boldsymbol{x}_p=\begin{bmatrix}u\\v\end{bmatrix}\mathrm{e}^t$. 把 $\boldsymbol{x}_p$ 代入方程组得

$$u=u+2v+4,\quad v=4u+3v-2,$$

解得 $u=\dfrac{3}{2}$，$v=-2$，从而得原方程的特解为

$$\boldsymbol{x}_p=\begin{bmatrix}\frac{3}{2}\\-2\end{bmatrix}\mathrm{e}^t.$$

例 4.5.4 求方程组 $\boldsymbol{x}'=\begin{bmatrix}-5 & -1\\1 & -3\end{bmatrix}\boldsymbol{x}+\begin{bmatrix}-1\\2\end{bmatrix}\mathrm{e}^{-4t}$的特解.

解 系数矩阵 $\boldsymbol{A}$ 的特征方程为

$$\det(\boldsymbol{A}-\lambda\boldsymbol{E})=(\lambda+4)^2=0,$$

特征根为 $\lambda_1=\lambda_2=-4$(二重根)，故原方程组的特解形式为

$$\boldsymbol{x}_p=\begin{bmatrix}a_1t^2+b_1t+c_1\\a_2t^2+b_2t+c_2\end{bmatrix}\mathrm{e}^{-4t}.$$

代入原方程组得

$$2a_1t+b_1-4(a_1t^2+b_1t+c_1)=-5(a_1t^2+b_1t+c_1)-(a_2t^2+b_2t+c_2)-1,$$
$$2a_2t+b_2-4(a_2t^2+b_2t+c_2)=a_1t^2+b_1t+c_1-3(a_2t^2+b_2t+c_2)+2.$$

比较 t 的同次幂的系数可得代数方程组

$$\begin{cases} a_1 + a_2 = 0, \\ 2a_1 + b_1 + b_2 = 0, \\ 2a_1 - b_1 - b_2 = 0, \\ b_1 + c_1 + c_2 = -1, \\ b_2 - c_1 - c_2 = 2. \end{cases}$$

解上述方程得

$$a_1 = -\frac{1}{2}, \quad a_2 = \frac{1}{2}, \quad b_1 + b_2 = 1, \quad b_1 + c_1 + c_2 = -1.$$

选取 $b_1 = 0, c_1 = 0$,则得原方程组的特解为

$$\boldsymbol{x}_p = \begin{bmatrix} -\frac{1}{2}t^2 \\ \frac{1}{2}t^2 + t - 1 \end{bmatrix} \mathrm{e}^{-4t}.$$

关于常系数非齐次线性微分方程组的解法,这里介绍了三种方法,其中,常数变易法具有一般性,而线性变换法和待定系数法都具有某种局限性,或者说,只是针对一些特殊类型的微分方程组来求其特解的一种方法. 在 4.2 节,还介绍了求解微分方程组的消元法和首次积分法,这些方法对解方程组(4.5.1)仍然是有效的方法,这里不再介绍. 下面给出的例子,分别用 4 种方法进行了求解,读者可以比较其各种方法的优劣.

例 4.5.5　求方程组

$$\boldsymbol{x}' = \begin{bmatrix} 0 & 1 \\ 2 & -1 \end{bmatrix} \boldsymbol{x} + \begin{bmatrix} 2 - 2t \\ 1 \end{bmatrix} \tag{4.5.7}$$

的通解.

解法 1(常数变易法)　方程组(4.5.7)的系数矩阵 $\boldsymbol{A} = \begin{bmatrix} 0 & 1 \\ 2 & -1 \end{bmatrix}$ 的特征根为 $\lambda_1 = 1, \lambda_2 = -2$,相应的特征向量分别为

$$\boldsymbol{\alpha}_1 = \begin{bmatrix} 1 \\ 1 \end{bmatrix}, \quad \boldsymbol{\alpha}_2 = \begin{bmatrix} 1 \\ -2 \end{bmatrix}.$$

因此,可求得方程组(4.5.7)对应的齐次方程组的基解矩阵 $\boldsymbol{\Phi}(t)$ 及其逆矩阵 $\boldsymbol{\Phi}^{-1}(t)$ 为

$$\boldsymbol{\Phi}(t) = \begin{bmatrix} \mathrm{e}^t & \mathrm{e}^{-2t} \\ \mathrm{e}^t & -2\mathrm{e}^{-2t} \end{bmatrix}, \quad \boldsymbol{\Phi}^{-1}(t) = \begin{bmatrix} \frac{2}{3}\mathrm{e}^{-t} & \frac{1}{3}\mathrm{e}^{-t} \\ \frac{1}{3}\mathrm{e}^{2t} & -\frac{1}{3}\mathrm{e}^{2t} \end{bmatrix},$$

因而其通解为

$$
\begin{aligned}
\boldsymbol{x}(t) &= \boldsymbol{\Phi}(t)\boldsymbol{c} + \boldsymbol{\Phi}(t)\int \boldsymbol{\Phi}^{-1}(t)\begin{bmatrix} 2-2t \\ 1 \end{bmatrix}\mathrm{d}t \\
&= \boldsymbol{\Phi}(t)\boldsymbol{c} + \boldsymbol{\Phi}(t)\int \begin{bmatrix} \frac{5}{3}\mathrm{e}^{-t} - \frac{4}{3}t\mathrm{e}^{-t} \\ \frac{1}{3}\mathrm{e}^{2t} - \frac{2}{3}t\mathrm{e}^{2t} \end{bmatrix}\mathrm{d}t \\
&= \boldsymbol{\Phi}(t)\boldsymbol{c} + \boldsymbol{\Phi}(t)\begin{bmatrix} -\frac{1}{3}\mathrm{e}^{-t} + \frac{4}{3}t\mathrm{e}^{-t} \\ \frac{1}{3}\mathrm{e}^{2t} - \frac{1}{3}t\mathrm{e}^{2t} \end{bmatrix} \\
&= \begin{bmatrix} c_1\mathrm{e}^{t} + c_2\mathrm{e}^{-2t} + t \\ c_1\mathrm{e}^{t} - 2c_2\mathrm{e}^{-2t} + 2t - 1 \end{bmatrix}.
\end{aligned}
$$

解法 2(待定系数法) 由解法 1 知方程组(4.5.7)对应的齐次方程组的通解为

$$
\boldsymbol{x}_h(t) = \boldsymbol{\Phi}(t)\boldsymbol{c} = \begin{bmatrix} c_1\mathrm{e}^{t} + c_2\mathrm{e}^{-2t} \\ c_1\mathrm{e}^{t} - 2c_2\mathrm{e}^{-2t} \end{bmatrix}.
$$

下面利用待定系数法来求方程组(4.5.7)的一个特解.

注意到方程组(4.5.7)中 $\boldsymbol{F}(t)=\begin{bmatrix} 2-2t \\ 1 \end{bmatrix}$可表示为

$$
\boldsymbol{F}(t) = \begin{bmatrix} 2 \\ 1 \end{bmatrix} + t\begin{bmatrix} -2 \\ 0 \end{bmatrix} = \boldsymbol{a} + t\boldsymbol{b},
$$

则方程组(4.5.7)可改写为

$$
\boldsymbol{x}' = \boldsymbol{A}\boldsymbol{x} + \boldsymbol{a} + t\boldsymbol{b}. \tag{4.5.8}
$$

因为 $\lambda=0$ 不是式(4.5.8)中系数矩阵 $\boldsymbol{A}$ 的特征根,所以方程组(4.5.7)特解形式为

$$
\boldsymbol{x}_p(t) = \boldsymbol{u} + t\boldsymbol{v},
$$

其中,$\boldsymbol{u}$ 与 $\boldsymbol{v}$ 待定. 把 $\boldsymbol{x}_p(t)$代入式(4.5.8)得

$$
\frac{\mathrm{d}}{\mathrm{d}t}(\boldsymbol{u} + t\boldsymbol{v}) = \boldsymbol{A}(\boldsymbol{u} + t\boldsymbol{v}) + (\boldsymbol{a} + t\boldsymbol{b}),
$$

即有

$$
\boldsymbol{v} = (\boldsymbol{A}\boldsymbol{u} + \boldsymbol{a}) + t(\boldsymbol{A}\boldsymbol{v} + \boldsymbol{b}). \tag{4.5.9}
$$

比较式(4.5.9)左右两边 t 的同次幂的系数得

$$\boldsymbol{A}\boldsymbol{v}+\boldsymbol{b}=\boldsymbol{0},\quad \boldsymbol{A}\boldsymbol{u}+\boldsymbol{a}=\boldsymbol{v},\tag{4.5.10}$$

求解得

$$\boldsymbol{v}=-\boldsymbol{A}^{-1}\boldsymbol{b}=\begin{bmatrix}1\\2\end{bmatrix},\quad \boldsymbol{u}=\boldsymbol{A}^{-1}(\boldsymbol{v}-\boldsymbol{a})=\begin{bmatrix}0\\-1\end{bmatrix}.$$

因此,方程组(4.5.7)的特解为

$$\boldsymbol{x}_p(t)=\boldsymbol{u}+t\boldsymbol{v}=\begin{bmatrix}t\\-1+2t\end{bmatrix},$$

故原方程组的通解为

$$\boldsymbol{x}(t)=\boldsymbol{\Phi}(t)c+\boldsymbol{x}_p(t)=\begin{bmatrix}c_1\mathrm{e}^t+c_2\mathrm{e}^{-2t}+t\\c_1\mathrm{e}^t-2c_2\mathrm{e}^{-2t}+2t-1\end{bmatrix}.$$

解法3(线性变换法)　由解法1知方程组(4.5.7)的系数矩阵 $\boldsymbol{A}$ 的特征根为 $\lambda_1=1$ 和 $\lambda_2=-2$,相应的特征向量分别为 $\boldsymbol{\alpha}_1=(1,1)^{\mathrm{T}}$,$\boldsymbol{\alpha}_2=(1,-2)^{\mathrm{T}}$. 由特征向量构成的矩阵 $\boldsymbol{T}$ 及其逆矩阵 $\boldsymbol{T}^{-1}$ 分别为

$$\boldsymbol{T}=\begin{bmatrix}1&1\\1&-2\end{bmatrix},\quad \boldsymbol{T}^{-1}=\frac{1}{3}\begin{bmatrix}2&1\\1&-1\end{bmatrix}.$$

作变换 $\boldsymbol{x}=\boldsymbol{T}\boldsymbol{y}$,并代入方程组(4.5.7)得

$$\boldsymbol{y}'=\boldsymbol{T}^{-1}\boldsymbol{A}\boldsymbol{T}\boldsymbol{y}+\boldsymbol{T}^{-1}\begin{bmatrix}2-2t\\1\end{bmatrix}=\begin{bmatrix}1&0\\0&-2\end{bmatrix}\boldsymbol{y}+\frac{1}{3}\begin{bmatrix}5-4t\\1-2t\end{bmatrix}.$$

因此有

$$y_1'=y_1+\frac{1}{3}(5-4t),\quad y_2'=-2y_2+\frac{1}{3}(1-2t).$$

解上述方程得

$$\boldsymbol{y}=\begin{bmatrix}y_1\\y_2\end{bmatrix}=\begin{bmatrix}c_1\mathrm{e}^t+\frac{1}{3}(4t-1)\\c_2\mathrm{e}^{-2t}+\frac{1}{3}(1-t)\end{bmatrix},$$

进而得到方程组(4.5.7)的通解

$$\boldsymbol{x}(t)=\boldsymbol{T}\boldsymbol{y}=\begin{bmatrix}1&1\\1&-2\end{bmatrix}\begin{bmatrix}c_1\mathrm{e}^t+\frac{1}{3}(4t-1)\\c_2\mathrm{e}^{-2t}+\frac{1}{3}(1-t)\end{bmatrix}$$

$$=\begin{bmatrix} c_1 e^t + c_2 e^{-2t} + t \\ c_1 e^t - 2c_2 e^{-2t} + 2t - 1 \end{bmatrix}.$$

解法 4(消元法) 把方程组(4.5.7)写为

$$\begin{cases} x_1' = x_2 + 2 - 2t, \\ x_2' = 2x_1 - x_2 + 1. \end{cases} \tag{4.5.11}$$

由(4.5.11)的第一个方程得

$$x_2 = x_1' + 2t - 2. \tag{4.5.12}$$

将(4.5.12)代入(4.5.11)第二个方程得

$$x_1'' + x_1' - 2x_1 = 1 - 2t. \tag{4.5.13}$$

求解方程(4.5.13)得其通解为

$$x_1 = c_1 e^t + c_2 e^{-2t} + t. \tag{4.5.14}$$

将(4.5.14)代入(4.5.12)得

$$x_2(t) = c_1 e^t - 2c_2 e^{-2t} + 2t - 1,$$

因而得原方程组通解的向量形式为

$$\boldsymbol{x}(t) = \begin{bmatrix} c_1 e^t + c_2 e^{-2t} + t \\ c_1 e^t - 2c_2 e^{-2t} + 2t - 1 \end{bmatrix}.$$

习 题 4.5

1. 用常数变易法求下列非齐次线性方程组的通解：

(1) $\boldsymbol{x}' = \begin{bmatrix} -2 & -4 \\ -1 & 1 \end{bmatrix}\boldsymbol{x} + \begin{bmatrix} 1+4t \\ \frac{3}{2}t^2 \end{bmatrix}$； (2) $\boldsymbol{x}' = \begin{bmatrix} 3 & -\frac{1}{2} \\ 0 & 2 \end{bmatrix} + \begin{bmatrix} -3t^2 - \frac{1}{2}t + \frac{3}{2} \\ -2t+1 \end{bmatrix}$；

(3) $\boldsymbol{x}' = \begin{bmatrix} 0 & -2 \\ 2 & 0 \end{bmatrix}\boldsymbol{x} + \begin{bmatrix} 3 \\ -2t \end{bmatrix}$； (4) $\boldsymbol{x}' = \begin{bmatrix} 0 & 1 \\ 1 & 0 \end{bmatrix}\boldsymbol{x} + \begin{bmatrix} 0 \\ e^t - e^{-t} \end{bmatrix}$；

(5) $\boldsymbol{x}' = \begin{bmatrix} -5 & -1 \\ 1 & -3 \end{bmatrix}\boldsymbol{x} + \begin{bmatrix} e^t \\ e^{2t} \end{bmatrix}$； (6) $\boldsymbol{x}' = \begin{bmatrix} 2 & 1 & -2 \\ -1 & 0 & 0 \\ 1 & 1 & -1 \end{bmatrix}\boldsymbol{x} + \begin{bmatrix} 2-t \\ 1 \\ 1-t \end{bmatrix}$；

(7) $\boldsymbol{x}' = \begin{bmatrix} -1 & 1 & 1 \\ 1 & -1 & 1 \\ 1 & 1 & 1 \end{bmatrix}\boldsymbol{x} + \begin{bmatrix} e^t \\ e^{3t} \\ 4 \end{bmatrix}$； (8) $\boldsymbol{x}' = \begin{bmatrix} -1 & -1 & 0 \\ 0 & -1 & -1 \\ 0 & 0 & -1 \end{bmatrix}\boldsymbol{x} + \begin{bmatrix} t^2 \\ 2t \\ t \end{bmatrix}$.

2. 用待定系数法求下列方程组的通解：

(1) $\boldsymbol{x}'=\begin{bmatrix}5 & -3\\1 & 1\end{bmatrix}\boldsymbol{x}+\begin{bmatrix}2\mathrm{e}^{3t}\\5\mathrm{e}^{-t}\end{bmatrix}$；　　(2) $\boldsymbol{x}'=\begin{bmatrix}2 & -4\\1 & -3\end{bmatrix}\boldsymbol{x}+\begin{bmatrix}0\\3\mathrm{e}^{t}\end{bmatrix}$；

(3) $\boldsymbol{x}'=\begin{bmatrix}1 & 2\\2 & -2\end{bmatrix}\boldsymbol{x}+\begin{bmatrix}16t\mathrm{e}^{t}\\0\end{bmatrix}$；　　(4) $\boldsymbol{x}'=\begin{bmatrix}2 & 3\\3 & 2\end{bmatrix}\boldsymbol{x}+\begin{bmatrix}5t\\8\mathrm{e}^{t}\end{bmatrix}$；

(5) $\boldsymbol{x}'=\begin{bmatrix}1 & 1\\3 & -1\end{bmatrix}\boldsymbol{x}+\begin{bmatrix}1+\mathrm{e}^{t}\\0\end{bmatrix}$；　　(6) $\boldsymbol{x}'=\begin{bmatrix}-9 & 19 & 4\\-3 & 7 & 1\\-7 & 17 & 2\end{bmatrix}\boldsymbol{x}+\begin{bmatrix}1\\0\\0\end{bmatrix}$；

(7) $\boldsymbol{x}'=\begin{bmatrix}16 & 14 & 38\\-9 & -7 & -18\\-4 & -4 & -11\end{bmatrix}\boldsymbol{x}+\begin{bmatrix}-2\\-3\\2\end{bmatrix}\mathrm{e}^{-t}$.

3. 用线性变换法求解下列方程组：

(1) $\begin{cases}\dfrac{\mathrm{d}x}{\mathrm{d}t}=-3x+2y+1,\\[2mm]\dfrac{\mathrm{d}y}{\mathrm{d}t}=-3x+4y-1;\end{cases}$

(2) $\begin{cases}x'=-x+y+z+\mathrm{e}^{t},\\y'=x-y+z+\mathrm{e}^{3t},\\z'=x+y+z+4,\end{cases}\quad x(0)=y(0)=z(0)=0.$

4. 试证用变换 $x=\mathrm{e}^{t}$，可将方程组

$$\frac{\mathrm{d}\boldsymbol{y}}{\mathrm{d}x}=\frac{1}{x}(\boldsymbol{A}\boldsymbol{y}+\boldsymbol{Q}(x))$$

化为常系数线性方程组，其中，$\boldsymbol{A}$ 是常数矩阵.

5. 用习题 4 的方法求解方程组

$$t\boldsymbol{x}'=\begin{bmatrix}0 & 1 & 1\\1 & 0 & 1\\1 & 1 & 0\end{bmatrix}\boldsymbol{x}+\begin{bmatrix}t\\0\\1\end{bmatrix}.$$

c6. 用 Maple 求解方程组

(1) $\begin{cases}\dot{x}=\dfrac{1}{2}x-y+t^{2},\\[2mm]\dot{y}=x+3y-t;\end{cases}$　　(2) $\begin{cases}\dot{x}=-2x+\mathrm{e}^{-2t}\cos t,\\\dot{y}=5x+3y;\end{cases}$

(3) $\begin{cases}\dot{x}=x-2y+10\cos t,\\\dot{y}=3x-4y-5\sin t.\end{cases}$

4.6　微分方程组应用举例

微分方程组在工程技术中的应用是非常广泛的，涉及的领域有机械、电工技

术、通信、医学等许多领域. 下面给出几个例子,用以阐述关于微分方程组的实际应用及其建模思想.

4.6.1 两个弹簧和物体的竖直运动

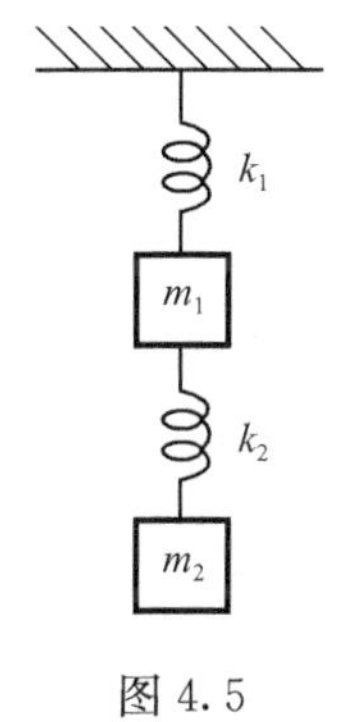

图 4.5

如图 4.5 所示的两个弹性系数分别 k_1 和 k_2 的轻弹簧上悬挂着质量为 m_1 和 m_2 的重物. 记 t 时刻 m_1 和 m_2 的位置坐标分别为 $x_1(t)$ 和 $x_2(t)$,取开始时弹力和重力处于平衡状态时 m_1 和 m_2 的位置分别为 x_1 和 x_2 的坐标原点,坐标轴的正向朝下. 现在分别将 m_1 和 m_2 拉到 x_{10} 和 x_{20} 的位置,放手让其运动,利用微分方程组来描述该系统的运动规律.

当 m_1 和 m_2 分别位于 x_1 和 x_2 处时,弹簧 k_1(离开平衡位置)的伸长量为 x_1,弹簧 k_2 的伸长量为 x_2-x_1. m_1 所受的力为 $k_2(x_2-x_1)-k_1x_1$, m_2 所受的力为 $-k_2(x_2-x_1)$. 由运动定理得 m_1 和 m_2 满足的方程为

$$
\begin{aligned}
&m_1\frac{\mathrm{d}^2x_1}{\mathrm{d}t^2}=k_2(x_2-x_1)-k_1x_1,\\
&m_2\frac{\mathrm{d}^2x_2}{\mathrm{d}t^2}=-k_2(x_2-x_1),\\
&x_1(0)=x_{10},\quad x_1'(0)=0,\\
&x_2(0)=x_{20},\quad x_2'(0)=0
\end{aligned}
$$

在这里,所选取的坐标系使得重力与平衡状态下弹簧的拉力相抵消,故重力没有明显地出现在运动方程中. 关于 $x_1(t)$ 和 $x_2(t)$ 的方程是二阶常微分方程组. 引入变量

$$
x_1=y_1,\quad x_1'=y_2,\quad x_2=y_3,\quad x_2'=y_4.
$$

将原方程组化为下面的一阶常微分方程组的初始值问题:

$$
\begin{aligned}
&\frac{\mathrm{d}y_1}{\mathrm{d}t}=y_2,\quad \frac{\mathrm{d}y_2}{\mathrm{d}t}=-\frac{k_1+k_2}{m_1}y_1+\frac{k_2}{m_1}y_3,\\
&\frac{\mathrm{d}y_3}{\mathrm{d}t}=y_4,\quad \frac{\mathrm{d}y_4}{\mathrm{d}t}=\frac{k_2}{m_2}y_1-\frac{k_2}{m_2}y_3,\\
&y_1(0)=x_{10},\quad y_2(0)=0,\quad y_3(0)=x_{20},\quad y_4(0)=0.
\end{aligned}
\tag{4.6.1}
$$

这是一个四维的一阶常系数线性方程组,可以对其求解. 由于这些参数值不确定性方程组解的表达式十分复杂,对 $m_1=m_2=k_1=k_2=1$ 和 $x_{10}=x_{20}=10$ 的情况下求得的解为

$$
\begin{aligned}
y_1(t) &= (5+\sqrt{5})\cos\frac{\sqrt{5}-1}{2}t+(5-\sqrt{5})\cos\frac{\sqrt{5}+1}{2}t,\\
y_2(t) &= -2\sqrt{5}\sin\frac{\sqrt{5}-1}{2}t-2\sqrt{5}\sin\frac{\sqrt{5}+1}{2}t,\\
y_3(t) &= (5+3\sqrt{5})\cos\frac{\sqrt{5}-1}{2}t+(5-3\sqrt{5})\cos\frac{\sqrt{5}+1}{2}t,\\
y_4(t) &= -(5+\sqrt{5})\sin\frac{\sqrt{5}-1}{2}t+(5-\sqrt{5})\sin\frac{\sqrt{5}+1}{2}t.
\end{aligned}
\tag{4.6.2}
$$

由于 $x_1=y_1, x_2=y_3$，式(4.6.2)中的 $y_1(t)$ 和 $y_2(t)$ 就是 m_1 和 m_2 的运动方程. $x_1=y_1(t)$ 和 $x_2=y_2(t)$ 的图形分别在图 4.6(a)，图 4.6(b)中给出.

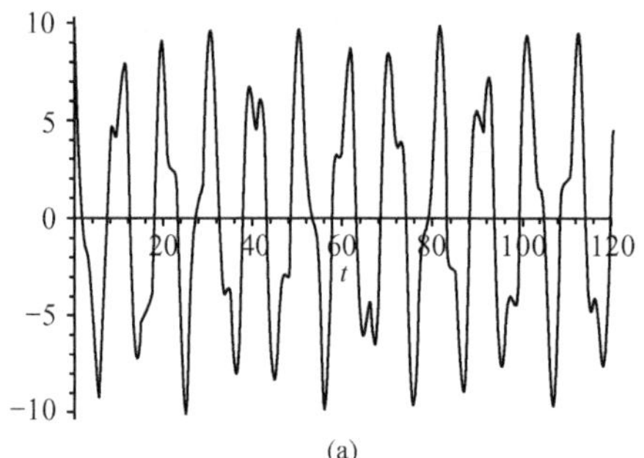

(a)

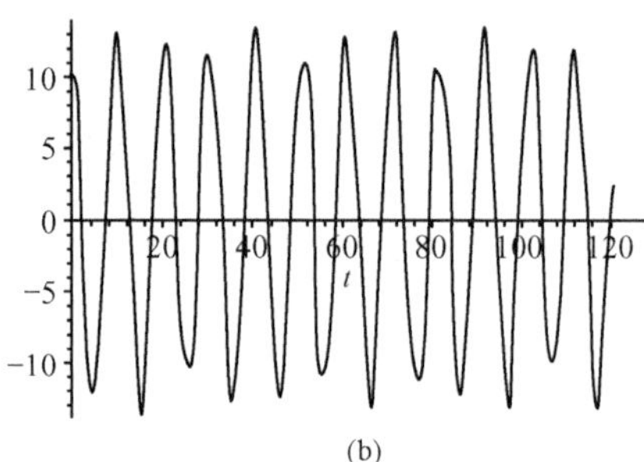

(b)

图 4.6

4.6.2　复杂电路的计算

在由电阻、电感和电源等组成的多回路的复杂电路中，可以通过回路电压定律和节点电流定律建立起描述各支路中电流所满足的方程组. 通过求解而得到电流的变化规律. 考虑图 4.7 所示的复杂电路中电流的变化规律.

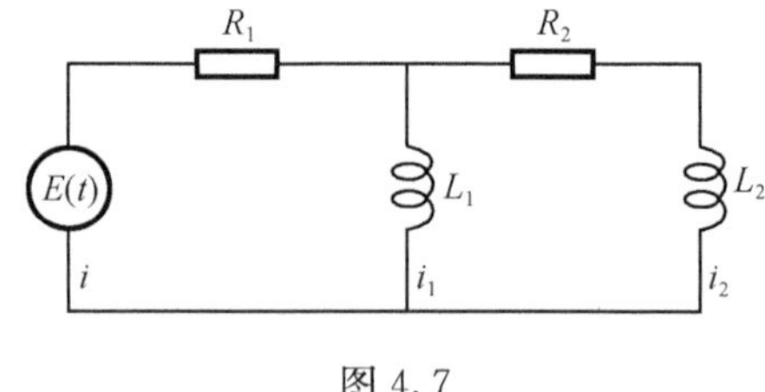

图 4.7

设零时刻电路中没有电流，由节点电流定律和回路电压定律得到下列方程：

$$
i=i_1+i_2,\quad R_1 i+L_1\frac{\mathrm{d}i_1}{\mathrm{d}t}=E(t),\quad R_2 i_2+L_2\frac{\mathrm{d}i_2}{\mathrm{d}t}=L_1\frac{\mathrm{d}i_1}{\mathrm{d}t}.
$$

将 $i=i_1+i_2$ 代入中间方程，再整理后得

$$
\begin{cases}
\dfrac{\mathrm{d}i_1}{\mathrm{d}t}=-\dfrac{R_1}{L_1}i_1-\dfrac{R_1}{L_1}i_2+\dfrac{E(t)}{L_1},\\[2mm]
\dfrac{\mathrm{d}i_2}{\mathrm{d}t}=-\dfrac{R_1}{L_2}i_1-\dfrac{R_1+R_2}{L_2}i_2+\dfrac{E(t)}{L_2}.
\end{cases}
\tag{4.6.3}
$$

如果取 $E(t)=30(\mathrm{V}), R_1=10(\Omega), L_1=0.2(\mathrm{H}), R_2=20(\Omega), L_2=0.4(\mathrm{H})$，$i_1(0)=0, i_2(0)=0$. 将这些参数和初始值代入(4.6.3)后得微分方程组的初始值问题

$$\begin{cases}\dfrac{\mathrm{d}i_1}{\mathrm{d}t}=-50i_1-50i_2+150, & i_1(0)=0,\\ \dfrac{\mathrm{d}i_2}{\mathrm{d}t}=-25i_1-75i_2+75, & i_2(0)=0.\end{cases}$$

求解该初始值问题得到

$$i_1(t)=3-\mathrm{e}^{-100t}-2\mathrm{e}^{-25t},\quad i_2(t)=-\mathrm{e}^{-100t}+\mathrm{e}^{-25t}.$$

由解的表达式看出 $i_1(t)$很快会趋于 3，而 $i_2(t)$很快会衰减到零. 如果将(4.6.3)中的电源改为 $E(t)=30\sin t$，保持其他参数和初值不变，用类似的方法求解后得

$$i_1(t)=\frac{25}{313}\mathrm{e}^{-25t}+\frac{100}{10001}\mathrm{e}^{-100t}+\frac{9380625}{3130313}\sin t+\frac{281325}{6260626}\cos t,$$

$$i_2(t)=-\frac{25}{626}\mathrm{e}^{-25t}+\frac{100}{10001}\mathrm{e}^{-100t}+\frac{187425}{6260626}\cos t+\frac{9375}{6260626}\sin t.$$

$i_1(t)$和 $i_2(t)$都会很快超于一个周期函数，但 $i_1(t)$的振幅比 $i_2(t)$的振幅要大很多.

4.6.3 人造卫星的轨道方程

已经知道人造卫星在最后一段运载火箭熄灭之后，即进入它的轨道，轨道的形状因发射角度和发射速度的不同，而分别出现椭圆、抛物线或双曲线. 下面来讨论这些问题.

地球与人造卫星是相互吸引的，但因二者的质量相差很大，因此，可假设地球是不动的. 又因人造卫星的体积与地球相比是很小的，故可把它看成质点. 为简单起见，不考虑太阳、月亮和其他星球的作用，并略去空气阻力.

在上面的假设下，可把问题归结为：从地球表面上一点 A，以倾角 α，初速度 v_0 射出一质量为 m 的物体，如图 4.8 所示，求此物体运动的轨道方程.

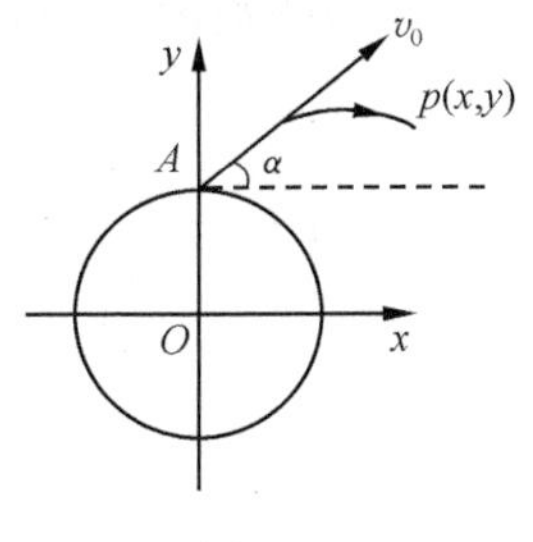

图 4.8

过发射点 A 和地心 O 的直线作 y 轴，y 轴与发射方向所成的平面为 xOy 平面，平面通过地心，取垂直于 y 轴且过地心的直线为 x 轴，取开始发射时间为 $t=0$，经过时间 t 后，卫星位于点 $p(x,y)$，下面建立 x 和 y 所满足的方程.

根据万有引力定律，地球对卫星的引力大小为

$$F=-f\frac{mM}{x^2+y^2},$$

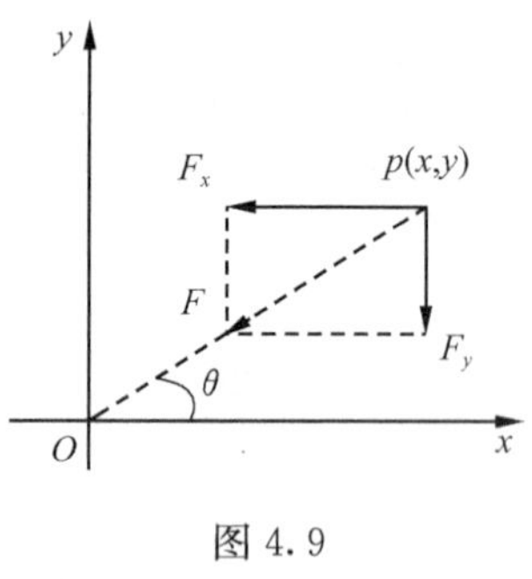

图 4.9

其方向指向地心,其中,f 是引力系数,$f=6.685\times10^{-20}\text{km}^3/\text{kg}\cdot\text{s}^2$,$M$ 是地球质量,$M=5.98\times10^{24}\text{kg}$,$\sqrt{x^2+y^2}$是地球与卫星间的距离. 如图 4.9 所示,这个引力在 x,y 轴方向上的分力分别为

$$F_x=F\cos\theta=-\frac{fmMx}{(x^2+y^2)^{3/2}},$$

$$F_y=F\sin\theta=-\frac{fmMy}{(x^2+y^2)^{3/2}}.$$

卫星在 x,y 轴上所获得的分加速度分别为$\frac{\mathrm{d}^2x}{\mathrm{d}t^2}$和$\frac{\mathrm{d}^2y}{\mathrm{d}t^2}$. 由牛顿第二定律得到卫星的运动方程为

$$\begin{cases}m\dfrac{\mathrm{d}^2x}{\mathrm{d}t^2}=-\dfrac{fmMx}{(x^2+y^2)^{3/2}},\\ m\dfrac{\mathrm{d}^2y}{\mathrm{d}t^2}=-\dfrac{fmMy}{(x^2+y^2)^{3/2}}.\end{cases}\tag{4.6.4}$$

当 $t=0$ 时,卫星在地表面以倾角 α,初速度 v_0 射出,所以在 $t=0$ 时,$x(0)=0$,$y(0)=R$($R=6370\text{km}$ 为地球半径). 卫星的初速度在 x,y 轴上的分量分别为

$$\left.\frac{\mathrm{d}x}{\mathrm{d}t}\right|_{t=0}=v_0\cos\alpha,\quad \left.\frac{\mathrm{d}y}{\mathrm{d}t}\right|_{t=0}=v_0\sin\alpha.$$

因此,初始条件为

$$x(0)=0,\quad y(0)=R,\quad \left.\frac{\mathrm{d}x}{\mathrm{d}t}\right|_{t=0}=v_0\cos\alpha,\quad \left.\frac{\mathrm{d}y}{\mathrm{d}t}\right|_{t=0}=v_0\sin\alpha.\tag{4.6.5}$$

下面利用首次积分法来求方程组(4.6.4)满足初始条件(4.6.5)的解. 将方程(4.6.4)两端消去 m 后,以 y 乘第一个方程,以 x 乘第二个方程. 然后相减得

$$y\frac{\mathrm{d}^2x}{\mathrm{d}t^2}-x\frac{\mathrm{d}^2y}{\mathrm{d}t^2}=0.$$

因为

$$\frac{\mathrm{d}}{\mathrm{d}t}\left(x\frac{\mathrm{d}y}{\mathrm{d}t}-y\frac{\mathrm{d}x}{\mathrm{d}t}\right)=x\frac{\mathrm{d}^2y}{\mathrm{d}t^2}-y\frac{\mathrm{d}^2x}{\mathrm{d}t^2},$$

故有

$$\frac{\mathrm{d}}{\mathrm{d}t}\left(x\frac{\mathrm{d}y}{\mathrm{d}t}-y\frac{\mathrm{d}x}{\mathrm{d}t}\right)=0.$$

对上式两边积分得首次积分为

$$x\frac{\mathrm{d}y}{\mathrm{d}t}-y\frac{\mathrm{d}x}{\mathrm{d}t}=c_1.$$

再以$\frac{\mathrm{d}x}{\mathrm{d}t}$乘方程组(4.6.4)中第一个方程,以$\frac{\mathrm{d}y}{\mathrm{d}t}$乘第二个方程,然后两式相加得

$$\frac{\mathrm{d}x}{\mathrm{d}t}\frac{\mathrm{d}^2x}{\mathrm{d}t^2}+\frac{\mathrm{d}y}{\mathrm{d}t}\frac{\mathrm{d}^2y}{\mathrm{d}t^2}=-\frac{fM}{(x^2+y^2)^{3/2}}\left(x\frac{\mathrm{d}x}{\mathrm{d}t}+y\frac{\mathrm{d}y}{\mathrm{d}t}\right).$$

由于

$$\frac{\mathrm{d}}{\mathrm{d}t}\left[\left(\frac{\mathrm{d}x}{\mathrm{d}t}\right)^2+\left(\frac{\mathrm{d}y}{\mathrm{d}t}\right)^2\right]=2\left(\frac{\mathrm{d}x}{\mathrm{d}t}\frac{\mathrm{d}^2x}{\mathrm{d}t^2}+\frac{\mathrm{d}y}{\mathrm{d}t}\frac{\mathrm{d}^2y}{\mathrm{d}t^2}\right)$$

及

$$\frac{\mathrm{d}}{\mathrm{d}t}\left[\frac{2fM}{(x^2+y^2)^{1/2}}\right]=-\frac{2fM}{(x^2+y^2)^{3/2}}\left(x\frac{\mathrm{d}x}{\mathrm{d}t}+y\frac{\mathrm{d}y}{\mathrm{d}t}\right),$$

从而得

$$\frac{\mathrm{d}}{\mathrm{d}t}\left[\left(\frac{\mathrm{d}x}{\mathrm{d}t}\right)^2+\left(\frac{\mathrm{d}y}{\mathrm{d}t}\right)^2\right]=\frac{\mathrm{d}}{\mathrm{d}t}\left[\frac{2fM}{\sqrt{x^2+y^2}}\right],$$

积分得到另一首次积分

$$\left(\frac{\mathrm{d}x}{\mathrm{d}t}\right)^2+\left(\frac{\mathrm{d}y}{\mathrm{d}t}\right)^2=\frac{2fM}{(x^2+y^2)^{1/2}}+c_2.$$

于是,原方程组(4.6.4)降为较低阶的方程组

$$\begin{cases} x\dfrac{\mathrm{d}y}{\mathrm{d}t}-y\dfrac{\mathrm{d}x}{\mathrm{d}t}=c_1, \\ \left(\dfrac{\mathrm{d}x}{\mathrm{d}t}\right)^2+\left(\dfrac{\mathrm{d}y}{\mathrm{d}t}\right)^2=\dfrac{2fM}{(x^2+y^2)^{1/2}}+c_2. \end{cases} \tag{4.6.6}$$

作极坐标变换,$x=r\cos\theta$,$y=r\sin\theta$,并求导得

$$\begin{cases} \dfrac{\mathrm{d}x}{\mathrm{d}t}=\dfrac{\mathrm{d}r}{\mathrm{d}t}\cos\theta-r\sin\theta\dfrac{\mathrm{d}\theta}{\mathrm{d}t}, \\ \dfrac{\mathrm{d}y}{\mathrm{d}t}=\dfrac{\mathrm{d}r}{\mathrm{d}t}\sin\theta+r\cos\theta\dfrac{\mathrm{d}\theta}{\mathrm{d}t}. \end{cases} \tag{4.6.7}$$

将它们代入(4.6.6)得

$$\begin{cases} r^2\dfrac{\mathrm{d}\theta}{\mathrm{d}t}=c_1, \\ \left(\dfrac{\mathrm{d}r}{\mathrm{d}t}\right)^2+r^2\left(\dfrac{\mathrm{d}\theta}{\mathrm{d}t}\right)^2=\dfrac{2fM}{r}+c_2. \end{cases} \tag{4.6.8}$$

两式联立消去$\frac{d\theta}{dt}$得

$$\frac{dr}{dt}=\sqrt{c_2+\frac{2fM}{r}-\frac{c_1^2}{r^2}}. \tag{4.6.9}$$

这里得到一个仅含一个未知函数 $r=r(t)$的一阶微分方程，若由此解出 $r=r(t)$，代入(4.6.8)中第一式，便可确定 $\theta=\theta(t)$，由此得到

$$\begin{cases} r=r(t), \\ \theta=\theta(t). \end{cases}$$

这就是卫星运动轨道的极坐标参数方程. 若将参数 t 消去，便得出卫星运动轨道的极坐标方程.

为此，由(4.6.8)的第一式求得 $dt=\frac{r^2}{c_1}d\theta$，并代入(4.6.9)得

$$\frac{dr}{d\theta}=\frac{r^2}{c_1}\sqrt{c_2+\frac{2fM}{r}-\frac{c_1^2}{r^2}}.$$

利用分离变量法求该方程的解得

$$\frac{\frac{1}{r}-\frac{fM}{c_1^2}}{\left[\frac{c_2}{c_1^2}+\left(\frac{fM}{c_1^2}\right)^2\right]^{1/2}}=\cos(\theta-c),$$

整理得

$$\frac{1}{r}=\frac{fM}{c_1^2}+\left[\frac{c_2}{c_1^2}+\left(\frac{fM}{c_1^2}\right)^2\right]^{1/2}\cos(\theta-c).$$

令 $p=\frac{c_1^2}{fM}$，$e=\sqrt{1+\frac{c_2c_1^2}{(fM)^2}}$，则上式化为

$$\frac{1}{r}=\frac{1}{p}+\frac{1}{p}e\cos(\theta-c)$$

或

$$r=\frac{p}{1+e\cos(\theta-c)}. \tag{4.6.10}$$

这就是所求的卫星运动轨道的极坐标方程，其中，有三个任意常数 p,e,c(或 c_1,c_2,c)，它们可由初始条件(4.6.5)确定. 注意到当 $t=0$ 时，$x(0)=0$，$y(0)=R$，因此，$r(0)=R$，$\theta(0)=\frac{\pi}{2}$，并且由(4.6.5)及(4.6.7)知$\left.\frac{dr}{dt}\right|_{t=0}=v_0\sin\alpha$，$\left.\frac{d\theta}{dt}\right|_{t=0}=-\frac{v_0}{R}\cos\alpha$，把它们代入(4.6.8)及(4.6.10)得

$$\begin{cases} c_1 = -Rv_0\cos\alpha, \\ c_2 = v_0^2 - \dfrac{2fM}{R}, \\ \sin c = \dfrac{\dfrac{p}{R}-1}{e}. \end{cases} \tag{4.6.11}$$

已经知道式(4.6.10)是圆锥曲线的极坐标方程. 当 $e=0$ 时,轨道是圆;当 $0<e<1$ 时,轨道是椭圆;当 $e=1$ 时,轨道是抛物线;当 $e>1$ 时,轨道是双曲线.

下面进一步讨论卫星发射的初速度与卫星轨道形状的关系.

因为 $e=\sqrt{1+\frac{c_2c_1^2}{(fM)^2}}$,故 $e^2=1+\frac{c_2c_1^2}{(fM)^2}$. 将式(4.6.11)中的 c_1,c_2 代入此式,并整理得

$$e^2 = \left(1-\frac{Rv_0^2\cos^2\alpha}{fM}\right)^2 + \frac{R^2v_0^4\cos^2\alpha\sin^2\alpha}{(fM)^2}. \tag{4.6.12}$$

注意到式(4.6.11)及 $p=\frac{c_1^2}{fM}=\frac{R^2v_0^2\cos^2\alpha}{fM}$,故式(4.6.12)可化为

$$e^2 = \left(1-\frac{p}{R}\right)^2 + \frac{p^2}{R^2}\tan^2\alpha.$$

因此,当 $e=0$ 时得 $\frac{p}{R}=1$,$\tan\alpha=0$. 于是

$$p = \frac{R^2v_0^2\cos^2\alpha}{fM} = \frac{R^2v_0^2}{fM} = R, \quad 即\ v_0^2 = \frac{fM}{R}.$$

把地球半径 R,质量 M 及引力常数 f 的具体数值代入上式,并计算得

$$v_0^2 = 62.76(\mathrm{km/s})^2, \quad 即\ v_0 = 7.9\mathrm{km/s}.$$

$v_0=7.9\mathrm{km/s}$ 称为**第一宇宙速度**,此时卫星的轨道是一个圆,当 $e=1$ 时,由(4.6.12)得

$$v_0^2 - \frac{2fM}{R} = 0, \quad 即\ v_0 = \sqrt{\frac{2fM}{R}}.$$

所求速度是第一宇宙速度的$\sqrt{2}$倍,即 $v_0=11.2\mathrm{km/s}$,称为**第二宇宙速度**,它的轨道是抛物线.

当 $0<e<1$ 时,因为 $e<1$,由式(4.6.12)可知

$$v_0^2 - \frac{2fM}{R} < 0, \quad v_0 < \sqrt{\frac{2fM}{R}}.$$

这表明当初速度小于第二宇宙速度时，卫星轨道是一个椭圆.

当 $e>1$ 时，由式(4.6.12)可得

$$v_0>\sqrt{\frac{2fM}{R}}.$$

因此，当初速度大于第二宇宙速度时，它的轨道是双曲线(一支).

习　题　4.6

1. 飞机在空中沿水平方向飞行，初速度为 v_0，重为 mg 的炸弹从飞机上抛出，设空气阻力为常数 R，试求炸弹的运动规律.

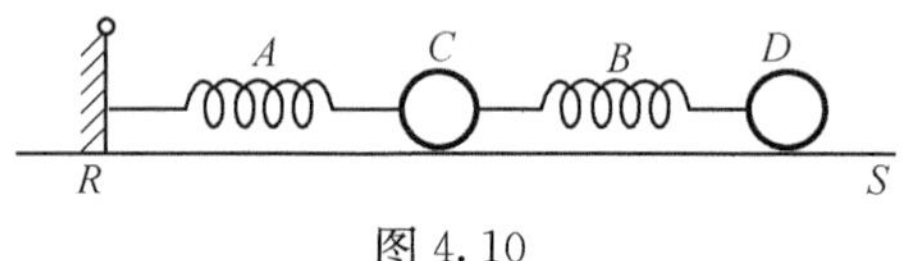

图 4.10

2. 考虑两个弹簧连接的振动，如图 4.10 所示. 设系统由两个弹簧 A，B 系上两个物体 C，D 组成. 弹簧 A 的一端固定于定点 O，设两个弹簧的弹性系数同为 $k>0$，两个物体的质量同为 m，忽略阻力不计. 系统在弹簧的弹性力作用下，沿水平轴 Ox 轴做微幅振动，试求其运动规律.

3. 炮弹由炮筒射出时，其初速度为 160m/s，发射角为 60°，不计空气阻力.

(1) 求炮弹在任意时刻的位置；

(2) 求射程、最大高度和飞行时间；

(3) 确定在 2s 末和 4s 末炮弹的位置和速度.

4. 一电路如图 4.11 所示，$E=60\text{V}$，假设当 $t=0$ 时，$I_1=I_2=0$，此时接通电路，试确定 I_1 和 I_2 随时间的变化规律，并求其稳态电流.

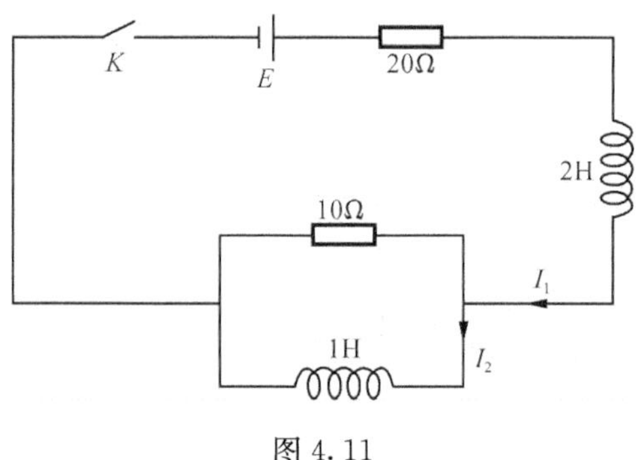

图 4.11

5. 图 4.12 所示的三个容器 V_1，V_2 和 V_3 中开始各有清水 20m^3，40m^3 和 50m^3. 现在分别从第一个容器的顶部以 $r=10\text{m}^3/\text{min}$ 的速率加入含盐率为 2kg/m^3 的盐水，同时将混合好的盐水从第一个容器中以同样的速率流出. 第一个容器中流出的盐水进入第二个容器，也从第二个容器中以同样的速率 r 将盐水排到第三个容器中，最后也是以同样的速率 r 从第三个容器中将盐水排出. 建立微分方程组求三个容器中含盐量随时间变化的关系.

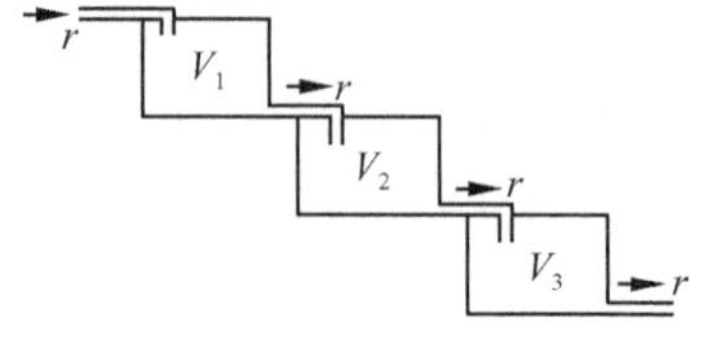

图 4.12

复 习 题 4

1. 已知函数向量组

$$\boldsymbol{x}_1(t)=\begin{bmatrix}x_{11}(t)\\x_{21}(t)\\\vdots\\x_{n1}(t)\end{bmatrix},\quad \boldsymbol{x}_2(t)=\begin{bmatrix}x_{12}(t)\\x_{22}(t)\\\vdots\\x_{n2}(t)\end{bmatrix},\quad \cdots,\quad \boldsymbol{x}_n(t)=\begin{bmatrix}x_{1n}(t)\\x_{2n}(t)\\\vdots\\x_{nn}(t)\end{bmatrix}.$$

试判断下列命题是否成立？为什么？

(1) 函数向量组 $\boldsymbol{x}_1,\boldsymbol{x}_2,\cdots,\boldsymbol{x}_n$ 在某区间上线性相关，则它的 Wronskian 行列式在该区间上恒等于零；

(2) 函数向量组 $\boldsymbol{x}_1,\boldsymbol{x}_2,\cdots,\boldsymbol{x}_n$ 在某区间上线性无关，则它的 Wronskian 行列式在该区间上恒不为零；

(3) 函数向量组的 Wronskian 行列式在某区间上恒为零，则函数向量组 $\boldsymbol{x}_1,\boldsymbol{x}_2,\cdots,\boldsymbol{x}_n$ 在该区间上线性相关；

(4) 函数向量组的 Wronskian 行列式在某区间上恒不为零，则函数向量组 $\boldsymbol{x}_1,\boldsymbol{x}_2,\cdots,\boldsymbol{x}_n$ 在该区间上线性无关.

2. 证明下列函数向量在其定义区间上线性无关，但它们的 Wronskian 行列式恒为零：

(1) $\begin{bmatrix}1\\0\\0\end{bmatrix},\begin{bmatrix}t\\1\\0\end{bmatrix},\begin{bmatrix}t^2\\t\\0\end{bmatrix}$；　　(2) $\begin{bmatrix}1\\3\\4\end{bmatrix}e^t,\begin{bmatrix}2\\-5\\-3\end{bmatrix}e^{2t},\begin{bmatrix}1\\2\\3\end{bmatrix}e^{3t}$.

3. 求以非奇异矩阵

$$\boldsymbol{\Phi}(t)=\begin{bmatrix}e^{2t}&-2e^{-t}&-2e^{-3t}\\-e^{2t}&-3e^{-t}&0\\0&2e^{-t}&e^{-3t}\end{bmatrix}$$

为基解矩阵的齐次线性微分方程组.

4. 设 $n\times n$ 函数矩阵 $\boldsymbol{A}_1(t),\boldsymbol{A}_2(t)$在 $a<t<b$ 上连续，证明如果系统 $\boldsymbol{x}'=\boldsymbol{A}_1(t)\boldsymbol{x}$ 与 $\boldsymbol{x}'=\boldsymbol{A}_2(t)\boldsymbol{x}$ 有相同的基本解组，则 $\boldsymbol{A}_1(t)=\boldsymbol{A}_2(t)(t\in(a,b))$.

5. 设方程 $\boldsymbol{x}'=\boldsymbol{A}(t)\boldsymbol{x}$ 中 $\boldsymbol{A}(t)$有周期 T，即 $\boldsymbol{A}(t+T)=\boldsymbol{A}(t)$，证明

(1) 若 $\boldsymbol{\Phi}(t)$为基解矩阵，则$\boldsymbol{\Phi}(t+kT)$也是基解矩阵，其中，k 为整数；

(2) 存在非奇异的方阵 $\boldsymbol{B}$，使得 $\boldsymbol{\Phi}(t+kT)=\boldsymbol{\Phi}(t)\boldsymbol{B}^k$.

6. 已知方程组

$$\begin{cases}\dfrac{dx}{dt}=\dfrac{1}{t}x-y+t,\\[2mm]\dfrac{dy}{dt}=\dfrac{1}{t^2}x+\dfrac{2}{t}y-t^2,\end{cases}\quad t>0$$

对应的齐次方程组有解，$x=t^2$，$y=-t$. 试求上述方程组的通解.

7. 求方程组

$$\begin{cases} \dfrac{dx_1}{dt}-\dfrac{dx_2}{dt}-\dfrac{dx_3}{dt}+x_1-2x_3=0, \\ \dfrac{dx_1}{dt}-\dfrac{dx_2}{dt}+\dfrac{dx_3}{dt}+x_1=0, \\ \dfrac{dx_1}{dt}+\dfrac{dx_2}{dt}-\dfrac{dx_3}{dt}+x_1+2x_2=0 \end{cases}$$

的通解.

8. 求方程组

$$\begin{cases} \dfrac{dx}{dt}=2x-y-z+e^t, \\ \dfrac{dy}{dt}=3x-2y-3z, \\ \dfrac{dz}{dt}=-x+y+2z \end{cases}$$

的特解.

9. 利用消元法求常系数齐次线性方程组

$$\begin{cases} \dot{x}=a_{11}x+a_{12}y, \\ \dot{y}=a_{21}x+a_{22}y \end{cases}$$

的解.

10. 用微分算子法求解下列方程组：

(1) $\begin{cases} x''+x'+y'-2y=0, \\ x'-y'+x=0; \end{cases}$　　(2) $\begin{cases} x'+x+y'=0, \\ x''-x+y''+y=0. \end{cases}$

11. 求下列方程组的通解：

(1) $\begin{cases} x'=3x-2y, \\ y'=4x-3y; \end{cases}$　　(2) $\begin{cases} x'=x-y, \\ y'=x+3y; \end{cases}$

(3) $\begin{cases} x'=-x+y, \\ y'=-4x+3y, \\ z'=x+2z; \end{cases}$　　(4) $\begin{cases} x'=-3x+48y-28z, \\ y'=-4x+40y-22z, \\ z'=-6x+57y-31z; \end{cases}$

(5) $\begin{cases} x'=x+y-z, \\ y'=-x+y+z, \\ z'=x-y+z; \end{cases}$　　(6) $\begin{cases} x'=-x-y, \\ y'=-z-y, \\ z'=-z. \end{cases}$

c12. 用 Maple 求解方程组

(1) $\begin{cases} x_1'=3x_1+2x_2+2x_3, \\ x_2'=x_1+4x_2+x_3, \\ x_3'=-2x_1-4x_2-x_3; \end{cases}$　　(2) $\begin{cases} y_1'=2y_1+y_2, \\ y_2'=-y_1+y_3, \\ y_3'=y_1+3y_2+y_3; \end{cases}$

(3) $\begin{cases} x_1'=2x_1+x_2, & x_1(0)=1, \\ x_2'=-x_1+x_3, & x_2(0)=1, \\ x_3'=x_1+3x_2+x_3, & x_3(0)=1; \end{cases}$　　(4) $\begin{cases} y_1'=y_1+y_2-3, & y_1(0)=0, \\ y_2'=-2y_1+3y_2+1, & y_2(0)=0. \end{cases}$

P13. 药物进入机体后，在随血液输送到各个器官和组织的过程中，不断被吸收、分布、代谢，最终排出体外. 药物在血液中的浓度，即单位体积血液（单位：mL）中药物含量（单位：mg 或 μg）称为血药浓度，它随时间和空间（机体的各部分）而变化. 研究药物在体内吸收、分布和排除的动态过程及这些过程与药理反应时间的定量关系是药物动力学的主要内容，其重要步骤是建立仓室模型（compartment model）. 所谓仓室是指肌体的一部分，药物在一个仓室内呈均匀分布，即血药浓度为常数，而在不同仓室之间按一定规律进行药物的转移. 这种简化假设已由临床试验证明是正确的，并为医学界和药理学界所接受. 图 4.13 所示是一个二室模型，其中，$c_i(t)$，$x_i(t)$ 和 v_i 分别表示第 $i(i=1,2)$ 室的血药浓度、药量和容积，k_{12} 和 k_{21} 是两室之间药物转移速度系数，k_{13} 是药物从中心室向体外排除的速率系数，$f_0(t)$ 是给药速率. 设转移速率及排除速率与该室的血药浓度成正比，与转移和排除的药量相比，药物的吸收可以忽略.

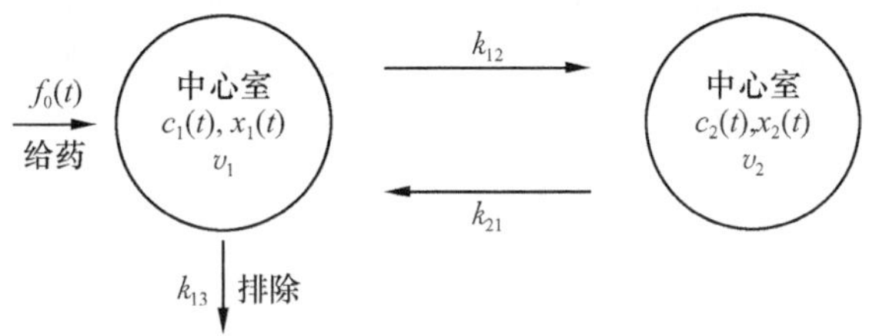

图 4.13

(1) 建立两个仓室中药量 $x_1(t)$ 和 $x_2(t)$ 满足的微分方程.

(2) 讨论在快速静脉注射方式下药量或血药浓度随时间变化的关系（提示：设在 $t=0$ 时瞬时将剂量 D_0 的药物输入中心室，则 $f_0(t)$ 和初始条件为 $f_0(t)=0, c_1(0)=\dfrac{D_0}{v_2}, c_2(0)=0$）.

(3) 在恒速静脉滴注情况下药量或血药浓度随时间变化的关系（提示：$f_0(t)=k_0, c_1(0)=0, c_2(0)=0$）.

P14. 铅是人体所含的微量元素之一，体内铅含量过多时就会引起铅中毒. 铅是一种重金属元素，通过食物、饮料、空气进入人体，经过呼吸和消化系统后进入血液，再经过血液循环慢慢进入人体和骨头中. 铅可以经过人体的排泄系统、通过出汗、剪头发、剪指甲排出体外.

根据铅在人体内的变化情况将人体分为血液、组织、骨头三个仓室，铅在这三个仓室中的转化关系如图 4.14 所示.

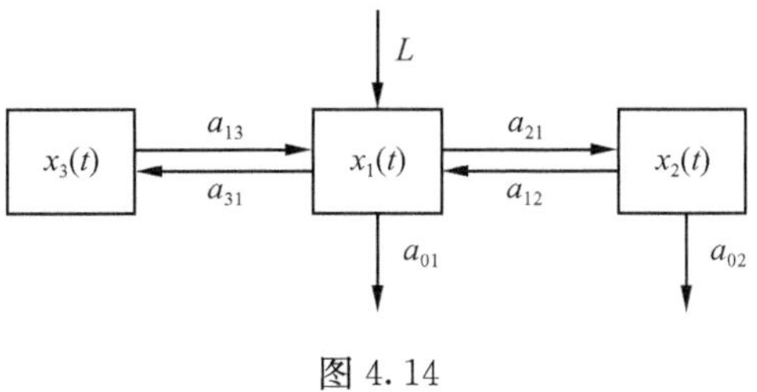

图 4.14

在图 4.14 中，$x_1(t)$ 表示 t 时刻血液中的含铅量，$x_2(t)$ 表示 t 时刻组织中的含铅量，$x_3(t)$ 表示 t 时刻骨头中的含铅量. 假设在单位时间内从环境经过消化、吸收系统进入血液的铅为 L，从血液进入组织、骨头的铅分别为 $a_{31}x_1(t)$ 和 $a_{21}x_1(t)$，从组织、骨头再进入血液的铅分别为 $a_{13}x_3(t)$，$a_{12}x_2(t)$，血液和组织向外界排出的铅分别为 $a_{01}x_1(t)$ 和 $a_{02}x_2(t)$.

(1) 根据前面的假设建立人体血液、组织和骨头中含铅量所满足的微分方程组，并求其通解.

(2) 取时间单位为天，对一个志愿者在一种环境中的生活情况进行测量、估计，得到系数如下：

$$a_{21}=0.011,\quad a_{12}=0.012,\quad a_{31}=0.0039,\quad a_{13}=0.000035,$$
$$a_{01}=0.021,\quad a_{02}=0.016,\quad L=49.3.$$

假设该志愿者开始时体内的含铅量为 0，求他体内血液、组织和骨头中含铅量随时间变化的关系，画出这些解曲线的图，并求当 $x\to+\infty$ 时这些函数的极限.

(3) 假设该志愿者在此环境中生活了 365 天后搬到了一个无铅的环境中去(不再有外界的铅进入体内，即 $L=0$)，再讨论他体内血液、组织和骨头中含铅量随时间变化的关系，并画出 $0\leqslant t\leqslant 1460$ 时这些含铅量曲线的图形.

第 5 章　非线性微分方程组

前两章已经系统地介绍了线性微分方程和线性微分方程组的相关理论和求解方法，这些结果对于解决实际问题是非常重要的，但对于绝大部分实际问题，这些知识是远远不够的，因为实际问题中所研究的对象往往是非常复杂的，单纯靠线性微分方程组是无法描述这种复杂性的. 线性模型往往是复杂问题的简化结果，那么这种简化是否揭示了实际问题的本质属性呢？如果不能，问题往往归结为非线性微分方程组，而非线性方程组能求出解析解的很少，需要进行数值计算或理论分析. 本章的主要内容就是介绍非线性微分方程的基本研究方法，其出发点是在无法求出解析解的情况下通过方程本身的形式来分析时间趋于无穷时解的性态.

5.1　非线性方程研究的例子与概念

本节先通过几个例子说明微分方程定性分析的基本思想，并给出以后要用到的基本概念.

5.1.1　例子

先看一些简单的例子. 早期研究生态问题的 Malthus 模型是

$$\frac{\mathrm{d}x}{\mathrm{d}t}=rx, \tag{5.1.1}$$

其中，$x(t)$代表 t 时刻种群的数量，r 为一个常数(称为内禀增长率)，模型的简单解释就是说 t 时刻种群数量的变化率和种群数量成正比，这是一个线性模型，加上初始条件

$$x(0)=x_0,\quad x_0>0,$$

可以很容易地求出其解为

$$x(t,0,x_0)=x_0\mathrm{e}^{rt}.$$

由解的形式可以得出当 $r>0(r<0,r=0)$时，

$$\lim_{t\to+\infty}x(t,0,x_0)=+\infty(0,x_0).$$

这种描述明显与实际问题不符. 因为任何种群的数量都受生态环境的影响不会无限制的增长，这就是线性化所引起的问题，它改变了实际现象的变化规律，这

就导出了对其改进的 Logistic 模型

$$\frac{\mathrm{d}x}{\mathrm{d}t}=rx\left(1-\frac{x}{K}\right),\quad x(0)=x_0,\tag{5.1.2}$$

其中，$x(t)$及 r 的意义同(5.1.1)，$K>0$ 是一个常数，通常称为环境容纳量. 这是一个非线性问题，不过由于方程简单，利用初等积分可以得到其解为

(1) 如果 $x_0=0$，则 $x(t,0,0)=0$；

(2) 如果 $x_0=K$，则 $x(t,0,K)=K$；

(3) 如果 $x_0\neq 0,K$，则 $x(t,0,x_0)=\dfrac{K}{1+\left(\dfrac{K}{x_0}-1\right)\mathrm{e}^{-rt}}$.

当 $r>0,K>0,x_0>0$ 时，从解的形式看出

$$\lim_{t\to+\infty}x(t,0,x_0)=K.$$

(5.1.2)克服了(5.1.1)中种群数量无限增长的缺陷，在一定程度上能更好地刻画实际问题的变化规律.

对(5.1.1)和(5.1.2)这样能求出其解的具体形式的问题，当然可用前边所学的知识来讨论其解当 $t\to+\infty$时的性态，而当求不出方程的解时，又该如何研究解的性态呢?

事实上，对一些方程可以从它的形式得到当 $t\to+\infty$时解的性态. 例如，若将方程(5.1.1)满足初始值 $x(0)=x_0$ 的解记为 $x(t,x_0)$，则从方程的形式可以看出当 $r<0,x(t,x_0)>0$ 时，$\dfrac{\mathrm{d}x(t,x_0)}{\mathrm{d}t}<0$，$x(t,x_0)$单调减，而当 $r<0,x(t,x_0)<0$ 时，$\dfrac{\mathrm{d}x(t,x_0)}{\mathrm{d}t}>0$，$x(t,x_0)$单调增，所以当 $r<0,x_0>0$ 时，$x(t,x_0)>0$ 且单调减，$x(t,x_0)$必有极限，$\lim\limits_{t\to+\infty}x(t,x_0)=\alpha\geqslant 0$. 再由(5.1.1)看出 $\lim\limits_{t\to+\infty}\dfrac{\mathrm{d}x(t,x_0)}{\mathrm{d}t}=r\alpha$，于是 $\alpha=0$，即当 $r<0,x_0>0$ 时，(5.1.1)的解满足 $\lim\limits_{t\to+\infty}x(t,x_0)=0$. 同理，可以得到当 $r<0,x_0\leqslant 0$ 时，$\lim\limits_{t\to+\infty}x(t,x_0)=0$. 这样没有求解方程，通过解的形式得出了当 $r<0$ 时，(5.1.1)所有的解满足 $\lim\limits_{t\to+\infty}x(t,x_0)=0$.

同理，当 $r>0,K>0$ 时，对(5.1.2)的解 $x(t,x_0)$有当 $0<x(t,x_0)<K$ 时，$\dfrac{\mathrm{d}x(t,x_0)}{\mathrm{d}t}>0$，当 $x(t,x_0)>K$ 时，$\dfrac{\mathrm{d}x(t,x_0)}{\mathrm{d}t}<0$. 于是，对不同的 x_0 可以得出(5.1.2)解的性态如下：

$$\lim_{t\to+\infty}x(t,x_0)=K,\quad x_0>0.$$

例 5.1.1　讨论当 $t\to+\infty$时下面方程组解的性态：

$$\begin{cases} \dfrac{\mathrm{d}x}{\mathrm{d}t} = -y - x(x^4 + y^4), \\ \dfrac{\mathrm{d}y}{\mathrm{d}t} = x - y(x^4 + y^4). \end{cases} \tag{5.1.3}$$

解 由于(5.1.3)是一个非线性方程组,无法求出其解析解,故用定性分析法来讨论(5.1.3)当 $t \to +\infty$时解的性态. 将(5.1.3)满足

$$x(0) = x_0, \quad y(0) = y_0$$

的解记为

$$x = x(t, x_0, y_0), \quad y = y(t, x_0, y_0).$$

在时刻 t,该解在平面上的点为

$$P(x(t, x_0, y_0), y(t, x_0, y_0)).$$

P 点随着时间 t 而变化,P 点到坐标原点 $O(0,0)$的距离为

$$R(t) = \sqrt{x^2(t, x_0, y_0) + y^2(t, x_0, y_0)}.$$

由于

$$\frac{\mathrm{d}R(t)}{\mathrm{d}t} = \frac{x(t, x_0, y_0)}{R(t)} \frac{\mathrm{d}x(t, x_0, y_0)}{\mathrm{d}t} + \frac{y(t, x_0, y_0)}{R(t)} \frac{\mathrm{d}y(t, x_0, y_0)}{\mathrm{d}t},$$

利用解所满足的方程(5.1.3)得

$$\frac{\mathrm{d}R(t)}{\mathrm{d}t} = -R(t)(x^4(t, x_0, y_0) + y^4(t, x_0, y_0)) \leqslant 0.$$

于是 $R(t)$随时间单调减少,再利用反证法可以得到 $\lim\limits_{t \to +\infty} R(t) = 0$,也就是

$$\lim_{t \to +\infty} x(t, x_0, y_0) = 0, \quad \lim_{t \to +\infty} y(t, x_0, y_0) = 0,$$

即没有求解方程组(5.1.3),也成功地解决了解的渐近性态.

本章就是要给出通过方程的形式来分析解的性态的方法. 接下来先给出一些基本概念.

5.1.2 自治微分方程与非自治微分方程、动力系统

一般的 n 阶非线性微分方程

$$y^{(n)} = G(t, y, y', y'', \cdots, y^{(n-1)}) \tag{5.1.4}$$

可通过变换 $x_1 = y, x_2 = y', \cdots, x_n = y^{(n-1)}$ 化为如下的一阶微分方程组:

$$\frac{\mathrm{d}x_1}{\mathrm{d}t} = x_2, \quad \cdots, \quad \frac{\mathrm{d}x_{n-1}}{\mathrm{d}t} = x_n, \quad \frac{\mathrm{d}x_n}{\mathrm{d}t} = G(t, x_1, x_2, \cdots, x_n).$$

因此,只需考虑如下更一般的一阶微分方程组:

$$\begin{cases} \dfrac{dx_1}{dt} = f_1(t, x_1, x_2, \cdots, x_n), \\ \dfrac{dx_2}{dt} = f_2(t, x_1, x_2, \cdots, x_n), \\ \cdots\cdots \\ \dfrac{dx_n}{dt} = f_n(t, x_1, x_2, \cdots, x_n). \end{cases} \tag{5.1.5}$$

方程组(5.1.5)可以简记成向量形式

$$\frac{d\boldsymbol{x}}{dt} = \boldsymbol{F}(t, \boldsymbol{x}), \tag{5.1.6}$$

其中,

$$\boldsymbol{x} = \begin{bmatrix} x_1 \\ x_2 \\ \vdots \\ x_n \end{bmatrix}, \quad \boldsymbol{F}(t, \boldsymbol{x}) = \begin{bmatrix} f_1(t, x_1, x_2, \cdots, x_n) \\ f_2(t, x_1, x_2, \cdots, x_n) \\ \vdots \\ f_n(t, x_1, x_2, \cdots, x_n) \end{bmatrix}.$$

如果还有初始条件

$$\boldsymbol{x}(t_0) = \boldsymbol{x}_0, \quad \boldsymbol{x}_0 = (x_{10}, x_{20}, \cdots, x_{n0})^{\mathrm{T}}, \tag{5.1.7}$$

则(5.1.6)与(5.1.7)就是一个初始值问题.

称向量函数 $\boldsymbol{x}=\boldsymbol{x}(t, t_0, \boldsymbol{x}_0)$ 为初始值问题(5.1.6),(5.1.7)的解,如果它满足

$$\frac{d\boldsymbol{x}(t, t_0, \boldsymbol{x}_0)}{dt} = \boldsymbol{F}(t, \boldsymbol{x}(t, t_0, \boldsymbol{x}_0)), \quad \boldsymbol{x}(t_0, t_0, \boldsymbol{x}_0) = \boldsymbol{x}_0.$$

关于初始值问题(5.1.6),(5.1.7)也有如同 1.2.2 小节中那样解的存在唯一性定理.

若 $\boldsymbol{F}(t, \boldsymbol{x})$ 在开区域 $G \subseteq \mathbf{R} \times \mathbf{R}^n$ 中满足

(1) $\boldsymbol{F}$ 在 G 内连续,简记为 $\boldsymbol{F} \in C(G)$;

(2) $\boldsymbol{F}$ 关于 $\boldsymbol{x}$ 满足局部 Lipschitz 条件,即对于点 $P_0(t_0, \boldsymbol{x}^0) \in G$,存在

$$G_0 = \{(t, \boldsymbol{x}) \mid |t - t_0| \leqslant a, \| \boldsymbol{x} - \boldsymbol{x}^0 \| \leqslant b\} \subset G$$

和依赖于 P_0 点的常数 L_{P_0},使得对于任意的 $(t, \boldsymbol{x}^1)(t, \boldsymbol{x}^2) \in G_0$,不等式 $\| F(t, \boldsymbol{x}^1) - F(t, \boldsymbol{x}^2) \| \leqslant L_{P_0} \| \boldsymbol{x}^1 - \boldsymbol{x}^2 \|$ 成立,其中,$\| \cdot \|$ 表示欧氏范数 $\| \boldsymbol{x}^1 - \boldsymbol{x}^2 \| = \sum\limits_{k=1}^{n} (x_k^1 - x_k^2)^2$,则初始值问题(5.1.6),(5.1.7)在区间 $|t - t_0| \leqslant h^*$ 上存在唯一的连续解,其中,$0 < h^* = \min\left(h, \dfrac{1}{L_{P_0}}\right)$,$h = \min\left(a, \dfrac{b}{M}\right)$,$M = \max\limits_{(t, \boldsymbol{x}) \in G_0} \| F(t, \boldsymbol{x}) \|$.

微分方程组(5.1.6)在 $n+1$ 维空间 $\mathbf{R}^{n+1}=\{t,x_1,x_2,\cdots,x_n\}$ 中确定了一个向量场,而满足初始值问题(5.1.6),(5.1.7)的解 $\boldsymbol{x}(t,t_0,\boldsymbol{x}_0)$ 就是向量场中的一条**积分曲线**. 当(5.1.6)中的函数 $\boldsymbol{F}$ 满足解的存在唯一性条件时,向量场中任一点有且只有一条积分曲线经过.

如果把 t 理解为时间参数,而只考虑空间变量 $x_1,x_2,\cdots,x_n$ 时,把$(x_1,x_2,\cdots,x_n)$构成的空间 $\mathbf{R}^n$ 称为方程组(5.1.6)的**相空间**,积分曲线在相空间的投影曲线称为方程组的**轨线**.

方程组(5.1.6)中的函数 $\boldsymbol{F}$ 一般是与 t 有关的,这时的(5.1.6)就称为**非自治微分方程组**,如果函数 $\boldsymbol{F}$ 中不显含 t,即

$$\frac{\mathrm{d}\boldsymbol{x}}{\mathrm{d}t}=\boldsymbol{F}(\boldsymbol{x}),\tag{5.1.8}$$

(5.1.8)称为**自治微分方程组**.

可以从运动的观点来解释方程(5.1.6)或(5.1.8),即把 t 理解为时间(不管它在实际问题中是否确实为时间),$\boldsymbol{x}$ 理解为 n 维空间 $\mathbf{R}^n$ 中点的坐标,因而在任意时刻 t,(5.1.6)在空间中定义了一个速度场,$f_i(t,x_1,x_2,\cdots,x_n)$即为 t 时刻点 $\boldsymbol{x}(x_1,x_2,\cdots,x_n)$处的第 i 个速度分量,方程的解

$$\boldsymbol{x}=\boldsymbol{x}(t,t_0,\boldsymbol{x}_0)$$

即给出了质点运动的规律,因而称之为一个**运动**.

在以上的意义下,称方程(5.1.8)为一个动力系统. 相应地,(5.1.6)称为非自治系统,(5.1.8)称为自治系统. 这时$\frac{\mathrm{d}x}{\mathrm{d}t}$常记为 $\dot{x}$,$\frac{\mathrm{d}^2x}{\mathrm{d}t^2}$常记为 $\ddot{x}$ 等.

5.1.3　基本定义

一般情况下,方程(5.1.6)是无法用初等积分的办法求解的,这当然为应用带来了不便,但正因为这样才使得非线性问题的研究更加丰富多彩. 在许多应用场合不一定要求出其精确解的具体形式. 更令人感兴趣的是方程(5.1.6)的解的定性性态,在应用中比较重要的问题包括

(1) 是否存在常数值 $\boldsymbol{x}^*=(x_1^*,x_2^*,\cdots,x_n^*)^{\mathrm{T}}$,使得 $\boldsymbol{x}(t)=\boldsymbol{x}^*$ 是(5.1.6)的解. 例如,方程(5.1.1)有常数解 $x^*=0$,(5.1.2)有常数解 $x_1^*=0$ 及 $x_2^*=K$.

(2) 设 $\boldsymbol{x}(t)$是(5.1.6)的解,$\boldsymbol{y}(t)$是(5.1.6)的另一个解,并且 $\boldsymbol{x}(0)$与 $\boldsymbol{y}(0)$很接近时,对于一切 t 是否有 $\boldsymbol{x}(t)$与 $\boldsymbol{y}(t)$都很接近? 这个问题就是后边涉及的稳定性问题.

例如,方程(5.1.2)中的常数解 $x(t)=K$,若另有一解

$$y(t)=x(t,0,x_0)=\frac{K}{1+\left(\frac{K}{x_0}-1\right)\mathrm{e}^{-rt}},\quad x_0\neq K, x_0>0,$$

不难计算只要 x_0 与 K 很接近,即当 $|x_0-K|$ 很小时, $|x(t,0,x_0)-K|$ 对一切 $t\geqslant 0$ 也很小, $x^*=K$ 即是后边要定义的稳定解.

另外,当 $r>0$ 时,对(5.1.1)的解 $x(t)=0$,无论 $|x_0-0|$ 多么小,(5.1.1)的解 $y(t)=x_0\mathrm{e}^{rt}$ 与 $x(t)$ 也不能保证对于一切 t 很接近,对于(5.1.1), $x\equiv 0$ 即是后边要定义的不稳定解.

(3) (5.1.6)是否有满足 $\boldsymbol{x}(t+T)=\boldsymbol{x}(t)(T>0)$ 的解,此即后边要定义的周期为 T 的周期解.

(4) 当 $t\to\infty$ 时,(5.1.6)的任一解 $\boldsymbol{x}(t)$ 有何趋向?它是否趋向于常数解或周期解?

为了讨论这些问题,先给出几个定义:

定义 5.1 系统(5.1.6)的常数解 $\boldsymbol{x}=\boldsymbol{x}^*$ 称为系统的**平衡点**(**奇点或驻点**),常数解 $\boldsymbol{x}^*$ 满足

$$\boldsymbol{F}(t,\boldsymbol{x}^*)=\boldsymbol{0}.$$

例 5.1.2 求系统

$$\frac{\mathrm{d}x_1}{\mathrm{d}t}=1+x_2,\quad \frac{\mathrm{d}x_2}{\mathrm{d}t}=x_1^3+x_2$$

的平衡点.

解 由定义,令 $\begin{cases}1+x_2=0,\\ x_1^3+x_2=0,\end{cases}$ 解得 $x_1^*=1, x_2^*=-1$,所以方程组有唯一的平衡点 $\boldsymbol{x}^*(1,-1)$.

如果系统(5.1.6)的某个解 $\boldsymbol{x}=\boldsymbol{x}(t)$ 满足对于一切 $t\in\mathbf{R}$ 均有

$$\boldsymbol{x}(t+T)=\boldsymbol{x}(t),$$

其中, $T>0$ 为一个常数,则称 $\boldsymbol{x}(t)$ 为(5.1.6)的一个**周期解**.

例 5.1.3 讨论下面的二维系统的周期解:

$$\begin{cases}\dfrac{\mathrm{d}x}{\mathrm{d}t}=-y+x(1+x^4+y^{10})(1-x^2-y^2),\\ \dfrac{\mathrm{d}y}{\mathrm{d}t}=x+y(1+x^4+y^{10})(1-x^2-y^2).\end{cases}$$

解 引入极坐标变换 $x=\rho\cos\theta, y=\rho\sin\theta$,系统化为

$$\begin{cases} \dfrac{\mathrm{d}\rho}{\mathrm{d}t} = \rho(1+\rho^4\cos^4\theta+\rho^{10}\sin^{10}\theta)(1-\rho^2), \\ \dfrac{\mathrm{d}\theta}{\mathrm{d}t} = 1. \end{cases}$$

由此看出该系统有一个周期解 $\rho=0$，即奇点(0,0)和一个非零周期解 $\rho=1$，即

$$x^2+y^2=1$$

或

$$x=\cos t,\quad y=\sin t,$$

并且当 $\rho>1$ 时，$\dfrac{\mathrm{d}\rho}{\mathrm{d}t}<0$；当 $0<\rho<1$ 时，$\dfrac{\mathrm{d}\rho}{\mathrm{d}t}>0$，所以系统除 $\rho\equiv0$ 外的所有解 $\rho=\rho(t)$ 均满足

$$\lim_{t\to+\infty}\rho(t)=1,$$

即除过零解外，所有的轨线均趋于 $x^2+y^2=1$(图 5.1).

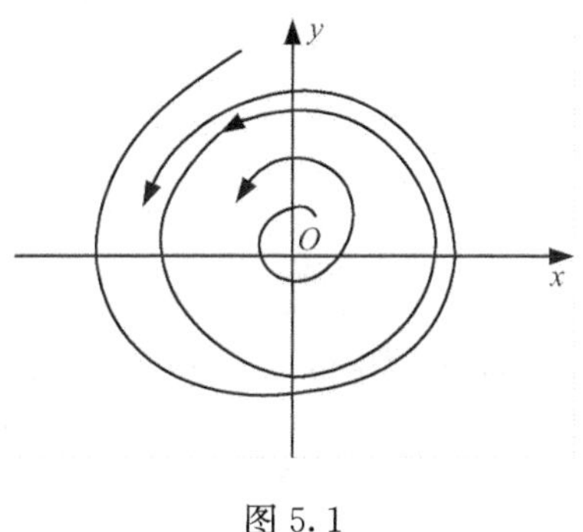

图 5.1

例 5.1.4 用 Maple 画出下面捕食-被捕食系统的方向场及一些轨线图：

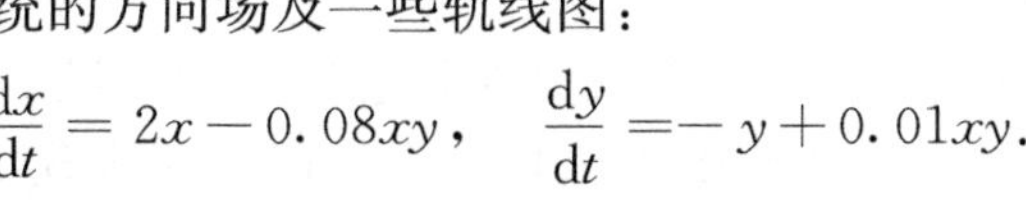

$$\frac{\mathrm{d}x}{\mathrm{d}t}=2x-0.08xy,\quad \frac{\mathrm{d}y}{\mathrm{d}t}=-y+0.01xy.$$

解 输入 Malpe 命令如下：

```
DEtools[phaseportrait]
  ([diff(x(t),t)=2*x(t)-0.08*x(t)*y(t),
diff(y(t),t)=-y(t)+0.01*x(t)*y(t)],
[x(t),y(t)],t=-100..100,
[[x(0)=1,y(0)=0],[x(0)=0,y(0)=4],
[x(0)=20,y(0)=25],[x(0)=40,y(0)=25],
[x(0)=60,y(0)=25],[x(0)=80,y(0)=25]],
x=0..300,y=0..60,dirgrid=[30,30],
stepsize=0.1,arrows=SLIM);
```

运行后 Maple 画出的图形如图 5.2 所示．从计算机的数值模拟看出系统有多个周期解.

下面给出系统(5.1.6)解的稳定性定义. 设(5.1.6)的右端函数 $\boldsymbol{F}(t,\boldsymbol{x})$ 对于 $\boldsymbol{x}\in G\subset\mathbf{R}^n$ 和 $t\in\mathbf{R}$ 连续，关于 $\boldsymbol{x}$ 满足 Lipschitz 条件且(5.1.6)有一个解 $\boldsymbol{x}=\boldsymbol{\Phi}(t)$ 定义于 $t_0\leqslant t<+\infty$ 及 $\boldsymbol{\Phi}(t_0)=\boldsymbol{\Phi}_0$.

如果对于任意的 $\varepsilon>0$，存在一个 $\delta=\delta(\varepsilon)>0$，使得对于式(5.1.6)的任一满足 $\boldsymbol{x}(t_0)=\boldsymbol{x}_0$ 的解 $\boldsymbol{x}(t,t_0,\boldsymbol{x}_0)$，只要

$$\|\boldsymbol{x}_0-\boldsymbol{\Phi}_0\|<\delta \tag{5.1.9}$$

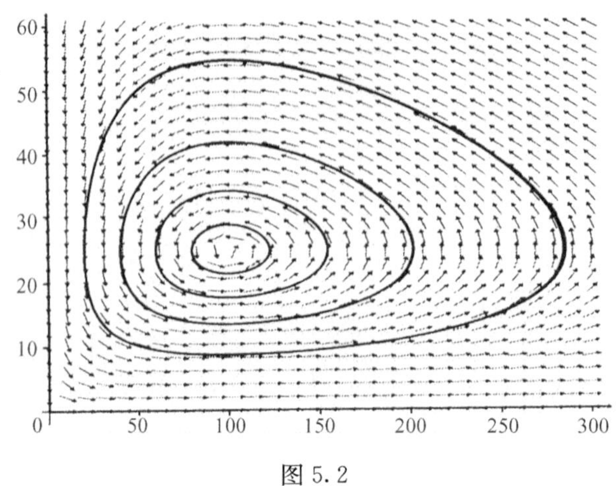

图 5.2

就有

$$\| \boldsymbol{x}(t,t_0,\boldsymbol{x}_0) - \boldsymbol{\Phi}(t) \| < \varepsilon \tag{5.1.10}$$

对于所有的 $t \geqslant t_0$ 成立，则称方程(5.1.6)的解 $\boldsymbol{x}=\boldsymbol{\Phi}(t)$ 是 **Lyapunov 意义下稳定**的，简称**稳定的**，否则称它是**不稳定的**.

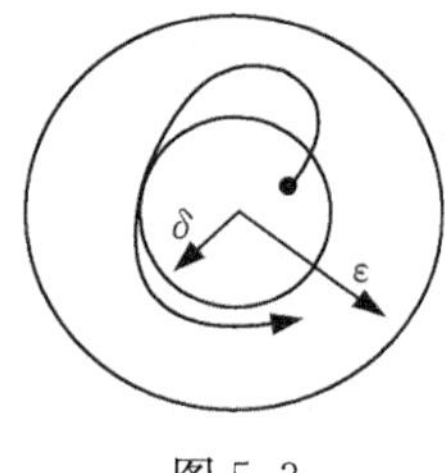

图 5.3

(5.1.6)零解稳定的几何意义是对任意给定的半径 ε，总能在 $\mathbf{R}^n$ 中找到一个以原点为中心、以 δ 为半径的开球 B_δ，使得(5.1.6)在 $t=t_0$ 时刻从 B_δ 出发的解曲线当 $t>t_0$ 时总停留在半径为 ε 的开球 B_ε 内(图 5.3).

如果方程(5.1.6)的解 $\boldsymbol{x}=\boldsymbol{\Phi}(t)$ 是稳定的，而且存在一个常数 $\delta_0>0$，使对于一切满足

$$\| \boldsymbol{x}_0 - \boldsymbol{\Phi}_0 \| < \delta_0 \tag{5.1.11}$$

的解 $\boldsymbol{x}(t,t_0,\boldsymbol{x}_0)$ 都有

$$\lim_{t\to+\infty} \| \boldsymbol{x}(t,t_0,\boldsymbol{x}_0) - \boldsymbol{\Phi}(t) \| = 0, \tag{5.1.12}$$

则称解 $\boldsymbol{x}=\boldsymbol{\Phi}(t)$ 是**渐近稳定的**.

如果(5.1.6)的解 $\boldsymbol{x}=\boldsymbol{\Phi}(t)$ 是渐近稳定的且存在区域 D_0，只要 $\boldsymbol{x}_0 \in D_0$ 就有

$$\lim_{t\to+\infty} \| \boldsymbol{x}(t,t_0,\boldsymbol{x}_0) - \boldsymbol{\Phi}(t) \| = 0,$$

则称 D_0 为(5.1.6)的解 $\boldsymbol{x}=\boldsymbol{\Phi}(t)$ 的**吸引域**.

如果解 $\boldsymbol{x}=\boldsymbol{\Phi}(t)$ 的吸引域是全空间，则称此解是**全局渐近稳定的**.

例如，例 5.1.1 中的系统(5.1.2)中的解 $x\equiv K$ 就是稳定的且是渐近稳定的，而解 $\boldsymbol{x}\equiv 0$ 就是不稳定的. 至于如何判断给定系统的某个特解的稳定性问题，将在 5.3 节及 5.5 节中介绍. 关于稳定性有下面几个注解.

注 1 上边的定义中是针对 $t \geqslant t_0$ 或 $t \to +\infty$,所以有时把上边定义中的稳定性称为正向稳定的(不稳定的、渐近稳定的等),如果把 t 的趋向改为 $t \leqslant t_0$ 或 $t \to -\infty$,相应地可定义负向稳定(不稳定、渐近稳定等),以后如无特别声明,所说的稳定性均指正向稳定性.

注 2 当定义中的 $\boldsymbol{\Phi}(t)=\boldsymbol{x}^*$ 为系统的奇点时即可得出奇点的稳定性.

注 3 由于在研究(5.1.6)的某一特解 $\boldsymbol{x}=\boldsymbol{\Phi}(t)$ 的稳定性时,总可以用变换

$$\boldsymbol{y}(t) = \boldsymbol{x}(t) - \boldsymbol{\Phi}(t) \tag{5.1.13}$$

将(5.1.6)化为

$$\frac{\mathrm{d}\boldsymbol{y}}{\mathrm{d}t} = \boldsymbol{G}(t,\boldsymbol{y}), \tag{5.1.14}$$

其中,

$$\boldsymbol{G}(t,\boldsymbol{y}) = \boldsymbol{F}(t,\boldsymbol{y}+\boldsymbol{\Phi}) - \boldsymbol{F}(t,\boldsymbol{\Phi}) \tag{5.1.15}$$

且显然有 $\boldsymbol{G}(t,0)\equiv\boldsymbol{0}$,即(5.1.6)的特解 $\boldsymbol{x}=\boldsymbol{\Phi}(t)$ 对应着(5.1.14)的零解 $\boldsymbol{y}=\boldsymbol{0}$,因而研究(5.1.6)的特解 $\boldsymbol{x}=\boldsymbol{\Phi}(t)$ 的稳定性问题就转化为研究(5.1.14)的零解(奇点)的稳定性问题. 因此,今后关于系统的稳定性讨论将集中在其零解的稳定性方面. 最后,给出几个判断稳定性的例子.

例 5.1.5 判断微分方程组

$$\frac{\mathrm{d}x}{\mathrm{d}t} = -y, \quad \frac{\mathrm{d}y}{\mathrm{d}t} = x$$

零解的稳定性.

解 $x\equiv 0, y\equiv 0$ 是该方程组的解. 该方程组当 $t=t_0$ 时,过 (x_0,y_0) 的解为

$$\begin{aligned} x(t) &= x_0\cos(t-t_0) - y_0\sin(t-t_0), \\ y(t) &= x_0\sin(t-t_0) + y_0\cos(t-t_0). \end{aligned}$$

对任意给定的 $\varepsilon>0$,由于 $\sqrt{x^2(t)+y^2(t)} = \sqrt{x_0^2+y_0^2}$,可以取 $\delta=\varepsilon$,使得当 $\sqrt{x_0^2+y_0^2}<\delta$ 时,对一切的 $t\geqslant t_0$ 有 $\sqrt{x^2(t)+y^2(t)}<\varepsilon$. 由定义,该微分方程组的零解是稳定的.

例 5.1.6 讨论微分方程

$$\frac{\mathrm{d}x}{\mathrm{d}t} = -x(1-x^2)(1+\mathrm{e}^{-t^2-x^2}+\sin^8 x) = f(t,x)$$

零解的稳定性及吸引域.

解 $x=0$ 是该方程的解. 记 $t=t_0$ 时该方程过 x_0 的解为 $x=x(t,x_0)$. 由于方程右端函数比较复杂,无法得到 $x(t,x_0)$ 的解析表达式,但可以从右端函数的形式

来分析零解的稳定性. 由于 $x\equiv 0$ 是解,所以当 $x_0>0$ 时,$x(t,x_0)>0$. 当 $0<x<1$ 时,$f(t,x)<0$,所以当 $0<x_0<1$ 时,$x(t,x_0)$单调减. 同理,当$-1<x_0<0$ 时,$x(t,x_0)$单调增,所以对正数 $\varepsilon(0<\varepsilon<1)$,取 $\delta=\varepsilon$,当$|x_0|<\delta$ 时必有$|x(t,x_0)|<\varepsilon$,即 $x=0$ 是稳定的.

当 $0<x_0<1$ 时,$x(t,x_0)$单调减且 $x(t,x_0)>0$,故 $\lim\limits_{t\to+\infty}x(t,x_0)=A\geqslant 0$. 如果 $A>0$,$\lim\limits_{t\to+\infty}f(t,x(t,x_0))=-A(1-A^2)(1+\sin^8 A)<0$,所以有 $T>0$,当 $t>t_0+T$ 时,$f(t,x(t,x_0))<-\dfrac{A(1-A^2)(1+\sin^8 A)}{2}<0$,

$$\begin{aligned}
x(t,x_0)&=x_0+\int_{t_0}^{t}f(s,x(s,x_0))\mathrm{d}s\\
&=x_0+\int_{t_0}^{t_0+T}f(s,x(s,x_0))\mathrm{d}s+\int_{t_0+T}^{t}f(s,x(s,x_0))\mathrm{d}s\\
&\leqslant x_0+\int_{t_0}^{t_0+T}f(s,x(s,x_0))\mathrm{d}s\\
&\quad-\frac{1}{2}A(1-A^2)(1+\sin^8 A)(t-t_0-T).
\end{aligned}$$

由此可见,$x(t,x_0)$当 t 充分大时必为负,这与 $x(t,x_0)>0$ 矛盾,所以 $A=0$. 同理,可证当$-1<x_0<0$ 时,$\lim\limits_{t\to+\infty}x(t,x_0)=0$,即零解是渐近稳定的且 $x=0$ 的吸引域是$(-1,1)$.

例 5.1.7 讨论微分方程组

$$\frac{\mathrm{d}x}{\mathrm{d}t}=-2x+y,\quad \frac{\mathrm{d}y}{\mathrm{d}t}=x-2y+10\sin t$$

的周期解及稳定性.

解 该方程组的通解为

$$\begin{aligned}
x&=x(t)=c_1\mathrm{e}^{-t}+c_2\mathrm{e}^{-3t}-2\cos t+\sin t,\\
y&=y(t)=c_1\mathrm{e}^{-t}-c_2\mathrm{e}^{-3t}-3\cos t+4\sin t.
\end{aligned}$$

当 $c_1=c_2=0$ 时,方程组有周期为 2π 的周期解

$$x=x_p(t)=-2\cos t+\sin t,\quad y=y_p(t)=-3\cos t+4\sin t.$$

当 $t>t_0$ 时,对方程组的任意一个解有

$$\begin{aligned}
&\sqrt{(x(t)-x_p(t))^2+(y(t)-y_p(t))^2}\\
=&\sqrt{(c_1\mathrm{e}^{-t}+c_2\mathrm{e}^{-3t})^2+(c_1\mathrm{e}^{-t}-c_2\mathrm{e}^{-3t})^2}\\
=&\sqrt{2c_1^2\mathrm{e}^{-2t}+c_2^2\mathrm{e}^{-6t}}\leqslant\sqrt{2c_1^2\mathrm{e}^{-2t_0}+c_2^2\mathrm{e}^{-6t_0}},
\end{aligned}$$

所以,这个周期是渐近稳定的,其吸引域是整个 $\mathbf{R}^2$ 平面.

习　题　5.1

1. 试讨论下面的微分方程对于不同初值时解的存在区间,并讨论当 t 趋于存在区间的边界或当 $t\to+\infty$ 时解的极限性态：

(1) $\dfrac{\mathrm{d}x}{\mathrm{d}t}=rx-sx^2, r>0, s>0, -\infty<x(0)<+\infty$;

(2) $\dfrac{\mathrm{d}x}{\mathrm{d}t}=x(x-1)(x-2), x(0)\geqslant 0$;

(3) $\dfrac{\mathrm{d}x}{\mathrm{d}t}=x^2(x^2-1), -\infty<x(0)<+\infty$.

2. 试给出一阶微分方程

$$\frac{\mathrm{d}x}{\mathrm{d}t}=a(t)x$$

的零解稳定或渐近稳定的充要条件.

3. 在相平面上画出下列方程组在(0,0)点附近的轨线,并且根据图形说明其零解是不是稳定的：

(1) $\begin{cases}\dfrac{\mathrm{d}x}{\mathrm{d}t}=-x,\\ \dfrac{\mathrm{d}y}{\mathrm{d}t}=-2y;\end{cases}$　　(2) $\begin{cases}\dfrac{\mathrm{d}x}{\mathrm{d}t}=-y,\\ \dfrac{\mathrm{d}y}{\mathrm{d}t}=-2x^3;\end{cases}$

(3) $\begin{cases}\dfrac{\mathrm{d}x}{\mathrm{d}t}=y,\\ \dfrac{\mathrm{d}y}{\mathrm{d}t}=x^3(1+y^2);\end{cases}$　　(4) $\begin{cases}\dfrac{\mathrm{d}x}{\mathrm{d}t}=y,\\ \dfrac{\mathrm{d}y}{\mathrm{d}t}=-\sin x.\end{cases}$

4. 用定义讨论下列各初始值问题的解的稳定性：

(1) $\begin{cases}\dfrac{\mathrm{d}x}{\mathrm{d}t}=t-x,\\ x(0)=1;\end{cases}$　　(2) $\begin{cases}2t\dfrac{\mathrm{d}x}{\mathrm{d}t}=x-x^3,\\ x(1)=0.\end{cases}$

5. 给定极坐标系下的微分方程

$$\frac{\mathrm{d}\theta}{\mathrm{d}t}=1,\quad \frac{\mathrm{d}r}{\mathrm{d}t}=\begin{cases}r^2\sin\dfrac{1}{r}, & r>0,\\ 0, & r=0.\end{cases}$$

(1) 证明平衡点(0,0)是稳定的,但不是渐近稳定的；

(2) 试作出(0,0)邻域的相图.

5.2　自治微分方程组解的性质

5.1 节已经定义了自治微分方程组

$$\frac{\mathrm{d}\boldsymbol{x}}{\mathrm{d}t}=\boldsymbol{F}(\boldsymbol{x}) \tag{5.2.1}$$

和非自治微分方程组

$$\frac{d\boldsymbol{x}}{dt}=\boldsymbol{F}(t,\boldsymbol{x}).\tag{5.2.2}$$

自治系统与非自治系统解的动力学行为和几何性态有很大的差异. 例如,自治系统(5.2.1)在相空间中任一点 $\boldsymbol{x}$ 处所确定的速度为 $\boldsymbol{F}(\boldsymbol{x})$,它的大小与方向不随时间 t 的变化而变化,只随点 $\boldsymbol{x}$ 的不同而不同,而非自治系统(5.2.2)在任一点 $\boldsymbol{x}$ 处的速度为 $\boldsymbol{F}(t,\boldsymbol{x})$,它的大小和方向不仅与点的位置有关,而且与时间 t 有关,从几何上看它们的轨线有很大差异. 本节先举例说明自治系统轨线的特点,然后给出一些自治系统解的性质.

5.2.1　自治系统轨线的特点

自治系统在任意时刻从相空间同一点出发的解轨线均相同,而非自治系统在不同时刻从同一点出发的轨线则不一定相同.

例 5.2.1　求出自治系统

$$\frac{dx}{dt}=-x+y,\quad \frac{dy}{dt}=1$$

当 $t=t_0$ 时过 (x_0,y_0) 的轨线方程.

解　求该初始值问题的解得

$$\begin{cases}x=(x_0-y_0+1)e^{-(t-t_0)}+t-t_0+y_0-1,\\ y=t-t_0+y_0,\end{cases}$$

消去解表达式中的参数 t 得轨线的方程为

$$x=(x_0-y_0+1)e^{-(y-y_0)}+y-1.$$

由此可见,自治系统在任意时刻 t_0 从 (x_0,y_0) 出发的解在相空间的轨线均相同,而非自治系统就不一定具有这样的性质.

例 5.2.2　求解下面两个初始值问题,并分析它们轨线的特点:

$$\begin{cases}\dfrac{dx}{dt}=x,\quad x(t_0)=1,\\[2mm] \dfrac{dy}{dt}=y,\quad y(t_0)=2,\end{cases}\tag{5.2.3}$$

$$\begin{cases}\dfrac{dx}{dt}=\dfrac{x}{t},\quad x(t_0)=1,\\[2mm] \dfrac{dy}{dt}=y,\quad y(t_0)=2.\end{cases}\tag{5.2.4}$$

解　初始值问题(5.2.3)的解为

$$\begin{cases} x = \varphi(t,t_0) = \mathrm{e}^{t-t_0}, \\ y = \psi(t,t_0) = 2\mathrm{e}^{t-t_0}, \end{cases}$$

其轨线为 $y=2x$. 初始值问题(5.2.4)的解为

$$\begin{cases} x = \varphi(t,t_0) = \dfrac{t}{t_0}, \\ y = \psi(t,t_0) = 2\mathrm{e}^{t-t_0}, \end{cases}$$

其轨线为 $y=2\mathrm{e}^{t_0(x-1)}$.

显然,自治系统(5.2.3)所描述的质点无论何时从点 $P_0(1,2)$ 出发都会沿同一条曲线运动,非自治系统(5.2.4)所描述的质点运动的轨迹取决于它从点 $P_0(1,2)$ 出发的初始时刻 t_0. 图 5.4 给出了自治系统(5.2.3)过 P_0 点的轨线及非自治系统(5.2.4)在时刻 t_0 过点 P_0 的轨线. 在图 5.4 中,实线为自治系统的轨线,三条虚线从下往上依次为 $t_0=\dfrac{1}{1000},\dfrac{1}{2},1$ 时非自治系统(5.2.4)过 $P_0(1,2)$ 的轨线.

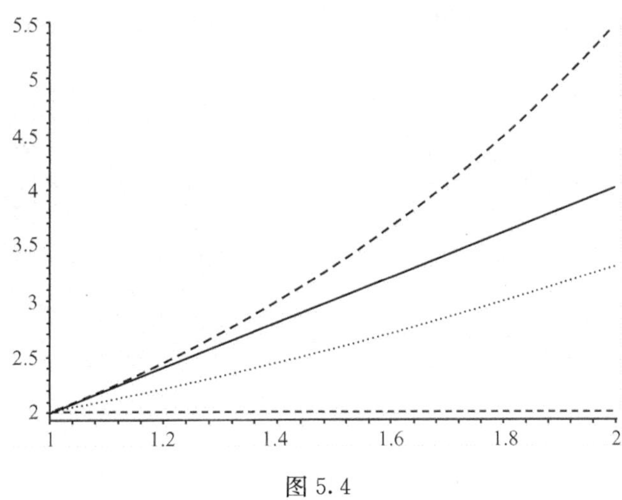

图 5.4

例 5.2.3 利用 Maple 画出两生物种群相互竞争模型

$$\begin{cases} \dfrac{\mathrm{d}x}{\mathrm{d}t} = x(\varepsilon_1 - \sigma_1 x - \alpha_1 y), \\ \dfrac{\mathrm{d}y}{\mathrm{d}t} = y(\varepsilon_2 - \sigma_2 x - \alpha_2 y) \end{cases} \tag{5.2.5}$$

的解轨线,分别选取适当的初值和下列两组参数画图:

(1) $\varepsilon_1=1,\sigma_1=1,\alpha_1=1,\varepsilon_2=2,\sigma_2=1,\alpha_1=1$;

(2) $\varepsilon_1=2,\sigma_1=1,\alpha_1=1,\varepsilon_2=1,\sigma_2=1,\alpha_2=1$.

解 利用下列 Maple 指令:

```
with(DEtools):
```

```
DE92:=[diff(x(t),t)=(1-x(t)-y(t)) * x(t),
diff(y(t),t)=(2-x(t)-y(t)) * y(t)];
DEtools[phaseportrait](DE92,
[x(t),y(t)],t=0..10,[[x(0)=0,y(0)=0.01],
[x(0)=0,y(0)=4],[x(0)=0.01,y(0)=0],
[x(0)=4,y(0)=0],[x(0)=0.1,y(0)=0.1],
[x(0)=0.1,y(0)=0.5],[x(0)=0.5,y(0)=0.1],
[x(0)=4,y(0)=0],[x(0)=4,y(0)=2],[x(0)=4,y(0)=3],
[x(0)=1,y(0)=4],[x(0)=2,y(0)=4],[x(0)=3,y(0)=4],
[x(0)=4,y(0)=4],[x(0)=1,y(0)=1]],
stepsize=0.1,dirgrid=[21,21],
color=red,linecolor=blue,
arrows=SLIM);
```

可以画出第一组参数时(5.2.5)的向量场及轨线(图(5.5(a)).改变这些语句中的一些参数,就可以画出取第二组参数时(5.2.5)的向量场和轨线(图 5.5(b)).

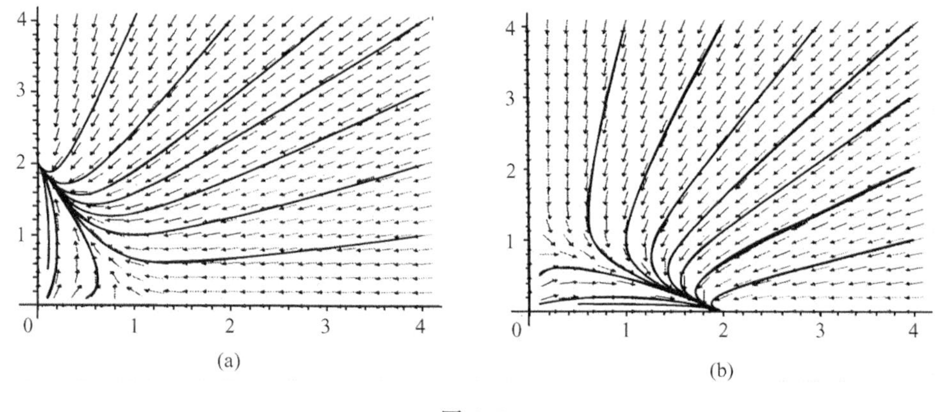

图 5.5

图 5.5(a)、(b)中的情况反映了生态学中的竞争排斥原理:竞争的结果是强者生存,弱者被淘汰.这些轨线的形状也可以通过定性分析的方法画出,其主要步骤是求出平衡点,画出两条解直线,画出满足$\frac{\mathrm{d}x}{\mathrm{d}t}=0$ 的直线 $L_1:\varepsilon_1-\sigma_1 x-\alpha_1 y=0$ 和满足$\frac{\mathrm{d}y}{\mathrm{d}t}=0$ 的直线 $L_2:\varepsilon_2-\sigma_2 x-\alpha_2 y=0$,再弄清由 L_1 和 L_2 所分的几个区域中向量场的方向即可.

5.2.2 自治系统解的基本性质

为了方便,下面只对当 $n=2$ 时的自治系统进行叙述(当 $n>2$ 时也有类似的性

质),此时系统(5.2.1)可以写成

$$\frac{\mathrm{d}x}{\mathrm{d}t}=f(x,y),\quad \frac{\mathrm{d}y}{\mathrm{d}t}=g(x,y). \tag{5.2.6}$$

习惯上把(5.2.6)称为二维自治系统或平面自治系统,相应的相空间也称为相平面.

性质 1 设 $x=\phi(t),y=\psi(t)$是(5.2.6)的一个解,则对于任意常数 $c\neq 0,x_c=\phi(t+c),y_c=\psi(t+c)$仍是(5.2.6)的解.

证明 因为 $x=\phi(t),y=\psi(t)$是(5.2.6)的解,所以

$$\frac{\mathrm{d}\phi(t)}{\mathrm{d}t}=f(\phi(t),\psi(t)),\quad \frac{\mathrm{d}\psi(t)}{\mathrm{d}t}=g(\phi(t),\psi(t))$$

对所有的 t 都成立,因而

$$\begin{aligned}\frac{\mathrm{d}x_c}{\mathrm{d}t}&=\frac{\mathrm{d}\phi(t+c)}{\mathrm{d}t}=\frac{\mathrm{d}\phi(t+c)}{\mathrm{d}(t+c)}\cdot\frac{\mathrm{d}(t+c)}{\mathrm{d}t}\\&=\frac{\mathrm{d}\phi(t+c)}{\mathrm{d}(t+c)}=f(\phi(t+c),\psi(t+c))=f(x_c,y_c),\end{aligned}$$

所以 x_c,y_c 满足系统的第一个方程.同理,可证它们也满足第二个方程,即 x_c,y_c 也是系统(5.2.6)的解.

性质 1 也称为自治系统的积分曲线的平移不变性,它的含义是系统(5.2.6)的积分曲线在(t,x,y)所在的三维空间中沿 t 轴任意平移后仍是系统的积分曲线且对应的是相平面上的同一条轨线.

性质 2 设 $f(x,y)$和 $g(x,y)$关于 x,y 满足解的存在唯一性条件,则过相平面上任一点(x_0,y_0)系统(5.2.6)有而且只有一条轨线经过.换句话说,如果(5.2.6)的两个解 $\boldsymbol{x}(t)=(x_1(t,),y_1(t))$与 $\boldsymbol{y}(t)=(x_2(t),y_2(t))$有一个公共点,则相平面上这两个解的轨线完全重合.

证明 设$(x_0,y_0)\in\mathbf{R}^2$,由解的存在唯一性定理知系统(5.2.6)的满足 $x(t_0)=x_0,y(t_0)=y_0$ 的解 $\boldsymbol{x}(t)=(x_1(t),y_1(t))$是存在的.

假设系统另一条轨线 $\boldsymbol{y}(t)=(x_2(t),y_2(t))$也经过点$(x_0,y_0)$,即存在 $t_1\neq t_0$,使得 $x_2(t_1)=x_0y_2(t_1)=y_0$ 且 $x_2(t),y_2(t)$满足(5.2.6),则由性质 1 知 $\boldsymbol{z}(t)=(x_2(t+(t_1-t_0)),y_2(t+(t_1-t_0)))$仍为系统(5.2.6)的解.显然,解 $\boldsymbol{x}(t)$与 $\boldsymbol{z}(t)$在 $t=t_0$ 时有相同的值,因此,由解的存在唯一性定理得出对于所有的 t 都有 $\boldsymbol{x}(t)=\boldsymbol{z}(t)$,即

$$x_1(t)=x_2(t+(t_1-t_0)),\quad y_1(t)=y_2(t+(t_1-t_0)).$$

这就说明了解 $\boldsymbol{x}(t)$与 $\boldsymbol{y}(t)$在相平面上的轨线是重合的.

性质 2 被称为自治系统相空间轨线的唯一性.它的含义是自治系统的不同轨线在相平面上是不相交的.由于性质 1 和性质 2,以后主要讨论(5.2.6)初始时刻

为 $t_0=0$ 的解,并简记为

$$x=\varphi(t,x_0,y_0),\quad y=\psi(t,x_0,y_0).$$

性质 3 对于任意的 t_1,t_2 有

$$\begin{cases}\varphi(t_1+t_2,x_0,y_0)=\varphi(t_2,x_1,y_1),\\ \psi(t_1+t_2,x_0,y_0)=\psi(t_2,x_1,y_1),\end{cases}$$

其中,$x_1=\varphi(t_1,x_0,y_0)$,$y_1=\psi(t_1,x_0,y_0)$.

证明 由性质 1,$x=\varphi(t+t_1,x_0,y_0)$,$y=\psi(t+t_1,x_0,y_0)$是系统(5.2.6)的解,并且与解 $x=\varphi(t,x_1,y_1)$,$y=\psi(t,x_1,y_1)$在 $t=0$ 时有相同的初值(x_1,y_1),因此,由解的存在唯一性定理知它们对于任意 t 都是恒等的,取 $t=t_2$ 即得性质 3 的结论.

性质 4 设 $x=x(t)$,$y=y(t)$是(5.2.6)的解. 如果对于某个 t_0,存在 $T>0$,使得 $x(t_0+T)=x(t_0)$,$y(t_0+T)=y(t_0)$,则对于所有的 t 均有 $x(t+T)=x(t)$,$y(t+T)=y(t)$.

此性质含义如下:如果(5.2.6)的解经过 $T>0$ 时间后返回到初始点,那么它一定是以 T 为周期的周期解. 周期解的轨线是一条封闭曲线且不包含奇点,因而称之为**闭轨线**. 轨线和奇点构成的闭曲线称为**奇异闭轨线**.

性质 5 系统(5.2.6)出发于任何非奇点(常点)的轨线不可能在有限时间到达某奇点(x^*,y^*).

性质 4,性质 5 的证明留作习题.

由性质 5 知初始时刻从常点(x_0,y_0)出发的解$(\varphi(t,x_0,y_0),\psi(t,x_0,y_0))$只能在 $t\to+\infty$或 $t\to-\infty$时趋于奇点(x^*,y^*),当然也有 $t\to\pm\infty$时都趋于同一个奇点的. 这时轨线与奇点构成封闭曲线,这就是上面定义的奇异闭轨线,奇异闭轨可以含有若干个奇点.

对于平面自治系统,已经证明了其轨线只能是三种情况:①奇点;②闭轨线;③有限时间自身不相交轨线. 有兴趣的读者可参见文献(张芷芬等,1985).

例 5.2.4 描出单摆方程

$$\frac{\mathrm{d}x}{\mathrm{d}t}=y,\quad \frac{\mathrm{d}y}{\mathrm{d}t}=-\frac{g}{l}\sin x \tag{5.2.7}$$

的轨线.

解 (5.2.7)是一个自治系统,消去 t 后将其化为

$$\frac{\mathrm{d}y}{\mathrm{d}x}=-\frac{g\sin x}{ly}. \tag{5.2.8}$$

容易求(5.2.8)的解为 $y^2=C+\dfrac{2g\cos x}{l}$. 这就是(5.2.7)的轨线所满足的方程,由此即可画其轨线图(图 5.6).

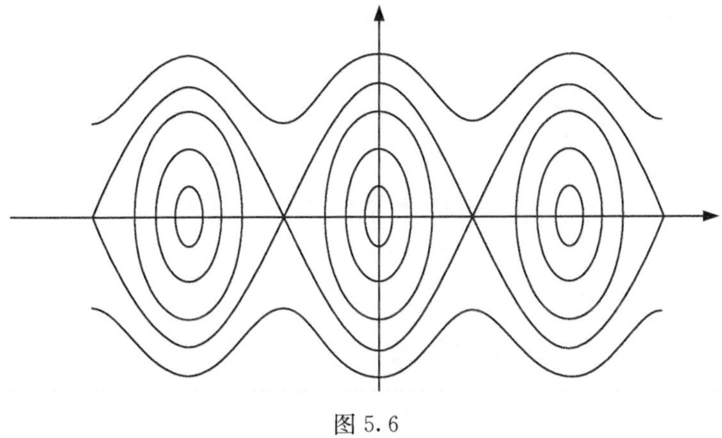

图 5.6

习 题 5.2

1. 给定自治系统

$$\frac{\mathrm{d}x}{\mathrm{d}t}=-y,\quad \frac{\mathrm{d}y}{\mathrm{d}t}=x,$$

试讨论其满足 $x(0)=x_0$, $y(0)=0$ 的解在解空间的积分曲线及在相平面的轨线各是什么曲线?

2. 给定自治系统

$$\frac{\mathrm{d}x}{\mathrm{d}t}=x,\quad \frac{\mathrm{d}y}{\mathrm{d}t}=y$$

与非自治系统

$$\frac{\mathrm{d}x}{\mathrm{d}t}=x+t,\quad \frac{\mathrm{d}y}{\mathrm{d}t}=y$$

在相平面上分别画出它们过点(1,2)的轨线.

3. 证明非自治系统

$$\frac{\mathrm{d}x}{\mathrm{d}t}=\frac{x}{1+t},\quad \frac{\mathrm{d}y}{\mathrm{d}t}=\frac{y}{1+t}$$

当 $t=t_0$ 时从 (x_0,y_0) 出发的解与 t_0 无关,并说明为什么有此结论?

4. 证明自治系统解的性质 4 和性质 5.

5. 两种群竞争模型

$$\begin{cases}\dfrac{\mathrm{d}x}{\mathrm{d}t}=x(r_1-\alpha_1x-\beta_1y),\\[2mm] \dfrac{\mathrm{d}y}{\mathrm{d}t}=y(r_2-\alpha_2y-\beta_2x),\end{cases}$$

其中,r_i,α_i,β_i $(i=1,2)$均为正数,试根据系数的不同情况讨论系统在第一象限 $D=\{(x,y)\mid x\geqslant 0,y\geqslant 0\}$ 的平衡点及轨线走向.

6. 利用 Maple 观察 $\mu=0.1,0.5,1$ 和 2 时下面的方程组：

$$\frac{\mathrm{d}x}{\mathrm{d}t}=y,\quad \frac{\mathrm{d}y}{\mathrm{d}t}=-x-\mu y(x^2-1)$$

轨线的走向.

5.3 平面线性系统的奇点及相图

本节讨论二维自治系统

$$\frac{\mathrm{d}x}{\mathrm{d}t}=f(x,y),\quad \frac{\mathrm{d}y}{\mathrm{d}t}=g(x,y) \tag{5.3.1}$$

在奇点邻域内解的性态，其中，$f(x,y)$，$g(x,y)$在 $\mathbf{R}^2$ 上连续且满足解的存在唯一性条件.

为了研究系统(5.3.1)轨线的定性性态，必须弄清其奇点及其邻域内的轨线分布. 由 5.2 节已知系统的任何出发于常点的轨线不可能在任一有限时刻到达奇点，反过来，如果系统的某一个解 $x=x(t)$，$y=y(t)$满足$\lim\limits_{t\to\infty}x(t)=x_0$，$\lim\limits_{t\to\infty}y(t)=y_0$，则点$(x_0,y_0)$一定是系统的奇点.

一般来说，奇点及其附近轨线的性态是比较复杂的. 又因为对于系统的任何奇点 $P_0(x_0,y_0)$均可用变换

$$\bar{x}=x-x_0,\quad \bar{y}=y-y_0 \tag{5.3.2}$$

把(5.3.1)变为

$$\begin{cases}\dfrac{\mathrm{d}\bar{x}}{\mathrm{d}t}=f(\bar{x}+x_0,\bar{y}+y_0)=P(\bar{x},\bar{y}),\\[2ex]\dfrac{\mathrm{d}\bar{y}}{\mathrm{d}t}=g(\bar{x}+x_0,\bar{y}+y_0)=Q(\bar{x},\bar{y}),\end{cases} \tag{5.3.3}$$

并且(5.3.3)的奇点 $O(0,0)$ 即对应于(5.3.1)的奇点 $P_0(x_0,y_0)$，又因为变换(5.3.2)只是一个平移变换，所以不改变奇点及邻域内轨线的性态. 因此，可假设 $O(0,0)$是(5.3.1)的奇点，并且只需讨论(5.3.1)的奇点 $O(0,0)$ 及其邻域的轨线性态即可，所以设(5.3.1)中的右端函数满足

$$f(0,0)=g(0,0)=0. \tag{5.3.4}$$

如果 $f(x,y)$，$g(x,y)$均是 x,y 的线性函数. 称之为线性系统，即

$$\begin{cases}\dfrac{\mathrm{d}x}{\mathrm{d}t}=ax+by,\\[2ex]\dfrac{\mathrm{d}y}{\mathrm{d}t}=cx+dy,\end{cases} \tag{5.3.5}$$

这是最简单的平面自治系统. 本节主要讨论线性系统(5.3.5)的奇点 $O(0,0)$ 及其附近轨线的性态.

5.3.1 几个线性系统的计算机相图

一个自治系统在奇点邻域内的相图对理解奇点邻域轨线的性态有很大的帮助. Maple 可以方便地画出其图形,给我们一个直观的形象.

Maple 画轨线图时先要调入微分方程软件包,接下来定义方程,给出变量及其范围,指定初值,再给出步长、颜色等. 下面是几个具体的例子.

例 5.3.1 用 Maple 描出系统

$$\frac{dx}{dt}=-x,\quad \frac{dy}{dt}=-2y \tag{5.3.6}$$

在奇点 $O(0,0)$ 附近轨线的相图.

解 Maple 命令如下:

```
with(DEtools):
DE931:=[diff(x(t),t)=-x(t),
diff(y(t),t)=-2 * y(t)];
DEplot(DE931,[x(t),y(t)],t=-10..10,
[[x(0)=0,y(0)=2],[x(0)=0,y(0)=-2],[x(0)=-2,y(0)=0],
[x(0)=2,y(0)=0],[x(0)=1,y(0)=0.01],[x(0)=1,y(0)=0.04],
[x(0)=1,y(0)=0.1],[x(0)=1,y(0)=0.25],[x(0)=1,y(0)=1],
[x(0)=1,y(0)=-0.01],[x(0)=1,y(0)=-0.04],[x(0)=1,y(0)=-0.1],
[x(0)=1,y(0)=-0.25],[x(0)=1,y(0)=-1],[x(0)=-1,y(0)=0.01],
[x(0)=-1,y(0)=0.04],[x(0)=-1,y(0)=0.1],[x(0)=-1,y(0)=0.25],
[x(0)=-1,y(0)=1],[x(0)=-1,y(0)=-0.01],[x(0)=-1,y(0)=-0.04],
[x(0)=-1,y(0)=-0.1],[x(0)=-1,y(0)=-0.25],[x(0)=-1,y(0)=-1]],
x=-8..8,y=-8..8,stepsize=0.05,dirgrid=[21,21],
color=red,linecolor=blue,
arrows=SLIM);
```

Maple 所描的相图如图 5.7 所示.

例 5.3.2 用 Maple 软件描出系统

$$\frac{dx}{dt}=-x,\quad \frac{dy}{dt}=2y \tag{5.3.7}$$

的奇点 $O(0,0)$ 附近轨线的相图.

解 Maple 命令及其相图(图 5.8)如下:

```
with(DEtools):
DE932:=[diff(x(t),t)=-x(t),
diff(y(t),t)=2 * y(t)];
DEplot(DE932,[x(t),y(t)],t=-10..10,
[[x(0)=0,y(0)=2],[x(0)=0,y(0)=-2],[x(0)=-2,y(0)=0],
```

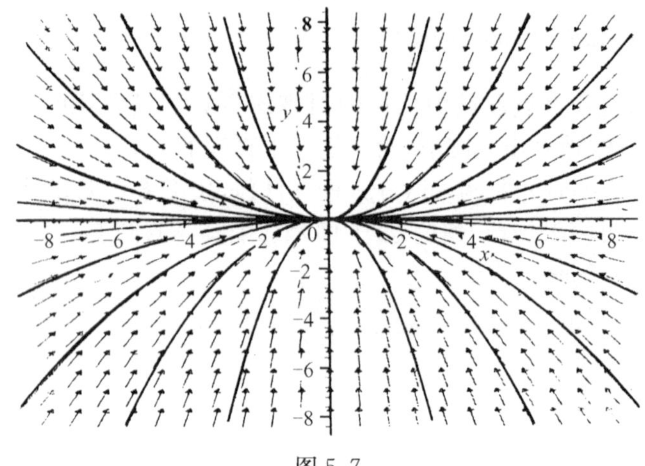

图 5.7

```
[x(0)=2,y(0)=0],[x(0)=1,y(0)=1],[x(0)=2,y(0)=2],
[x(0)=3,y(0)=3],[x(0)=4,y(0)=4.2],[x(0)=5,y(0)=6],
[x(0)=1,y(0)=-1],[x(0)=2,y(0)=-2],[x(0)=3,y(0)=-3],
[x(0)=4,y(0)=-4.2],[x(0)=5,y(0)=-6],[x(0)=-1,y(0)=1],
[x(0)=-2,y(0)=2],[x(0)=-3,y(0)=3],[x(0)=-4,y(0)=4.2],
[x(0)=-5,y(0)=6],[x(0)=-1,y(0)=-1],[x(0)=-2,y(0)=-2],
[x(0)=-3,y(0)=-3],[x(0)=-4,y(0)=-4.2],[x(0)=-5,y(0)=-6]],
x=-8..8,y=-8..8,stepsize=0.05,
dirgrid=[21,21],
color=red,linecolor=blue,
arrows=SLIM);
```

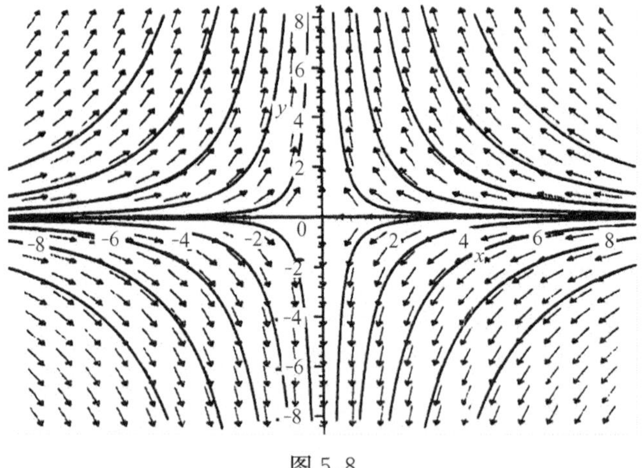

图 5.8

例 5.3.3　用 Maple 软件作出下面系统的相图：

$$\frac{dx}{dt}=-\frac{1}{10}x-y,\quad \frac{dy}{dt}=x-\frac{1}{10}y. \tag{5.3.8}$$

解 Maple 命令及相图(图 5.9)如下:

```
with(DEtools):
DE933:=[diff(x(t),t)=-x(t)/10-y(t),
diff(y(t),t)=x(t)-y(t)/10];
DEplot(DE933,[x(t),y(t)],t=-10..40,
[[x(0)=8,y(0)=0],[x(0)=6,y(0)=0]],
x=-8..8,y=-8..8,stepsize=0.05,dirgrid=[21,21],
color=red,linecolor=blue,axes=BOXED,
arrows=SLIM);
```

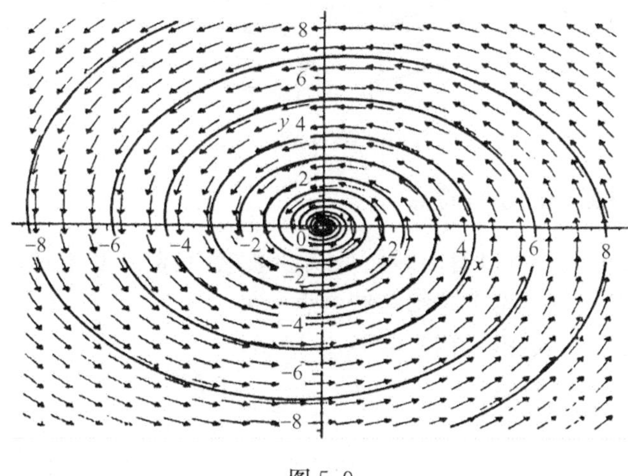

图 5.9

例 5.3.4 用 Maple 软件描出系统

$$\frac{dx}{dt}=-y,\quad \frac{dy}{dt}=x \tag{5.3.9}$$

在奇点 $O(0,0)$附近的轨线分布图.

解 Maple 命令及相图(图 5.10)如下:

```
with(DEtools):
DE934:=[diff(x(t),t)=-y(t),
diff(y(t),t)=x(t)];
DEplot(DE934,[x(t),y(t)],t=-10..10,
[[x(0)=1,y(0)=0],[x(0)=2,y(0)=0],[x(0)=3,y(0)=0],
[x(0)=4,y(0)=0],[x(0)=5,y(0)=0],[x(0)=6,y(0)=0],
[x(0)=7,y(0)=0],[x(0)=8,y(0)=0]],
x=-8..8,y=-8..8,stepsize=0.05,dirgrid=[21,21],
```

```
color=red,linecolor=blue,
arrows=SLIM);
```

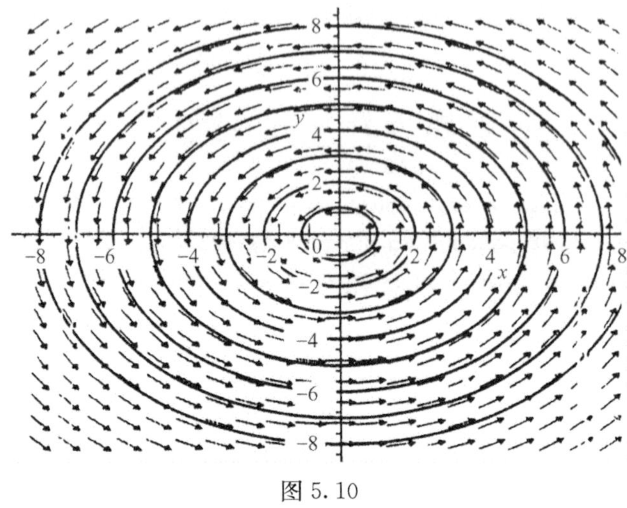

图 5.10

5.3.2 平面线性系统的初等奇点

从前边的几个例子可以看出即使是线性系统,其奇点及附近的轨线分布也是大不相同的,有必要从理论上来给这些奇点分类.

考虑一般的平面线性系统(5.3.5)

$$\frac{\mathrm{d}}{\mathrm{d}t}\begin{bmatrix}x\\y\end{bmatrix}=\boldsymbol{A}\begin{bmatrix}x\\y\end{bmatrix},\quad \boldsymbol{A}=\begin{bmatrix}a & b\\c & d\end{bmatrix}.$$

如果 $\det\boldsymbol{A}=ad-bc\neq 0$,则 $O(0,0)$是系统的唯一奇点,称之为**初等奇点**;如果 $\det\boldsymbol{A}=0$,则系统没有孤立奇点,而非孤立奇点充满一条直线(**奇线**),这时的奇点称为系统的**高阶奇点**.

下面主要讨论系统(5.3.5)的初等奇点.

根据线性代数的理论,必存在非奇异实矩阵 $\boldsymbol{T}$,使得 $\boldsymbol{T}^{-1}\boldsymbol{AT}$ 成为 $\boldsymbol{A}$ 的 Jordan 标准型,并且 Jordan 标准型的形式由 $\boldsymbol{A}$ 的特征根的不同情况而具有以下几种形式:

$$\begin{bmatrix}\lambda & 0\\0 & \mu\end{bmatrix},\quad \begin{bmatrix}\lambda & 0\\1 & \lambda\end{bmatrix},\quad \begin{bmatrix}\alpha & \beta\\-\beta & \alpha\end{bmatrix}.$$

因而对系统(5.3.5)作变换 $\boldsymbol{x}=\boldsymbol{T}\boldsymbol{y}$,即 $\boldsymbol{y}=\boldsymbol{T}^{-1}\boldsymbol{x}$,其中,$\boldsymbol{x}=\begin{bmatrix}x\\y\end{bmatrix}$,$\boldsymbol{y}=\begin{bmatrix}\xi\\\eta\end{bmatrix}$,$\boldsymbol{T}=\begin{bmatrix}t_{11} & t_{12}\\t_{21} & t_{22}\end{bmatrix}$是实可逆矩阵,则系统(5.3.5)变为

$$\frac{\mathrm{d}\boldsymbol{y}}{\mathrm{d}t}=\boldsymbol{T}^{-1}\boldsymbol{ATy},\tag{5.3.10}$$

从而由 $\boldsymbol{T}^{-1}\boldsymbol{AT}$ 的几种形式就能容易的得出(ξ,η)平面系统(5.3.10)的轨线结构，至于原方程组(5.3.5)的奇点及附近轨线的结构只需用变换 $\boldsymbol{x}=\boldsymbol{Ty}$ 返回到(x,y)平面即可.

由于变换 $\boldsymbol{x}=\boldsymbol{Ty}$ 不改变奇点的位置及类型，因此，只对线性系统的标准型方程组给出讨论.

$\boldsymbol{A}$ 的特征方程为

$$\begin{vmatrix} a-\lambda & b \\ c & d-\lambda \end{vmatrix} = \lambda^2-(a+d)\lambda+ad-bc=0,$$

记

$$p=-(a+d),\quad q=ad-bc,\quad \Delta=p^2-4q,$$

则特征方程为 $\lambda^2+p\lambda+q=0$，特征根为

$$\lambda=\frac{-p\pm\sqrt{\Delta}}{2}.\tag{5.3.11}$$

将其分别记为 λ 和 μ，由特征根的不同情况分为 4 种情况来讨论.

1. 特征根 λ 和 μ 为不相等的同号实根$(\Delta>0,q>0)$

此时，(5.3.5)对应的标准型为

$$\frac{\mathrm{d}x}{\mathrm{d}t}=\lambda x,\quad \frac{\mathrm{d}y}{\mathrm{d}t}=\mu y.\tag{5.3.12}$$

容易求出其通解为

$$x(t)=c_1\mathrm{e}^{\lambda t},\quad y(t)=c_2\mathrm{e}^{\mu t},\tag{5.3.13}$$

其中，c_1,c_2 是任意常数，$c_1=c_2=0$ 对应于奇点，$c_1=0,c_2\neq0$ 对应的 y 轴正负半轴都是轨线，$c_1\neq0,c_2=0$ 对应的 x 轴正负半轴是轨线，当 $c_1,c_2\neq0$ 时，再分两种情况讨论：

1) λ 和 μ 同号且均为负数$(p>0)$

这时消去 t 得

$$y=cx^{\frac{\mu}{\lambda}},\tag{5.3.14}$$

所以，由(5.3.14)或由$\dfrac{\mathrm{d}y}{\mathrm{d}x}=\dfrac{\mu}{\lambda}\cdot\dfrac{c_2}{c_1}\mathrm{e}^{(\mu-\lambda)t}$知

当 $\mu<\lambda$ 时，$\lim\limits_{t\to+\infty}\dfrac{\mu}{\lambda}\dfrac{c_2}{c_1}\mathrm{e}^{(\mu-\lambda)t}=0$，即轨线切 x 轴趋于奇点$(0,0)$；

当 $\mu>\lambda$ 时，$\lim\limits_{t\to+\infty}\dfrac{\mu}{\lambda}\dfrac{c_2}{c_1}\mathrm{e}^{(\mu-\lambda)t}=\infty$，即轨线切 y 轴趋于奇点$(0,0)$，

并且由(5.3.14)知此时原点$(0,0)$是渐近稳定的，所以系统在原点及附近的相图如图 5.11 所示.

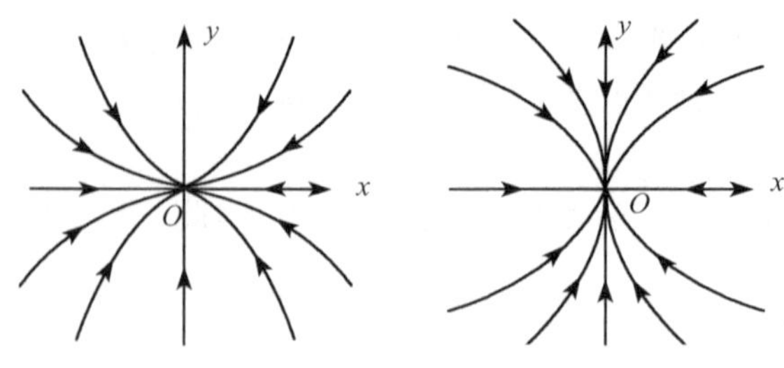

图 5.11

把这样的奇点称为**稳定结点**.

2) λ 和 μ 同号均为正数($p<0$)

这时关于(1)的讨论在此适用,只需将 $t\to+\infty$ 改为 $t\to-\infty$,所以这时的奇点称为**不稳定结点**,轨线分布如图 5.11 类似,仅是图上的箭头反向.

2. λ 和 μ 为异号实根($\Delta>0,q<0$)

这时仍有(5.3.13)和(5.3.14),所以两个坐标轴的正负半轴仍为轨线,但是由于 $\dfrac{\mu}{\lambda}<0$,奇点附近的轨线成为双曲型的,并且

若 $\lambda<0<\mu$,则当 $t\to+\infty$ 时,$x(t)\to 0$, $y(t)\to\infty$;

若 $\mu<0<\lambda$,则当 $t\to+\infty$ 时,$x(t)\to\infty$, $y(t)\to 0$.

轨线均以 x 轴、y 轴为渐近线,系统在原点及附近的轨线分布如图 5.12 所示.

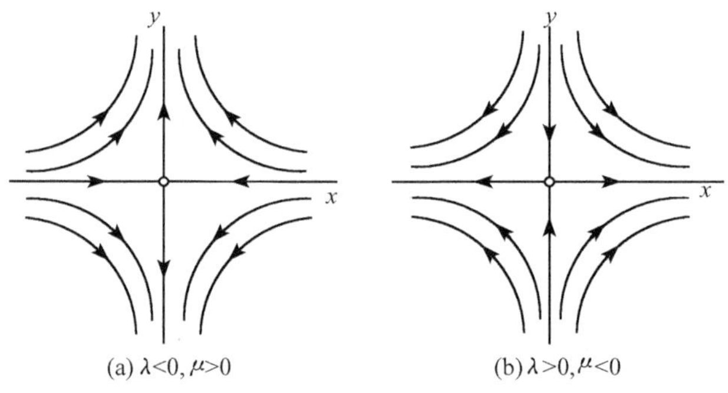

图 5.12

这种奇点称为**鞍点**,它是不稳定奇点.

3. $\lambda=\mu$ 为重根($\Delta=0,q>0$)

这时由 Jordan 块的不同分为以下两种:

(1) Jordan 块是对角矩阵,标准型为

$$\frac{\mathrm{d}x}{\mathrm{d}t}=\lambda x,\quad \frac{\mathrm{d}y}{\mathrm{d}t}=\lambda y. \tag{5.3.15}$$

由解的形式(5.3.13)知轨线是过(0,0)的射线,并且当 $\lambda<0$ 时,$\lim\limits_{t\to+\infty}x(t)=\lim\limits_{t\to+\infty}y(t)=0$,即(0,0)是渐近稳定的. 反之,当 $\lambda>0$ 时,(0,0)为不稳定的. 此时的奇点称为**临界结点(星形结点)**,轨线如图 5.13 所示.

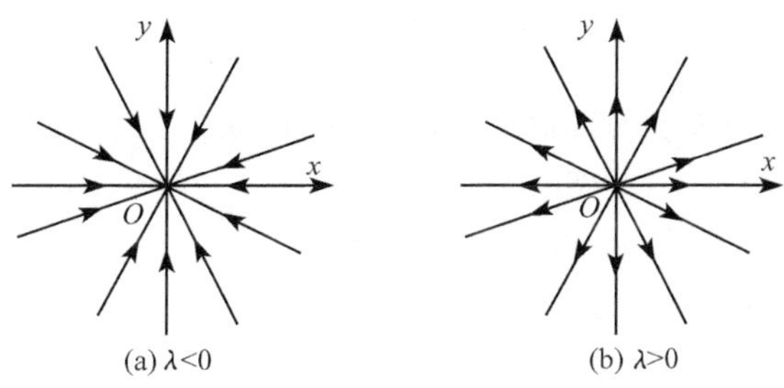

图 5.13

(2) Jordan 块不是对角矩阵,标准型为

$$\frac{\mathrm{d}x}{\mathrm{d}t}=\lambda x,\quad \frac{\mathrm{d}y}{\mathrm{d}t}=x+\lambda y. \tag{5.3.16}$$

(5.3.16)的通解为

$$x(t)=c_1\mathrm{e}^{\lambda t},\quad y(t)=(c_1t+c_2)\mathrm{e}^{\lambda t}. \tag{5.3.17}$$

$c_1=c_2=0$ 对应的仍是零解即奇点(0,0),$c_1=0,c_2\neq0$ 对应的是 y 轴为轨线,但是 x 轴不再是轨线,$c_1\neq0$ 时消去 t 得

$$y=cx+\frac{x}{\lambda}\ln|x|. \tag{5.3.18}$$

由(5.3.18)知$\lim\limits_{x\to0}y=0$. 又因为$\frac{\mathrm{d}y}{\mathrm{d}x}=\frac{1}{\lambda}+c+\frac{1}{\lambda}\ln|x|$,所以有$\lim\limits_{x\to0}\frac{\mathrm{d}y}{\mathrm{d}x}=\infty$.

因此,所有轨线均切 y 轴趋于(0,0)点,这种奇点称为**退化结点**,并且当 $\lambda<0$ 时为**稳定的退化结点**,当 $\lambda>0$ 时为不稳定的退化结点,奇点附近的相图如图 5.14 所示.

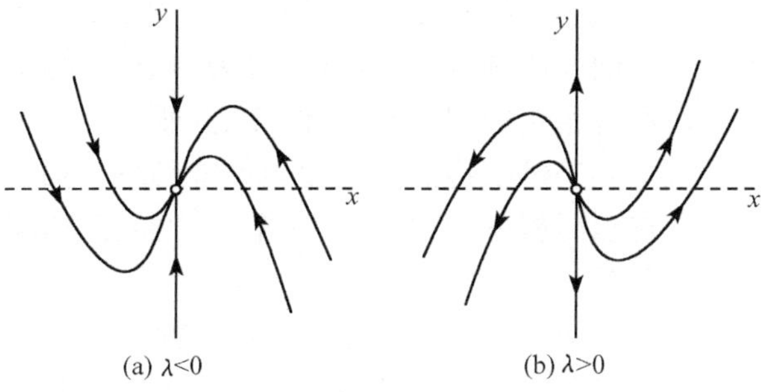

图 5.14

4. λ 和 μ 为共轭复根,$\lambda=\alpha+\mathrm{i}\beta,\mu=\alpha-\mathrm{i}\beta,\beta\neq0(\Delta<0,q>0)$

这时系统的标准型为

$$\frac{\mathrm{d}x}{\mathrm{d}t}=\alpha x+\beta y,\quad \frac{\mathrm{d}y}{\mathrm{d}t}=-\beta x+\alpha y. \tag{5.3.19}$$

取极坐标变换 $x=r\cos\theta,y=r\sin\theta$,(5.3.19)即化为

$$\frac{\mathrm{d}r}{\mathrm{d}t}=\alpha r,\quad \frac{\mathrm{d}\theta}{\mathrm{d}t}=-\beta. \tag{5.3.20}$$

下面分两种情况.

1) $\alpha\neq0(p\neq0)$

此时解(5.3.20)得出 $r(t)=r_0\mathrm{e}^{\alpha t},\theta(t)=-\beta t+\theta_0$,其中,$r_0,\theta_0$ 是任意常数且 $r_0>0$,消去 t 得 $r=c\mathrm{e}^{-\frac{\alpha}{\beta}\theta}$,这是一族对数螺线,这样的奇点称为**焦点**,并且当 $\alpha<0$ 时是**稳定焦点**,当 $\alpha>0$ 时是**不稳定焦点**,β 的符号决定了 t 增加时轨线是顺时针还是逆时针绕着原点旋转的. 相图如图 5.15 所示.

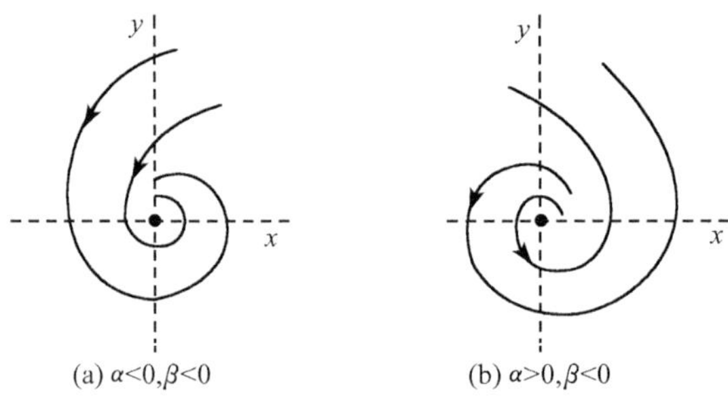

图 5.15

2) $\alpha=0(p=0)$

这时特征根是一对纯虚根,于是系统在极坐标系下的通解为 $r=r_0,\theta=-\beta t+\theta_0,r_0,\theta_0$ 为任意常数且 $r_0>0$. 显然,这是一族以原点为中心的同心圆,这样的奇点称为**中心**,中心是稳定奇点但不是渐近稳定的,其相图如图 5.16 所示.

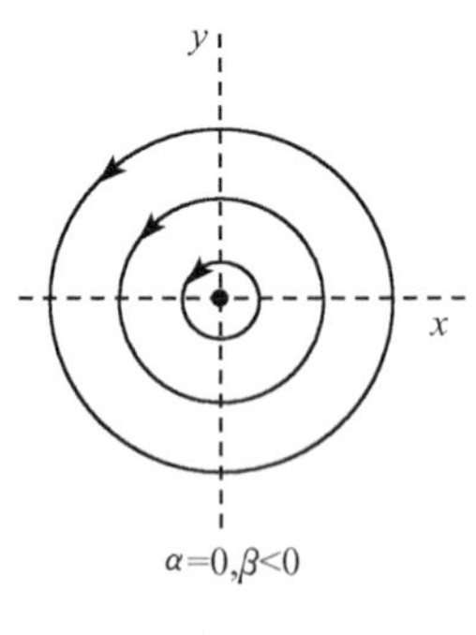

图 5.16

归纳上边的讨论得出系统(5.3.5)的奇点(0,0)是初等奇点时根据它的系数矩阵 $\boldsymbol{A}$ 的特征方程(5.3.11)有如下分类.

(1) 当 $q<0$ 时,(0,0)为鞍点;

(2) 当 $q>0$ 且 $\Delta>0$ 时,(0,0)是结点且 $p>0$ 是稳定的,$p<0$ 不稳定的;

(3) 当 $q>0$ 且 $\Delta=0$ 时,(0,0)是临界结点或退化结点,并且 $p>0$ 是稳定的,$p<0$ 是不稳定的;

(4) 当 $q>0,\Delta<0,p\neq0$ 时,(0,0)是焦点且 $p>0$ 为稳定的,$p<0$ 为不稳定的;

(5) 当 $q>0$ 且 $p=0$ 时,(0,0)是中心.

由此知参数(p,q)平面被 p 轴、正 q 轴及曲线 $\Delta=p^2-4q=0$ 分成了几个区域,分别对应于系统的鞍点区、焦点区、结点区、中心、退化和临界结点等,但是(p,q)平面的 p 轴对应的是系统的高阶奇点. 读者可以自己作出(p,q)平面初等奇点的分类区域图.

还需指出的一点是前边所画的奇点附近的轨线相图均是标准型的相图,若是一般的系统(5.3.5)轨线并非一定切着 x 轴或 y 轴进入或离开原点,这时就需要分析找出这条特殊的方向来.

例 5.3.5 判断下面系统的奇点类型并作出相图:

$$\frac{\mathrm{d}x}{\mathrm{d}t}=-2x-y,\quad \frac{\mathrm{d}y}{\mathrm{d}t}=4x-7y.$$

解 由定义知 $p=9>0,q=18>0,\Delta=9>0$,所以奇点(0,0)为稳定结点,为了确定轨线进入原点的方向,令 $K=\frac{\mathrm{d}y}{\mathrm{d}x}$为轨线的切线斜率. 由方程知 K 必满足

$$K=\frac{\mathrm{d}y}{\mathrm{d}x}=\frac{4x-7y}{-2x-y}=\frac{4-7K}{-2-K},\quad 当\ x\to0,y\to0\ 时,\frac{y}{x}\to K.$$

解之得 $K_1=1,K_2=4$,即轨线切 $y=x$ 或 $y=4x$ 进入奇点,在 x 轴的正半轴上,$\left.\frac{\mathrm{d}x}{\mathrm{d}t}\right|_{\substack{y=0\\x>0}}=-2x<0,\left.\frac{\mathrm{d}y}{\mathrm{d}t}\right|_{\substack{y=0\\x>0}}=4x>0$;在 x 轴的负半轴上,$\left.\frac{\mathrm{d}x}{\mathrm{d}t}\right|_{\substack{y=0\\x<0}}=-2x>0$,$\left.\frac{\mathrm{d}y}{\mathrm{d}t}\right|_{\substack{y=0\\x<0}}=4x<0$;在 y 轴的正半轴上,$\left.\frac{\mathrm{d}x}{\mathrm{d}t}\right|_{\substack{x=0\\y>0}}=-y<0,\left.\frac{\mathrm{d}y}{\mathrm{d}t}\right|_{\substack{x=0\\y>0}}=-7y<0$;在 y 轴负半轴上,$\left.\frac{\mathrm{d}x}{\mathrm{d}t}\right|_{\substack{x=0\\y<0}}=-y>0,\left.\frac{\mathrm{d}y}{\mathrm{d}t}\right|_{\substack{x=0\\y<0}}=-7y>0$,所以分析得出轨线切 $y=x$ 进入(0,0)相图如图 5.17 所示.

例 5.3.6 画出下面线性系统奇点附近的相图:

$$\frac{\mathrm{d}x}{\mathrm{d}t}=x-3y,\quad \frac{\mathrm{d}y}{\mathrm{d}t}=-3x+y.$$

解 容易算出 $p=-2<0,q=-8<0$,所以(0,0)是系统的鞍点,如例 5.3.5 的办法求解

$$K=\frac{\mathrm{d}y}{\mathrm{d}x}=\frac{-3+K}{1-3K},\quad 当\ x\to0,y\to0\ 时,\frac{y}{x}\to K$$

得到 $K_1=1, K_2=-1$. 同样地,可以分析画出奇点附近的轨线分布如图 5.18 所示.

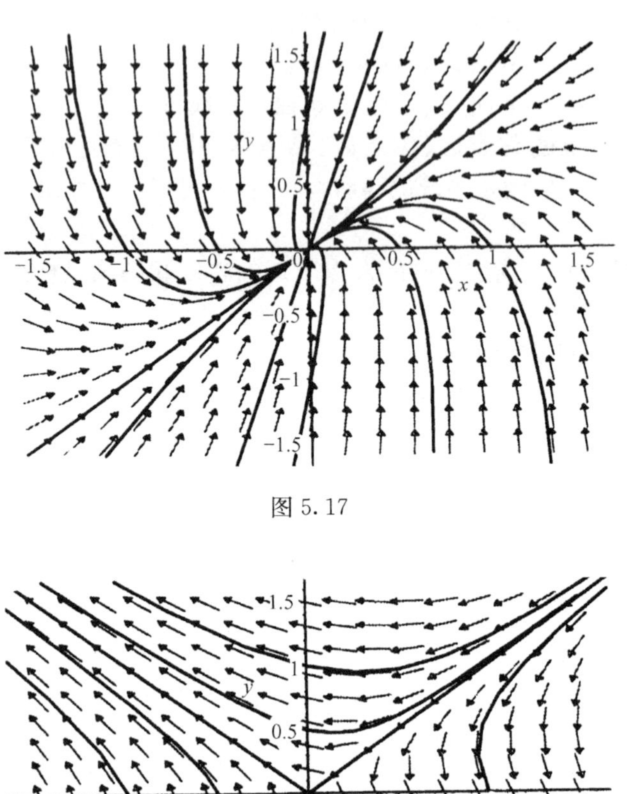

图 5.17

图 5.18

习　题　5.3

1. 判断下列系统奇点(0,0)的类型,并确定其稳定性:

(1) $\frac{dx}{dt}=3x-2y, \frac{dy}{dt}=2x-2y$;　　(2) $\frac{dx}{dt}=5x-y, \frac{dy}{dt}=3x+y$;

(3) $\frac{dx}{dt}=2x-y, \frac{dy}{dt}=3x-2y$;　　(4) $\frac{dx}{dt}=x-4y, \frac{dy}{dt}=4x-7y$;

(5) $\frac{dx}{dt}=x-5y,\frac{dy}{dt}=x-3y$；　　(6) $\frac{dx}{dt}=2x-5y,\frac{dy}{dt}=x-2y$；

(7) $\frac{dx}{dt}=3x-2y,\frac{dy}{dt}=4x-y$；　　(8) $\frac{dx}{dt}=-x-y,\frac{dy}{dt}=-\frac{1}{4}y$.

2. 求出下列系统的奇点，判断其类型和稳定性，并画出奇点附近的轨线分布图：

(1) $\frac{dx}{dt}=x+y-2,\frac{dy}{dt}=x-y$；

(2) $\frac{dx}{dt}=-2x+y-2,\frac{dy}{dt}=x-2y+1$；

(3) $\frac{dx}{dt}=-x-y-1,\frac{dy}{dt}=2x-y+5$；

(4) $\frac{dx}{dt}=\alpha-\beta y,\frac{dy}{dt}=-\gamma+\delta x(\alpha,\beta,\gamma,\delta>0)$.

3. 系统

$$\frac{dx}{dt}=ax+by,\quad \frac{dy}{dt}=cx+dy,$$

其中，a,b,c,d 均为常数且满足 $\begin{vmatrix} a & b \\ c & d \end{vmatrix}=ad-bc=0$.

(1) 证明此时系统存在一条由奇点组成的直线——奇线；

(2) 证明相平面上的轨线是一族平行线；

(3) 就 a,b,c,d 的各种情况画出相平面上的轨线分布图.

4. 对于线性方程组

$$\frac{dx}{dt}=ax+by,\quad \frac{dy}{dt}=cx+dy,$$

其中，a,b,c,d 为实常数，记 $p=-(a+d)$，$q=ad-bc$，$\Delta=p^2-4q$. 在 p,q 参数平面画出奇点(0,0)分别为鞍点、结点、焦点、中心、临界或退化结点的分类图.

5. 弹簧振子的运动方程为

$$m\frac{d^2u}{dt^2}+c\frac{du}{dt}+ku=0,$$

其中，m,c,k 为正常数.

(1) 令 $x=u,y=\frac{du}{dt}$，把方程化为等价方程组，并证明(0,0)是系统的奇点；

(2) 判断奇点(0,0)的类型和稳定性.

6. 利用 Maple 画出 c 取不同值时微分方程组

$$\frac{dx}{dt}=cx-3y,\quad \frac{dy}{dt}=-3x+cy$$

在奇点(0,0)邻域内的相图.

5.4　几乎线性系统解的稳定性

5.3 节对平面线性系统

$$\frac{\mathrm{d}x}{\mathrm{d}t}=ax+by,\quad \frac{\mathrm{d}y}{\mathrm{d}t}=cx+dy \tag{5.4.1}$$

当 $q=ad-bc\neq0$ 时的初等奇点进行了详细的分类，归纳可以得出其奇点(0,0)，即系统的零解在 Lyapunov 意义下的稳定性如下：

(1) 若系数矩阵 $\boldsymbol{A}$ 的特征根 λ,μ 是负实根或具有负实部的共轭复根，则其零解是渐近稳定的(稳定的结点、临界结点、退化结点、焦点)；

(2) 若 λ,μ 是一对具有零实部的共轭纯虚根，则零解是稳定的，但不是渐近稳定的(中心)；

(3) 若 λ,μ 中至少有一个是正实根或具有正实部的复根，则零解是不稳定的(鞍点、不稳定的各种结点和焦点).

接下来讨论与线性系统较接近的一类非线性平面自治系统的稳定性.

5.4.1　平面几乎线性系统的稳定性

考虑平面自治系统

$$\frac{\mathrm{d}x}{\mathrm{d}t}=f(x,y),\quad \frac{\mathrm{d}y}{\mathrm{d}t}=g(x,y). \tag{5.4.2}$$

不妨设 $f(0,0)=g(0,0)=0$，即(0,0)为奇点，那么当 $f(x,y)$，$g(x,y)$关于 x,y 二阶连续可微时，利用 Taylor 公式把它们在(0,0)点展开为

$$\begin{aligned}f(x,y)&=f'_x(0,0)x+f'_y(0,0)y+\varphi(x,y),\\ g(x,y)&=g'_x(0,0)x+g'_y(0,0)y+\psi(x,y),\end{aligned}$$

并记 $a=f'_x(0,0)$，$b=f'_y(0,0)$，$c=g'_x(0,0)$，$d=g'_y(0,0)$. 将系统(5.4.2)写成如下形式：

$$\begin{cases}\dfrac{\mathrm{d}x}{\mathrm{d}t}=ax+by+\varphi(x,y),\\[2mm] \dfrac{\mathrm{d}y}{\mathrm{d}t}=cx+dy+\psi(x,y),\end{cases} \tag{5.4.3}$$

并把线性系统

$$\frac{\mathrm{d}x}{\mathrm{d}t}=ax+by,\quad \frac{\mathrm{d}y}{\mathrm{d}t}=cx+dy \tag{5.4.4}$$

称为系统(5.4.3)的线性近似系统.

与线性系统类似,若 $q=ad-bc\neq 0$ 时称(0,0)为系统(5.4.3)的初等奇点,若 $q=0$ 时称(0,0)为系统(5.4.3)的高阶奇点.

问题是:若(0,0)是系统(5.4.3)的初等奇点时,奇点(0,0)的类型及稳定性与它的线性近似系统(5.4.4)的奇点类型及稳定性是否相同? 即当 $\varphi(x,y)$,$\psi(x,y)$ 满足什么条件时系统(5.4.3)与系统(5.4.4)在(0,0)点邻域有相同的定性结构? 为此,引入几乎线性系统的定义.

若系统(5.4.3)的函数 $\varphi(x,y)$,$\psi(x,y)$在(0,0)邻域一阶连续可微且满足

$$\lim_{\substack{x\to 0\\ y\to 0}}\frac{\varphi(x,y)}{\sqrt{x^2+y^2}}=0,\quad \lim_{\substack{x\to 0\\ y\to 0}}\frac{\psi(x,y)}{\sqrt{x^2+y^2}}=0,\tag{5.4.5}$$

则称系统(5.4.3)在奇点(0,0)邻域是**几乎线性系统**.

实际上,许多非线性平面系统在(0,0)的邻域都是几乎线性系统.例如,系统

$$\begin{cases}\dfrac{\mathrm{d}x}{\mathrm{d}t}=-x+l_1x^2+m_1xy+n_1y^2,\\ \dfrac{\mathrm{d}y}{\mathrm{d}t}=-y+l_2x^2+m_2xy+n_2y^2\end{cases}\tag{5.4.6}$$

及系统

$$\frac{\mathrm{d}x}{\mathrm{d}t}=y,\quad \frac{\mathrm{d}y}{\mathrm{d}t}=-\frac{g}{l}\sin x\tag{5.4.7}$$

在(0,0)邻域都是几乎线性系统.

在许多情况下,几乎线性系统与其对应的线性系统的奇点类型和稳定性是相同的,关于这方面的结果不加证明地引入下面的定理(详细证明参见文献(张芷芬等,1985)).

定理 5.1 设 $O(0,0)$是几乎线性系统(5.4.3)的初等奇点,则当 $O(0,0)$是其线性近似系统(5.4.4)的鞍点、结点、焦点时,它也必是系统(5.4.3)的鞍点、结点、焦点,并且具有相同的稳定性.

定理 5.1 的用处在于当得知非线性系统(5.4.3)在奇点邻域是几乎线性系统时,可以通过研究其线性近似系统(5.4.4)的奇点去弄清几乎线性系统的奇点类型及稳定性.

定理 5.1 也说明了当线性系统的系数矩阵 $\boldsymbol{A}$ 的特征根具有非零实部,并且非线性项 $\varphi(x,y)$,$\psi(x,y)$在(0,0)邻域是 $r=\sqrt{x^2+y^2}$ 的高阶无穷小时,则非线性项的添加不影响其奇点的类型和稳定性.但是定理的条件是充分条件,并且对于 λ,μ 是纯虚数,即(0,0)是线性化系统的中心时没有相应的结论,这一点将举例说明.

例 5.4.1　判断系统

$$\frac{\mathrm{d}x}{\mathrm{d}t}=-x+\alpha x^2,\quad \frac{\mathrm{d}y}{\mathrm{d}t}=-2y+\beta y^2 \tag{5.4.8}$$

的奇点(0,0)的类型和稳定性($\alpha,\beta\neq0$).

解　系统(5.4.8)在(0,0)邻域是几乎线性系统,并且其线性近似系统为

$$\frac{\mathrm{d}x}{\mathrm{d}t}=-x,\quad \frac{\mathrm{d}y}{\mathrm{d}t}=-2y, \tag{5.4.9}$$

其系数矩阵 $\mathbf{A}=\begin{bmatrix}-1 & 0\\ 0 & -2\end{bmatrix}$,所以 $q=2>0,p=3>0,\Delta=1>0$,即(0,0)是线性近似系统的稳定结点,由定理 5.1 知(0,0)是原系统的稳定结点.

例 5.4.2　设有阻尼的单摆运动中阻尼与角速度成正比,由牛顿定律得出其运动方程为

$$ml\frac{\mathrm{d}^2\theta}{\mathrm{d}t^2}+c\frac{\mathrm{d}\theta}{\mathrm{d}t}+mg\sin\theta=0, \tag{5.4.10}$$

其中,m 为摆的质量,l 为摆的杆长,g 为重力加速度,$\theta(t)$为运动过程中 t 时刻杆与铅垂位置的夹角.求其奇点并分析奇点的稳定性和类型.

解　用变换 $x=\theta,y=\frac{\mathrm{d}\theta}{\mathrm{d}t}$可以把(5.4.10)化为如下平面系统:

$$\begin{cases}\dfrac{\mathrm{d}x}{\mathrm{d}t}=y,\\[2mm] \dfrac{\mathrm{d}y}{\mathrm{d}t}=-\dfrac{g}{l}x-\dfrac{c}{ml}y+\dfrac{g}{l}(x-\sin x).\end{cases} \tag{5.4.11}$$

系统(5.4.11)的奇点为(0,0),($n\pi$,0)($n=\pm1,\pm2,\cdots$).

下面考虑奇点(0,0)的性态.在(0,0)邻域,系统(5.4.11)的线性近似系统为

$$\frac{\mathrm{d}x}{\mathrm{d}t}=y,\quad \frac{\mathrm{d}y}{\mathrm{d}t}=-\frac{g}{l}x-\frac{c}{ml}y. \tag{5.4.12}$$

系数矩阵 $\mathbf{A}=\begin{bmatrix}0 & 1\\ -\dfrac{g}{l} & -\dfrac{c}{ml}\end{bmatrix}$,所以 $q=\frac{g}{l}>0,p=\frac{c}{ml}>0,\Delta=\sqrt{\left(\frac{c}{ml}\right)^2-\frac{4g}{l}}$,特征值 $\lambda,\mu=\frac{1}{2}\left[-\frac{c}{ml}\pm\sqrt{\left(\frac{c}{ml}\right)^2-\frac{4g}{l}}\right]$.因此,根据系数的关系得出:当$\left(\frac{c}{ml}\right)^2>\frac{4g}{l}$时,$\lambda<0,\mu<0,\lambda\neq\mu$,$O(0,0)$是线性近似系统的稳定结点;当$\left(\frac{c}{ml}\right)^2<\frac{4g}{l}$时,$\lambda=\bar{\mu}$ 且 $\mathrm{Re}\lambda=\mathrm{Re}\mu<0$,$O(0,0)$的线性近似系统的稳定焦点.

容易验证系统(5.4.11)在奇点 $O(0,0)$ 附近是几乎线性系统,所以由定理 5.1 知当 $\left(\frac{c}{ml}\right)^2\neq\frac{4g}{l}$ 时,$O(0,0)$ 也必为系统(5.4.11)的稳定结点或焦点,所以零解是渐近稳定的.

对于系统(5.4.11)的奇点 $(n\pi,0)(n\neq0)$,令变换 $x=x_1+n\pi,y=y_1$,系统可化为

$$\frac{\mathrm{d}x_1}{\mathrm{d}t}=y_1,\quad \frac{\mathrm{d}y_1}{\mathrm{d}t}=-\frac{g}{l}\sin x_1-\frac{c}{ml}y_1,\quad n\text{ 为偶数} \tag{5.4.13}$$

或

$$\frac{\mathrm{d}x_1}{\mathrm{d}t}=y_1,\quad \frac{\mathrm{d}y_1}{\mathrm{d}t}=\frac{g}{l}\sin x_1-\frac{c}{ml}y_1,\quad n\text{ 为奇数.} \tag{5.4.14}$$

系统(5.4.11)的奇点 $(n\pi,0)$ 即为系统(5.4.13)或系统(5.4.14)的奇点 $(0,0)$,而系统(5.4.13)与系统(5.4.11)形式完全一样,所以当 n 为偶数时,奇点 $(n\pi,0)$ 也必为稳定的结点或焦点 $\left(\left(\frac{c}{ml}\right)^2\neq\frac{4g}{l}\right)$. 而系统(5.4.14)在 $(0,0)$ 邻域的线性近似系统为

$$\frac{\mathrm{d}x_1}{\mathrm{d}t}=y_1,\quad \frac{\mathrm{d}y_1}{\mathrm{d}t}=\frac{g}{l}x_1-\frac{c}{ml}y_1, \tag{5.4.15}$$

其系数矩阵为 $\mathbf{A}=\begin{bmatrix}0 & 1\\ \frac{g}{l} & -\frac{c}{ml}\end{bmatrix}$. 显然 $q=-\frac{g}{l}<0$,所以 $(0,0)$ 为系统(5.4.15)的鞍点,因而奇点 $(n\pi,0)$ 当 n 为奇数时为系统(5.4.11)的鞍点,所以零解为不稳定的.

当把 m,l,c 取定时,可以用 Maple 软件作出其轨线的相图. 例如,对系统

$$\frac{\mathrm{d}x}{\mathrm{d}t}=y,\quad \frac{\mathrm{d}y}{\mathrm{d}t}=-\sin x-\frac{1}{10}y \tag{5.4.16}$$

用下面的 Maple 命令可以画出如图 5.19 所示的相图:

```
with(DEtools):
DE941:=[diff(x(t),t)=y(t),
diff(y(t,t)=-sin(x(t))-0.1*y(t)];
DEplot(DE941,[x(t),y(t)],t=-10..30,
[[x(0)=3,y(0)=0],[x(0)=-3,y(0)=0],
[x(0)=0,y(0)=3,[x(0)=0,y(0)=-3],
[x(0)=0,y(0)=4],[x(0)=0,y(0)=-4],
[x(0)=4,y(0)=0,[x(0)=-4,y(0)=0]],
x=-3*Pi..3*Pi,y=-5..5,stepsize=0.05,
```

```
dirgrid=[21,21],color=red,
linecolor=blue,
arrows=SLIM);
```

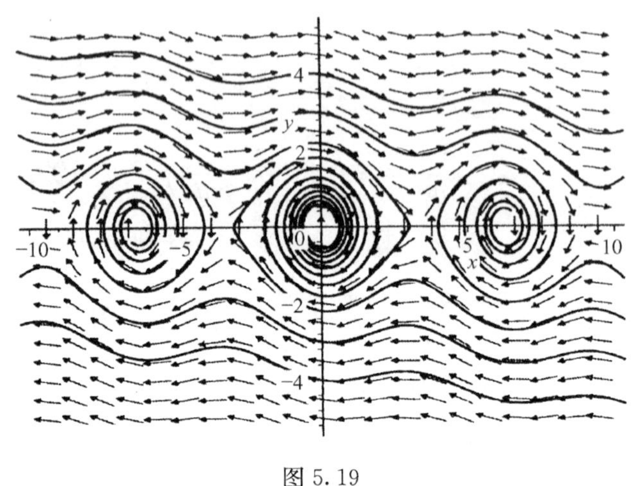

图 5.19

例 5.4.3　分析两种群竞争模型

$$\frac{\mathrm{d}x}{\mathrm{d}t}=x(2-2x-y),\quad \frac{\mathrm{d}y}{\mathrm{d}t}=2y(2-x-2y) \tag{5.4.17}$$

奇点的类型及稳定性.

解　模型(5.4.17)在数学生态学中常被用来描述两种群竞争同一资源的情况,模型(5.4.17)共有4个奇点:$O(0,0)$,$P(0,1)$,$Q(1,0)$及$R\left(\frac{2}{3},\frac{2}{3}\right)$.

先看奇点$O(0,0)$.在(0,0)点邻域系统(5.4.17)的线性近似系统为

$$\frac{\mathrm{d}x}{\mathrm{d}t}=2x,\quad \frac{\mathrm{d}y}{\mathrm{d}t}=4y.$$

容易验证(0,0)是该线性系统的不稳定的结点,而系统(5.4.17)在奇点(0,0)的邻域是几乎线性系统,并且$\varphi(x,y)=-2x^2-xy$与$\psi(x,y)=-2xy-4y^2$是解析函数,所以$O(0,0)$也是系统(5.4.17)的不稳定的结点.

为了讨论奇点$P(0,1)$的类型及稳定性,作变换$x=u$,$y=v+1$,将系统(5.4.17)变为

$$\begin{cases}\dfrac{\mathrm{d}u}{\mathrm{d}t}=u-2u^2-uv,\\[2mm] \dfrac{\mathrm{d}v}{\mathrm{d}t}=-2u-4v-2uv-4v^2.\end{cases} \tag{5.4.18}$$

(0,0)是系统(5.4.18)的奇点,它的线性近似系统为

$$\frac{\mathrm{d}u}{\mathrm{d}t}=u,\quad \frac{\mathrm{d}v}{\mathrm{d}t}=-2u-4v.$$

容易验证(0,0)是该线性系统的鞍点，而系统(5.4.18)在奇点(0,0)的邻域内是几乎线性系统，故(0,0)也是系统(5.4.18)的鞍点，所以 $P(0,1)$ 是系统(5.4.17)的鞍点，它是不稳定的. 同理，可以判断出奇点 Q 也是系统(5.4.17)的鞍点.

最后看正平衡点 $R\left(\frac{2}{3},\frac{2}{3}\right)$，为了研究其稳定性，作变换 $x=u+\frac{2}{3}$，$y=v+\frac{2}{3}$，系统(5.4.17)变为

$$\begin{cases}\dfrac{\mathrm{d}u}{\mathrm{d}t}=-\dfrac{2}{3}(2u+v)-u(2u+v),\\ \dfrac{\mathrm{d}v}{\mathrm{d}t}=-\dfrac{4}{3}(u+2v)-2v(u+2v).\end{cases}\tag{5.4.19}$$

系统(5.4.19)在奇点(0,0)附近是几乎线性系统，并且相应的线性近似系统为

$$\frac{\mathrm{d}u}{\mathrm{d}t}=-\frac{4}{3}u-\frac{2}{3}v,\quad \frac{\mathrm{d}v}{\mathrm{d}t}=-\frac{4}{3}u-\frac{8}{3}v.\tag{5.4.20}$$

对于系统(5.4.20)，$q=\frac{8}{3}>0$，$p=4>0$，$\Delta=\frac{16}{3}$，所以(0,0)是其稳定结点，因此，由定理 5.1 知正平衡点 R 是系统(5.4.17)的稳定结点.

关于定理 5.1 还有几点需要说明.

注 1 定理 5.1 只能保证在奇点的邻域内线性系统加上“小”的非线性项才不会改变奇点的类型和稳定性，但在大范围内，非线性项将对解的性态产生很大的影响. 例如，微分方程组

$$\frac{\mathrm{d}x}{\mathrm{d}t}=x(2-2x-y),\quad \frac{\mathrm{d}y}{\mathrm{d}x}=y(2-x-2y)$$

有正奇点 $\left(\frac{2}{3},\frac{2}{3}\right)$. 该方程组和它在点 $\left(\frac{2}{3},\frac{2}{3}\right)$ 的线性化系统在奇点的小邻域内的轨线比较接近，而在大范围相差较大. 图 5.20 和图 5.21 分别给出了第一象限中原方程组和线性化系统的向量场和一些轨线.

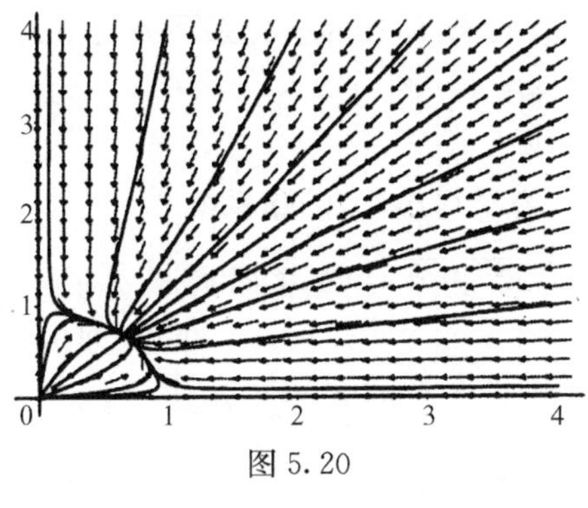

图 5.20

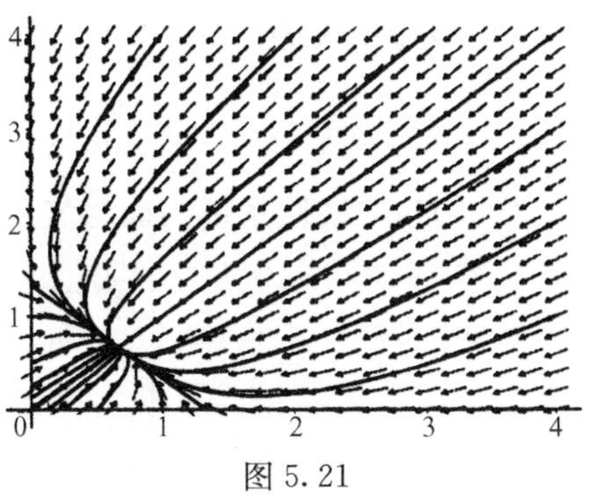

图 5.21

注 2　当(0,0)是线性系统的临界结点和退化结点($\lambda=\mu$)时,定理所给条件只能保证非线性系统奇点的稳定性,但不能保证类型不变即奇点可以变成非线性系统的焦点或正常结点,若要保持奇点的类型不变则需对 $\varphi(x,y)$,$\psi(x,y)$加更强的条件. 进一步的结果参见文献(高慧贞等,1995;张芷芬等,1985).

注 3　当(0,0)是线性系统的中心型奇点时($\lambda=\bar{\mu}$ 是一对纯虚根),无论 $\varphi(x,y)$,$\psi(x,y)$多小都有可能改变奇点的类型和稳定性. 这时要弄清非线性系统的奇点的类型和稳定性是微分方程定性理论的一个重要课题. 这方面已有很多好结果,此处不再深入,只举几个简单例子加以说明.

非线性系统

$$\begin{cases}\dfrac{\mathrm{d}x}{\mathrm{d}t}=-y+y(x^2+y^2),\\[2mm] \dfrac{\mathrm{d}y}{\mathrm{d}t}=x-x(x^2+y^2)\end{cases}\tag{5.4.21}$$

在奇点(0,0)附近的线性近似系统为

$$\frac{\mathrm{d}x}{\mathrm{d}t}=-y,\quad \frac{\mathrm{d}y}{\mathrm{d}t}=x.\tag{5.4.22}$$

(0,0)是(5.4.22)的中心.

引入极坐标变换,在极坐标系下系统(5.4.21)的等价系统为

$$\frac{\mathrm{d}r}{\mathrm{d}t}=0,\quad \frac{\mathrm{d}\theta}{\mathrm{d}t}=1-r^2.\tag{5.4.23}$$

显然,(0,0)是原系统的中心.

系统

$$\begin{cases}\dfrac{\mathrm{d}x}{\mathrm{d}t}=-y-x\sqrt{x^2+y^2},\\[2mm] \dfrac{\mathrm{d}y}{\mathrm{d}t}=x-y\sqrt{x^2+y^2}\end{cases}\tag{5.4.24}$$

在(0,0)附近仍以系统(5.4.22)为其线性近似系统,但在极坐标系下系统变为

$$\frac{\mathrm{d}r}{\mathrm{d}t}=-r^2,\quad \frac{\mathrm{d}\theta}{\mathrm{d}t}=1.\tag{5.4.25}$$

因此,(0,0)为非线性系统的稳定焦点. 同理,容易得出(0,0)是系统

$$\begin{cases}\dfrac{\mathrm{d}x}{\mathrm{d}t}=-y+x\sqrt{x^2+y^2},\\[2mm] \dfrac{\mathrm{d}y}{\mathrm{d}t}=x+y\sqrt{x^2+y^2}\end{cases}\tag{5.4.26}$$

的不稳定焦点.

5.4.2 高维几乎线性微分方程组的稳定性

关于本节前面所讨论的按线性近似决定平面几乎线性近似系统的奇点的理论可以推广到高维情况,但是高维系统相空间中轨线的相图更加复杂,而实际问题往往更关心的是解的稳定性,所以下面将主要讨论按线性近似决定高阶微分方程组零解的稳定性问题. 为此先讨论 n 阶线性方程组零解的稳定性.

n 阶常系数线性微分方程组

$$\frac{d\boldsymbol{x}}{dt}=\boldsymbol{A}\boldsymbol{x}, \tag{5.4.27}$$

其中,

$$\boldsymbol{x}=\begin{bmatrix}x_1\\x_2\\\vdots\\x_n\end{bmatrix},\quad \boldsymbol{A}=\begin{bmatrix}a_{11}&a_{12}&\cdots&a_{1n}\\a_{21}&a_{22}&\cdots&a_{2n}\\\vdots&\vdots&&\vdots\\a_{n1}&a_{n2}&\cdots&a_{nn}\end{bmatrix}.$$

由第 4 章的理论可知系统(5.4.27)的任一解均可表示为形如 $P_{ik}(t)e^{\lambda_i t}$ 的线性组合,其中,λ_i 为系数矩阵 $\boldsymbol{A}$ 的特征方程 $\det(\boldsymbol{A}-\lambda\boldsymbol{I})=0$ 的根($\boldsymbol{I}$ 为 n 阶单位矩阵),$P_{ik}(t)$是 t 的多项式,其次数低于 λ_i 所对应的初等因子的次数,由线性方程组解的理论可以得出如下定理:

定理 5.2 设系统(5.4.27)的系数矩阵 $\boldsymbol{A}$ 的特征根为 $\lambda_1,\lambda_2,\cdots,\lambda_r$,则有下面三个结论:

(1) 若 $\lambda_1,\lambda_2,\cdots,\lambda_r$ 均具有负实部,则系统(5.4.27)的零解是渐近稳定的;

(2) 若 $\lambda_1,\lambda_2,\cdots,\lambda_r$ 中至少有一个具有正实部,则系统(5.4.27)的零解是不稳定的;

(3) 若 $\lambda_1,\lambda_2,\cdots,\lambda_r$ 中没有正实部的根,但是有零根或零实部的纯虚根,则当零根或零实部根的初等因子都是一次时,系统(5.4.27)的零解是稳定的. 当零根或零实部的根中至少有一个的初等因子的次数大于 1 时,系统(5.4.27)的零解是不稳定的.

由定理 5.2 看出系统(5.4.27)零解的稳定性态完全由其系数矩阵 $\boldsymbol{A}$ 的特征根的符号确定,这样就把稳定性问题转化为代数问题.

例 5.4.4 研究方程组

$$\begin{cases}\dfrac{dx}{dt}=-x-4y+2z,\\[2mm]\dfrac{dy}{dt}=3x-y-2z,\\[2mm]\dfrac{dz}{dt}=-2x+y-z\end{cases} \tag{5.4.28}$$

零解的稳定性.

解　方程组的系数矩阵 $\boldsymbol{A}$ 为其特征方程为

$$\lambda^3+3\lambda^2+21\lambda+29=0. \tag{5.4.29}$$

关于 λ 的三次方程(5.4.29)的根不容易求出，用另外的方法来判断根的符号. 一般情况下，n 阶线性微分方程组的系数矩阵 $\boldsymbol{A}$ 的特征方程是一个一元 n 次代数方程，其根是不易求得的，但定理 5.2 说明在讨论稳定性时不必把方程的特征根具体求出，而只需知道特征根的实部的正、负号即可. 针对这个问题有一个代数学中著名的 Routh-Hurwitz 判据.

定理 5.3　对一元 n 次代数方程

$$a_0\lambda^n+a_1\lambda^{n-1}+a_2\lambda^{n-2}+\cdots+a_{n-1}\lambda+a_n=0, \tag{5.4.30}$$

其中，$a_0>0$. 作行列式

$$\Delta_n=\begin{vmatrix} a_1 & a_0 & 0 & 0 & \cdots & 0 \\ a_3 & a_2 & a_1 & a_0 & \cdots & 0 \\ \vdots & \vdots & \vdots & \vdots & & \vdots \\ a_{2n-1} & a_{2n-2} & a_{2n-3} & a_{2n-4} & \cdots & a_n \end{vmatrix},$$

其中，当 $i>n$ 时，$a_i=0$，则式(5.4.30)的所有根均具有负实部的充要条件是 Δ_n 的所有主子式都大于零，即下面的不等式同时成立：

$$\Delta_1=a_1>0,\quad \Delta_2=\begin{vmatrix} a_1 & a_0 \\ a_3 & a_2 \end{vmatrix}>0,$$

$$\Delta_3=\begin{vmatrix} a_1 & a_0 & 0 \\ a_3 & a_2 & a_1 \\ a_5 & a_4 & a_3 \end{vmatrix}>0,\quad \cdots,\quad \Delta_n=a_n\Delta_{n-1}>0.$$

对于例 5.4.4 中方程(5.4.29)，$a_0=1,a_1=3,a_2=21,a_3=29$，所以

$$\Delta_1=a_1=3>0,\quad \Delta_2=\begin{vmatrix} 3 & 1 \\ 29 & 21 \end{vmatrix}=34>0,$$

$$\Delta_3=a_3\Delta_2=29\times 34=986>0,$$

故方程(5.4.29)的根均具有负实部，因此，方程组(5.4.28)的零解是渐近稳定的.

下面考虑非线性微分方程组

$$\frac{\mathrm{d}\boldsymbol{x}}{\mathrm{d}t}=\boldsymbol{A}\boldsymbol{x}+\boldsymbol{F}(\boldsymbol{x}), \tag{5.4.31}$$

其中，$\boldsymbol{A},\boldsymbol{x}$ 定义同式(5.4.27)，$\boldsymbol{F}(\boldsymbol{x})=\begin{bmatrix} f_2(x_1,x_2,\cdots,x_n) \\ \vdots \\ f_n(x_1,x_2,\cdots,x_n) \end{bmatrix}$，并且满足 $\boldsymbol{F}(\boldsymbol{0})=\boldsymbol{0}$ 及

$$\lim_{\|x\|\to 0}\frac{\|\boldsymbol{F}(\boldsymbol{x})\|}{\|\boldsymbol{x}\|}=0. \tag{5.4.32}$$

这时式(5.4.31)也称为几乎线性系统且 $\boldsymbol{x}=\boldsymbol{0}$ 是其解.

关于系统(5.4.31)在条件(5.4.32)下零解的稳定性问题有下面的定理:

定理 5.4 若 $\boldsymbol{A}$ 的所有特征根均具有负实部,则系统(5.4.31)的零解是渐近稳定的;若 $\boldsymbol{A}$ 的特征根中至少有一个具有正实部,则系统(5.4.31)的零解是不稳定的.

定理 5.4 的证明较困难,有兴趣的读者可以参见文献(许淞庆,1984).

例 5.4.5 讨论非线性方程组

$$\begin{cases}\dfrac{\mathrm{d}x}{\mathrm{d}t}=-x-3y+x^2z^2,\\ \dfrac{\mathrm{d}y}{\mathrm{d}t}=-x+y-y^2+x^2,\\ \dfrac{\mathrm{d}z}{\mathrm{d}t}=x-3z+z^2+y^2\end{cases} \tag{5.4.33}$$

的零解的稳定性.

解 原方程组在原点处的线性近似方程组的系数矩阵为

$$\boldsymbol{A}=\begin{bmatrix}-1 & -3 & 0\\ -1 & 1 & 0\\ 1 & 0 & -3\end{bmatrix},$$

容易求出它的三个特征根为

$$\lambda_1=-3,\quad \lambda_2=-2,\quad \lambda_3=2.$$

有一个正实根,而非线性项 $\boldsymbol{F}(\boldsymbol{x})$ 满足式(5.4.32),因此,由定理 5.4 知系统(5.4.33)的零解是不稳定的.

利用 Routh-Hurwitz 判据判断线性系统零解稳定性时需要进行大量的运算,可以借助于计算机软件实现. 下面用 Maple 来判断一个四维方程组零解的稳定性.

例 5.4.6 判断下面系统零解的稳定性:

$$\begin{cases}\dfrac{\mathrm{d}x_1}{\mathrm{d}t}=-8x_1+6x_2-5x_3+5x_4,\\ \dfrac{\mathrm{d}x_2}{\mathrm{d}t}=x_1-6x_2,\\ \dfrac{\mathrm{d}x_3}{\mathrm{d}t}=-2x_1+x_2-4x_3,\\ \dfrac{\mathrm{d}x_4}{\mathrm{d}t}=2x_1-10x_4.\end{cases} \tag{5.4.34}$$

解 由于该问题的计算量很大,借助于 Maple 软件完成. 先调入 Maple 处理线性代数的软件包，再输入矩阵，计算特征多项式，最后用 Routh-Hurwitz 判据来判断系统零解的稳定性. Maple 指令和输出结果如下：

```
with(linalg):
A:=matrix(4,4,[-8,6,-5,5,1,-6,0,0,-2,1,-4,0,2,0,0,-10]);
B:=charmat(A,lambda):
poly1:=det(B);
a1:=coeff(poly1,lambda,3):a2:=coeff(poly1,lambda,2):
a3:=coeff(poly1,lambda,1):a4:=coeff(poly1,lambda,0):
H:=matrix(4,4,[a1,a3,0,0,1,a2,a4,0,0,a1,a3,0,0,1,a2,a4]):
HH1:=submatrix(H,1..1,1..1):
HH2:=submatrix(H,1..2,1..2):
HH3:=submatrix(H,1..3,1..3):
HH4:=submatrix(H,1..4,1..4):
H1:=det(HH1);H2:=det(HH2);
H3:=det(HH3);H4:=det(HH4);
```

$$A:=\begin{bmatrix}-8 & 6 & -5 & 5\\ 1 & -6 & 0 & 0\\ -2 & 1 & -4 & 0\\ 2 & 0 & 0 & -10\end{bmatrix}\quad B:=\begin{bmatrix}\lambda+8 & -6 & 5 & -5\\ -1 & \lambda+6 & 0 & 0\\ 2 & -1 & \lambda+4 & 0\\ -2 & 0 & 0 & \lambda+10\end{bmatrix}$$

$$\text{poly1}:=\lambda^4+28\lambda^3+258\lambda^2+893\lambda+890$$

H1:=28,　H2:=6331,　H3:=4955823,　H4:=4410682470.

所以，系统(5.4.34)零解是稳定的.

关于定理 5.3 和定理 5.4 还有以下几点需要说明：

(1) 由定理 5.3 得到的常系数的线性方程组的稳定性是大范围的，而由定理 5.4 得到的非线性方程组的稳定性是小范围的；

(2) 当系统(5.4.31)的线性近似系统(5.4.27)的系数矩阵 **A** 的特征根均具有非正实部，但至少有一个零实部的根或零根，这时非线性系统(5.4.31)的稳定性态并不能由其线性近似系统来决定，这种情形称为**临界情形**，而如何确定临界情形的稳定性问题，至今仍为微分方程的研究课题.

习　题　5.4

1. 验证下列方程组在(0,0)附近是几乎线性系统，并讨论奇点 $O(0,0)$ 的类型和稳定性：

(1) $\dfrac{dx}{dt}=x-y+xy,\dfrac{dy}{dt}=3x-2y-xy$；

(2) $\dfrac{dx}{dt}=x+x^2+y^2,\dfrac{dy}{dt}=2y-xy$；

(3) $\dfrac{dx}{dt}=-2x-y-x(x^2+y^2),\dfrac{dy}{dt}=x-y+y(x^2+y^2)$；

(4) $\frac{dx}{dt}=x+2x^2-y^2, \frac{dy}{dt}=x-2y+x^3$;

(5) $\frac{dx}{dt}=y, \frac{dy}{dt}=-x+\mu y(1-x^2), \mu>0$;

(6) $\frac{dx}{dt}=1+y-e^{-x}, \frac{dy}{dt}=y-\sin x$;

(7) $\frac{dx}{dt}=(1+x)\sin y, \frac{dy}{dt}=1-x-\cos y$;

(8) $\frac{dx}{dt}=\sqrt{4+4y}-2e^{x+y}, \frac{dy}{dt}=\sin ax+\ln(1-4y)$, a 是常数.

2. 求出下列系统的所有奇点,并讨论其类型和稳定性:

(1) $\frac{dx}{dt}=x+y^2, \frac{dy}{dt}=x+y$;

(2) $\frac{dx}{dt}=1-xy, \frac{dy}{dt}=x-y^3$;

(3) $\frac{dx}{dt}=x-x^2-xy, \frac{dy}{dt}=3y-xy-2y^2$;

(4) $\frac{dx}{dt}=1-y, \frac{dy}{dt}=x^2-y^2$.

3. 考虑两种群竞争模型 $\frac{dx}{dt}=x(r_1-\alpha_1 x-\beta_1 y), \frac{dy}{dt}=y(r_2-\alpha_2 y-\beta_2 x)$,其中,$r_i, \alpha_i, \beta_i (i=1, 2)$ 均为正常数且 $\frac{r_1}{\alpha_1}<\frac{r_2}{\beta_2}, \frac{r_2}{\alpha_2}<\frac{r_1}{\beta_1}$.

(1) 求出系统的正平衡点 (x_0, y_0);

(2) 用平移变换把正平衡点移到 $(0,0)$,验证变换后的系统在 $(0,0)$ 邻域是几乎线性系统;

(3) 讨论奇点的类型和稳定性.

4. 考虑 Lienard 方程

$$\frac{d^2 x}{dt^2}+c(x)\frac{dx}{dt}+g(x)=0,$$

假设 $c(x)\in C^1(\mathbf{R}), g(x)\in C^2(\mathbf{R}), g(0)=0$.

(1) 引入变换 $y=\frac{dx}{dt}$ 化上述方程为等价方程组;

(2) 证明 $(0,0)$ 是系统的奇点,系统在 $(0,0)$ 邻域是几乎线性的;

(3) 证明如果 $c(0)>0, g'(0)>0$,则奇点是渐近稳定的;如果 $c(0)<0$ 或 $g'(0)<0$,则奇点是不稳定的.

5. 设 n 维齐次线性微分方程组

$$\frac{d\boldsymbol{x}}{dt}=\boldsymbol{A}(t)\boldsymbol{x}$$

的一个基解矩阵为 $\boldsymbol{\Phi}(t)$ 且 $\boldsymbol{\Phi}(t_0)=\boldsymbol{I}$($\boldsymbol{I}$ 为 n 阶单位矩阵). 证明

(1) 系统的零解是稳定的充要条件是存在正常数 $K>0$,使得对于一切 $t\geqslant t_0$ 有 $\|\boldsymbol{\Phi}(t)\|<K$,即一切解均有界;

(2) 系统零解渐近稳定的充要条件是

$$\lim_{t\to+\infty} \| \boldsymbol{\Phi}(t) \| = 0.$$

6. 利用 Routh-Hurwitz 判据等判定下列方程或方程组零解的稳定性：

(1) $y'''+ay''+by'+2y=0$, a,b 为常数；

(2) $y^{(4)}+2y'''+3y''+ay=0$, a 为常数；

(3) $\begin{cases} \dfrac{dx}{dt}=2x+y-z+x^2e^x, \\ \dfrac{dy}{dt}=x-y+x^3y+z^2x, \\ \dfrac{dz}{dt}=x+y-z-e^x(x^2+y^2+z^2); \end{cases}$　　(4) $\begin{cases} \dfrac{dx}{dt}=-2y+x^2-yz, \\ \dfrac{dy}{dt}=x-y^2+xz, \\ \dfrac{dz}{dt}=z+xy. \end{cases}$

5.5　Lyapunov 第二方法

5.4 节讨论了按线性近似决定非线性方程组零解的稳定性问题，这仅是在零解邻域内的稳定性. 本节介绍研究大范围稳定性的 Lyapunov 方法.

5.5.1　定号函数

Lyapunov 在他著名的“运动稳定性的一般问题”中创立了解决稳定性问题的两种方法，通常称为第一方法和第二方法，特别是第二方法较之于第一方法后来有了更大的发展. 第二方法是基于能量函数的概念，提出了利用 Lyapunov 函数来直接判定解的稳定性的方法. 下面首先给出定号函数的定义.

设 $V(\boldsymbol{x})=V(x_1,x_2,\cdots,x_n)$ 是定义在 $\|\boldsymbol{x}\|\leqslant H$ 上的单值实连续函数，并且具有连续编导数，$V(0)=0$. 如果在域 $\|\boldsymbol{x}\|\leqslant H$ 内恒有 $V(\boldsymbol{x})\geqslant 0(\leqslant 0)$，则称函数 $V(\boldsymbol{x})$ 为**常正**(**常负**)的；如果对于一切 $\boldsymbol{x}\neq\boldsymbol{0}$ 都有 $V(\boldsymbol{x})>0(<0)$，则称 $V(\boldsymbol{x})$ 为**正定**(**负定**)的. 习惯上把这些函数称为 V 函数.

在二维空间 $\mathbf{R}^2$ 上，$V(x_1,x_2)=x_1^2+x_2^2$ 是正定的 V 函数. $V(x_1,x_2)=x_1^2+2x_1x_2+x_2^2=(x_1+x_2)^2$ 是常正的.

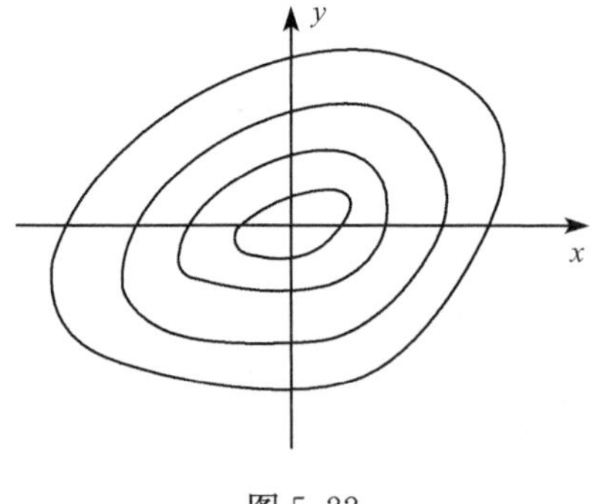

图 5.22

关于 V 函数有两个结论：

结论 1　如果函数 $V(\boldsymbol{x})$ 是正定(常正)的，则 $-V(\boldsymbol{x})$ 是负定(常负)的.

结论 2　如果 $V(x,y)$ 是一个有二阶连续偏导数的二维正定 V 函数，则对于适当的 $h>0$，$V(x,y)=h$ 是一条包围原点的闭曲线.

这里特别值得一提的是结论 2，它实际上是正定函数的几何意义(图 5.22)，即对适当的 h 和对一切 $c<h$，$V(x,y)=c$ 是包围原

点的闭曲线族，并且在原点的邻域内这些闭曲线随着 c 的增加而单调扩大，即若 $c_1<c_2$ 则 $V(x,y)=c_1$ 包含于$V(x,y)=c_2$ 之内，并且这样的封闭曲线族充满了原点的一个邻域.

5.5.2 稳定性基本定理

现在讨论如何应用 V 函数来确定非线性微分方程组解的稳定性问题. 为了简单，只考虑非线性自治系统

$$\frac{\mathrm{d}\boldsymbol{x}}{\mathrm{d}t}=\boldsymbol{f}(\boldsymbol{x}), \tag{5.5.1}$$

其中，

$$\boldsymbol{x}=\begin{bmatrix}x_1\\x_2\\\vdots\\x_n\end{bmatrix},\quad \boldsymbol{f}(\boldsymbol{x})=\begin{bmatrix}f_1(x_1,x_2,\cdots,x_n)\\f_2(x_1,x_2,\cdots,x_n)\\\vdots\\f_n(x_1,x_2,\cdots,x_n)\end{bmatrix}.$$

假定 $\boldsymbol{f}(\boldsymbol{0})=\boldsymbol{0}$ 且 $\boldsymbol{f}(\boldsymbol{x})$在原点的某个邻域内满足解的存在唯一性条件. 把式(5.5.1)的解 $\boldsymbol{x}=\boldsymbol{x}(t)$代入 V 函数中得 t 的复合函数，对 V 函数关于 t 求导数得到

$$\frac{\mathrm{d}V}{\mathrm{d}t}=\frac{\partial V}{\partial x_1}\frac{\mathrm{d}x_1}{\mathrm{d}t}+\frac{\partial V}{\partial x_2}\frac{\mathrm{d}x_2}{\mathrm{d}t}+\cdots+\frac{\partial V}{\partial x_n}\frac{\mathrm{d}x_n}{\mathrm{d}t}=\sum_{i=1}^{n}\frac{\partial V}{\partial x_i}\frac{\mathrm{d}x_i}{\mathrm{d}t}.$$

用方程组(5.5.1)的解代入上式得出

$$\left.\frac{\mathrm{d}V}{\mathrm{d}t}\right|_{(5.5.1)}=\sum_{i=1}^{n}\frac{\partial V}{\partial x_i}f_i(x_1(t),x_2(t),\cdots,x_n(t)). \tag{5.5.2}$$

这样求得的导数$\frac{\mathrm{d}V}{\mathrm{d}t}$称为函数 $V(\boldsymbol{x})$沿着方程组(5.5.1)的**全导数**，它仍为 x_1，$x_2,\cdots,x_n$ 的函数.

例 5.5.1 求函数 $V(x,y)=\frac{1}{2}(x^2+y^2)$沿着平面自治系统

$$\frac{\mathrm{d}x}{\mathrm{d}t}=x-y+xy,\quad \frac{\mathrm{d}y}{\mathrm{d}t}=-x^3+y^3 \tag{5.5.3}$$

的全导数.

解 利用公式(5.5.2)得此函数 V 沿着系统(5.5.3)的全导数为

$$\left.\frac{\mathrm{d}V}{\mathrm{d}t}\right|_{(5.5.3)}=\frac{\partial V}{\partial x}\frac{\mathrm{d}x}{\mathrm{d}t}+\frac{\partial V}{\partial y}\frac{\mathrm{d}y}{\mathrm{d}t}$$

$$
\begin{aligned}
&= x(x-y+xy)+y(-x^3+y^3) \\
&= x^2-xy+x^2y-x^3y+y^4.
\end{aligned}
$$

下面给出 Lyapunov 判定系统(5.5.1)零解的稳定性态的几个准则.

定理 5.5　对于系统(5.5.1),如果可以找到一个正定的函数 $V(\boldsymbol{x})$,并且此 V 函数沿着系统方程组(5.5.1)的全导数 $\frac{\mathrm{d}V}{\mathrm{d}t}$ 为常负函数或恒等于零,则方程组(5.5.1)的零解是稳定的.

证明　任取正数 $\varepsilon<H$,由于 $V(\boldsymbol{x})$ 是正定的连续函数,所以在有界闭集 $\varepsilon\leqslant\|x\|\leqslant H$ 上必有最小值,记 $l=\min\limits_{\varepsilon\leqslant\|x\|\leqslant H}V(\boldsymbol{x})$,显然,$l$ 与 ε 有关且 $l>0$.

又由于 $V(0)=0$ 且 $V(\boldsymbol{x})$ 连续可知必存在一个充分小的 $0<\delta<\varepsilon$,使得当 $\|\boldsymbol{x}\|\leqslant\delta$ 时 $V(\boldsymbol{x})<l$. 现取初值 $\boldsymbol{x}_0$,使 $\|\boldsymbol{x}_0\|\leqslant\delta$,并记系统(5.5.1)在 t_0 时刻从 $\boldsymbol{x}_0$ 出发的解为 $\boldsymbol{x}(t)=\boldsymbol{x}(t,t_0,\boldsymbol{x}_0)$. 下证对于一切的 $t\geqslant t_0$ 都有 $\|\boldsymbol{x}(t)\|<\varepsilon$. 若不然,则必存在一个时刻 $t_1>t_0$,使得 $\|\boldsymbol{x}(t_1)\|\geqslant\varepsilon$,因而 $V(\boldsymbol{x}(t_1))\geqslant l$. 但是,由于

$$
V(\boldsymbol{x}(t_1))-V(\boldsymbol{x}(t_0))=\int_{t_0}^{t_1}\frac{\mathrm{d}V}{\mathrm{d}t}\mathrm{d}t,
$$

而 $\frac{\mathrm{d}V}{\mathrm{d}t}\leqslant 0$(或恒等于零),所以 $\int_{t_0}^{t_1}\frac{\mathrm{d}V}{\mathrm{d}t}\mathrm{d}t\leqslant 0$,因而

$$
V(\boldsymbol{x}(t_1))\leqslant V(\boldsymbol{x}(t_0))<l.
$$

此矛盾说明对于一切 $t\geqslant t_0$ 都有 $\|\boldsymbol{x}(t)\|<\varepsilon$,即系统(5.5.1)的零解是稳定的.

定理 5.6　对于系统(5.5.1). 如果可以找到一个正定的函数 $V(\boldsymbol{x})$,并且沿着方程组(5.5.1)的全导数 $\frac{\mathrm{d}V}{\mathrm{d}t}$ 为负定函数,则系统(5.5.1)的零解是渐近稳定的.

证明　由定理 5.5 知此时方程组(5.5.1)的零解是稳定的,所以只需证明在定理 5.6 条件下零解还是吸引的即可,即证明存在 $\delta_0>0$,使得当 $\boldsymbol{x}_0$ 满足 $\|\boldsymbol{x}_0\|<\delta_0$ 时,从 $\boldsymbol{x}_0$ 点出发的解 $\boldsymbol{x}(t)=\boldsymbol{x}(t,t_0,\boldsymbol{x}_0)$ 满足

$$
\lim_{t\to+\infty}\boldsymbol{x}(t)=0. \tag{5.5.4}
$$

下面证明零解的吸引性. 由稳定性知必存在 $\delta_0>0$,使得当 $\|\boldsymbol{x}_0\|\leqslant\delta_0$ 时,对一切 $t\geqslant t_0$ 有 $\|\boldsymbol{x}(t)\|=\|\boldsymbol{x}(t,t_0,\boldsymbol{x}_0)\|<H$. 由于 $V(\boldsymbol{x})$ 正定,$\left.\frac{\mathrm{d}V}{\mathrm{d}t}\right|_{(5.5.1)}$ 负定,所以 $V(\boldsymbol{x}(t))$ 关于 t 单调减下有界,因而有极限 $\lim\limits_{t\to+\infty}V(\boldsymbol{x}(t))=c\geqslant 0$.

假设 $c\neq 0$,则必是 $c>0$,那么对于任何的 $t\geqslant t_0$ 有 $V(\boldsymbol{x}(t))>c>0$. 又由 $V(\boldsymbol{x})$ 连续正定且 $V(0)=0$ 知必存在 $\lambda>0$,使对于任何 $t\geqslant t_0$ 有 $\|\boldsymbol{x}(t)\|>\lambda>0$. 由于 $V(\boldsymbol{x})$ 有连续的偏导数,所以 $\frac{\mathrm{d}V(\boldsymbol{x})}{\mathrm{d}t}$ 在 $\|\boldsymbol{x}\|\leqslant H$ 上连续,故 $\frac{\mathrm{d}V(\boldsymbol{x})}{\mathrm{d}t}$ 在 $\lambda\leqslant\|\boldsymbol{x}\|\leqslant H$

有最大值,记 $M=\max\limits_{\lambda\leqslant\|\boldsymbol{x}\|\leqslant H}\dfrac{\mathrm{d}V(\boldsymbol{x})}{\mathrm{d}t}$ 且由 $\dfrac{\mathrm{d}V(\boldsymbol{x})}{\mathrm{d}t}$ 的负定性知 $M<0$,于是对于任何 $t\geqslant t_0$ 有

$$V(\boldsymbol{x}(t))-V(\boldsymbol{x}_0)=\int_{t_0}^{t}\frac{\mathrm{d}V(\boldsymbol{x}(t))}{\mathrm{d}t}\mathrm{d}t\leqslant M(t-t_0),$$

即 $V(\boldsymbol{x}(t))\leqslant V(\boldsymbol{x}_0)+M(t-t_0)$. 由此得出当 t 充分大时,$V(\boldsymbol{x}(t))<0$. 这与 $V(\boldsymbol{x}(t))$ 正定矛盾,因此 $c=0$,即

$$\lim_{t\to+\infty}V(\boldsymbol{x}(t))=0. \tag{5.5.5}$$

在此基础上再证 $\lim\limits_{t\to+\infty}\boldsymbol{x}(t)=0$,即式(5.5.4)成立. 假设式(5.5.4)不成立,则由零解的稳定性知解 $\boldsymbol{x}(t)$ 是有界的,因而由聚点原理必可抽取一个序列 $\{t_k\}(k=1,2,\cdots)$,并且当 $k\to\infty$ 时,$t_k\to+\infty$,而使 $\lim\limits_{k\to+\infty}\boldsymbol{x}(t_k)=\boldsymbol{x}^*\neq 0$. 因此,根据 $V(\boldsymbol{x}(t))$ 的连续性及正定性知

$$\lim_{k\to+\infty}V(\boldsymbol{x}(t_k))=V(\boldsymbol{x}^*)>0.$$

这与刚才证明的(5.5.5)矛盾,因而式(5.5.4)成立,故此时方程组(5.5.1)的零解是渐近稳定的.

定理 5.7 对于系统(5.5.1)如果能找到一个连续可微函数 $V(\boldsymbol{x})$,$V(\boldsymbol{0})=0$,它在 $\boldsymbol{x}=\boldsymbol{0}$ 点的任何邻域内至少有一点 $\boldsymbol{x}^*$,$V(\boldsymbol{x}^*)>0(<0)$,那么,如果存在 $\boldsymbol{x}=\boldsymbol{0}$ 的某个邻域 D,使得在 D 中 $\left.\dfrac{\mathrm{d}V}{\mathrm{d}t}\right|_{(5.5.1)}$ 是正定(负定)的,则系统(5.5.1)的零解是不稳定的.

证明 不妨设 $\left.\dfrac{\mathrm{d}V}{\mathrm{d}t}\right|_{(5.5.1)}$ 正定,由定理的假设,对于任何 $\delta>0$,不论它多么小,在区域 $D_\delta=\{\boldsymbol{x}|\,\|\boldsymbol{x}\|\leqslant\delta\}\subset D$ 内至少有一个内点 $\boldsymbol{x}^*$,$V(\boldsymbol{x}^*)>0$. 记 t_0 时刻从 $\boldsymbol{x}^*$ 出发的轨线为 $\boldsymbol{x}(t)=\boldsymbol{x}(t,t_0,\boldsymbol{x}^*)$,$V(\boldsymbol{x})$ 沿着 $\boldsymbol{x}(t)$ 关于 t 是增加的 $\left(\text{因为}\left.\dfrac{\mathrm{d}V}{\mathrm{d}t}\right|_{(5.5.1)}>0\right)$,所以由 $V(\boldsymbol{x})$ 的连续性及 $V(\boldsymbol{0})=0$ 知从 $\boldsymbol{x}^*$ 出发的这个解 $\boldsymbol{x}(t)$ 随着 $t\to+\infty$ 不会趋于零,因而系统的零解不是渐近稳定的.

下面证明 $\boldsymbol{x}(t)=\boldsymbol{x}(t,t_0,\boldsymbol{x}^*)$ 随着 t 增大必跑出区域 $\|\boldsymbol{x}\|\leqslant H$ 的边界,若不然则由 $\|\boldsymbol{x}\|\leqslant H$ 知必有正数 M,使得对一切 $t\geqslant t_0$ 有 $V(\boldsymbol{x}(t))\leqslant M$,而从另一方面由 $\left.\dfrac{\mathrm{d}V}{\mathrm{d}t}\right|>0$ 知对一切 $t\geqslant t_0$ 有 $V(\boldsymbol{x}(t))>V(\boldsymbol{x}_0^*)>0$. 于是存在 $\lambda>0$,使对一切 $t\geqslant t_0$ 有 $\|\boldsymbol{x}(t)\|\geqslant\lambda$,记 $m=\min\limits_{\lambda\leqslant\|\boldsymbol{x}(t)\|\leqslant H}\dfrac{\mathrm{d}V(\boldsymbol{x}(t))}{\mathrm{d}t}$. 显然,$m>0$ 且

$$V(\boldsymbol{x}(t))-V(\boldsymbol{x}^{*})=\int_{t_0}^{t}\frac{\mathrm{d}V(\boldsymbol{x}(t))}{\mathrm{d}t}\mathrm{d}t\geqslant m(t-t_0),$$

即 $V(\boldsymbol{x}(t))\geqslant V(\boldsymbol{x}^{*})+m(t-t_0)$，所以对于充分大的 t 就有 $V(\boldsymbol{x}(t))>M$，这与 $V(\boldsymbol{x}(t))\leqslant M$ 矛盾. 这就证明了系统(5.5.1)的零解是不稳定的.

例 5.5.2 利用 Lyapunov 稳定性准则判定下面系统零解的稳定性：

(1) $\begin{cases}\dfrac{\mathrm{d}x}{\mathrm{d}t}=-x^3+xy^2,\\ \dfrac{\mathrm{d}y}{\mathrm{d}t}=-2x^2y-y^3;\end{cases}$ (2) $\begin{cases}\dfrac{\mathrm{d}x}{\mathrm{d}t}=-x^3+2y^3,\\ \dfrac{\mathrm{d}y}{\mathrm{d}t}=-2xy^2;\end{cases}$

(3) $\begin{cases}\dfrac{\mathrm{d}x}{\mathrm{d}t}=x^3-y^3,\\ \dfrac{\mathrm{d}y}{\mathrm{d}t}=2xy^2+4x^2y+2y^3;\end{cases}$ (4) $\begin{cases}\dfrac{\mathrm{d}x}{\mathrm{d}t}=-xy-xy^2+z^2-x^3,\\ \dfrac{\mathrm{d}y}{\mathrm{d}t}=x^2+z^3-y^3,\\ \dfrac{\mathrm{d}z}{\mathrm{d}t}=-xz-zx^2-yz^2-z^5.\end{cases}$

解 对于系统(1)，构造 Lyapunov 函数 $V(x,y)=x^2+\frac{1}{2}y^2$，则 $V(x,y)$ 是正定的且

$$\left.\frac{\mathrm{d}V}{\mathrm{d}t}\right|_{(1)}=2x(-x^3+xy^2)+y(-2x^2y-y^3)=-2x^4-y^4$$

是负定的. 所以由定理 5.6 知(1)中方程组的零解是渐近稳定的.

对于(2)中的方程组，构造 Lyapunov 函数 $V(x,y)=\frac{1}{2}(x^2+y^2)$. 显然 $V(x,y)$ 是正定的且 $\left.\frac{\mathrm{d}V}{\mathrm{d}t}\right|_{(2)}=-x^4$ 是常负的. 所以由定理 5.5 知(2)中方程组的零解是稳定的.

对于(3)中的方程组，构造 V 函数 $V=x^2+\frac{1}{2}y^2$，则

$$\left.\frac{\mathrm{d}V}{\mathrm{d}t}\right|_{(3)}=2x^4+4x^2y^2+2y^4=2(x^2+y^2)^2.$$

显然 $\left.\frac{\mathrm{d}V}{\mathrm{d}t}\right|_{(3)}$ 在原点邻域是正定的，而 $V(x,y)$ 在原点任何邻域有大于零的点(其实也是正定函数)，所以由定理 5.7 知(3)中方程组的零解是不稳定的.

对于(4)中的方程组，构造 Lyapunov 函数 $V(x,y,z)=\frac{1}{2}(x^2+y^2+z^2)$. $V(x,y,z)$ 是正定的且沿着系统(4)的全导数

$$\left.\frac{\mathrm{d}V}{\mathrm{d}t}\right|_{(4)} = -x^2y^2 - x^2z^2 - x^4 - y^4 - z^6$$

是负定的，因此，由定理 5.6 知系统(4)的零解是渐近稳定的.

5.5.3 稳定性定理的几何意义

现在回过头来看稳定性定理的几何解释. 考虑平面自治系统

$$\frac{\mathrm{d}x}{\mathrm{d}t} = f(x,y), \quad \frac{\mathrm{d}y}{\mathrm{d}t} = g(x,y), \tag{5.5.6}$$

并设可以找到一正定的 $V(x,y)$ 且 $\left.\frac{\mathrm{d}V}{\mathrm{d}t}\right|_{(5.5.6)}$ 常负. 由前边正定函数的几何解释知，如果系统的任一积分曲线

$$x(t) = x(t,t_0,x_0,y_0), \quad y(t) = y(t,t_0,x_0,y_0) \tag{5.5.7}$$

的初始点(x_0,y_0)位于闭曲线 $V(x,y)=c_0$ 之内(或其上)，那么由 $\left.\frac{\mathrm{d}V}{\mathrm{d}t}\right|_{(5.5.6)}$ 常负知当 $t>t_0$ 时，其解曲线与闭曲线族 $V(x,y)=c$ 相交时永远不会由某一闭曲线的内部走到它的外部，否则即与 $V(x,y)$沿(5.5.6)的轨线是 t 的单调减函数相矛盾. 这样一来，对于任意的 $\varepsilon>0$，必可选一 $c_0>0$，使得闭曲线 $V(x,y)=c_0$ 位于 $x^2+y^2<\varepsilon^2$ 内，也可以选 δ，使得域 $x^2+y^2<\delta^2$ 位于 $V(x,y)=c_0$ 内，从而只要(x_0,y_0)满足 $x_0^2+y_0^2<\delta^2$ 就有 $V(x_0,y_0)<c_0$，因而对于一切的 $t>t_0$ 有 $V(x(t),y(t))<c_0$，也即 $x^2(t)+y^2(t)<\varepsilon^2$，此即说明零解是稳定的. 至于 $\left.\frac{\mathrm{d}V}{\mathrm{d}t}\right|_{(5.5.6)}$ 负定时，$(x(t,),y(t))$不仅不能从 $V(x,y)=c$ 的内部走向外部，也不能始终沿着某一条 $V(x,y)=c$ 运动，而只能一层一层的由外向里运动，因而其零解是渐近稳定的(图 5.23).

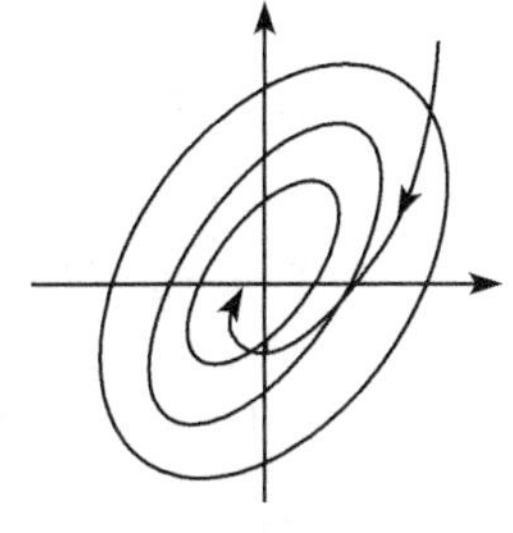

图 5.23

5.5.4 二次型形式的 V 函数

定理 5.5～定理 5.7 给出了自治方程组零解稳定、渐近稳定及不稳定的充分条件. 但这些条件不是必要的，而且也没有具体的构造 Lyapunov 函数的一般方法，对于一些具体的系统关于 Lyapunov 函数的构造有许多更深入的工作，如由代数知识知对于平面系统常用二次型作为正定或负定 V 函数，那么下面的结果是显然的.

定理 5.8 函数 $V(x,y)=ax^2+bxy+cy^2$ 是正定的当且仅当 $a>0$ 和 $4ac-b^2>0$ 同时成立，是负定的当且仅当 $a<0$ 和 $4ac-b^2>0$ 同时成立.

例 5.5.3　构造二次型 V 函数证明系统

$$\frac{\mathrm{d}x}{\mathrm{d}t}=-x-xy^2,\quad \frac{\mathrm{d}y}{\mathrm{d}t}=-y-yx^2 \tag{5.5.8}$$

的零解是渐近稳定的.

证明　取如定理 5.8 中的 V 函数 $V(x,y)=ax^2+bxy+cy^2$,则

$$\begin{aligned}\left.\frac{\mathrm{d}V}{\mathrm{d}t}\right|_{(5.5.8)}&=(2ax+by)(-x-xy^2)+(bx+2cy)(-y-yx^2)\\&=-[2a(x^2+x^2y^2)+b(2xy+xy^3+yx^3)+2c(y^2+x^2y^2)].\end{aligned}$$

显然若取 $b=0,a>0,c>0$,则 $4ac-b^2>0$,因而 $V(x,y)$ 正定且 $\left.\frac{\mathrm{d}V}{\mathrm{d}t}\right|_{(5.5.8)}$ 负定,故系统(5.5.8)的零解是渐近稳定的.

Lyapunov 函数有着更广泛的应用,在结束本节之前,指出非自治系统

$$\frac{\mathrm{d}\boldsymbol{x}}{\mathrm{d}t}=\boldsymbol{f}(t,\boldsymbol{x})$$

也可以用 Lyapunov 直接方法判断其零解的稳定性,只是 V 函数的定义及稳定性定理要作相应的修改,这些将在后继课程“常微分方程定性稳定性理论”中学到.

习　题　5.5

1. 判定下列函数的定号性:

(1) $V(x,y)=x^2-xy^2$;　　(2) $V(x,y)=2y^2$;

(3) $V(x,y)=\sin(x^2+y^2)$;　　(4) $V(x,y)=2x^2-2xy^2+y^4$;

(5) $V(x,y)=x\sin x+y\cos y$;　　(6) $V(x,y,z)=x^2+2xy^2+y^4+z^2$.

2. 试用形如 $V(x,y)=ax^2+by^2$ 的函数(a,b 待定)判定下列方程组零解的稳定性:

(1) $\frac{\mathrm{d}x}{\mathrm{d}t}=-x^3+xy^2,\frac{\mathrm{d}y}{\mathrm{d}t}=-2x^2y-y^3$;

(2) $\frac{\mathrm{d}x}{\mathrm{d}t}=-\frac{1}{2}x^3+2xy^2,\frac{\mathrm{d}y}{\mathrm{d}t}=-y^3$;

(3) $\frac{\mathrm{d}x}{\mathrm{d}t}=x^3-2y^3,\frac{\mathrm{d}y}{\mathrm{d}t}=xy^2+x^2y+\frac{1}{2}y^3$;

(4) $\frac{\mathrm{d}x}{\mathrm{d}t}=-x^3+2y^3,\frac{\mathrm{d}y}{\mathrm{d}t}=-2xy^2$.

3. 证明如果 $V(x,y)$ 是平面上二阶连续可微的正定函数,则对于适当的 $h>0$,$V(x,y)=h$ 是一条包围原点的平面闭曲线.

4. 给定二维方程组

$$\frac{\mathrm{d}x}{\mathrm{d}t}=y-xf(x,y),\quad \frac{\mathrm{d}y}{\mathrm{d}t}=-x-yf(x,y),$$

其中，$f(x,y)$在原点附近连续可微，试用$V(x,y)=\frac{1}{2}(x^2+y^2)$讨论其零解的稳定性.

5. 讨论下列方程组零解的稳定性：

(1) $\frac{dx}{dt}=-x+xy^2, \frac{dy}{dt}=-2x^2y-y$；

(2) $\frac{dx}{dt}=-x-y+(x-y)(x^2+y^2), \frac{dy}{dt}=x-y+(x+y)(x^2+y^2)$；

(3) $\frac{dx}{dt}=\alpha x-xy^2, \frac{dy}{dt}=\alpha y+2x^2y$，$\alpha$ 为参数；

(4) $\frac{dx}{dt}=-xy-x^3+xy^2, \frac{dy}{dt}=x^2-y^3$；

(5) $\frac{dx}{dt}=x+y+xy^2, \frac{dy}{dt}=2x-y-y^3$；

(6) $\frac{dx}{dt}=-2y+yz-x^3, \frac{dy}{dt}=x-xz-y^3, \frac{dz}{dt}=xy-z^3$.

6. 设 $f(x)$和 $g(x,y)$连续，$f(0)=0, g(0,0)=0$ 且 $xf(x)>0(x\neq0), yg(x,y)>0(y\neq0)$，试用能量函数作为 V 函数讨论系统

$$\frac{d^2x}{dt^2}+g\left(x,\frac{dx}{dt}\right)+f(x)=0$$

的零解的稳定性.

7. 对于两种群竞争模型

$$\begin{cases}\frac{dx}{dt}=x(r_1-a_{11}x-a_{12}y),\\ \frac{dy}{dt}=y(r_2-a_{21}x-a_{22}y),\end{cases}$$

当系统有正平衡点 $P^*(x^*, y^*)$时，

(1) 验证$V(x,y)=C_1\left(x-x^*-x^*\ln\frac{x}{x^*}\right)+C_2\left(y-y^*-y^*\ln\frac{y}{y^*}\right)$，(其中，$c_1, c_2$ 是待定的正常数)在第一象限内是正定的 V 函数；

(2) 证明系统当 $a_{11}a_{22}-a_{12}a_{21}>0, a_{22}r_1-a_{12}r_2>0, a_{11}r_2-a_{21}r_1>0$ 时正平衡点 P^* 是渐近稳定的.

8. 给定系统

$$\begin{cases}\frac{dx}{dt}=2y-x,\\ \frac{dy}{dt}=-2x-y+2x^2y^2+2x^4,\end{cases}$$

用 $V(x,y)=x^2+y^2$，证明系统的平衡点$(0,0)$是渐近稳定的.

9. 给定系统

$$\begin{cases}\dfrac{\mathrm{d}x}{\mathrm{d}t}=y,\\ \dfrac{\mathrm{d}y}{\mathrm{d}t}=-K\sin x-\beta y,\end{cases}\quad K>0,\beta>0,$$

证明(0,0)是渐近稳定的.

5.6　二维自治微分方程组的周期解和极限环

非线性微分方程的周期解的定义在5.1节中已经给出,本节将更深入地讨论二维自治微分方程组的周期解.

5.6.1　周期解与极限环

考虑平面二维自治系统

$$\frac{\mathrm{d}x}{\mathrm{d}t}=f(x,y),\quad \frac{\mathrm{d}y}{\mathrm{d}t}=g(x,y),\tag{5.6.1}$$

如果系统从(x_0,y_0)出发的解

$$x=x(t,t_0,x_0,y_0),\quad y=y(t,t_0,x_0,y_0)\tag{5.6.2}$$

满足

$$\begin{cases}x(t+T,t_0,x_0,y_0)=x(t,t_0,x_0,y_0),\\ y(t+T,t_0,x_0,y_0)=y(t,t_0,x_0,y_0),\end{cases}\tag{5.6.3}$$

则称解(5.6.2)是系统(5.6.1)的周期解,周期解在相平面的轨道是一条封闭曲线.

在5.3节中看到线性系统

$$\frac{\mathrm{d}x}{\mathrm{d}t}=ax+by,\quad \frac{\mathrm{d}y}{\mathrm{d}t}=cx+dy$$

的轨线当原点(0,0)是中心时,是一族包围原点的封闭曲线,此时方程组的解都是周期解.除此以外的其他情形,轨线要么是一侧趋于原点一侧趋于无穷远,要么双侧均趋于无穷远,即不会出现周期解.当$f(x,y)$,$g(x,y)$是非线性函数时,情况要复杂得多.

例5.6.1　讨论非线性方程组

$$\begin{cases}\dfrac{\mathrm{d}x}{\mathrm{d}t}=y-0.05x(x^2+y^2-1)(x^2+y^2-4),\\ \dfrac{\mathrm{d}y}{\mathrm{d}t}=-x-0.05y(x^2+y^2-1)(x^2+y^2-4)\end{cases}\tag{5.6.4}$$

在相平面上的轨线分布情况.

解　引入极坐标$x=r\cos\theta$,$y=r\sin\theta$,系统(5.6.4)化为等价系统

$$\frac{\mathrm{d}r}{\mathrm{d}t}=-0.05r(r^2-1)(r^2-4),\quad \frac{\mathrm{d}\theta}{\mathrm{d}t}=-1. \tag{5.6.5}$$

系统(5.6.5)有三个特解：

$$r(t)=0,\quad \theta(t)=\theta(t_0)-(t-t_0), \tag{5.6.6}$$

$$r(t)=1,\quad \theta(t)=\theta(t_0)-(t-t_0), \tag{5.6.7}$$

$$r(t)=2,\quad \theta(t)=\theta(t_0)-(t-t_0). \tag{5.6.8}$$

特解(5.6.6)即为原点，是一个奇点，特解(5.6.7)和特解(5.6.8)在相平面上分别是以(0,0)为心半径为1和2的圆，它们都是系统(5.6.4)的周期解. 除过这三个特解外其余轨线的性态如何呢?

在相平面上作一个以(0,0)为心，半径为 $R(\neq 0,1,2)$ 的圆，考察过圆上任一点 (R,θ) 的轨线的走向. 当 $0<R<1$ 时，由式(5.6.5)知

$$\left.\frac{\mathrm{d}r}{\mathrm{d}t}\right|_{r=R}=-0.05R(R^2-1)(R^2-2)<0,\quad \frac{\mathrm{d}\theta}{\mathrm{d}t}=-1<0,$$

即轨线按顺时针方向从圆 $r=R$ 上进入圆内.

当 $1<R<2$ 时，同样由式(5.6.5)知

$$\left.\frac{\mathrm{d}r}{\mathrm{d}t}\right|_{r=R}>0,\quad \frac{\mathrm{d}\theta}{\mathrm{d}t}=-1<0,$$

即轨线按顺时针方向从圆 $r=R$ 上跑出圆外.

当 $2<R<+\infty$ 时可得出

$$\left.\frac{\mathrm{d}r}{\mathrm{d}t}\right|_{r=R}<0,\quad \frac{\mathrm{d}\theta}{\mathrm{d}t}=-1<0,$$

即轨线按顺时针方向从圆 $r=R$ 上走入圆内.

这表明其余解均正向或负向趋于奇点或周期解，而本身均不是周期解，用 Maple 所画出的(5.6.4)的轨线及向量场如图 5.24 所示.

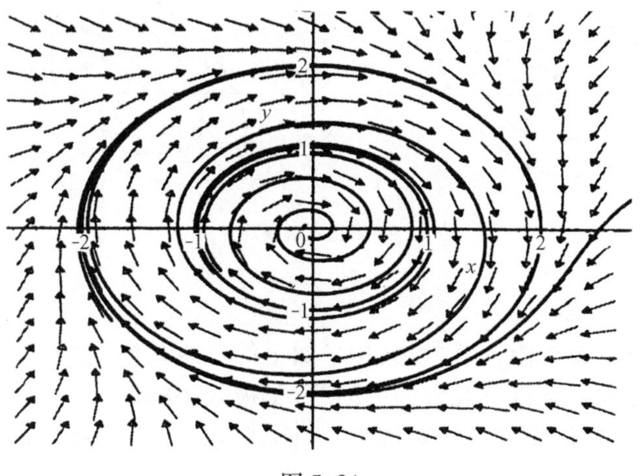

图 5.24

例 5.5.1 中 $r=0$,对应的是常数解(奇点). $r=1$ 和 $r=2$ 是非常数周期解,但是这种周期解不同于中心的情况,它的周围一定存在着一个小的邻域,其内既无奇点也无其他闭轨线. 也就是说,它本身是一条孤立的闭轨线. 相平面上这种孤立的闭轨线,称为**极限环**.

极限环在许多物理现象中扮演着重要的角色,由于线性系统不存在极限环,所以它只出现在复杂的非线性问题中,是非线性项导致了极限环的出现.

相平面上的极限环对应的是解空间的一条周期解,而关于周期解有相应的稳定性问题,因而极限环也有稳定性问题. 设 Γ 是系统(5.6.1)的一个极限环,如果存在着 Γ 的一个 δ 邻域,使得从此邻域内出发的其他解均正向($t\to+\infty$)趋近于 Γ,则称 Γ 为**稳定极限环**. 如果其他解均负向($t\to-\infty$)趋近于 Γ,则称 Γ 为**不稳定极限环**.

由于 Γ 的 δ 邻域有一部分在 Γ 内侧,一部分在 Γ 外侧,所以还可以给出半稳定极限环的定义. 如果从 Γ 的 δ 邻域出发的其他轨线在 Γ 的一侧正向趋近于 Γ,另一侧负向趋近于 Γ,则称此 Γ 为**半稳定极限环**. 极限环的稳定性态如图 5.25 所示.

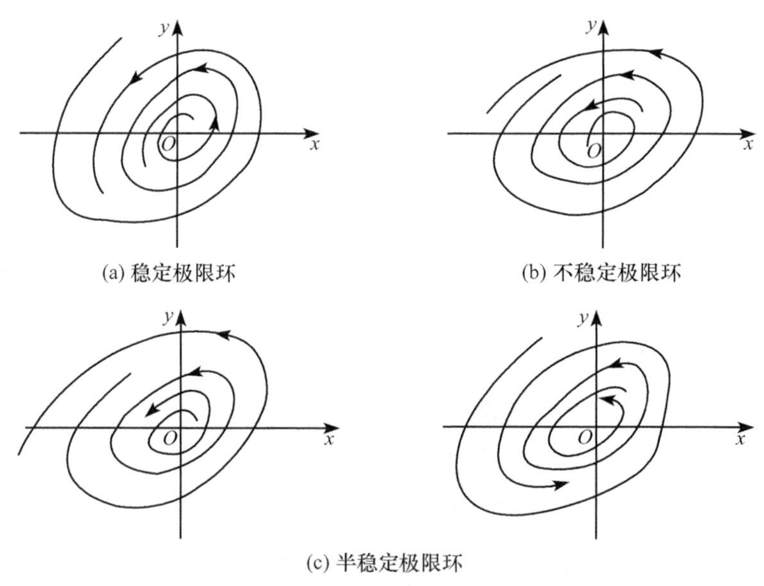

(a) 稳定极限环 (b) 不稳定极限环

(c) 半稳定极限环

图 5.25

对于一个微分方程组,要讨论其相平面上的轨线结构,除了要研究清楚奇点及稳定性态外还必须弄清以下几方面的问题:①极限环的存在性问题;②极限环的稳定性问题;③极限环的个数及相对位置. 下面就这三方面问题,分别介绍一些最基本的结果,更深入细致的结果可参见文献(张芷芬等,1985;叶彦谦,1984).

5.6.2 极限环的存在性

关于极限环的存在性问题，一般不是通过求解的办法(这对于复杂的非线性问题是不可能的)，最经典的方法当属著名的 Poincaré-Bendixson 方法，它是通过几何的办法构造出一个满足一定条件的环域 G 而证明 G 中必存在闭轨线. 下面只陈述一下环域定理，具体证明可参见微分方程定性理论的文献(高慧贞等，1995；张芷芬等，1985).

定理 5.9(Poincaré-Bendixson 环域定理) 设区域 G 是由两条简单闭曲线 l_1 和 l_2 围成的环形域并且满足下面条件：①G 及其边界 l_1, l_2 上不含奇点；②从 G 的边界 l_1, l_2 上各点出发的轨线都不能离开(或进入)$\bar{G}$；③l_1, l_2 均不是闭轨线，则在 G 内至少存在一个外稳定闭轨和一个内稳定闭轨(一个外不稳定闭轨和一个内不稳定的闭轨)，如果是唯一的闭轨，则一定是一个稳定的(不稳定的)极限环.

需要说明的一点是环域定理保证了 G 中闭轨的存在性，但不一定是极限环，但是已有结果证明了如果方程组(5.6.1)中的 $f(x,y), g(x,y)$ 是解析函数，则 G 中的闭轨都是孤立的，因而是极限环. 在应用环域定理时关键是要构造环域 G 的两条边界 l_1 和 l_2(分别称为环域的**内外境界线**).

例 5.6.2 证明方程组

$$\begin{cases} \dfrac{dx}{dt} = -y - x(x^2 + 2y^2 - 1), \\ \dfrac{dy}{dt} = x - y(x^2 + 2y^2 - 1) \end{cases} \tag{5.6.9}$$

至少有一个周期解.

证明 引入极坐标 $x = r\cos\theta, y = r\sin\theta$，将(5.6.9)化为

$$\frac{dr}{dt} = -r(r^2 + r^2\sin^2\theta - 1), \quad \frac{d\theta}{dt} = 1. \tag{5.6.10}$$

由(5.6.10)中第一个方程可以看出在圆 $x^2 + y^2 = \frac{1}{100}$上，

$$\frac{dr}{dt} = -\frac{1}{10}\left(\frac{1}{100} + \frac{1}{100}\sin^2\theta - 1\right) > 0,$$

故(5.6.9)的轨线当 t 增加时均由 $x^2 + y^2 = \frac{1}{100}$的内部跑向外部，而在圆 $x^2 + y^2 = 4$ 上，$\frac{dr}{dt} = -2(3 + 4\sin^2\theta) < 0$，故(5.6.9)的轨线当 t 增加时均由 $x^2 + y^2 = 4$ 的外部进入内部. 于是圆 $x^2 + y^2 = \frac{1}{100}$和 $x^2 + y^2 = 4$ 就构成了一个环域 G，(5.6.9)的轨线均进入 G 的内部. 容易验证(5.6.9)在 G 内没有奇点，故由定理 5.9 知在 G 内至少

存在一个外稳定的和内稳定和闭轨，即(5.6.9)在 G 内至少有一个周期解.

5.6.3　极限环的不存在性

从上边的证明可以看出构造环域是有一定技巧的，因而就出现了另一类问题：对于一个二维的微分方程组如果能肯定它不存在极限环，这将对讨论它的轨线结构也是很有帮助的，关于这方面的结论有下面两个最基本的定理.

定理 5.10　设系统(5.6.1)的右端函数 $f(x,y)$，$g(x,y)$在某个单连域 D 内连续可微，并且$\dfrac{\partial f(x,y)}{\partial x}+\dfrac{\partial g(x,y)}{\partial y}$在 D 内不变号，并且在 D 的任何子域内不恒为零，则方程组(5.6.1)在 D 内不存在任何闭轨线.

证明　假设 D 内有一闭轨线 Γ：$x=x(t)$，$y=y(t)$，周期为 T，Γ 所围区域为 D_Γ，显然 $D_\Gamma\subset D$. 由格林公式有

$$\begin{aligned}\iint_{D_\Gamma}\left(\frac{\partial f}{\partial x}+\frac{\partial g}{\partial y}\right)\mathrm{d}\sigma&=\oint_{+\Gamma}f(x,y)\mathrm{d}y-g(x,y)\mathrm{d}x\\&=\int_0^T\left(f(x,y)\frac{\mathrm{d}y}{\mathrm{d}t}-g(x,y)\frac{\mathrm{d}x}{\mathrm{d}t}\right)\mathrm{d}t\\&=\int_0^T(f(x,y)\cdot g(x,y)-g(x,y)\cdot f(x,y))\mathrm{d}t\\&=0,\end{aligned}$$

而由定理的条件知$\iint_{D_\Gamma}\left(\dfrac{\partial f}{\partial x}+\dfrac{\partial g}{\partial y}\right)\mathrm{d}\sigma\neq 0$，故闭轨线 Γ 是不存在的.

例 5.6.3　证明有阻尼的数学摆方程

$$\frac{\mathrm{d}^2\varphi}{\mathrm{d}t^2}+\frac{\mu}{m}\frac{\mathrm{d}\varphi}{\mathrm{d}t}+\frac{g}{l}\sin\varphi=0,\quad \mu>0$$

或其等价方程组$\left(x=\varphi,y=\dfrac{\mathrm{d}\varphi}{\mathrm{d}t}\right)$

$$\frac{\mathrm{d}x}{\mathrm{d}t}=y,\quad \frac{\mathrm{d}y}{\mathrm{d}t}=-\frac{g}{l}\sin x-\frac{\mu}{m}y$$

不存在周期解.

证明　计算得$\dfrac{\partial f}{\partial x}+\dfrac{\partial g}{\partial y}=-\dfrac{\mu}{m}<0$，由定理 5.10 知该方程组不存在周期解.

定理 5.11　对于方程组(5.6.1)若在某个单连域 D 中存在一个连续可微函数 $B(x,y)$，使得$\dfrac{\partial}{\partial x}(Bf)+\dfrac{\partial}{\partial y}(Bg)$不变号，并且在 D 的任何子域中不恒为零，则方程组(5.6.1)不存在全部位于 D 内的闭轨线.

定理 5.11 的证明与定理 5.10 类似. 定理 5.11 中的函数 $B(x,y)$称为 Dulac 函数,对于一个具体的微分方程组,Dulac 函数的引入能更有效地判断周期解的不存在性.

例 5.6.4　证明平面二次系统

$$\frac{dx}{dt}=-y+mxy+ny^2,\quad \frac{dy}{dt}=x(1+ax) \tag{5.6.11}$$

当 $mn\neq 0$ 时无闭轨线.

证明　由式(5.6.11)的第一个方程得到$\left.\frac{dx}{dt}\right|_{x=\frac{1}{m}}=ny^2$,故轨线与直线 $x=\frac{1}{m}$ 相交时只能从它的一侧穿向另一侧,因此若式(5.6.11)有闭轨线,它只能位于直线 $x=\frac{1}{m}$的一侧,选取 Dulac 函数 $B(x,y)=\frac{1}{1-mx}$. 容易算出

$$\frac{\partial}{\partial x}(Bf)+\frac{\partial}{\partial y}(Bg)=\frac{mny^2}{(1-mx)^2}.$$

当 $mn\neq 0$ 时它是常号函数,当且仅当 $y=0$ 时为零,但 $y=0$ 不是方程组(5.6.11)的轨线,所以由定理 5.11 知系统(5.6.11)当 $mn\neq 0$ 时不存在闭轨.

5.6.4　极限环的稳定性

关于极限环的稳定性有下面的结果.

定理 5.12　如果沿着系统(5.6.1)的极限环 Γ 有

$$\int_0^T\left(\frac{\partial f(x(t),y(t))}{\partial x}+\frac{\partial g(x(t),y(t))}{\partial y}\right)dt<0(>0),$$

则 Γ 是稳定(不稳定)的,其中,T 是 Γ 的周期.

定理 5.12 的证明用到后继函数,有兴趣的读者可参见文献(马知恩等,2001).

例 5.6.5　用定理 5.12 的结论判定例 5.6.1 中的极限环 $r=1$ 及 $r=2$ 的稳定性.

解　由 $f(x,y)$,$g(x,y)$可以算出

$$\begin{aligned}\frac{\partial f}{\partial x}+\frac{\partial g}{\partial y}=&-0.1(x^2+y^2-1)(x^2+y^2-4)\\&-0.1(x^2+y^2)(2x^2+2y^2-5).\end{aligned}$$

对 $r=1$ 有 $x=\cos t$,$y=\sin t$,$T=2\pi$,

$$\int_0^T\left(\frac{\partial f}{\partial x}+\frac{\partial g}{\partial y}\right)dt=-\int_0^{2\pi}0.1\times 1\times(2-5)dt=0.6\pi>0,$$

故由定理 5.12 知 $r=1$ 是不稳定的.

对 $r=2$ 有 $x=2\cos t$,$y=2\sin t$,$T=2\pi$,

$$\int_0^T\left(\frac{\partial f}{\partial x}+\frac{\partial g}{\partial y}\right)dt=-\int_0^{2\pi}0.1\times4\times(8-5)dt=-2.4\pi<0,$$

故由定理 5.12 知 $r=2$ 是稳定的.

对于极限环还可以讨论它的唯一性等问题,有兴趣进一步学习者可参见文献(张芷芬等,1985).

习　题　5.6

1. 确定下列方程组的周期解、极限环及其稳定性:

(1) $\begin{cases}\dfrac{dx}{dt}=y-\dfrac{x}{\sqrt{x^2+y^2}}(x^2+y^2-1), & x^2+y^2\neq0,\\ \dfrac{dy}{dt}=-x-\dfrac{y}{\sqrt{x^2+y^2}}(x^2+y^2-1), & \\ \dfrac{dx}{dt}=0,\dfrac{dy}{dt}=0, & x^2+y^2=0;\end{cases}$

(2) $\begin{cases}\dfrac{dr}{dt}=\sin r,\\ \dfrac{d\theta}{dt}=1;\end{cases}$　(3) $\begin{cases}\dfrac{dr}{dt}=r|r-2|(r-3),\\ \dfrac{d\theta}{dt}=-1.\end{cases}$

2. 证明如果 $x=r\cos\theta,y=r\sin\theta$,则 $y\dfrac{dx}{dt}-x\dfrac{dy}{dt}=-r^2\dfrac{d\theta}{dt}$.

3. 给定系统$\dfrac{dr}{dt}=f(r),\dfrac{d\theta}{dt}=1$,其中,$f(r)$连续.

(1) $f(r)$满足什么条件时,系统有极限环?

(2) $f(r)$满足什么条件时,这个极限环是稳定的、不稳定的、半稳定的?

(3) 当 $f(r)=r(r-2)^2(r^2-4r+3)$时,极限环情况如何?

4. 给定微分方程组$\dfrac{dr}{dt}=(r-1)(a+\sin^2\theta),\dfrac{d\theta}{dt}=1$,其中,$a$ 为常数. 试确定 a 满足什么条件时,它有稳定的极限环? 又满足什么条件时,它具有不稳定的极限环?

5. 证明下列系统不存在非零周期解:

(1) $\begin{cases}\dfrac{dx}{dt}=x+y+x^3-y^2,\\ \dfrac{dy}{dt}=-x+2y+x^2y+\dfrac{1}{3}y^3;\end{cases}$　(2) $\begin{cases}\dfrac{dx}{dt}=-2x-3y-xy^2,\\ \dfrac{dy}{dt}=y+x^3-x^2y;\end{cases}$

(3) $\begin{cases}\dfrac{dx}{dt}=4x+x(x^2+y^2),\\ \dfrac{dy}{dt}=y+y(x^2+y^2).\end{cases}$

复 习 题 5

1. 求出下列方程的奇点并研究它们的稳定性:

(1) $\dot{x}=5x-3x^2$； (2) $\dot{x}=x\left(\frac{1}{2}-x\right)(x-2)$；

(3) $\dot{x}=rx\left(1-\frac{x}{k}\right)$， $r>0,k>0$； (4) $\dot{x}=-3x+x^2$.

2. 用定义判定下列方程或方程组满足指定初始条件的解的稳定性：

(1) $\dot{x}=\alpha x, x(0)=0$；

(2) $\dot{x}=x+t, x(0)=1$；

(3) $\begin{cases}\dot{x}=y,\\ \dot{y}=-2x-2y,\end{cases}$ $x(0)=0, y(0)=0$；

(4) $\begin{cases}\dot{x}=0,\\ \dot{y}=\lambda y,\end{cases}$ $x(0)=0, y(0)=0$.

3. 在相平面上画出下列方程组在点(0,0)附近的轨线，并根据图形说明其零解的稳定性：

(1) $\begin{cases}\dot{x}=-x,\\ \dot{y}=-2y;\end{cases}$ (2) $\begin{cases}\dot{x}=-y,\\ \dot{y}=2x^3;\end{cases}$

(3) $\begin{cases}\dot{x}=y,\\ \dot{y}=-\sin x;\end{cases}$ (4) $\begin{cases}\dot{x}=y,\\ \dot{y}=x^3(1+y^2).\end{cases}$

4. 按一次近似判定下列方程组的零解的稳定性：

(1) $\begin{cases}\dot{x}=x-y+x^2-y^2,\\ \dot{y}=x+y-x^2y;\end{cases}$ (2) $\begin{cases}\dot{x}=xy-x+y,\\ \dot{y}=x^4+y^3+2x-3y;\end{cases}$

(3) $\begin{cases}\dot{x}=x+\mathrm{e}^y-\cos y,\\ \dot{y}=3x-y-\sin y;\end{cases}$ (4) $\begin{cases}\dot{x}=y+\sin x,\\ \dot{y}=ax+by;\end{cases}$

(5) $\begin{cases}\dot{x}=x+ay+y^2,\\ \dot{y}=bx-3y-x^2.\end{cases}$

5. 构造 Lyapunov 函数，判定下列方程组零解的稳定性：

(1) $\begin{cases}\dot{x}=-xy^2,\\ \dot{y}=-yx^2;\end{cases}$ (2) $\begin{cases}\dot{x}=-x-y+y(x+y),\\ \dot{y}=x-x(x+y);\end{cases}$

(3) $\begin{cases}\dot{x}=-y+x(x^2+y^2),\\ \dot{y}=x+y(x^2+y^2);\end{cases}$ (4) $\begin{cases}\dot{x}=my+\alpha x(x^2+y^2),\\ \dot{y}=-mx+\alpha y(x^2+y^2).\end{cases}$

6. 已知 $\dot{x}=f(x)$，其中，$f(x)$是域$|x|\leqslant H(H>0)$上的连续可导函数且 $f(0)=0, f'(0)<0$. 讨论其零解的稳定性.

7. 判定下列方程组的奇点类型，并画出奇点附近积分曲线的分布图：

(1) $\begin{cases}\dot{x}=3x-2y,\\ \dot{y}=2x+3y;\end{cases}$ (2) $\begin{cases}\dot{x}=-x+2y,\\ \dot{y}=x+y;\end{cases}$

(3) $\begin{cases}\dot{x}=2x,\\ \dot{y}=x+y;\end{cases}$ (4) $\begin{cases}\dot{x}=4x-y,\\ \dot{y}=x+2y;\end{cases}$

(5) $\begin{cases}\dot{x}=-x,\\ \dot{y}=-y;\end{cases}$ (6) $\begin{cases}\dot{x}=2x+y,\\ \dot{y}=x+2y;\end{cases}$

(7) $\begin{cases}\dot{x}=2x-y,\\ \dot{y}=x;\end{cases}$ (8) $\begin{cases}\dot{x}=y-2x,\\ \dot{y}=2y-4x.\end{cases}$

8. 试讨论系统 $\begin{cases}\dfrac{\mathrm{d}x}{\mathrm{d}t}=ax+by,\\ \dfrac{\mathrm{d}y}{\mathrm{d}t}=cy\end{cases}$ 的奇点类型，其中，a,b,c 为常数且 $ac\neq 0$.

9. 证明若方程组 $\begin{cases}\dfrac{\mathrm{d}x}{\mathrm{d}t}=mx+ny,\\ \dfrac{\mathrm{d}y}{\mathrm{d}t}=-ax-by\end{cases}$ 的奇点(0,0)为中心时，方程

$$(ax+by)\mathrm{d}x+(mx+ny)\mathrm{d}y=0$$

为全微分方程，但反之却不一定成立.

P10. 对不同参数 k 和 m 讨论方程组

$$\frac{\mathrm{d}x}{\mathrm{d}t}=y,\quad \frac{\mathrm{d}y}{\mathrm{d}t}=-kx+my-y^3,\quad k>0,m>0$$

的奇点的类型和稳定性，并用 Maple 画出向量场及其一些轨线的示意图.

11. 判定下列系统的闭轨线是不是极限环及环的稳定性：

(1) $\begin{cases}\dot{x}=-x+(x-y)\sqrt{x^2+y^2},\\ \dot{y}=-y+(x+y)\sqrt{x^2+y^2};\end{cases}$

(2) $\begin{cases}\dfrac{\mathrm{d}r}{\mathrm{d}t}=r(1-r)\sin\dfrac{1}{1-r},\\ \dfrac{\mathrm{d}\theta}{\mathrm{d}t}=1.\end{cases}$

12. 证明方程组 $\begin{cases}\dfrac{\mathrm{d}x}{\mathrm{d}t}=x\sin(x^2+y^2)-y,\\ \dfrac{\mathrm{d}y}{\mathrm{d}t}=y\sin(x^2+y^2)+x\end{cases}$ 有无穷多个孤立闭轨线.

第 6 章　Maple 简介与应用

随着计算机和软件的迅速发展，其应用领域不断扩大. 计算机在解决各种应用领域的实际问题中发挥了巨大作用，也帮助我们更好地学习和理解数学概念和方法. Maple 是一个功能强大的数学软件包，在处理微分方程的求解等问题中有非常明显的优点，下面对 Maple 的使用作一个简单的介绍.

6.1　Maple 的基本功能

Maple 是一个集数值运算、符号运算和图形显示与一体的数学软件包，Maple 可以把人们从繁琐的运算和推理中解脱出来，使其将主要精力集中在分析与解决问题的思路与方法中. Maple 可以在一定程度上代替笔和纸进行各种科学计算、数学推理和猜想证明，它为各个领域中人员提供了强有力的支持.

6.1.1　Maple 的工作环境

Maple 采用交互式的命令方式. 用户输入一条命令或一组命令后，Maple 就可以执行并返回结果，并等待用户的下一个输入.

Maple 的用户界面具有一般应用程序的风格，具有菜单栏、工具栏、状态栏等. Maple 刚启动后系统自动建立一个默认名为 Untitled 的空白工作簿，光标在工作簿的命令提示符“>”后闪烁. 用户键入命令后回车，Maple 就会执行该命令，并输出相应的结果. 默认情况下，Maple 用红色显示用户输入的命令，用蓝色显示执行的结果.

用户在完成工作以后，可以用 File 菜单中的 Save 或 Save As 命令将工作簿保存起来，以备将来使用. 如果用户关闭工作簿时，Maple 将出现询问用户是否要保存所作输入的对话框，如果选择保存，Maple 就会将所作的修改保存进文件，所保存文件默认的后缀名为 . mws.

学会寻求联机帮助是掌握一个软件的有效途径. Maple 有一个非常方便的联机帮助系统，它包含了绝大部分命令的使用说明. 要了解 Maple 的功能时可以浏览 Help 菜单中 Introduction 部分，它以树状结构的目录对 Maple 的功能和命令进行介绍. 建议初学者浏览 Help 菜单中 New User’s Tour 以了解 Maple 的基本功能和常用命令的使用方法. 一般的帮助信息都有实例，可以将实例中的命令复制到工作簿来进行计算或演示，以了解该命令的作用和掌握其使用方法.

在使用过程中如果对一个命令把握不准，也可以通过 Maple 的在线帮助寻求帮助. 例如，对 plot 指令有疑问时，可以在提示符>后输入“? plot”，回车后 Maple 就给出 plot 命令的帮助信息；也可以将光标放在 plot 的任何位置，再点击 Help 菜单中的 Help on Plot 来查看 plot 的帮助信息；也可以通过 Help 菜单中的 Topic Search 进行主题搜索来获得帮助信息. 在 Help 菜单中选择 History 可以方便地回访已经访问过的帮助页面.

6.1.2 Maple 的基本运算

Maple 最基本的功能是进行各种初等代数运算，如数值计算、方程求根、多项式展开、因式分解等. Maple 具有十分强大的代数运算功能，可以将 Maple 看成一个强大的计算器使用.

1. 数值计算

Maple 中数值计算主要有 “+”(加)，“−”(减)，“ * ”(乘)，“/”(除)以及“^”(乘方或幂)等. Maple 可以精确计算任意位的整数、有理数或者实数、复数的四则运算. 请看下面的例子：

```
>32 * 12^13;
                        3423782572130304
>12!+(7 * 8^2)-12345/125;
                          11975048731
                          -----------
                              25
>1+1/3+123456789/987654321;
                           480109739
                           ---------
                           329218107
>evalf(%);
                          1.458333332
```

前面给出了三个运算的结果，后面的 evalf(%)给出了最后一个运算结果的近似值.

2. 常用函数

函数是数学研究与应用的基础之一，Maple 中的数学函数很多，如指数函数 exp，一般对数 log[a]，自然对数 ln，常用对数 log10，平方根 sqrt，绝对值 abs，三角函数 sin，cos，tan，sec，csc，cot，反三角函数 arcsin，arccos，arctan，arcsec，arccsc，arccot，双曲函数 sinh，cosh，tanh，sech，csch，coth，反双曲函数 arcsinh，arccosh，arctanh，arcsech，arccsch，arccoth，也包括求和和连乘积等.

```
>exp(1.2);
```

$$3.320116923$$

```
>sum(k^2,k=1..n);
```

$$\frac{1}{3}(n+1)^3-\frac{1}{2}(n+1)^2+\frac{1}{6}n+\frac{1}{6}$$

```
>expand(sin(x+y));      #展开表达式
```

$$\sin(x)\cos(y)+\cos(x)\sin(y)$$

```
>simplify(cos(x)^5+sin(x)^4+2*cos(x)^2-2*sin(x)^2-cos(2*x));
```

$$\cos(x)^5+\cos(x)^4$$

3. 定义函数

在 Maple 中，可以用箭头操作符自行定义函数. 例如，

```
>f:=x->a*x^2+b*x+c;
```

$$f:=x\to ax^2+bx+c$$

```
>f(x),f(0),f(1/a);
```

$$ax^2+bx+c,c,\frac{1}{a}+\frac{b}{a}+c$$

多变量的函数也可以用同样的方法予以定义，只不过要把所有的自变量定成一个序列，并用一个括号“()”将它们括起来.

```
>f:=(x,y)->x^2+y^2;
```

$$f:=(x,y)\to x^2+y^2$$

```
>f(1,2);
```

$$5$$

借助函数 piecewise 可以生成简单分段函数.

```
>abs(x)=piecewise(x>0,x,x=0,0,x<0,-x);
```

$$|x|=\begin{cases}x, & 0<x\\ 0, & x=0\\ -x, & x<0\end{cases}$$

清除函数的定义用命令 unassign.

```
>unassign(f);
>f(1,1);
```

$$f(1,1)$$

4. 变量代换

在表达式化简中，变量代换是一个十分有用的工具. 可以利用函数 subs 根据自己的意愿进行变量代换，最简单的调用这个函数的形式如下：

```
subs(var=replacement,expression);
```

调用的结果是将表达式 expression 中所有变量 var 出现的地方替换成

replacement.

```
>f:=x^2+exp(x^3)-8;
```

$$f:=x^2+e^3-8$$

```
>subs(x= 1,f);
```

$$-7+e$$

```
>subs(x= 0,cos(x)*(sin(x)+x^2+5));
```

$$\cos(0)(\sin(0)+5)$$

由此可见,变量替换只得到替换后的结果,而不改变表达式的内容,而且 Maple 只对替换的结果进行化简而不求值计算,如果需要计算,必须调用求值函数 evalf. 例如,

```
>evalf(%);
```

$$5.$$

6.1.3　多项式

Maple 中有许多命令对多项式进行处理. 定义多项式

```
>p1:= 5*x^5+3*x^3+x+168;
```

$$p1:=5x^5+3x^3+x+168$$

coeff 用来提取一元多项式的系数,而多元多项式所有系数的提取用命令 coeffs.

```
>coeff(p1,x,1);
```

$$1$$

```
>p2:=2*x^2+3*y^3*x-5*x+68;
```

$$p2:=2x^2+3y^3x-5x+68$$

```
>coeffs(p2,x);
```

$$68,3y^3x-5,2$$

多项式的因式分解使用命令 factor.

```
>factor(x^3+y^3);
```

$$(x+y)(x^2-xy+y^2)$$

获取多项式的最高/最低次方的 Maple 命令分别为 degree 和 ldegree.

```
>p3:=3/x^3+x^3-(x-1)^4;
```

$$p3:=\frac{3}{x^3}+x^3-(x-1)^4$$

```
>degree(p3,x);ldegree(p3,x);
```

$$4,-3$$

6.1.4　转换为其他语言

1. 转换成 FORTRAN 语言

调用 codegen 程序包中的 fortran 命令可以把 Maple 的结果转换成 FORTRAN

语言.

```
>with(codegen,fortran):
  f:=1-2*x+3*x^2-2*x^3+x^4;
```

$$f:=1-2x+3x^2-2x^3+x^4$$

```
>fortran(%);
  t0=1-2*x+3*x**2-2*x**3+x**4
>fortran(f,optimized);
  t2=x**2
  t6=t2**2
  t7=1-2*x+3*t2-2*t2*x+t6
```

optimized 命令表示要对转换的表达式进行优化,如果不加此可选参数,则直接对表达式进行一一对应的转换.

```
>fortran(convert(f,horner,x));
  t0=1+(-2+(3+(-2+x)*x)*x)*x
```

2. 转换成 C 语言

调用 codegen 程序包中的 C 命令可以把 Maple 结果转换成 C 语言格式.

```
>with(codegen,C):
  f:=1-x/2+3*x^2-x^3+x^4;
```

$$f:=1-\frac{1}{2}x+3x^2-x^3+x^4$$

```
>C(f);
   t0=1.0-x/2.0+3.0*x*x-x*x*x+x*x*x*x;
>C(f,optimized);
  t2=x*x;
  t5=t2*t2;
  t6=1.0-x/2.0+3.0*t2-t2*x+t5;
```

3. 转换成 LATEX

LATEX 是方便和美观的数学文章编辑软件,Maple 可以把它的表达式转换成 LATEX,这只需要使用 latex 命令即可.

```
>latex(x^2+y^2=int(1/(x^2+1),x));
  {x}^{2}+{y}^{2}=\arctan\left(x\right)
```

还可以将转换结果存为一个文件(LatexFile):

```
>latex(x^2 +y^2=z^2,LatexFile);
```

6.2 微积分运算

微积分的极限、连续、求导、积分和函数展开等都可以利用 Maple 进行.

6.2.1　极限和连续

在 Maple 中，用 Limit 可以写出极限的数学表达式，利用 limit 计算函数的极限. 求$\lim\limits_{x \to a} f(x)$命令格式为 limit(f, x=a)，求 $\lim\limits_{x \to a^+} f(x)$时的命令格式为 limit(f, x=a, right)，求 $\lim\limits_{x \to a^-} f(x)$时的命令格式为 limit(f, x=a, left).

```
>Limit((1+1/x)^x,x=infinity)=limit((1+1/x)^x,x=infinity);
```

$$\lim_{x \to \infty}\left(1+\frac{1}{x}\right)^x = \mathrm{e}$$

```
>Limit(x^x,x=0,right)=limit(x^x,x=0,right);
```

$$\lim_{x \to 0^+} x^x = 1$$

```
>Limit(abs(x)/x,x=0,left)=limit(abs(x)/x,x=0,left);
```

$$\lim_{x \to 0^-} \frac{|x|}{x} = -1$$

```
>limit(a * x * y-b/(x * y),{x=1,y=1});
```

$$a-b$$

在 Maple 中可以用 iscont 来判断一个函数在区间上的连续性. 如果函数在区间上连续，iscont 返回 true，否则返回 false，当 iscont 无法确定连续性时返回 FAIL. 另外，iscont 函数假定表达式中的所有符号都是实数型.

```
>iscont(1/x,x=1..2);
```

true

```
>iscont(1/x,x=-1..1,closed);
```

false

```
>iscont(1/(x+ a),x=0..1);
```

FAIL

6.2.2　导数和极值

利用 diff 可以计算任何一个函数的导数或偏导数，求 expr 关于变量 x1, x2, …, xn 的(偏)导数的命令格式为 diff(expr, x1, x2, …, xn)，其中，expr 为函数或表达式，x1, x2, …, xn 为变量名称.

```
>Diff(ln(ln(ln(x))),x)=diff(ln(ln(ln(x))),x);
```

$$\frac{\partial}{\partial x}\ln(\ln(\ln(x))) = \frac{1}{x\ln(x)\ln(\ln(x))}$$

```
>diff(x^2 * y+x * y^2,x,y);
```

$$2x+2y$$

```
>f(x,y):=piecewise(x^2+y^2<>0,x*y/(x^2+y^2));
```

$$f(x,y):=\begin{cases}\dfrac{xy}{x^2+y^2}, & x^2+y^2\neq 0\\ 0, & \text{otherwise}\end{cases}$$

```
>diff(f(x,y),x);
```

$$\begin{cases}\dfrac{y}{x^2+y^2}-\dfrac{2x^2y}{(x^2+y^2)^2}, & x^2+y^2\neq 0\\ 0, & \text{otherwise}\end{cases}$$

```
>diff(f(x,y),x,y);
```

$$\begin{cases}\dfrac{1}{x^2+y^2}-\dfrac{2y^2}{(x^2+y^2)^2}-\dfrac{2x^2}{(x^2+y^2)^2}+\dfrac{8x^2y^2}{(x^2+y^2)^3}, & x^2+y^2\neq 0\\ 0, & \text{otherwise}\end{cases}$$

使用 implicitdiff 可以对隐函数求导. 例如,

```
>f:=exp(y)-x*y^2=x;
```

$$f:=\mathrm{e}^y-xy^2=x$$

```
>implicitdiff(f,y,x);
```

$$-\frac{y^2+1}{-\mathrm{e}^y+2xy}$$

在 Maple 中,有两个求函数极值的命令 minimize,maximize,命令格式如下:

```
minimize(expr,vars,range);maximize(expr,vars,range);
>expr1:=x^3-6*x+3:
>minimize(expr1,x=-3..3);
```

$$-6$$

```
>maximize(expr1,x=-3..3);
```

$$12$$

6.2.3 积分

Maple 用 int 求不定积分. 命令格式为 int(expr,x). 如果最终没有找到积分的解析表达式,Maple 会把积分式作为结果返回.

```
>int(x/(x^3-1),x);
```

$$\frac{1}{3}\ln(x-1)-\frac{1}{6}\ln(1+x+x^2)+\frac{1}{3}\sqrt{3}\arctan\left(\frac{1}{3}(2x+1)\sqrt{3}\right)$$

```
>Int(ln(x+sqrt(1+x^2)),x);
```

$$\int\ln(x+\sqrt{1+x^2})\,\mathrm{d}x$$

```
>value(%)+c;
```

$$\ln(x+\sqrt{1+x^2})x-\sqrt{1+x^2}+c$$

```
>int(exp(-x^2) * ln(x),x);
```

$$\int e^{(-x^2)}\ln(x)\,dx$$

定积分与不定积分的计算几乎一样,只是多了一个表示积分区域的参数,int(f,x=a..b).

```
>Int(1/(1+x^2),x=- 1..1)=int(1/(1+x^2),x=-1..1);
```

$$\int_{-1}^{1}\frac{1}{1+x^2}dx=\frac{1}{2}\pi$$

在 Maple 的 student 工具包中 Doubleint(二重)和 Trippleint(三重)可以计算重积分(应用前需调用 student).

```
>with(student):
>Doubleint(x+y,x=0..1,y=1..exp(x)):
  % =value(%);
```

$$\int_{1}^{e^x}\int_{0}^{1}(x+y)\,dx\,dy=\frac{1}{2}e^x-1+\frac{1}{2}(e^x)^2$$

6.2.4　级数和积分变换

可以用 sum 求得级数的和,用 product 求连乘积.

```
>Sum(1/(4 * k^2-1),k=1..infinity)=sum(1/(4 * k^2-1),k=1..infinity);
```

$$\sum_{k=1}^{\infty}\frac{1}{4k^2-1}=\frac{1}{2}$$

```
>Product(1/k^2,k=1..n)=product(1/k^2,k=1..n);
```

$$\prod_{k=1}^{n}\frac{1}{k^2}=\frac{1}{\Gamma(n+1)^2}$$

幂级数的计算在工具包 powseries 中,它含有生成和处理幂级数的各种常用工具.如果已知一个幂级数的系数,就可以用函数 powcreate 来生成它.

```
>with(powseries);
>powcreate(t(n)=3^sqrt(n));
```

虽然没有任何结果显示,但 Maple 已经按照要求把该幂级数的系数赋给了 t(n).用 tpsform 命令观察幂级数的截断表达式.

```
>tpsform(t,x,6);
```

$$1+3x+3^{(\sqrt{2})}x^2+3^{(\sqrt{3})}x^3+3^{(\sqrt{4})}x^4+3^{(\sqrt{5})}x^5+O(x^6)$$

用命令 taylor 可以得到一个函数在某一点的任意阶 Tayloe 展开式,而一般级数展开命令为 series.命令格式为 taylor(expr,eqn/nm,n)和 series(expr,eqn,n).

```
>taylor(sin(tan(x))-tan(sin(x)),x=0,19);
```

$$-\frac{1}{30}x^7-\frac{29}{756}x^9-\frac{1913}{75600}x^{11}-\frac{95}{7392}x^{13}-\frac{311148869}{54486432000}x^{15}+O(x^{17})$$

在求解微分方程等问题中,积分变换是一种非常有用的工具.积分变换就是将一个函数通过参变量积分变为另一个函数.常用的积分变换包括 Laplace 变换和 Fourier 变换.这两个变换及其逆变换的指令分别是 laplace(f(t),t,s),fourier(f(t),t,s)和 invlaplace(f(t),t,s),invfourier(f(t),t,s).

```
>with(inttrans):
  f:=t^2-exp(t)+sin(a*t);
  laplace(f,t,s);
```

$$f:=t^2-e^t+\sin(at)$$

$$2\frac{1}{s^3}-\frac{1}{s-1}+\frac{a}{s^2+a^2}$$

```
>invlaplace(%,s,t);
```

$$t^2-e^t+\sin(at)$$

6.3　线性代数

线性代数在微分方程的求解和解的性态分析中有重要的作用,Maple 中有大量的命令进行线性代数中的一些运算.在使用 Maple 进行线性代数运算时,需要先调入线性代数工具包——linalg,绝大部分线性代数运算函数都存于该工具包中.

6.3.1　矩阵的建立和基本运算

用 matrix 命令建立矩阵,如

```
>with(linalg):
>A:=matrix(2,2,[6,7,8,9]);
```

$$\boldsymbol{A}:=\begin{bmatrix}6&7\\8&9\end{bmatrix}$$

```
>B:=matrix(2,2,[1,2,3,4]);
```

$$\boldsymbol{B}:=\begin{bmatrix}1&2\\3&4\end{bmatrix}$$

```
>M:=diag(A,B);
```

$$\boldsymbol{M}:=\begin{bmatrix}6&7&0&0\\8&9&0&0\\0&0&1&2\\0&0&3&4\end{bmatrix}$$

矩阵的基本运算命令包括加法 evalm(A+B),数乘 evalm(A * expr),乘法

evalm(A &* B &* …),求逆 inverse(A),转置 transpose(A),行列式 det(A),秩 rank(A),迹 trace(A)等.

```
>evalm(A+B);
```

$$\begin{bmatrix} 7 & 9 \\ 11 & 13 \end{bmatrix}$$

```
>evalm(A&*B);
```

$$\begin{bmatrix} 27 & 40 \\ 35 & 52 \end{bmatrix}$$

```
>inverse(%);
```

$$\begin{bmatrix} 13 & -10 \\ -\frac{35}{4} & \frac{27}{4} \end{bmatrix}$$

```
>transpose(A);
```

$$\begin{bmatrix} 6 & 8 \\ 7 & 9 \end{bmatrix}$$

```
>rank(A);trace(A);
```

$$2$$

$$15$$

```
>Q:=matrix(2,2,[cos(alpha),sin(alpha),-sin(alpha),cos(alpha)]);
```

$$\boldsymbol{Q}:=\begin{bmatrix} \cos(\alpha) & \sin(\alpha) \\ -\sin(\alpha) & \cos(\alpha) \end{bmatrix}$$

```
>alpha:=0;map(eval,Q);
```

$$\alpha:=0$$

$$\begin{bmatrix} 1 & 0 \\ 0 & 1 \end{bmatrix}$$

6.3.2　矩阵的初等变换和线性方程组求解

有时需要对已经定义的矩阵进行初等变换,如交换矩阵的行或列等.下面的一些命令可以进行矩阵的初等变换.

用标量 expr 乘以矩阵 **A** 的第 r 行:mulrow(A,r,expr);

用标量 expr 乘以矩阵 **A** 的第 c 列:mulcol(A,c,expr);

将矩阵 **A** 的第 r_1 行的 m 倍加到第 r_2 行上:addrow(A,r1,r2,m);

将矩阵 **A** 的第 c_1 列的 m 倍加到第 c_2 列上:addcol(A,c1,c2,m);

互换矩阵 **A** 的第 r_1 行和第 r_2 行:swaprow(A,r1,r2);

互换矩阵 **A** 的第 c_1 列和第 c_2 列:swapcol(A,c1,c2);

取矩阵 $\boldsymbol{A}$ 的第 i 行:row(A,i);

取矩阵 $\boldsymbol{A}$ 的第 i 到 k 行:row(A,i..k);

取矩阵 $\boldsymbol{A}$ 的第 i 列:col(A,i);

取矩阵 $\boldsymbol{A}$ 的第 i 到 k 列:col(A,i..k);

删除矩阵 $\boldsymbol{A}$ 中 i 到 k 行剩下的子矩阵:delrows(A,i..k);

删除矩阵 $\boldsymbol{A}$ 中 i 到 k 列剩下的子矩阵:delcols(A,i..k).

```
>A:=matrix(3,3,[1,2,3,4,5,6,7,8,9]);
```

$$\boldsymbol{A}:=\begin{bmatrix}1 & 2 & 3\\ 4 & 5 & 6\\ 7 & 8 & 9\end{bmatrix}$$

```
>swaprow(A,1,2);
```

$$\begin{bmatrix}4 & 5 & 6\\ 1 & 2 & 3\\ 7 & 8 & 9\end{bmatrix}$$

```
>addcol(A,1,2,2);
```

$$\begin{bmatrix}1 & 4 & 3\\ 4 & 13 & 6\\ 7 & 22 & 9\end{bmatrix}$$

```
>delrows(A,1..2);
```

$$\begin{bmatrix}7 & 8 & 9\end{bmatrix}$$

线性方程组求解常常转化为与其等价的矩阵问题来解决的. Maple 中可借助函数 genmatrix 和逆矩阵实现.

```
>eqns:={x+2*y+3*z=a,8*x+9*y+4*z=b,7*x+6*y+5*z=c};
```

$$\text{equs}:=\{x+2y+3z=a,8x+9y+4z=b,7x+6y+5z=c\}$$

```
>A:=genmatrix(eqns,[x,y,z],'flag');
```

$$\boldsymbol{A}:=\begin{bmatrix}1 & 2 & 3 & a\\ 8 & 9 & 4 & b\\ 7 & 6 & 5 & c\end{bmatrix}$$

```
>A1:=delcols(A,4..4);B1:=delcols(A,1..3);
 A2:=inverse(A1);sol:=evalm(A2&*B1);
```

$$\boldsymbol{A}1:=\begin{bmatrix}1 & 2 & 3\\ 8 & 9 & 4\\ 7 & 6 & 5\end{bmatrix} \qquad \boldsymbol{B}1:=\begin{bmatrix}a\\ b\\ c\end{bmatrix}$$

$$\boldsymbol{A}2:=\begin{bmatrix}\frac{-7}{16} & \frac{-1}{6} & \frac{19}{48}\\ \frac{1}{4} & \frac{1}{3} & \frac{-5}{12}\\ \frac{5}{16} & \frac{-1}{6} & \frac{7}{48}\end{bmatrix}\qquad \text{sol}:=\begin{bmatrix}-\frac{7}{16}a-\frac{1}{6}b+\frac{19}{48}c\\ \frac{1}{4}a+\frac{1}{3}b-\frac{5}{12}c\\ \frac{5}{16}a-\frac{1}{6}b+\frac{7}{48}c\end{bmatrix}$$

6.3.3 矩阵的特征值、特征向量和相似

Maple 中求特征矩阵、特征多项式、特征值和特征向量的命令分别为 charmat, charpoly, eigenvalues 和 eigenvectors.

```
>A:=matrix(2,2,[1,2,5,8]);
```

$$\boldsymbol{A}:=\begin{bmatrix}1 & 2\\ 5 & 8\end{bmatrix}$$

```
>charmat(A,lambda);
```

$$\begin{bmatrix}\lambda-1 & -2\\ -5 & \lambda-8\end{bmatrix}$$

```
>charpoly(A,lambda);
```

$$\lambda^2-9-2$$

```
>eigenvalues(A);
```

$$\frac{9}{2}+\frac{1}{2}\sqrt{89},\quad \frac{9}{2}-\frac{1}{2}\sqrt{89}$$

```
>eigenvectors(A);
```

$$\left[\frac{9}{2}+\frac{1}{2}\sqrt{89},1,\left\{\left[1,\frac{7}{4}+\frac{1}{4}\sqrt{89}\right]\right\}\right],\left[\frac{9}{2}-\frac{1}{2}\sqrt{89},1,\left\{\left[1,\frac{7}{4}-\frac{1}{4}\sqrt{89}\right]\right\}\right]$$

利用 issimilar 可以判断两个矩阵是否相似. 命令格式为 issimilar(A,B,P);其中,$\boldsymbol{A},\boldsymbol{B}$ 为方阵,$\boldsymbol{P}$ 为转换矩阵. 如果 $\boldsymbol{A},\boldsymbol{B}$ 相似,则返回 true,否则返回 false.

```
>with(linalg):  B:=diag(eigenvalues(A));
```

$$\begin{bmatrix}\frac{9}{2}+\frac{1}{2}\sqrt{89} & 0\\ 0 & \frac{9}{2}-\frac{1}{2}\sqrt{89}\end{bmatrix}$$

```
>issimilar(A,B,P);
```

true

```
>print(P);
```

$$\begin{bmatrix}\frac{7}{178}+\sqrt{89}-\frac{1}{2} & -\frac{2}{89}\sqrt{89}\\ \frac{1}{2}+\frac{7}{178}\sqrt{89} & -\frac{2}{89}\sqrt{89}\end{bmatrix}$$

6.4 图 形

Maple 强大的图形功能可以使得抽象的数学公式和函数直观化，帮助我们更好地理解数学中一些抽象和深刻的思想.

6.4.1 二维图形

plot 命令可以绘制二维的函数图、参数图、极坐标图、等高线图、不等式图等.

```
>plot(tan(x),x=-2*Pi..2*Pi,y=-4..4);   #二维作图举例(图 6.1)
```

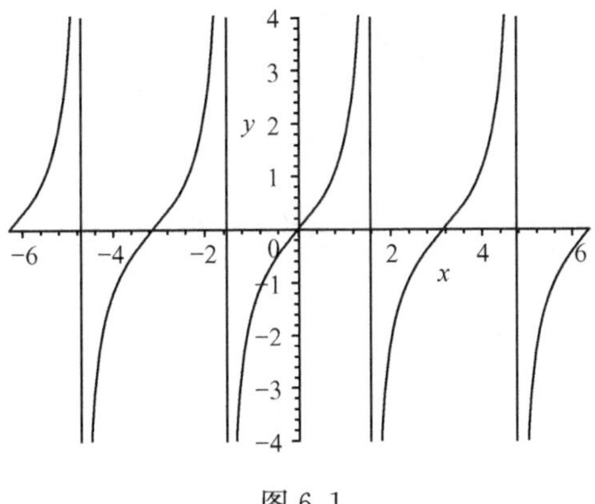

图 6.1

```
>with(plots):  #同时画两个图,包括隐函数作图
implicitplot({ x^2+y^2=1,y=exp(x)},x=-Pi..Pi,
            y=-Pi..Pi,scaling=CONSTRAINED);  #图 6.2
```

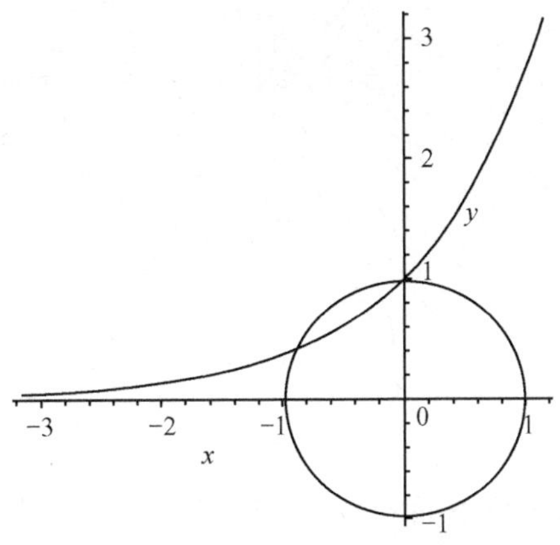

图 6.2

下面的命令解不等式,并用图形给出了区域(图 6.3).

```
>inequal({ x+y>0,x-y <=1},x=-3..3,
        y=-3..3,optionsfeasible=(color=red),
        optionsopen=(color=blue,thickness=2),
        optionsclosed=(color=green,
        thickness=3),optionsexcluded=(color=yellow));
>plot(cos(16*t),t=-Pi..Pi,coords=polar,
     scaling=constrained);   #极坐标画图 (图 6.4)
```

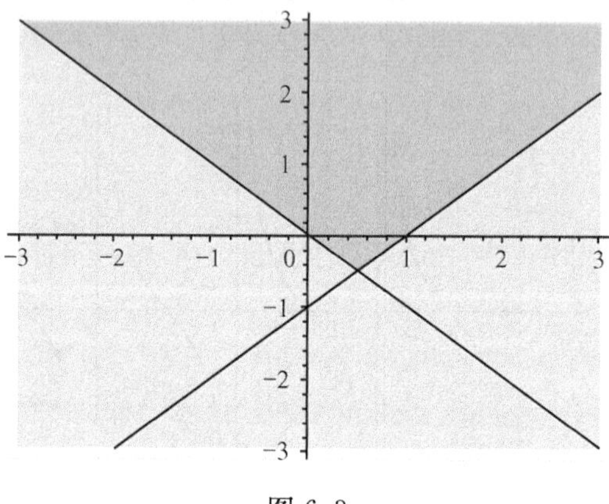

图 6.3

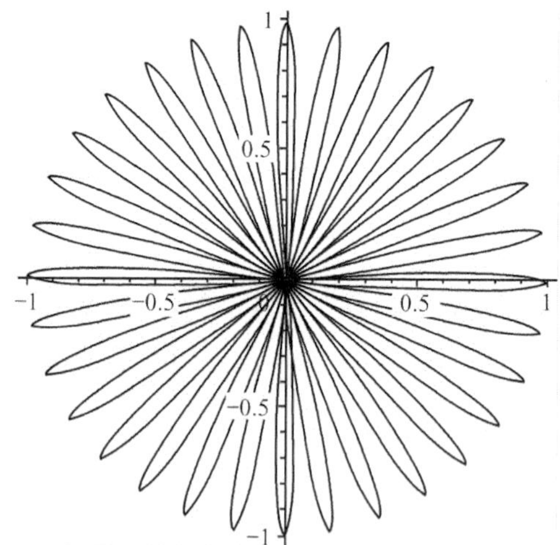

图 6.4

有兴趣的读者可以运行下面的命令观察极坐标曲线的形状:

```
>plot(sin(t^(-2)),t=-5*Pi..5*Pi,coords=polar);
>plot(cos(sin(t^(-5))),t= -10*Pi..10*Pi,coords= polar);
```

下面的指令给出了参数方程的图形(图 6.5).

```
>plot([t*exp(t),t,t=-4..1],x=-0.5..1.5,y=-4..1);
```

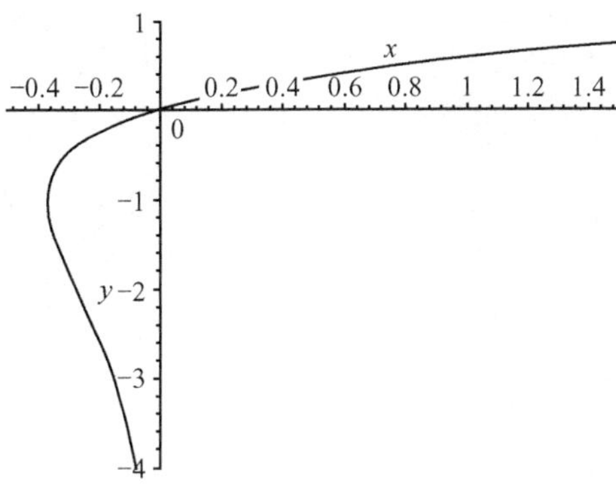

图 6.5

如果所绘的图形是间断性的数据,而不是一个连续的函数,也可以把数据点绘在 xy 坐标系中(图 6.6).

```
>data:=seq([t*cos(t/3),t*sin(t/3)],t=1..30):
  plot([data],style=point);
```

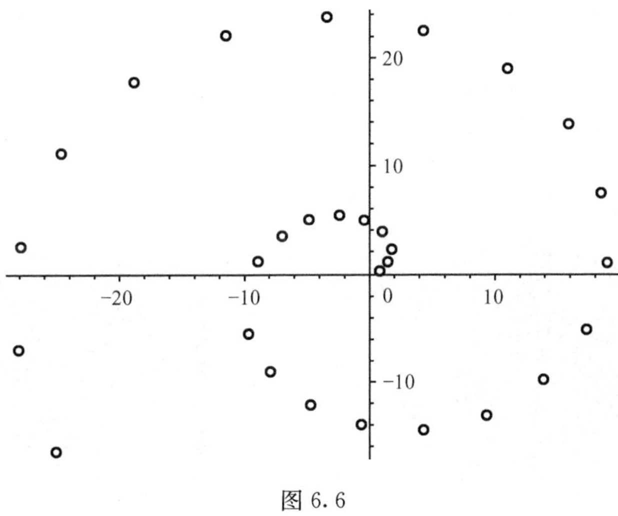

图 6.6

6.4.2 三维绘图

用命令 plot3d 可画出三维空间的图形. 请观察下面的命令和图形(图 6.7、图 6.8).

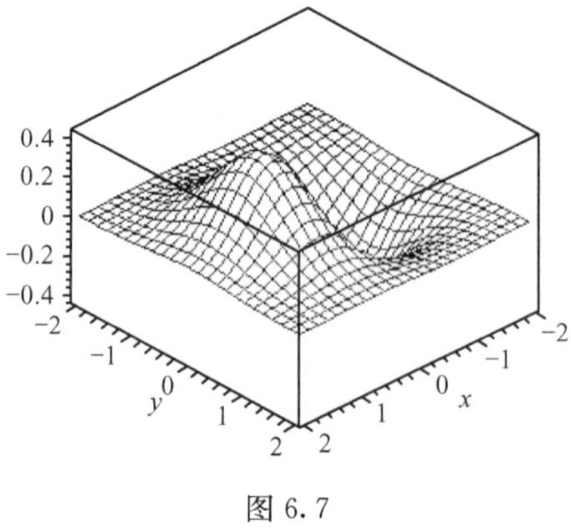

图 6.7

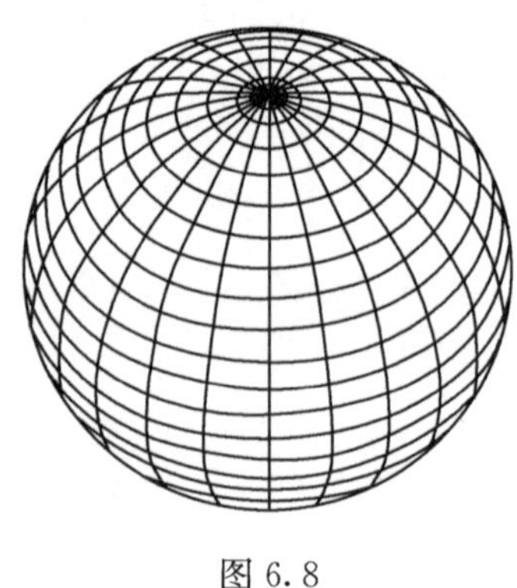

图 6.8

```
>plot3d(x * exp(-x^2-y^2),x=-2..2,y=-2..2,
  axes=BOXED,title='A Surface Plot');
>plot3d(1,t=0..2 * Pi,p=0..Pi,coords=spherical,
  scaling=constrained);  #球坐标画图
```

当二元函数无法表示成 $z=f(x,y)$时,可尝试用一组参数方程表示,然后画图(图 6.9).

```
>plot3d([cosh(u) * cos(v),cosh(u) * sin(v),u],
 u=-2..2,v=0..2 * Pi);
 with(plots):
 spacecurve([cos(t/2),sin(t/2),t,t=0..68 * Pi],
 numpoints=500);  #空间曲线图形(图 6.10)
```

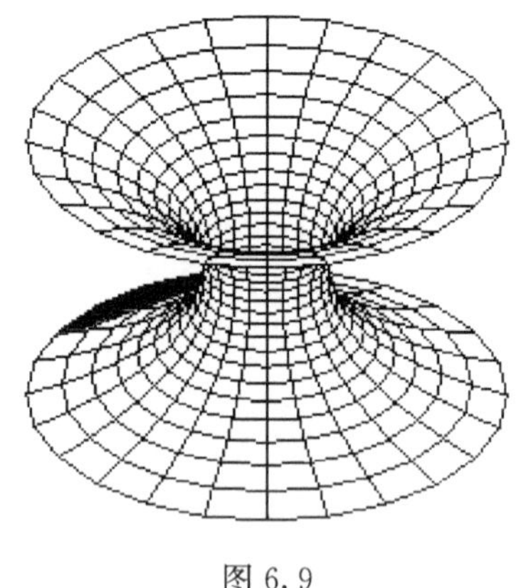

图 6.9

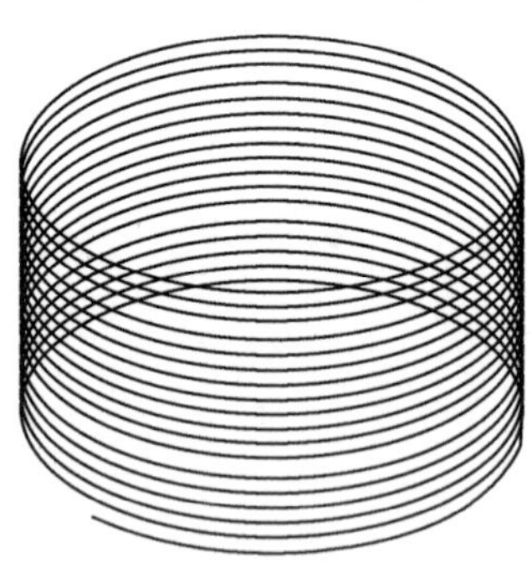

图 6.10

```
>f:=6 * x/(x^2+y^2+1):
 contourplot(f,x=-6..6,y=-6..6,
 contours=[-2.7,-2,-1,1,2,2.7],
```

```
 grid=[60,60],thickness=2);   #等高线图形(图 6.11)
>g1:=plot3d(2*exp(-sqrt(x^2+y^2)),x=-6..6,y=-6..6):
 g2:=plot3d(sin(sqrt(x^2+y^2)),x=-6..6,y=-6..6):
 display(g1,g2);   #两个图形一起显示(图 6.12)
```

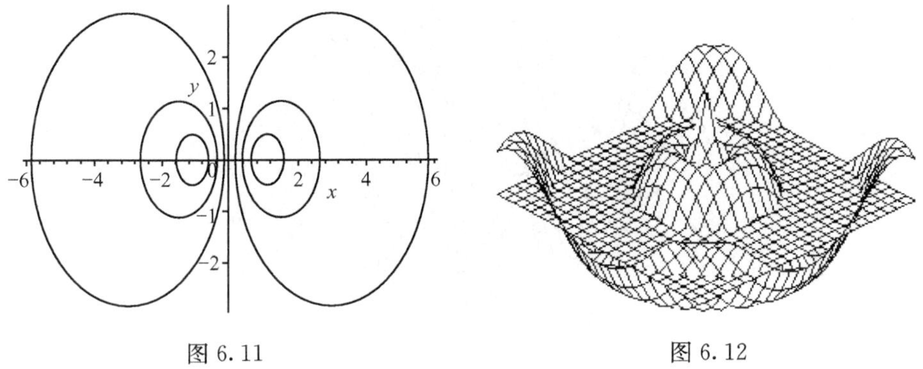

图 6.11　　图 6.12

6.4.3 动画

要创建一个动画时必须在所需做动画的函数中加入附加参数,并简单地告诉 animate 或 animate3d 函数需要多少次以及在那个时间内显示图形,动画函数就可以按时间序列播放图形,以创建运动的现象. 然后用鼠标单击图形后,在选择 Animation 菜单中的 Play 就可以看到动画效果.

```
>with(plots):
>plots[animate](x*t,x=-1..1,t=1..30,
  numpoints=5,frames=100);   #转动直线(图 6.13)
```

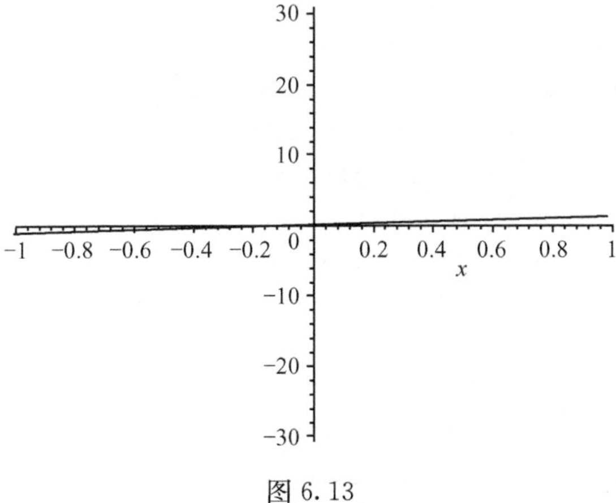

图 6.13

```
>animate3d(cos(3 * t) * sin(3 * x) * cos(3 * y),x=0..Pi,y=0..Pi,t=0..2 * Pi,
 frames=100,color=cos(x * y),scaling=constrained);  #变动的曲面(图 6.14)
```

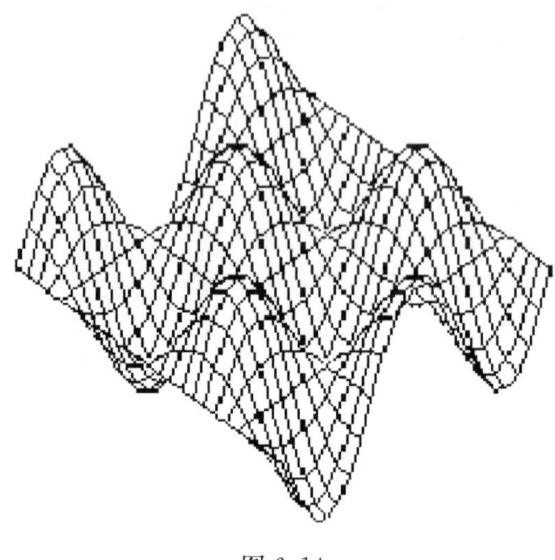

图 6.14

利用下面的命令就可以看到摆线形成的动画显示(图 6.15).

```
>restart;with(plots):
 revolutions:=omega * t/(2 * Pi):
 translation:=[2 * Pi * r * revolutions,0]:
 rotation:=[r * sin(omega * t),r * cos(omega * t)]:
 cycloid:=translation+ rotation+[0,r]:
 omega:=1:r:=1:rollTime:=4 * Pi:
 cycloidTrace:=animatecurve([cycloid[1],
 cycloid[2],t=0..rollTime],
 view=[0..r * omega * rollTime,0..4 * r],
 scaling=constrained,color=blue,frames=100):
 disk:=animate([translation[1]+r * cos(s),
 r+r * sin(s),s=0..2 * Pi],t=0..rollTime,
 scaling=constrained,frames=100,
 view=[0..r * omega * rollTime,0..4 * r]):
 chord:=animate([translation[1]+(s/r) * rotation[1],
 (s/r) * rotation[2]+r,s=-r..r],t=0..rollTime,
 scaling=constrained,color=blue,
 frames=100,view=[0..r * omega * rollTime,0..4 * r]):
   display([cycloidTrace,disk,chord],
 title='Animation of a Cycloid');
```

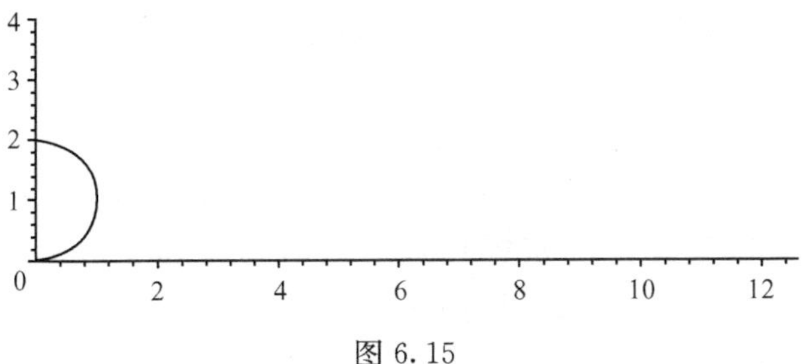

图 6.15

6.5 方程求解

解各种方程是在数学和应用中经常遇到的问题,Maple 中提供了 solve 等求解方程的指令,可以根据不同的需要选取相应的命令求出方程的解.

6.5.1 代数方程

用 solve 命令可以求出代数方程或代数方程组的解,求解的命令格式为 solve (eqn,x);

```
>eqn:=(x^2+x+ 2) * (x-1);
  solve(eqn,x);
```

$$eqns:=(x^2+x+2)(x-1)$$

$$1,-\frac{1}{2}+\frac{1}{2}I\sqrt{7},-\frac{1}{2}-\frac{1}{2}I\sqrt{7}$$

```
>eqns:={x^2+y^2=25,y=x^2-5};
  solve(eqns,{x,y});
```

$$eqns:=\{x^2+y^2=25,y=x^2-5\}$$

$$\{x=0,y=-5\},\quad \{x=0,y=-5\},\quad \{x=3,y=4\},\quad \{x=-3,y=4\}$$

当根据 Maple 所设置的算法找不到解的时候,Maple 会用 RootOf 给出形式解.

```
>solve(sin(x)= 3 * x/Pi,x);
```

$$\mathrm{RootOf}(3\_Z-\sin(\_Z)\pi)$$

对于无法求出精确解的方程, Maple 提供了求数值解的 fsolve 命令. 对于多项式方程,fsolve 在默认情况下给出所有的实数解,如果附加参数 complex,就可以给出所有的解. 但对于更一般形式的方程,fsolve 却往往只给出一个解.

```
>solve(x^5-x+1,x);
  fsolve(x^5-x+1,x);
  fsolve(x^5-x+1,x,complex);
```

$\mathrm{RootOf}(\_Z^5-\_Z+1,index=1),\mathrm{RootOf}(\_Z^5-\_Z+1,index=2),$

RootOf(_Z^5 − _Z+1, index=3), RootOf(_Z^5 − _Z+1, index=4),
RootOf(_Z^5 − _Z+1, index=5)

$$-1.167303978$$

$-1.167303978, -0.1812324445-1.083954101I,$
$-0.1812324445+1.083954101I, 0.7648844336-0.352415460I,$
$0.7648844336+0.3524715460I$

```
>fsolve(sin(x)=x/2,x);
 fsolve(sin(x)=x/2,x,0.1..infinity);
```

$$0.$$

$$1.895494267$$

6.5.2 常微分方程求解

微分方程求解是数学应用的一个重要方面，Maple 的 dsolve 命令能够求许多微分方程的解析解. 处理常微分方程的一些函数存于 DEtools 软件包中，需要时可以调入该软件包. 解常微分方程命令格式为 dsolve(equn, y(x)); dsolve({equn, conds}, y(x)); 其中，equn 为方程，conds 为条件.

```
>ode1:=diff(y(x),x)-y(x)-cos(x);
 ans1:=dsolve(ode1,y(x));
 ans2:=dsolve({ode1,y(0)=1},y(x));
```

$$ode1 := \left(\frac{\partial}{\partial x}y(x)\right) - y(x) - \cos(x)$$

$$ans1 := y(x) = -\frac{1}{2}\cos(x) + \frac{1}{2}\sin(x) + e^{x}\_C1$$

$$ans2 := y(x) = -\frac{1}{2}\cos(x) + \frac{1}{2}\sin(x) + \frac{3}{2}e^{x}$$

解微分方程组的方法类似，也可以画出解的图形.

```
>restart;
sys1:=diff(x(t),t)=2*x(t)+y(t),diff(y(t),t)=3*x(t)+4*y(t);
ans1:=dsolve({sys1},{x(t),y(t)});
ans2:=dsolve({sys1,x(0)=0,y(0)=1},{x(t),y(t)});
assign(%);x(t);
plot({x(t),y(t)},t=0..1);  #图形见图 6.16
```

$$ode1 := \frac{\partial}{\partial t}x(t) = 2x(t) + y(t), \frac{\partial}{\partial t}y(t) = 3x(t) + 4y(t)$$

$$ans1 := \{y(t) = \_C1e^{(5t)} + \_C2e^{t}, x(t) = \frac{1}{3}\_C1e^{(5t)} - \_C2e^{t}\}$$

$$ans2 := \left\{y(t) = \frac{3}{4}e^{(5t)} + \frac{1}{4}e^{t}, x(t) = \frac{1}{4}e^{(5t)} - \frac{1}{4}e^{t}\right\}$$

$$\frac{1}{4}e^{(5t)}-\frac{1}{4}e^{t}$$

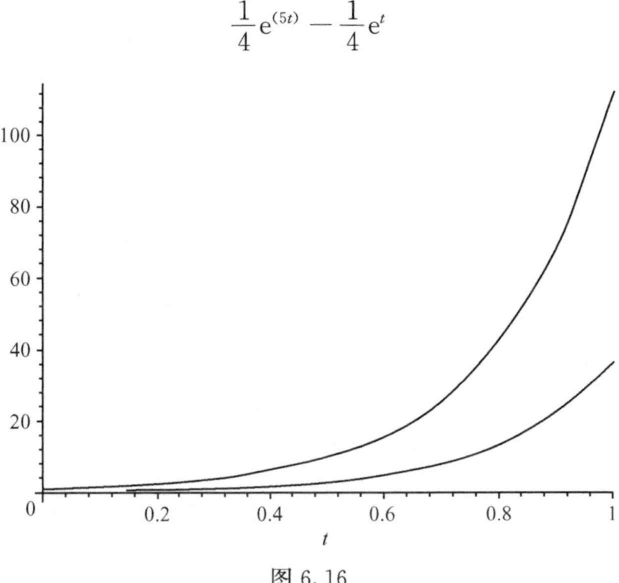

图 6.16

当一个常微分方程的解析解难以求得时,可以在 dsolve 命令中增加可选项求方程的近似解,这是一种半解析半数值的方法.命令格式为 dsolve({ODE,Ics},y(x),series).

```
>ODE2:=l*diff(theta(t),t$ 2)=-g*sin(theta(t));
  init2:=theta(0)=0,D(theta)(0)=v[0]/l;
  sol1:=dsolve({ODE2,init2},theta(t),type=series);
  Order:=11:
  sol2:=dsolve({ODE2,init2},theta(t),type=series);
```

$$\mathrm{ODE2}:=l\left(\frac{\partial^2}{\partial t^2}\theta(t)\right)=-g\ \sin(\theta(t))$$

$$\mathrm{init2}:=\theta(0)=0,D(\theta)(0)=\frac{v_0}{l}$$

$$\mathrm{sol1}:=\theta(t)=\frac{v_0}{l}t-\frac{1}{6}\frac{gv_0}{l^2}t^3+\frac{1}{120}\frac{gv_0(gl+v_0^2)}{l^4}t^5+O(t^6)$$

$$\mathrm{sol2}:=\theta(t)=\frac{v_0}{l}t-\frac{1}{6}\frac{gv_0}{l^2}t^3+\frac{1}{120}\frac{gv_0(gl+v_0^2)}{l^4}t^5$$
$$-\frac{1}{5040}\frac{gv_0(g^2l^2+11glv_0^2+v_0^4)}{l^6}t^7$$
$$+\frac{1}{362880}\frac{gv_0(57gv_0^4l+102g^2v_0^2l^2+g^3l^3+v_0^6)}{l^8}t^9+O(t^{11})$$

在无法求得微分方程的解析解时,还可以利用数值方法求解微分方程,也就是在一些点上求得解的近似值.这可以通过在命令 dsolve 中加入可选项来实现.

```
>restart:with(DEtools):
  ODE3:=diff(y(x),x)=y(x)-2*x/y(x);
  init3:=y(0)=1;
  sol31:=dsolve({ODE3,init3},y(x),numeric,
   method=classical,stepsize=0.1,start=0);
  sol32:=dsolve({ODE3,init3},y(x));
  plot({rhs(sol32),'rhs(sol31(x)[2])'},x=0..2);  #图 6.17
```

$$\text{ODE3}:=\frac{\partial}{\partial x}y(x)=y(x)-\frac{2x}{y(x)}$$

$$\text{init3}:=y(0)=1$$

$$\text{sol31}:=\text{proc}(x\_\text{classical})\ldots\text{edn proc}$$

$$\text{sol32}:=y(x)=\sqrt{2x+1}$$

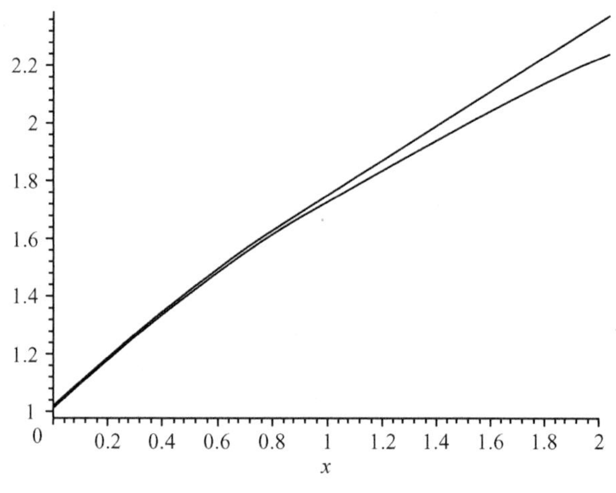

图 6.17

```
>ODE4:=diff(y(t),t$ 2)-(1-y(t)^2)*diff(y(t),t)+y(t)=0;
  init4:=y(0)=0,D(y)(0)=-0.1;
  sol4:=dsolve({ODE4,init4},y(t),type=numeric);
  sol4(0);sol4(1);
  plots[odeplot](sol4,[t,y(t)],0..15,
  title="solution of the Van de Pol's Equation");  #图 6.18
```

$$\text{ODE4}:=\left(\frac{\partial^2}{\partial t^2}y(t)\right)-(1-y(t)^2)\left(\frac{\partial}{\partial t}y(t)\right)+y(t)=0$$

$$\text{init4}:=y(0)=0,D(y)(0)=-.1$$

$$\text{sol4}:=\text{Proc}(rkf45x)\ldots\text{edn proc}$$

$$\left[t=0.,y(t)=0.,\frac{\partial}{\partial t}y(t)=-.1\right]$$

$$\left[t = 1.,y(t) = -.144768589749425608, \frac{\partial}{\partial t}y(t) = -.178104066128215944\right]$$

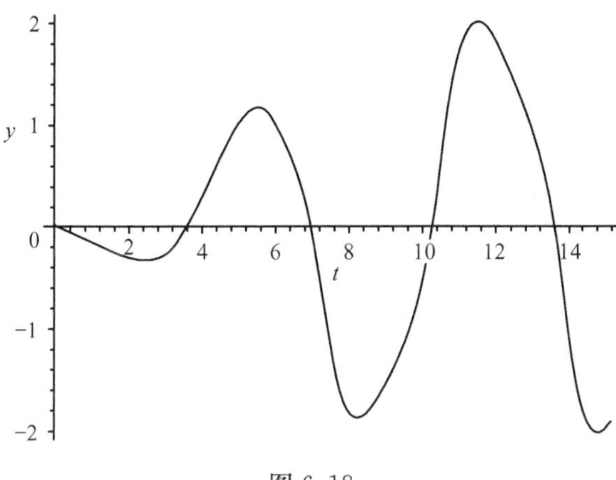

图 6.18

6.5.3 微分方程的向量场

利用 Maple 所提供的画微分方程的向量场和积分曲线图形的功能可以使得我们更好地理解微分方程的几何意义. 下面的两组命令分别画出了一个微分方程的向量场和另一个微分方程的解在奇点(0,0)附近的相图.

```
>DEtools[phaseportrait]                       #画向量场及积分曲线
  ([diff(y(x),x)=-y(x)],y(x),                #定义微分方程 y'=-y
  x=-2..2,                                   #指出 x 的范围
  [[y(-2)=2],[y(-2)=1],[y(-2)=-2]],          #给出 3 个初始值
  dirgrid=[17,17],                           #定义网格点密度
  arrows=LINE,                               #定义线段类型
  axes=NORMAL);                              #定义坐标系类型 (图 6.19)
```

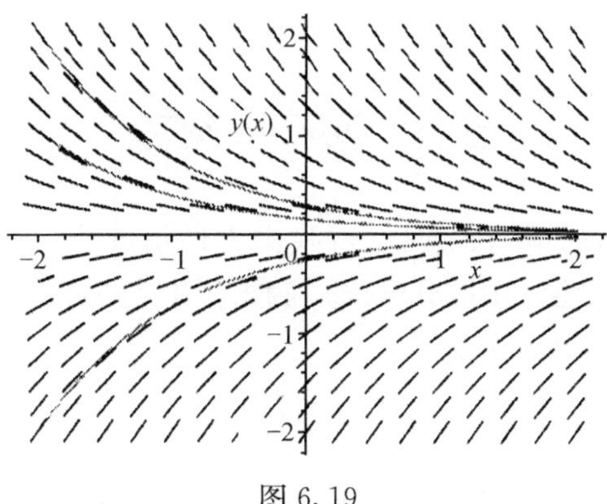

图 6.19

```
>with(DEtools):
  ODE5:=[diff(x(t),t)=-x(t),
   diff(y(t),t)=5*x(t)-y(t)];
  DEplot(ODE5,[x(t),y(t)],t=-10..10,
[[x(0)=0,y(0)=2],[x(0)=0,y(0)=-2],
[x(0)=2,y(0)=-8],[x(0)=4,y(0)=-8],
[x(0)=6,y(0)=-8],[x(0)=8,y(0)=-8],
[x(0)=8,y(0)=5],[x(0)=-3,y(0)=-8],
[x(0)=-4,y(0)=13],[x(0)=-8,y(0)=-8],
[x(0)=-8,y(0)=5]],
x=-8..8,y=-18..18,
stepsize=0.05,dirgrid=[21,21],
color=red,linecolor=blue,
axes=BOXED,
title="Linear System: Improper Node ",
arrows=SLIM);  #图 6.20
```

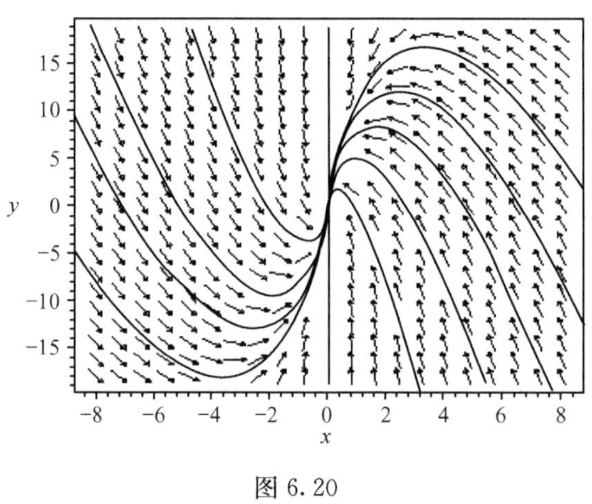

图 6.20

6.6　Maple 编程

Maple 的交互式命令环境可以使得我们方便地解决一些问题. 当要解决许多同一类型的问题时就希望利用 Maple 编写程序以提高计算效率. Maple 提供了与许多高级语言类似的编程工具.

6.6.1　子程序

子程序(过程)就是一组预先编好的命令,它可以实现某一功能. 下面给出了一个求两个元素和的子程序.

```
>add1:=proc(x,y)
  local t;   t:=x+y;
  end;
```

$$add1:=proc(x,y)local\ t;t:=x+y\ end\ proc$$

定义了子程序后,就可以像调用其他函数一样使用它.

```
>add1(3,2);add1(a,hello);
```

$$5$$

$$a+hello$$

一个完整的 Maple 子程序以 proc()开头,而且 proc 定义的子程序被赋予了一个变量,这个变量将代表所定义的子程序. 子程序中的每一个语句都用分号(或冒号)分开,在定义完子程序之后,Maple 会显示它对该子程序的解释(在 end 后用冒号结束时不显示). 在定义了一个子程序以后,执行它的方法和执行任何 Maple 系统函数相同.

下面是一个求代数方程的参数解的简单程序,它在代数方程 $f(x,y)=0$ 求解中使用了一个代换 $y=tx$ 得到了方程的参数解.

```
>parsolve:=proc(f,xy::{list(name),set(name)},t::name)
  local p,x,y;
  x:=xy[1];
  y:=xy[2];
  p:={solve(subs(y=t*x,f),x)}minus{0};
  map((xi,u,xx,yy)->{xx=xi,yy=u*xi},p,t,x,y)
end:
>parsolve(u^2+v^2=a^2,[u,v],t);
```

$$\left\{\left\{u=-\frac{a}{\sqrt{1+t^2}},v=-\frac{ta}{\sqrt{1+t^2}}\right\},\quad\left\{u=\frac{a}{\sqrt{1+t^2}},v=\frac{ta}{\sqrt{1+t^2}}\right\}\right\}$$

$$f:=-53x+85xy+49y^2+78x^3+17xy^2+72y^3$$

6.6.2 几种常用的程序结构

为了完成复杂的任务,需要程序在特定的地方能够跳转、分叉、循环,这就改变了按照顺序执行的程序结构.

条件语句:在程序运行时,依据不同的条件分别执行两个或多个不同的程序块,这通过 if 语句实现. 下面是一个求 x 的绝对值的例子,后面接着的命令给出了执行的结果.

```
>ABS:=proc(x)
    if type(x,numeric)then
```

```
      if x<0 then-x else x;   fi;
     else  'ABS'(x);
    fi;
end:
>ABS(-0.5);ABS(a);
```

$$.5$$

$$\mathrm{ABS}(a)$$

循环语句:在程序设计中,常常需要把相同或者类似的语句连续执行多次,此时,通过 for 或 while 循环结构来实现.

```
>n:=100;total:=0:
   for i from 1 to n do
    total:=total+i:
   od;
```

这段程序利用 for 循环求前 n 个自然数的和,运算后的结果是 5050.

for 循环在那些已知循环次数,或者循环次数可以用简单表达式计算的情况下比较适用. 但有时循环次数并不能简单地给出,要通过判断一个条件成立来决定是否继续循环,这时可以使用 while 循环. 执行 while 循环时,Maple 首先判断条件是否成立,如果成立,就一遍遍地执行循环体,直到条件不成立为止. 下面是用辗转相除法计算两个自然数的最大公约数,程序中的参数 a,b 后面的双冒号"::"指定了输入的参数类型. 若类型不匹配时输出错误信息. 最后一句调用该程序,运行后的结果是 9.

```
>GCD:=proc(a::posint,b::posint)
    local p,q,r;
    p:=max(a,b);q:=min(a,b);r:=irem(p,q);
    while r<>0 do
      p:=q;q:=r;r:=irem(p,q);
    od;
    q;
  end:
>GCD(123456789,987654321);
```

$$9$$

6.6.3 Maple 在微分方程中的应用举例

利用 Maple 中的命令和程序,就可以解决一些微分方程中的问题.

例 6.6.1 求微分方程 $\frac{\mathrm{d}y}{\mathrm{d}x}=\frac{1+ye^{xy}}{1+xe^{xy}}$ 的解并画图.

这个微分方程的显式解无法得出,就选用求隐式解的参数,得到较简单的表达式. 下面的 Maple 语句首先求出了该方程的通解,再通过一个子程序置换积分常数,然后再将这些解转换为集合,最后调用隐函数画图的命令画出这些解曲线.

```
>restart:with(plots):
deq1:=diff(y(x),x)=-(1+y(x) * exp(x * y(x)))/(1+x * exp(x * y(x))):
sol1:=dsolve(deq1,y(x),implicit);
sol2:=convert(map(proc(c) subs(_C1=c,sol1)end proc,
[-6,-5,-4,-3,-2,-1,0,1,2]),set);
implicitplot(sol2,x= -3..2,y= -3..2);  #图 6.21
```

$$sol1 := x+e^{(xy(x))}+y(x)+\_C1=0$$

$$sol2 := \{x+e^{(xy(x))}+y(x)-6=0, x+e^{(xy(x))}+y(x)-5=0, x+e^{(xy(x))}+y(x)-4=0, x+e^{(xy(x))}+y(x)-3=0, x+e^{(xy(x))}+y(x)-2=0, x+e^{(xy(x))}+y(x)-1=0, x+e^{(xy(x))}+y(x)=0, x+e^{(xy(x))}+y(x)+1=0, x+e^{(xy(x))}+y(x)+2=0\}$$

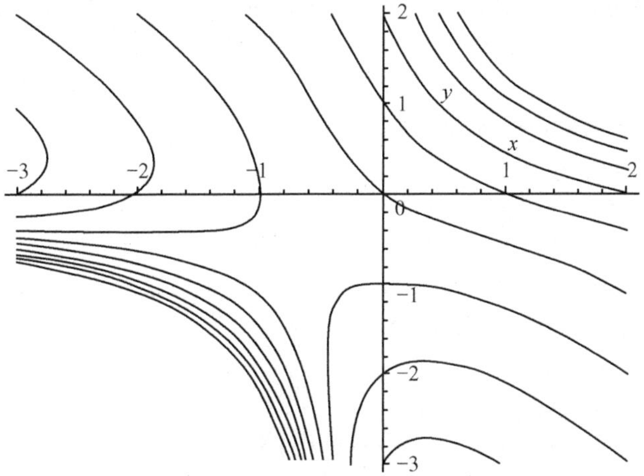

图 6.21

例 6.6.2 用 Euler 折线法和改进的 Euler 折线法求微分方程初始值问题 $\frac{dy}{dx}=1+(x-y)^2, y(0)=\frac{1}{2}$ 的近似解.

下面的程序运行后给出了在步长为 0.1 的点上方程解的近似值.

```
>printlevl:=0;
 h:=0.1;
 x0:=0;
 y0:=0.5;
```

```
z0:=0.5;
f1:=(x,y)->1+(y-x)^2;
f2:=(x,y)->2*(x-y)+2*(y-x)*(1+(y-x)^2);
for n from 0 to 9 do
x||(n+1):=h*(n+1);
y||(n+1):=y||n+h*f1(x||n,y||n);
z||(n+1):= z||n+h*f1(x||n,z||n)+h^2*f2(x||n,z||n)/2;
print(x||(n+ 1),y||(n+ 1),z||(n+ 1)):
od;
```

有兴趣有读者可以把 print 语句后的":"改为";"看输出结果.

例 6.6.3　下面的程序判断二维线性自治微分方程组

$$\begin{cases}\dfrac{\mathrm{d}x}{\mathrm{d}t}=a_{11}x+a_{12}y,\\[2mm]\dfrac{\mathrm{d}y}{\mathrm{d}t}=a_{21}x+a_{22}y,\end{cases}\qquad \frac{\mathrm{d}}{\mathrm{d}t}=\begin{bmatrix}x\\y\end{bmatrix}=\mathbf{A}\begin{bmatrix}x\\y\end{bmatrix},\quad \mathbf{A}=\begin{bmatrix}a_{11}&a_{12}\\a_{21}&a_{22}\end{bmatrix}$$

零解的类型和稳定性,只要输入方程右端的系数,运行后就给出判断结果.

```
>restart:
p22:=proc(A)
local p,q,t,s1,s2,s3,s4,s5,s6,s7,s8;
p:=-(A[1,1]+A[2,2]):
q:=A[1,1]*A[2,2]-A[1,2]*A[2,1]:
t:=p^2-4*q:
s1:=is(q,positive):s2:=is(q,negative):
s3:=is(t,positive):s4:=is(t,0):
s5:=is(t,negative):s6:=is(p,positive):
s7:=is(p,0):s8:=is(p,negative):
if((s1)and(s3)and(s6))then printf("稳定结点");
elif((s1)and(s3)and(s8))then printf("不稳定结点");
elif((s1)and(s4)and(s6))then printf("稳定的临界或退化结点");
elif((s1)and(s4)and(s8))then printf("不稳定的临界或退化结点");
elif((s1)and(s5)and(s6))then printf("稳定焦点");
elif((s1)and(s5)and(s8))then printf("不稳定焦点");
elif((s1)and(s7))then printf("中心");
elif(s2)then printf("鞍点");
else printf("无法断定");
end if;
end:
```

通过下面的语句调用后给出的结果如下：

```
>A:=matrix(2,2,[1,2,-4,3]);p22(A);
```

$$\mathbf{A} := \begin{bmatrix} 1 & 2 \\ -4 & 3 \end{bmatrix}$$

不稳定焦点.

参 考 文 献

蔡燧林. 1988. 常微分方程. 杭州:浙江大学出版社.

丁承文. 2006. 常微分方程精品课堂. 厦门:厦门大学出版社.

丁同仁,李承治. 2004. 常微分方程教程. 2 版. 北京:高等教育出版社.

东北师范大学微分方程教研室. 2005. 常微分方程. 2 版. 北京:高等教育出版社.

都长清,焦宝聪,焦炳照. 2000. 常微分方程(修订版). 北京:首都师范大学出版社.

菲利波夫 A Φ. 1981. 常微分方程习题集. 上海:上海科学技术出版社.

高慧贞,黄启宇. 1995. 微分方程定性与稳定性理论. 福州:福建科学技术出版社.

韩茂安,顾圣士. 2001. 非线性系统的理论和方法. 北京:科学出版社.

贺建勋,王志成. 1979. 常微分方程(上、中、下). 长沙:湖南科学技术出版社.

刘辉,李海. 2001. Maple 符号处理及应用. 北京:国防工业出版社.

马知恩,周义仓. 2001. 常微分方程定性稳定性方法. 北京:科学出版社.

王高雄,周之铭,朱思铭等. 2007. 常微分方程. 3 版. 北京:高等教育出版社.

王柔怀,伍卓群. 1963. 常微分方程讲义. 北京:人民教育出版社.

王树禾. 1999. 微分方程模型与混沌. 合肥:中国科学技术大学出版社.

西南师范大学数学与财经学院. 2005. 常微分方程. 重庆:西南师范大学出版社.

许淞庆. 1984. 常微分方程稳定性理论. 上海:上海科学技术出版社.

叶彦谦. 1979. 常微分方程. 北京:人民教育出版社.

叶彦谦. 1984. 极限环论. 上海:上海科学技术出版社.

张锦炎. 1981. 常微分方程几何理论与分支问题. 北京:北京大学出版社.

张芷芬,丁同仁,黄文灶等. 1985. 微分方程定性理论. 北京:科学出版社.

钟益林,彭乐群,刘炳文. 2007. 常微分方程及其 Maple,Matlab 求解. 北京:清华大学出版社.

周尚仁,权宏顺. 1980. 常微分方程习题集. 北京:高等教育出版社.

周义仓,赫孝良. 2007. 数学建模实验. 2 版. 西安:西安交通大学出版社.

庄万. 2003. 常微分方程习题解. 济南:山东科学技术出版社.

Boyce W E, Diprima R C. 2000. Elementary Differential Equations. 7th ed. New York: John Wiley & Sons.

Braun M. 1993. Differential Equations and Their Applications. 4th ed. New York: Springer-Verlag.

Brauwn M, Coleman C S, Drew D A. 1978. Differential Equation Models. New York: Springer-Verlag.

Bronson R. 2000. 微分方程. 北京:高等教育出版社.

Dreyer T P. 1993. Modelling with Ordinary Differential Equations. Boca Raton: CRC Press, Inc..

Edwards C H, Penney D E. 2004a. Differential Equations and Boundary Value Problems: Computing and Modeling. 3rd ed. Upper Saddle River: Pearson Prentice Hall.

Edwards C H, Penney D E. 2004b. Elementary Differential Equations. 5th ed. Upper Saddle River: Pearson Prentice Hall.

Fulford G, Forrester P, Jones A. 1997. Modelling with Differential and Difference Equations. Cambridge: Cambridge University Press.

Golubitsky M, Dellnitz M. 1999. Linear Algebra and Differential Equations Using Matlab. Pacific Grove: Brooks/Cole Publishing Company.

Hartman P. 1964. Ordinary Differential Equations. New York: John Wiley & Sons.

Jordan D W, Smith P. 1999. Nonlinear Ordinary Differential Equations: An Introduction to Dynamical System. Oxford: Oxford University Press.

Perko L. 1991. Differential Equations and Dynamical Systems. New York: Springer-Verlag.

Redfern D, Chandler E. 1996. Maple ODE Lab Book. New York: Springer-Verlag.

Ross S L. 1984. Differential Equations. 3rd ed. New York: John Wiley & Sons.

Saperestone S H. 1998. Introduction to Ordinary Differential Equations. Pacific Grove: Brooks/Cole Publishing Company.

Staff of Research and Education Association. 2000. The Differential Equations Problem Solver: A Complete Solution Guide to Any Textbook. Research and Education Association.

Trench W F. 2000. Elementary Differential Equations. Pacific Grove: Brooks/Cole Publishing Company.

Williamson R E. 2001. Introduction to Differential Equations and Dynamical Systems. 2nd ed. New York: McGraw-Hill Higher Education.

Zill D G, Cullen M R. 2001. Differential Equations with Boundary-Value Problems. 5th ed. Pacific Grove: Brooks/Cole, Thomson Learning.